U0255627

网络空间安全
技术丛书

硬件安全

从SoC设计到系统级防御

［美］ 斯瓦鲁普·布尼亚（Swarup Bhunia）
马克·特赫拉尼普尔（Mark Tehranipoor） 著

王滨 陈逸恺 周少鹏 译

机械工业出版社
China Machine Press

图书在版编目（CIP）数据

硬件安全：从 SoC 设计到系统级防御 /（美）斯瓦鲁普·布尼亚（Swarup Bhunia），（美）马克·特赫拉尼普尔（Mark Tehranipoor）著；王滨，陈逸恺，周少鹏译 . -- 北京：机械工业出版社，2021.6（2023.1 重印）
（网络空间安全技术丛书）
书名原文：Hardware Security: A Hands-On Learning Approach
ISBN 978-7-111-68454-1

I. ①硬…　II. ①斯…　②马…　③王…　④陈…　⑤周…　III. ①硬件 - 计算机安全　IV. ①TP303

中国版本图书馆 CIP 数据核字（2021）第 104578 号

北京市版权局著作权合同登记　图字：01-2019-2830 号。

硬件安全：从 SoC 设计到系统级防御

出版发行：机械工业出版社（北京市西城区百万庄大街 22 号　邮政编码：100037）			
责任编辑：朱秀英		责任校对：马荣敏	
印　　刷：北京捷迅佳彩印刷有限公司		版　　次：2023 年 1 月第 1 版第 2 次印刷	
开　　本：186mm×240mm　1/16		印　　张：24.5	
书　　号：ISBN 978-7-111-68454-1		定　　价：139.00 元	

客服电话：（010）88361066　68326294

版权所有·侵权必究
封底无防伪标签均为盗版

译者序

什么是硬件安全？硬件安全涉及哪些内容？如何有效地提升硬件的安全性？这些问题是网络安全领域近年来的热点问题。由于硬件安全研究门槛高、难度大、涉及的专业知识面广等，因此鲜有相关的研究成果发布。但是，硬件安全问题切实存在，并产生越来越多的影响。

2018 年 1 月，全球计算机行业因为 Meltdown（熔断）和 Spectre（幽灵）这两个处理器中的新型漏洞而引起了一场轩然大波。概括起来，此类漏洞具有以下特点：

1）影响范围大：Meltdown 漏洞影响几乎所有的 Intel CPU 和部分 ARM CPU，Spectre 则影响所有的 Intel CPU、AMD CPU 以及主流的 ARM CPU。从个人计算机、服务器、云计算机服务器到移动端的智能手机，都受到这两个硬件漏洞的影响。

2）难以修复：由于漏洞是由芯片底层设计的缺陷导致的，因此修复起来非常复杂，而且难以彻底修复，原因如下。

- 漏洞很难通过 CPU 微码修复，更多是依赖于 OS 级的修复程序。
- 修复程序本身存在诸多问题。以 Windows 10 为例，微软第一次紧急发布的系统安全补丁中存在明显的性能和兼容性的问题。
- 尽管全行业的 CPU 制造商、设备制造商、操作系统供应商和云服务提供商都在努力制作补丁，但是这两个漏洞仍然难以完全修复。
- Meltdown 和 Spectre 还未完全修复时，就出现了这两个漏洞的多个变种。

3）漏洞的隐蔽性强：从受影响的 Intel CPU 来看，两个漏洞的存在时间超过 20 年，印证了此前业界担心的"一代处理器都存在潜在的灾难性缺陷"，可见硬件漏洞的隐蔽性之强。

由于此类硬件漏洞难以发现和修补，影响范围更广、危害性更大，因此引起了业界的担忧。我们的团队一直从事与硬件安全相关的工作，也经常有业界研究人员与我们探讨硬件安全相关的问题。在交流的过程中，我们发现当前缺少一本全面介绍硬件安全的书籍，我们也一度想自己整理和撰写一本这样的书籍，但因工作繁忙一直未能动笔。2019 年，我们看到了 Swarup Bhunia 等专家撰写的这本介绍硬件安全的书。这本书从基本理论和实践两个层面，系统介绍了硬件安全的概念、原理和各种形式的电子硬件的安全解决方案，包括集成电路、PCB、系统等，涵盖硬件安全的基础知识、SoC 的设计与测试、PCB 的设计与测试、与硬件相关的各种攻击方式与防御措施、硬件攻击与保护的前沿趋势等内容。这正是我们所期待的硬件安全入门学习材料。

多年来从事网络安全工作的经验告诉我们，减少安全漏洞最好的方式就是在产品设计之初充分考虑安全性。在产品设计之初，只考虑功能，不考虑安全而导致网络安全事故的案例已经多次出现，教训惨痛。2020 年 7 月，国务院学位委员会会议投票通过将集成电路专业作为一级学科的提案。我们希望本书能够成为广大集成电路专业学子必读的参考资料，通过学习本书，能够设计、开发出安全的产品。网络空间安全学科的相关专业以及其他工科专业也适合采用本书作为硬件安全方面课程的教材。

2020 年 8 月，国务院印发《新时期促进集成电路产业和软件产业高质量发展的若干政策》，提出要大力发展我国的集成电路产业和软件产业。在这样的背景下，也希望本书能为广大集成电路行业的从业者（包括芯片设计工程师、硬件安全工程师、系统架构师和首席安全官等）提供有用的参考。

我们非常荣幸受到机械工业出版社的邀请翻译本书。本书的翻译也得到了国家重点研发计划（2018YFB2100400）、国家电网公司总部科技项目（5700-202019187A-0-0-00）、2019 年度杭州市领军型创新团队等项目的资助。本书的翻译工作主要由杭州海康威视数字技术股份有限公司的王滨、陈逸恺、周少鹏完成。在翻译过程中，我们努力将内容表述清楚，但是由于本书内容跨越多个学科和技术方向，限于译者团队的英文水平和专业水平，译文中难免出现疏漏和错误，欢迎读者批评指正。希望本书的出版能帮助研究人员更加全面地了解硬件安全的相关知识，也希望大家更多地关注避免出现硬件安全漏洞的技术和方法，全面推动我国硬件安全防御技术的发展。

译者

2021 年 5 月于杭州

前言

网络安全已成为数字时代的隐忧，网络安全问题频繁被各大新闻媒体披露。随着计算和通信的融合，以及网络数据量以指数级别增长，网络安全问题日益成为人们关注的焦点。硬件在网络安全中扮演着越来越重要和不可或缺的角色，许多新兴的系统和应用程序漏洞也都根植于此，包括广受关注的存在于各种微处理器中的 Meltdown（熔断）漏洞和 Spectre（幽灵）漏洞。物联网领域出现的新应用也间接给攻击者创造了新的攻击面，并对支持安全可信系统操作的硬件提出了新的要求。此外，集成电路（IC）、印制电路板（PCB）以及其他电子硬件元件（无源或有源）的设计、制造、分销的复杂度和全球化程度越来越高，涉及越来越多的不受信任的实体。这种复杂的横向模式造成供应链向硬件中引入大量安全问题，包括恶意篡改、信息泄露、侧信道攻击、伪造、逆向工程和盗版等。片上系统（SoC）作为许多现代计算系统的基础，由于上市时间不断缩短，可能会在设计中留下许多未被察觉的漏洞。一旦这些芯片进入市场，攻击者就可以利用这些漏洞，引发一系列安全问题。

硬件安全包括一系列安全和信任相关的主题，横跨电子硬件的整个生命周期及其所有抽象级别（芯片、PCB、系统、系统的系统）。随着安全漏洞和信任问题不断增多，硬件作为计算系统信任锚的角色正在受到挑战。为了保护系统免受各种硬件安全/信任问题的影响，不管是本科生、研究生，还是参与设计和部署计算系统的专业人员，有效和全面的硬件安全教育显得尤为重要。同时我们也注意到，就业市场对优秀硬件安全专业人员的需求与日俱增。然而，高校现有的课程并没有关于硬件威胁和相应对策的全面指导。高校通常无法提供涵盖所有抽象层安全的全面的硬件安全教育，也没有对了解复杂系统的安全漏洞及相应的防御机制至关重要的动手实验。为了满足这一日益增长的需求，我们开始着手编写这本专门介绍硬件安全和信任的教材。

本书旨在为高年级工科专业的本科学生提供全面的硬件安全方面的知识。虽然本书主要针对本科生，但它也可以为研究生、安全研究人员、安全从业者以及行业专业人员（包括设计工程师、安全工程师、系统架构师和首席安全官）提供有用的参考。本书包含现代计算系统相关的基础知识，并描述了安全问题和保护机制。本书还包含一组精心设计的实验，可以让学生在任何设备齐全的电路实验室中进行实验，以了解硬件安全的各个方面，包括安全漏洞、攻击和保护机制。为了帮助学生在深入研究安全的具体领域之前理解现代系统的组成部分，第一部分还介绍了计算硬件、电路理论、有源和无源电子元件、芯片/PCB 设计和测试流程等知识。

本书还对 Hardware Hacking（HaHa）硬件平台进行了介绍[⊖]。HaHa 平台能让读者更加容易地对一个软硬件系统建模，并对其进行"攻击"以了解各种硬件安全问题和防御方法。本书介绍的所有实验都可以在这个平台上实现（其他硬件模块，如现场可编程门阵列（FPGA），也可以进行这样的实验）。本书的主要特色就是全面涵盖硬件安全的概念和相关背景知识，以及实用的学习方法，这有利于读者应对如今硬件安全领域中的问题和挑战。

本书特色

- 提供了计算机硬件的全面概述，包括计算系统的基本原理和其中的安全风险，以及对已知攻击方法、对策和案例的研究。在此基础上，希望读者对关键概念有一个全面的了解，这有助于在实际的产品和系统设计中识别与应对硬件安全威胁。
- 详细解释了硬件安全中的重要主题（安全漏洞、攻击和适当的保护机制），并针对每个重要主题精心设计了动手实验。
- 本书包括对自定义电子硬件平台（HaHa 平台）的介绍。该平台由本书的作者开发，用于进行相关的动手实验。这个硬件模块是专门为演示各种关键概念而设计的。实验描述（包括实验过程的步骤描述、观察内容、报告格式和高级选项）以附加材料的形式提供。
- 每一章附有一套练习，分为三组，难度各不相同。它们旨在帮助读者有效地理解该章所讲授的内容。

本书组织

作者基于自己十余年的硬件安全教学经验来组织主题，以便更高效地介绍相关概念。第 1 章主要对硬件安全进行介绍，包括硬件攻击向量、攻击面、攻击者模型、硬件攻击的原因以及对业务 / 经济模型的影响、硬件供应链以及安全与信任之间的关系。该章还介绍硬件安全的简史、本书内容的概述以及实验的方法。

本书接下来的内容分为四部分：

第一部分　电子硬件的背景知识

第二部分　硬件攻击：分析、示例和威胁模型

第三部分　硬件攻击防范对策

第四部分　硬件攻击和保护的新趋势

第一部分包含 3 章。第 2 章介绍数字逻辑、电路理论、嵌入式系统、集成电路、应用专用集成电路（ASIC）、FPGA、PCB、固件、软硬件交互以及硬件在系统安全中的作用。

⊖ 请读者登录华章网站下载该平台的介绍。

第 3 章概述 SoC 的设计和测试，描述基于知识产权（IP）的 SoC 生命周期、SoC 设计过程、验证 / 测试步骤，以及针对测试的设计和针对调试的设计基础设施。该部分的最后一章（第 4 章）介绍 PCB 的设计和测试，并描述 PCB 的生命周期、PCB 的设计过程以及 PCB 的测试方法。

第二部分涵盖硬件在整个生命周期和供应链中的攻击与漏洞。第 5 章介绍集成电路和 IP 中的硬件木马攻击，提出了不同类型的木马（依据激活机制和攻击载荷进行划分），以及在设计和制造过程中不同的威胁向量。第 6 章详细介绍当今电子供应链的安全和完整性问题。第 7 章介绍硬件 IP 生命周期中的安全问题，重点介绍与硬件 IP 盗版和 IP 逆向工程相关的威胁。随着 FPGA 市场和 IP 供应链的不断发展，该章还提出了与 FPGA IP 安全相关的问题。第 8 章介绍侧信道攻击，涵盖所有侧信道攻击形式，包括电源侧信道攻击、时序攻击、电磁（EM）侧信道攻击和故障注入攻击。第 9 章介绍面向基础设施的测试攻击，重点介绍扫描攻击和 JTAG 攻击。该章还介绍了利用片内测试 / 调试基础设施进行的不同形式的信息泄露攻击。第 10 章侧重于物理攻击和微探针。该章还详细讨论了针对信息泄露和篡改的芯片级逆向工程与微探针攻击。最后，第 11 章介绍针对 PCB 的各种攻击，特别是物理攻击。物理攻击包括监听 PCB 走线以造成信息泄露、PCB 逆向工程和克隆、恶意的现场修改或破解芯片类型攻击。

第三部分着重介绍防范硬件攻击的对策，特别是提出了针对硬件安全保障和建立硬件信任根的至关重要的对策。第 12 章重点介绍硬件安全原语的设计和评估，以及它们在功能安全性和针对供应链问题保护中的作用。该章涵盖常见的硬件安全原语，比如物理不可克隆函数（PUF）和真随机数生成器（TRNG）。第 13 章介绍集成电路的安全设计（DFS）和安全 / 信任验证。集成电路安全内置在不同级别的设计中，旨在防止不同类型的硬件攻击。第 14 章讨论硬件混淆，重点介绍一些混淆技术，包括状态空间混淆、逻辑锁定和伪装，并讨论它们在防止 IP 盗版、逆向工程和恶意修改方面所发挥的作用。第 15 章描述 PCB 完整性验证和认证，提出了基于 PCB 内部签名的 PCB 级认证解决方案，并保护 PCB 免受现场攻击。

第四部分，也是本书最后一章（第 16 章），介绍系统级的攻击与防御对策，包括防范通过系统或应用软件利用硬件安全漏洞的可能性，以及用于安全系统的 SoC 安全架构。SoC 中的资产是软件攻击的主要目标。因此，开发用于保护这些资产的安全 SoC 架构是非常有必要的。该章还介绍了架构级解决方案，以保护片上资产免受各种攻击，这些攻击依赖于绕开访问控制、信息流违反或其他漏洞。

我们希望读者能够喜欢这本书，并从中受益。由于硬件安全以及它所涉及的更广泛的网络安全主题无论在范围还是关注度上都呈上升趋势，因此我们相信这本书的内容在未来的很多年都不会过时。

配套材料

本书还有一份配套资料（可从 https://hwsecuritybook.org/ 获得），它详细描述了如何使用自定义 HaHa 平台进行动手实验。这个模块化、灵活和简单的硬件平台将使硬件安全的教育和培训变得简单、高效。该平台设计的目的是使学生能够以类似玩乐高积木的方式添加各种组件（如传感器或通信单元），构建具有自定义功能的计算系统，并通过无线连接多个单元来创建网络系统。这样就可以让学生通过实验了解多种安全攻击，包括硬件木马、侧信道攻击、篡改、逆向工程和窃听，以及相关的防御方法。我们希望这些动手实验能帮助学生深入理解相关概念，激发他们探索新的漏洞或保护机制的兴趣。

本书配套网站[⊖]

本书的辅助材料和实验模块可以在本书配套网站（www.hwsecuritybook.org）上找到。该网站包括以下内容：每章的幻灯片、示例作业、示例考试和测试、HaHa 平台的实验室模块、示例项目、部分实验视频、仿真工具、Verilog/VHDL 设计等。该网站还提供多种教学资料，以帮助学生和教师进一步了解硬件与系统安全的概念。我们还将与教授本课程的教师合作，促进硬件安全社区广大成员之间的资源共享。

致教师

www.hwsecuritybook.org 专门为教师提供了额外的教辅材料（该部分受密码保护）。如有需要，请联系网站管理员，按照网站上发布的流程获取登录用户名和密码，整个过程历时约需一周。教师资源包含原始幻灯片、幻灯片注释、完整考试集、作业、测验等，还包括习题和考试试题的答案。

作者

⊖ 关于本书教辅资源，只有使用本书作为教材的教师才可以申请，需要的教师请访问爱思唯尔的教材网站 https://textbooks.elsevier.com/ 进行申请。

致谢

编写第一本专门介绍硬件安全的书比我们想象的更加困难，但它也比我们想象的更有价值。规划书的结构、准备内容，并最终把它制成可打印的格式，这是一个漫长而艰苦的过程。在这个过程中，我们的朋友、同事和学生在诸多方面给予了无私的帮助。有了他们，这本书才得以成功出版。书中的内容、插图、习题以及动手实验因为他们的付出而变得更加丰富。

首先，我们要感谢佛罗里达大学 FICS 研究中心的学生们所做的贡献，他们帮助撰写和完善了每一章的技术内容。他们分别是（排名不分先后）：Adib Nahiyan、Tamzidul Hoque、Abdulrahman Alaql、Miao He、Huanyu Wang、Prabuddha Chakraborty、Jonathan Cruz、Shubhra Deb Paul、Atul Prasad Deb Nath、Naren Vikram Raj Masna、Sumaiya Shomaji、Sarah Amir、Bicky Shakya、Angela Newsome、Sazadur Rahman 和 Moshiur Rahman。我们非常感谢他们所做的努力和贡献，并为拥有这些优秀的学生而感到自豪。我们也坚信，他们必将在硬件和系统安全领域拥有光明的职业前景。

我们还要特别感谢 Fahim Rahman 博士，是他孜孜不倦地组织和审查各章节以及本书的相关材料；感谢 Qihang Shi 博士、Jungmin Park 博士对一些章节做出的重要技术贡献；感谢主持定制硬件平台（HaHa 板）开发的 Shuo Yang，他在实验设计上做出了重要贡献。他们都工作于佛罗里达大学 FICS 研究中心。

还有一些知名的硬件安全研究人员审阅了本书的初稿，我们非常感谢他们的付出。他们是 Sandip Ray 博士（佛罗里达大学）、Seetharam Narasimhan 博士（英特尔公司）、Chester Rebeiro 博士（IIT，马德拉斯）、Abhishek Basak 博士（英特尔公司）、Anirban Sengupta 博士（IIT，印多尔）、Xinmu Wang 博士（西北工业大学，中国）、Wenjie Che 博士（Enthentica）、Amit Trivedi 博士（伊利诺伊大学，芝加哥）、Robert Karam 博士（南佛罗里达大学）、Wei Hu 博士（西北工业大学，中国）

我们也衷心地感谢美国国家科学基金会（NSF）对定制硬件平台开发的支持。本书中提出的任何观点、发现、结论或建议都只是作者和贡献者的观点，并不代表美国国家科学基金会的观点。最后我们要感谢爱思唯尔的编辑和出版团队，特别是 Nate McFadden、Stephen R. Merken 和 Kiruthika Govindaraju，感谢他们在整个出版过程中的不断支持和指导。

目 录

译者序

前言

致谢

第1章 硬件安全概述 ……………… 1
1.1 计算系统概述 ………………… 2
1.2 计算系统的不同层次 …………… 3
1.3 何为硬件安全 ………………… 5
1.4 硬件安全与硬件信任 …………… 5
1.5 攻击、漏洞和对策 ……………… 8
1.6 安全与测试/调试之间的矛盾 …… 12
1.7 硬件安全的发展历史 …………… 12
1.8 硬件安全问题总览 ……………… 13
1.9 动手实践 ……………………… 15
1.10 习题 ………………………… 15
参考文献 ………………………… 16

第一部分 电子硬件的背景知识

第2章 电子硬件概览 ……………… 18
2.1 引言 …………………………… 18
2.2 纳米技术 ……………………… 19
2.3 数字逻辑 ……………………… 21
2.4 电路理论 ……………………… 24
2.5 ASIC 和 FPGA ………………… 27
2.6 印制电路板 …………………… 29
2.7 嵌入式系统 …………………… 32
2.8 硬件-固件-软件交互 ………… 33
2.9 习题 …………………………… 35
参考文献 ………………………… 36

第3章 片上系统的设计与测试 ……… 37
3.1 引言 …………………………… 37
3.2 基于 IP 的 SoC 生命周期 ……… 45
3.3 SoC 的设计流程 ……………… 47
3.4 SoC 的验证流程 ……………… 48
3.5 SoC 的测试流程 ……………… 50
3.6 调试性设计 …………………… 50
3.7 结构化 DFT 技术概览 ………… 53
3.8 全速延迟测试 ………………… 58
3.9 习题 …………………………… 61
参考文献 ………………………… 62

第4章 印制电路板：设计与测试 …… 64
4.1 引言 …………………………… 64
4.2 PCB 和元件的发展 …………… 65
4.3 PCB 的生命周期 ……………… 68
4.4 PCB 装配流程 ………………… 73
4.5 PCB 设计验证 ………………… 75
4.6 动手实践：逆向工程的攻击 …… 81
4.7 习题 …………………………… 82
参考文献 ………………………… 83

第二部分 硬件攻击：分析、示例和威胁模型

第5章 硬件木马 …………………… 86
5.1 引言 …………………………… 86
5.2 SoC 的设计流程 ……………… 87
5.3 硬件木马 ……………………… 88
5.4 FPGA 设计中的硬件木马 ……… 91
5.5 硬件木马的分类 ……………… 92

5.6 信任基准 ················· 96
5.7 硬件木马的防御 ········· 99
5.8 动手实践：硬件木马攻击 ··· 107
5.9 习题 ···················· 109
参考文献 ···················· 110

第6章 电子供应链 ·········· 114
6.1 引言 ···················· 114
6.2 现代电子供应链 ·········· 114
6.3 电子元件供应链存在的问题 ··· 117
6.4 安全隐患 ················ 118
6.5 信任问题 ················ 121
6.6 解决电子供应链问题的对策 ··· 127
6.7 习题 ···················· 133
参考文献 ···················· 134

第7章 硬件IP盗版与逆向工程 ··· 139
7.1 引言 ···················· 139
7.2 硬件IP ·················· 140
7.3 基于IP的SoC设计中的安全问题 ··· 141
7.4 FPGA安全问题 ··········· 145
7.5 动手实践：逆向工程和篡改 ··· 153
7.6 习题 ···················· 154
参考文献 ···················· 155

第8章 侧信道攻击 ·········· 158
8.1 引言 ···················· 158
8.2 侧信道攻击背景 ·········· 159
8.3 功率分析攻击 ············ 161
8.4 电磁侧信道攻击 ·········· 167
8.5 故障注入攻击 ············ 170
8.6 时序攻击 ················ 172
8.7 隐蔽信道 ················ 175
8.8 动手实践：侧信道攻击 ····· 176
8.9 习题 ···················· 177
参考文献 ···················· 178

第9章 面向测试的攻击 ······ 180
9.1 引言 ···················· 180
9.2 基于扫描的攻击 ·········· 180
9.3 基于JTAG的攻击 ········· 195
9.4 动手实践：JTAG攻击 ····· 198
9.5 习题 ···················· 199
参考文献 ···················· 199

第10章 物理攻击和对策 ····· 202
10.1 引言 ··················· 202
10.2 逆向工程 ··············· 202
10.3 探测攻击 ··············· 227
10.4 侵入性故障注入攻击 ····· 233
10.5 习题 ··················· 235
参考文献 ···················· 236

第11章 PCB攻击：安全挑战和脆弱性 ··· 241
11.1 引言 ··················· 241
11.2 PCB安全挑战：PCB攻击 ··· 243
11.3 攻击模型 ··············· 247
11.4 动手实践：总线嗅探攻击 ··· 253
11.5 习题 ··················· 253
参考文献 ···················· 255

第三部分 硬件攻击防范对策

第12章 硬件安全原语 ······· 258
12.1 引言 ··················· 258
12.2 预备知识 ··············· 258
12.3 PUF ··················· 262
12.4 TRNG ················· 269
12.5 DfAC ················· 274
12.6 已知的挑战和攻击 ······· 276
12.7 新型纳米器件的初步设计 ··· 280
12.8 动手实践：硬件安全原语（PUF和TRNG） ··· 283

12.9　习题 ·············· 284
参考文献 ············· 286

第 13 章　安全评估与安全设计 ········· 290
13.1　引言 ············· 290
13.2　安全评估和攻击模型 ······· 291
13.3　SoC 的硅前安全和信任评估 ···· 294
13.4　IC 的硅后安全和信任评估 ···· 303
13.5　安全设计 ··········· 305
13.6　习题 ············· 309
参考文献 ············· 309

第 14 章　硬件混淆 ············· 313
14.1　引言 ············· 313
14.2　混淆技术概述 ········· 316
14.3　硬件混淆方法 ········· 319
14.4　新兴的混淆方法 ········ 328
14.5　使用混淆技术对抗木马攻击 ··· 329
14.6　动手实践：硬件 IP 混淆 ···· 330
14.7　习题 ············· 331
参考文献 ············· 333

第 15 章　PCB 认证和完整性验证 ····· 335
15.1　PCB 认证 ··········· 335

15.2　PCB 签名的来源 ········ 336
15.3　签名获得和认证方法 ······ 340
15.4　签名的评估指标 ········ 344
15.5　新兴解决方案 ········· 345
15.6　PCB 完整性验证 ········ 347
15.7　动手实践：PCB 篡改攻击
　　　（破解芯片）··········· 348
15.8　习题 ············· 349
参考文献 ············· 350

第四部分　硬件攻击和保护的新趋势

第 16 章　系统级攻击和防御对策 ········· 352
16.1　引言 ············· 352
16.2　SoC 设计背景 ········· 352
16.3　SoC 安全需求 ········· 353
16.4　安全策略执行 ········· 357
16.5　安全的 SoC 设计流程 ····· 359
16.6　威胁建模 ··········· 362
16.7　动手实践：SoC 安全策略 ··· 374
16.8　习题 ············· 374
参考文献 ············· 376

附录 A　硬件实验平台（HaHa）简介 ⊖

　　⊖　该部分内容可登录华章网站（www.hzbook.com）获取。

第 1 章

硬件安全概述

计算机安全已成为现代电子世界的重要组成部分，而硬件安全更是成为计算安全的一个关键领域。硬件安全主要涉及电子硬件的安全，包括其架构、实现和验证。本书后续提及的"硬件"专指电子硬件。就像其他安全领域，硬件安全旨在关注那些窃取或破坏资产的攻击，以及保护这些资产的方法。所谓资产就是硬件元件本身，例如不同类型的集成电路（IC）、无源元件（如电阻、电容、电感器）和印制电路板（PCB），以及存储在这些元件中的敏感数据，例如加密密钥、数字产权管理（DRM）密钥、可编程 FUSE、敏感用户数据、固件和配置数据等。

图 1-1 展示了与现代计算系统相关的各类安全领域。例如，网络安全侧重于研究针对连接多个计算机系统的网络的攻击行为以及在潜在攻击下确保其可用性和完整性的机制。软件安全主要关注针对软件的恶意攻击，以及在潜在安全风险下确保软件可靠运行的技

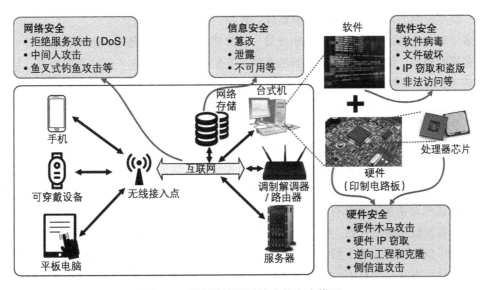

图 1-1　现代计算机系统中的安全模型

术。信息安全侧重于通过防止信息的非法访问、使用、修改或销毁以确保其机密性、完整性和可用性。硬件安全则关注硬件的攻击和保护，它是系统安全性的基础，为与之交互的系统的其他元件提供了可信基础。接下来的各章将详细阐述各类针对硬件的攻击以及相应的确保硬件安全及可信性的防御措施。

本书涵盖了与电子硬件和系统安全相关的所有内容，包括嵌入式系统、信息物理系统（CPS）、物联网（IoT）和生物医学系统（例如，植入设备和可穿戴设备）。同时，本书还描述了安全与信任、威胁、攻击、漏洞以及保护方法，其中包括针对各个抽象层的硬件设计、验证和信任监视解决方案：从硬件知识产权（IP）到集成电路，再到印制电路板和系统。书中还包括相关的度量标准、工具和基准。

1.1   计算系统概述

计算系统是由相互连接的元件组成的系统，一个系统中的主要组成部分及作用如下：用于存储信息的存储器；用于信息处理的处理器；用于与用户或其他系统交互的输入/输出设备（例如，键盘、打印机和显示器等外围设备）。该系统能够捕捉和转换信息，并与其他计算系统进行通信。信息存储和处理通常是针对数字数据，然而在诸多应用中，也会出现先由前端收集模拟信号，再对其进行数字化的情况，后端单元也可以选择将处理后的数字信号转换为模拟信号，与物理世界进行交互。一般来说，计算系统分为两类：通用系统和嵌入式系统。台式机、笔记本电脑和服务器系统都属于通用系统，它们具有如下特征：架构复杂，需要被优化；通用性强，易于编程；适用于多种用户场景。而数码相机、家用自动设备、可穿戴健康监视器和生物医学植入设备等的内置系统属于嵌入式系统，其特征包括：高度定制的设计；软硬件紧密集成；独特的用户需求约束。

多年来，随着嵌入式系统的不断发展、计算能力的大幅度提升，这两种系统之间的差异正在逐渐缩小。继而出现了两种新的系统，它们分别借鉴吸收了前两者的特点。信息物理系统（CPS）和物联网（IoT）系统。信息在 CPS 中基于计算机的信息处理系统与互联网、互联网用户以及物理世界产生紧密连接，这些系统包括智能电网、自动驾驶汽车、机器人系统等。物联网系统则包括与互联网、云、端点设备相连的计算系统，它通过嵌入式传感器收集和交换数据，并通过执行器控制物理设备，从而与物理世界发生交互。这些设备包括智能家居自动化设备和各种个人健康监控设备。这两类系统都越来越依赖人工智能做出自主决策，具备情境感知能力，并通过不断学习来更好地响应不同的使用模式。随着 CPS 与物联网设备越来越具有相似的特性，这两类设备之间的区别逐渐变得模糊。而这两类设备也有相似的特征，如：有复杂和漫长的生命周期，在此期间安全要求可能发生变化；设备之间可以在没有人为干预的情况下自行交互，这可能导致不安全的通信连接，所以需要创新的认证方法；上百万台设备有相同的配置，攻击者发现其中一个设备的漏洞，就能利用该漏洞来攻击多个设备。这些新的特征又促使我们对设备安全重新进行思考。

此外，现代计算系统通常不会单独运行，而是会与其他计算系统或云端相连接。云是一组计算机的集合，为其他计算机提供共享的计算或存储资源。图 1-2 展示了一个现代计算系统的不同组成部分。举例来说，一个 CPS 或 IoT 系统包含着从硬件单元到云的一系列组成部分，而数据和应用通常存储在云端。系统中的每个元件都存在不同的安全问题和相应的解决方案。在这个复杂的、物理分布式系统中，最薄弱的环节往往决定了整个系统的安全性。实现整个系统的安全性需要重新思考如何将每个元件的特定安全解决方案集成到整体保护方法中。

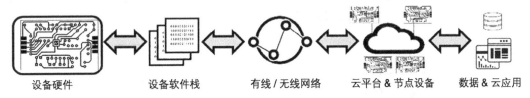

设备硬件　　　　　　设备软件栈　　　　　有线 / 无线网络　　　云平台 & 节点设备　　数据 & 云应用

图 1-2　现代计算系统中的不同组成部分

1.2　计算系统的不同层次

现代计算系统可以被看作由不同抽象层次构成的一个组织，如图 1-3 所示。硬件层位于系统的底层，上面是与物理硬件层进行交互的固件层。固件层之上是软件栈，软件栈由虚拟层（可选）、操作系统（OS）和应用层组成。以上讨论的所有系统类型都有类似的层次结构。计算系统处理的数据存储在硬件层（易失性存储，如静态或动态的随机存取存储器，或非易失性存储，如 NAND 或 NOR flash），由软件层进行读取。系统通过硬件和软件元件组合实现的网络机制连接到另一个系统或网络。以上所有的系统层都可能存在安全问题。虽然硬件安全问题相对较少（如图 1-3 所示），但是硬件安全问题通常对系统安全造成更大的影响。与软件和网络中的安全问题相比，它们通常会影响更多的设备，最近出现的 Meltdown（熔断）漏洞和 Spectre（幽灵）漏洞[9] 就是很好的例子。

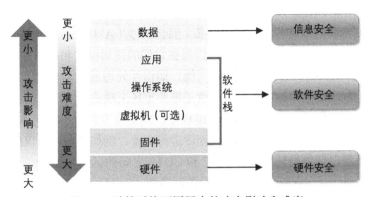

图 1-3　计算系统不同层次的攻击影响和难度

1.2.1　电子硬件

计算系统中的硬件由三层组成，如图 1-4 所示。首先是系统级硬件，即构成系统的所有物理元件（如印制电路板、外围设备和外壳）的集合，如智能恒温器或智能手机。下一层则是印制电路板（可能有多个），它可以为满足系统功能和性能要求所需的电子元件提供机械支持和电气连接。印制电路板通常由多层绝缘衬底（如玻璃纤维）构成，可以让导电金属线（如铜线）在元件之间进行电源和信号的连接。最底层主要是有源电子元件（如集成电路、晶体管和继电器等）和无源电子元件。不同的硬件抽象层会有不同的安全问题，需要相应的保护。本书涵盖所有硬件抽象层的主要安全问题和解决方案。

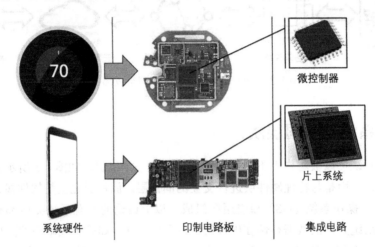

图 1-4　现代电子硬件的三个抽象层（两个示例设备）

1.2.2　电子硬件的类型

印制电路板中的集成电路或芯片用于执行各类任务，如信号采集、转换、处理和传输。其中一些芯片可以处理数字信号（如加密或图像压缩芯片），被称为数字集成电路；而处理模拟信号或两种信号的芯片被称为模拟 / 混合信号（AMS）芯片，如电压调节器、功率放大器和信号转换器等。集成电路还可以根据它们的使用模式和市场进行分类，例如特定用途集成电路（ASIC），它包含定制的功能，如信号处理或安全功能，并满足市场上不容易获得的特定性能目标。与之相对应的就是那些市场上现成的商用产品（COTS）集成电路，它们通常能够提供足够的灵活性和可编程性，以支持不同的系统设计需求。这些产品可以开箱即用，但一般需要针对目标应用程序进行配置，例如现场可编程门阵列（FPGA）、微控制器 / 处理器以及数据转换器。ASIC 和 COTS 之间的区别很微妙，当芯片制造商决定向市场销售 ASIC 时，它们就成为原始设备制造商（OEM）的"现成品"，原始设备制造商就会用这些现成品构建各种计算系统。

1.3　何为硬件安全

自计算机和网络出现以来，信息和数据安全一直是系统设计者和用户最关心的问题。因此，多年来，保护系统和网络免受各种形式的攻击、避免泄露关键信息和未经授权的访问等问题已得到广泛研究。信息安全主要基于各种密码措施，且已经在各种应用程序中被分析和部署。人们对计算机系统中的软件攻击也进行了充分的分析，并提出了多种解决方案，包括静态身份验证和动态执行监视。另一方面，由于人们普遍认为硬件不存在被攻击的可能，硬件安全的研究相对较新，因此常被用作系统的信任锚或"信任根"。然而，在过去的 30 年里，各种硬件安全漏洞和针对硬件的攻击屡见不鲜。早期，人们主要关注加密芯片中那些与实现相关的漏洞，正是这些漏洞导致了信息泄露。但是，电子硬件生产的新趋势，如基于知识产权核（IP 核）的芯片设计、又长又分散的电子元件制造和分销供应链等因素，导致芯片制造商对设计和制造步骤缺少控制，从而引发了越来越多的安全问题，如在不受信任的设计公司或场所对集成电路进行恶意修改，这也称为硬件木马攻击 [12]。这是一个硬件安全问题的例子，这种方式可能会为攻击者提供一个攻击的机会。另外一个例子是侧信道攻击，通过对侧信道的测量和分析，即测量和分析功率、信号传播延迟、电磁发射等物理信号，可以提取芯片的秘密信息；IP 盗版和逆向工程、伪造、对集成电路的微探针攻击、电路板中的跟踪或元件的物理篡改、电路板中的总线窥探以及通过测试或调试基础设施访问特权资源。这些安全威胁存在于硬件元件的整个生命周期，从设计到最后的销毁环节，以及从芯片到电路板再到系统等各个抽象层级。总而言之，硬件安全的主要任务就是研究这些攻击以及相关漏洞、根本原因和相应对策。[1,2,10,13,14]

硬件安全性保证的另一个重要方面与硬件设计、实现和验证有关，以确保软件栈的安全可靠运行，如保护存储在硬件中的敏感资产免受恶意软件和网络的攻击，在安全与不安全的数据和代码之间提供适当级别的隔离，以及提供多个用户应用程序之间的隔离 [1]。该领域有两个主要的方向：1）可信执行环境（TEE），如 ARM 的 TrustZone、英特尔的 SGX 和三星的 Knox。可信执行环境可以在机密性（观察数据的能力）、完整性（更改数据的能力）和可用性（合法所有者访问某些数据 / 代码的能力）方面保护应用程序的代码和数据不受其他不可信应用程序的影响。以上关于机密性（Confidentiality）、完整性（Integrity）和可用性（Availability）的描述被称为 CIA 要求，它们构成了在硬件平台上安全执行软件的三个重要支柱。而这些需求是通过一种软件 – 硬件联合的机制实现的，硬件提供了对这种隔离的架构的支持，并促进了密码功能的有效使用，软件则提供了有效的策略和协议。2）通过安全策略的实现来保护系统芯片中的安全关键资产，如访问控制和信息流策略。图 1-5 展现了硬件安全领域的这些关键点。

1.4　硬件安全与硬件信任

硬件安全问题的产生源于其在不同层级（如芯片或电路板）对各类攻击（如侧信道或

木马攻击）的脆弱性，以及缺乏健壮的硬件来支持软件和系统安全。另一方面，硬件信任问题的产生源于硬件生命周期中的不受信任实体，包括不受信任的 IP 或计算机辅助设计（CAD）工具供应商，以及不受信任的设计、制造、测试或分销实施，这些都有可能破坏硬件元件和系统的可信性。它们可能导致功能的行为、性能或可靠性偏离预期设定。信任问题往往会导致安全问题，例如，不可信的 IP 供应商可能在设计中包含恶意植入，造成设备拒绝服务（DoS），或在现场操作过程中遭遇信息泄露攻击。此外，信任问题也可能引发其他问题，例如参数化行为（如性能或效率降低）、可靠性降低或安全问题。全球供应链的不断演变和半导体行业的横向商业模式，使得硬件信任问题变得越来越重要。反过来，信任问题也推动信任验证和用于信任保证的硬件设计方面新的研究和开发工作。

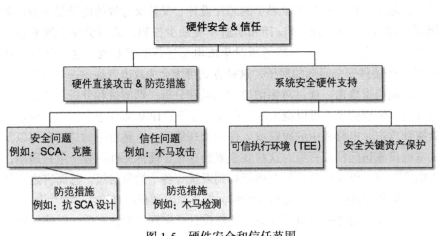

图 1-5　硬件安全和信任范围

1.4.1　什么导致了硬件信任问题

图 1-6 展示了集成电路生命周期中的主要步骤。从设计开始，创建功能规范（例如，数据压缩、加密或模式识别）和参数规范（例如，工作频率或备用电源）。接下来是进行一系列设计和验证。在这一步骤中，将设计的抽象描述（例如，架构级描述）转换为逻辑门，继而转换成晶体管级电路，最后变成实体布局。在这个转换过程中，会验证设计方案会是否具有正确的功能行为以及验证性能、功率和其他参数约束。然后，布局被转移到一个制造设备，该设备为布局创建一个掩模，经过一系列复杂的光刻、蚀刻和其他步骤形成"硅片"，这通常是一个包含一批集成电路的圆形硅盘。然后使用特殊的测试模式对晶圆片中的每个 IC 进行特定缺陷的测试。IC 在此阶段称为"die"（裸片），人们会用金刚石锯在硅片上进行切割得到这些裸片。随后，使用制造测试设施中的另一组测试模式对封装的裸片（或集成电路）进行功能和参数特性符合性测试。这一步在集成电路的生命周期中至关重要，因为它能确保那些不符合功能或参数规范的缺陷芯片被及时废弃，不会进入供应

链。在集成电路开发过程的早期阶段，此步骤用于识别和调试设计缺陷，并将识别出的缺陷信息反馈给设计团队，以便进行纠正。复杂集成电路的测试和调试通常通过设计中特殊的结构进行，分别称为可测性设计（DFT）和可调试性设计（DFD）基础设施。加入这些结构的主要目的是提高设计中内部节点的可控性和可观测性，而这些节点很难从预制芯片中访问。然而，正如我们稍后将要讨论的，它在本质上是与安全目标相违背的。安全目标是将这些节点的可控性和可观测性最小化，这样攻击者就不能轻易地访问或控制内部电路节点。例如，通过 DFT/DFD 接口直接访问处理器中嵌入式内存的读写控制可以帮助攻击者读取或者操纵存储在内存受保护区域中的敏感数据，从而造成敏感数据的泄露。

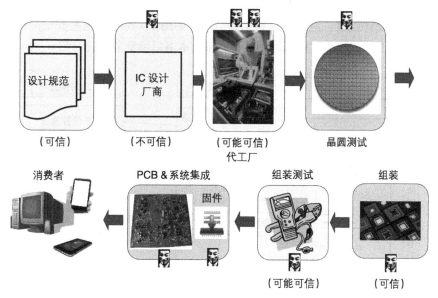

图 1-6　电子硬件设计和测试流程的主要步骤

　　通过生产测试的芯片才能进入供应链进行分销。在当前的业务模式中，大多数 OEM 厂商（原始设备制造商）会从供应链获取芯片，然后将它们集成到 PCB 中，将固件或配置数据安装到 COTS 元件中，从而创建一个完整的系统。这个漫长的硬件开发周期中涉及多个第三方供应商和设施设备。他们通常是不可信的，并且分布在全球。在图 1-7 中，标记出了不可信的阶段，可能可信的阶段以及可信的阶段。在下一节中，我们将讨论这些阶段可能存在的硬件攻击。值得注意的是，PCB 的设计、制造和测试过程都遵循类似的流程，并且世界各地都采用一种横向的商业模式来降低总生产成本。因此，与集成电路一样，PCB 也经常受到类似漏洞的影响。

1.4.2　不受信任的实体会导致哪些安全问题

　　图 1-7 展示了在 IC 设计、制造、测试过程中因不可信而导致的一些关键安全问题。

与此相关的是我们对 SoC 生命周期的考虑，该生命周期集成了许多 IP，通常是从第三方 IP 供应商获得，并将其集成到满足功能和性能标准的设计中。这些 IP 供应商通常分布在全球各地。由于芯片制造商出于商业原因不会公布有关其 IP 来源的信息，因此我们考虑了几个移动计算平台（如手机）的 SoC 示例，并创建了一个公共 IP 模块列表，这些 IP 模块会集成到这些 SoC 中。通常，IP 设计公司只针对特定的 IP 类（例如，内存、通信或密码 IP）。SoC 中使用的 IP 很可能来自不同的、分布在各地的第三方 IP 供应商从 SoC 设计人员的角度来看，这些 IP 都是不可信的。值得注意的是，生产厂商可以访问 SoC 的整个未加密的设计文件，包括所有 IP 模块、互连结构和 DFT/DFD 结构。虽然第三方 IP 供应商可能会植入恶意设计元件或硬件木马，但不可信的设计、制造和测试设施还是存在多个攻击选项，比如设计盗版、逆向工程和木马植入。如图 1-7 所示，这些安全问题可以通过有针对性的设计或测试解决方案来解决，我们将在本书后续章节进行介绍。

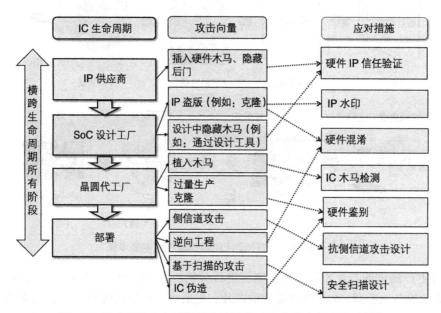

图 1-7 集成电路生命周期每个阶段的攻击向量和相应应对措施

1.5 攻击、漏洞和对策

在本节中，我们将简要介绍硬件攻击的主要类型、这些攻击的威胁模型、已知的功能性和非功能性漏洞以及可以采取的防范对策。

1.5.1 攻击向量

攻击向量是恶意攻击者以恶意目的访问硬件元件的方法或路径，如破坏硬盘或提取存储在硬件中的秘密资产。硬件攻击向量的例子包括侧信道攻击、木马攻击、IP 盗版和 PCB 篡改等。攻击向量使得攻击者可以利用实现层面的安全问题（如侧信道攻击和 PCB 篡改）或利用缺乏对硬件生产周期的控制来发动攻击（如木马攻击）。

1.5.2　攻击面

攻击面是暴露的潜在安全风险总和，换句话说，攻击面就是所有硬件、软件和网络元件的控件所包含的已知、未知和潜在漏洞的集合。根据目标系统的不同位置、元件和层级（包括硬件 / 软件），攻击者可以利用一个或多个漏洞并发起攻击，例如，从系统中提取机密信息。图 1-8 形象地展示了智能手机的主要攻击面，包括软件、网络、数据和硬件元件。从图中可以看出，一个系统总的攻击面可以很大，硬件则是其主要部分。在硬件安全上下文中，攻击面定义了攻击者发起硬件攻击的抽象水平。应对攻击的策略的目标就是将这些攻击面最小化。硬件安全的三个主要攻击面如下所示：

1）芯片级别攻击　芯片可能成为逆向工程、克隆、恶意植入、侧信道攻击和盗版的攻击目标[10, 11]。如果攻击者能够做出一个外观或功能与原始芯片相似的副本，那么仿制或伪造芯片就可以作为原版芯片出售。在供应链中也可能发现受木马病毒感染的芯片。侧信道攻击的一些程序也可以安装在芯片上，目的是提取存储在芯片内的机密信息。例如，使用私钥进行加密的加密芯片或运行受保护代码或数据的处理器，都很容易受到这种攻击而泄露机密信息。

2）印制电路板级别攻击　印制电路板常常会成为攻击者的目标，因为它们比集成电路更容易进行逆向工程和篡改。大多数现代印制电路板的设计信息都可以通过简单的光学检查（如 X 射线断层扫描）和信号处理来获取。这些攻击的主要目标是对电路板进行逆向工程，并获得电路板的原理图来重新设计并创建伪造单元。攻击者还可能会物理地篡改电路板（如删除跟踪程序或替换元件），以获得敏感信息或绕过 DRM 保护。

3）系统级别攻击　涉及软硬件元件交互的复杂攻击也适用于系统级别。攻击者可以通过破坏系统中最脆弱的部分，如印制电路板级的 DFT 基础设施（如 JTAG）和内存模块，从而实现未经授权的控制和敏感数据访问，最终破坏系统的安全性。

1.5.3　安全模型

硬件系统的攻击具有多种形式。攻击者的能力、对系统的物理或远程访问，以及系统设计和使用场景的假设在可用于发起攻击的技术中扮演着重要角色。为了描述安全问题或解决方案，必须清楚地描述相应的安全模型。一个安全模型应该包括两个部分：威胁模型，它描述的威胁包括攻击的目的和机制；信任模型，主要描述受信任方或元件。为了更好地说明在第三方 IP 中恶意植入所产生的安全问题，威胁模型需要对攻击者的目标进行描述，如从 SoC 泄露机密或破坏 SoC 的功能行为；还要描述攻击方式，如通过植入木马或在特殊内部条件下触发恶意内存读写操作。信任模型需要描述谁是可信的，例如，在这种情况下，就应该确认 SoC 设计器和 CAD 工具是可信的。

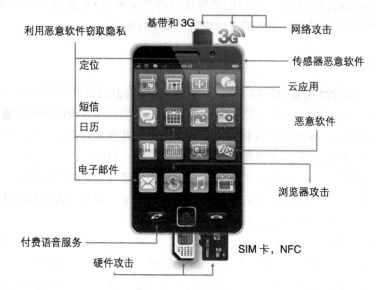

图 1-8　计算系统中可能存在的攻击面

1.5.4　漏洞

漏洞是指硬件架构、实现或设计测试过程中的弱点，攻击者可以利用这些弱点发动攻击。这些弱点可以是功能性的，也可以是非功能性的，它们会根据系统的特点及其使用场景而变化。典型的攻击就是识别一个或多个漏洞，然后利用它们发动攻击。识别漏洞通常是攻击过程中最困难的一步。以下是一些典型的硬件系统漏洞的描述。

1）**功能性漏洞**　大多数漏洞都是由功能缺陷或不安全的设计 / 测试造成的，包括弱加密硬件实现和 SOC 中资产保护措施不足。攻击者可以通过分析不同输入条件下系统的功能来寻找异常行为，从而发现这些漏洞。此外，漏洞也可能是意外发现的，这使得攻击者更容易使用系统中这些新发现的问题实施恶意活动。

2）**侧信道漏洞**　这些漏洞代表了实现级别的安全问题，攻击者通过这些不同形式的侧信道攻击手段 [4] 获取存储在硬件元件（例如处理器或加密芯片）中的关键信息。攻击者可以通过分析硬件元件在运行过程中的侧信道信号来发现这些漏洞。很多基于侧信道错误的有效的攻击方法都是使用统计方法来分析侧信道参数 [2] 的测量轨迹。侧信道漏洞的危害程度取决于通过侧信道泄露的信息量。

3）**测试或调试基础结构**　大多数硬件系统都提供了测试和调试功能，使得设计人员和测试工程师能够验证操作的正确性。它们还提供了研究硬件中运行内部操作和进程的方法，这对于调试硬件是必不可少的。然而，这些基础功能可能被攻击者利用，如使用测试或调试功能提取敏感信息或对系统进行非法控制。

4）访问控制或信息流问题　在某些情况下，系统可能无法区分授权用户和非授权用户。这就可能让攻击者滥用或利用存在的这些问题。此外，攻击者还可以监视系统运行过程中的信息流，从而破译安全关键信息，如程序的控制流和硬件保护区域的内存地址。

1.5.5　安全措施

过去几年频繁出现硬件攻击，因此开发了减轻这些攻击的安全措施。这些安全措施可以应用在设计阶段，也可以应用在测试阶段。图 1-9 展示了当前业界针对 SoC 所实施的一些措施，包括：在设计中包含安全措施（称为"安全设计"）；验证这些措施以保护系统免受已知攻击（称为"安全验证"）。SoC 制造流程包括四个概念阶段：预研、规划、开发和生产。前两个阶段和开发阶段的一部分构成了 SoC 生命周期的硅前阶段，包括设计空间、架构定义的预研，然后得出满足设计目标的设计。开发阶段的另一部分以及 SoC 的生产阶段，形成了 SoC 生命周期的硅后阶段，包括验证和制造芯片。安全评估是在预研阶段进行的，它对 SoC 中的资产、可能对它们实施的攻击以及在特定时刻软件安全执行的需求进行识别。此步骤最终将创建一组安全需求。接着，通过定义一个架构（安全架构）来处理这些需求，其中包括保护测试 / 调试资源免受恶意访问，以及保护加密密钥、受保护内存区域和配置位。一旦定义了架构并逐步完成了设计，就会执行硅前阶段的安全验证，以确保架构及其实现充分满足安全需求。类似的安全验证是在芯片制作完成后执行的（称作"硅前安全验证"），以确保所制造的芯片没有安全漏洞，防止已知的攻击。硅前安全验证和硅后安全验证都有不同的形式，它们在安全漏洞的覆盖范围、由此产生的可靠性和大型设计方法的可伸缩性方面也各不相同。这些技术包括硅前验证期间的代码审查、形式验证和硅后验证期间的模糊测试和渗透测试。

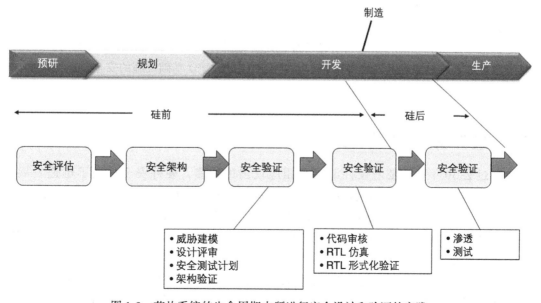

图 1-9　芯片系统的生命周期中所进行安全设计和验证的实践

设计方案：安全设计（Design-for-Security，DfS）实践已成为有效解决安全问题的措施。DfS 提供了有效的低开销设计解决方案，可以针对各种攻击提供主动或被动防御策略。DfS 技术，如混淆[6]、使用可靠的安全原语、侧信道阻抗（如屏蔽和隐藏技术）和强化的木马植入方案，可以有效地抵御诸多常见的攻击类型。同样，SoC 安全架构是 SoC 平台安全的一个重要保障，它能够抵抗各种类型的软件攻击。

测试和验证方案：测试和验证技术已成为解决各种安全与信任问题的主要方法。硅前验证（功能验证及正式验证）和硅后制造测试都被认为是识别芯片、PCB 和系统安全漏洞与信任问题的有效机制。本书涵盖各种 DfS 和测试 / 验证解决方案，这些解决方案是为了保护硬件免受诸多漏洞的攻击而提出的。

1.6   安全与测试 / 调试之间的矛盾

SoC 的安全和测试 / 调试常常要求在设计阶段加入冲突设计需求。使用 DFT 进行的生产后期测试和调试，如扫描链和 DFD 结构，构成了 SoC 生命周期中的一些重要活动。有效的安全调试要求程序在硅中执行时能够看到 IP 块的内部信号。然而，安全约束常常对内部信号的可观测性造成严重限制，使调试变得非常困难。这些约束来自诸多关键资产保护的安全需求，例如用于高安全性模块、加密密钥和固件的保护机制。虽然在调试过程中很难观测到这些安全资产本身，但是它们同样给其他信号的观察带来困难，如那些来自低安全性资产的 IP 信号，需要通过具有高安全性资产的 IP 块进行路由。

在目前的工业实践中，这个问题很难得到解决。首先，缺乏对安全资产的集中控制，因为它们是基于每个 IP 确定的。其次，在集成安全资产时通常不会考虑调试需求，导致在硅执行阶段发现调试问题时为时已晚。解决这个问题可能需要进行一次"硅再生"，也就是说在设计校正之后再重新制造硅芯片，这是极其昂贵的，而且往往费时费力。因此，越来越多的人开始强调开发硬件架构，以确保 DFT 和 DFD 基础设施的安全性，同时确保它们在 SoC 测试 / 调试过程中发挥应有的作用。

1.7   硬件安全的发展历史

在过去 30 年中，随着硬件漏洞和相应攻击的增多，硬件安全得到了迅速发展。图 1-10 展现了硬件安全发展过程中的重大事件。在 1996 年以前，只有零星的硬件 IP 盗版案例，主要是 IC 克隆，这促进了 IP 水印和其他反盗版技术的发展。1996 年，出现了一种采用时序分析攻击形式[3]的硬件攻击，这种攻击在分析不同操作所需的计算时间的基础上，从加密硬件中提取信息。1997 年，故障注入分析成为一种攻击载体，它导致系统安全性受到损害[7]。攻击的重点是对系统施加环境压力，迫使其泄露敏感数据。第一次基于功率分析的侧信道攻击是在 1999 年出现的[2]，它主要是分析系统在运行时的功率消耗以获取密码芯片的机密。

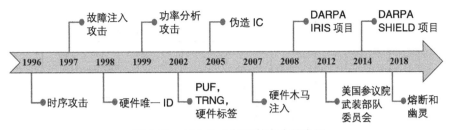

图 1-10　过去几十年硬件安全的发展

　　在 2005 年，出现了大量关于生产和供应伪造 IC 的报告（包括克隆和回收芯片），造成了重大的安全和信任问题。硬件木马的概念是在 2007 年出现的[12]，它向人们展示了在硬件设计中植入恶意电路的可能性。恶意电路的目的是破坏系统正常的功能行为、泄露敏感信息、未经授权控制或降低系统性能。最近，一些受到业界和学术界高度关注的硬件漏洞是 Meltdown 和 Spectre 漏洞[9]，它们利用现代处理器中依赖于实现的侧信道漏洞来访问计算机的用户密码之类的私有数据。这些漏洞已经被不同的处理器制造商发现并报告，且进行了相应的修复。

　　与软件安全类似，针对硬件攻击的措施也是以事件驱动型的方式展开。这几年，许多设计和测试解决方案已经用于应对已知的硬件攻击。1998 年，人们引入了硬件标签的概念，即给每个 IC 分配一个唯一的 ID。在 2000 年年初出现了硬件安全基的概念，如物理不可克隆函数（PUF）和真随机数生成器（TRNG），提高了对硬件攻击的保护水平[5, 15]。美国国防部又赞助了一些研究项目，以促进硬件安全解决方案的发展。2008 年，DARPA加入集成电路完整性和可靠性（IRIS）计划，通过破坏性和非破坏性分析来开发硬件完整性和可靠性保证技术。2012 年，美国参议院军事委员会发布的一份报告显示，美国空军多个部门发现了伪造设备[8]，凸显了问题的严重性，这些仿冒品总数超过 100 万件。最后，该事件以出台一部加强防止仿冒行为的修正案告终。美国国防部高级研究计划局于2014 年推出了电子防御供应链硬件完整性（Supply Chain Hardware Integrity for Electronics Defense，SHIELD）计划，旨在开发跟踪电子元件（从 PCB 到芯片，再到小型电子元器件）在供应链中移动的技术。在过去 10 年中，政府和业界为实现安全可信的硬件平台所做的努力已经被证明有效，在不久的将来还会做更多这样的努力。

1.8　硬件安全问题总览

　　表 1-1 给出了关于主要硬件安全问题和对策的概览，我们已经在本书中讨论了这些问题。对于每一种攻击都会提供相应的关于攻击者、攻击面和攻击目标的信息。同时表格还列出了攻击相对应的硬件生命周期阶段、目标和相关开销。这个表格可以作为读者对书中一些关键概念的快速参考。

表 1-1　硬件攻击的概述和对策

攻击

攻击类型	概述	攻击者	目标	存在的阶段	章节#
硬件木马攻击	恶意设计修改（在芯片或 PCB 中）	• 不可信的生产工厂 • 不可信的 IP 供应商 • 不可信的 CAD 工具 • 不可信的设计设施	• 引起故障 • 降低可靠性 • 泄露机密信息	• 设计 • 制造	第 5 章
IP 盗版	未经授权的实体侵犯 IP	• 不可信的 SoC 设计者 • 不可信生产商	• 制作未经授权的副本 • 在授权之外使用 IP	• 设计 • 制造	第 7 章
物理攻击	对硬件进行物理更改或修改操作条件以产生各种恶意影响	• 最终用户 • 具有物理访问权限的恶意用户	• 影响功能行为 • 泄露信息 • 拒绝服务	• 现场	第 11 章
Mod-chip 攻击	将 PCB 更改为绕过系统设计施加的限制	• 最终用户	• 绕过通过 PCB 实施的安全规则	• 现场	第 11 章
侧信道攻击	通过观察参数行为（即功率、时间、EM）以获取敏感信息	• 最终用户 • 具有物理访问权限的恶意用户	• 泄露硬件内部正在处理的机密信息	• 现场	第 8 章
基于扫描的攻击	利用 DFT 电路促进侧信道攻击	• 最终用户 • 具有物理访问权限的恶意用户	• 泄露硬件内部正在处理的机密信息	• 现场 • 测试时间	第 9 章
微探测技术	用显微针头探测芯片内部导线	• 最终用户 • 具有物理访问权限的恶意用户	• 泄露芯片内部的秘密信息	• 现场	第 10 章
逆向工程	硬件设计提取过程	• 设计公司 • 代工厂 • 最终用户	• 提取硬件的设计细节	• 制造 • 现场	第 7 章

对策

对策类型	概述	涉及方	目标	存在的阶段	章节#
信任验证	验证设计是否存在机密性、完整性和可靠性方面的潜在漏洞	• 验证工程师	• 对已知威胁提供保证	• 硅前验证 • 硅后验证	第 5 章
硬件安全原语（PUF, TRNG）	提供安全特性以支持供应链协议	• IP 集成商 • 转销商（注册用）	• 认证 • 密钥生成	• 整个集成电路供应链	第 12 章
硬件混淆	混淆原始设计、防止盗版和逆向工程	• 设计公司 • 集成公司	• 防止盗版 • 逆向工程	• 设计阶段	第 14 章
掩蔽和隐藏	设计防止侧信道攻击的解决方案	• 设计公司	• 通过减少泄露或添加噪声来防止信道攻击	• 设计阶段	第 8 章
安全架构	使安全解决方案设计能够防止潜在和新出现的安全漏洞	• 设计公司 • IP 集成商	• 使用设计时解决机密性、完整性和可用性问题	• 设计阶段	第 13 章
安全验证	评估安全需求	• 验证和核实工程师	• 完整性、身份验证、隐私要求、访问控制策略	• 硅前验证 • 硅后验证	第 16 章

1.9 动手实践

本书包括了几个重要硬件安全主题的实践经验。我们认为，在理解复杂系统中的安全漏洞和防御机制时，实践是至关重要的。为了进行实践，我们定制了一个易于理解、灵活的"可被攻击"硬件模块，或者说是一个带有基本构件的印制电路板，它可以模拟计算机系统并创建一个连接设备的网络。我们叫它"HaHa"，即 Hardware Hacking module 的缩写。本书的相关章节包含对实验的简短描述，这些实验有助于更好地理解章节的主题。我们也希望通过这些实践，激发学生对安全问题的兴趣，进一步研究、探索有效的安全策略。除了电路板，动手实验平台还包括相应的软件模块以及精心编写的在这个平台上实现各种安全攻击的指令，这些将作为配套材料并可从本书配套网站上获取。

1.10 习题

1.10.1 判断题

1. 硬件不能被认为是系统安全的"信任根"。
2. 如果使用强大的软件工具来保护用户的数据，那么硬件安全性就无关紧要了。
3. 硬件包含可以被攻击者访问的不同形式的资产。
4. Meltdown 和 Spectre 是在大多数现代处理器中发现的两个新漏洞。
5. 硬件开发生命周期涉及许多不受信任的实体。
6. 硬件信任问题不会导致任何安全问题。
7. 侧信道攻击是利用实现级弱点的攻击载体。
8. 硬件中的测试和调试特性常常与安全目标冲突。
9. 攻击者可以利用功能缺陷来提取 SoC 中的资产。
10. 验证解决方案可以防止几个硬件安全问题。

1.10.2 简答题

1. 描述电子硬件的不同抽象层次。
2. 说明区别：通用系统与嵌入式系统，ASIC 与 COTS。
3. 描述硬件安全的两个重点领域。
4. 什么是硬件信任问题？它们如何影响计算系统的安全性？
5. 功能性 bug 和侧信道 bug 之间有什么区别？
6. 安全性和测试 / 调试需求为什么是冲突的？冲突是如何造成的？
7. 提供一些 SoC 内部的安全资产示例。

1.10.3 详述题

1. 描述系统安全性的不同方面，并简要讨论它们的影响。

2. 说明当前在 SoC 安全设计和验证过程中的实践情况。

3. 描述电子硬件设计和测试流程的主要步骤，并对每个阶段的安全性问题进行讨论。

4. 对于计算系统（比如智能手机）及其中的硬件元件，攻击面有哪些不同？

5. 描述硬件中不同类型的安全漏洞。

参考文献

[1] S. Ray, E. Peeters, M.M. Tehranipoor, S. Bhunia, System-on-chip platform security assurance: architecture and validation, Proceedings of the IEEE 106 (1) (2018) 21–37.

[2] P. Kocher, J. Jaffe, B. Jun, Differential power analysis, in: CRYPTO, 1999.

[3] P. Kocher, Timing attacks on implementations of Die–Hellman, RSA, DSS, and other systems, in: CRYPTO, 1996.

[4] F. Koeune, F.X. Standaert, A tutorial on physical security and side-channel attacks, in: Foundations of Security Analysis and Design III, 2005, pp. 78–108.

[5] M. Barbareschi, P. Bagnasco, A. Mazzeo, Authenticating IoT devices with physically unclonable functions models, in: 10th International Conference on P2P, Parallel, Grid, Cloud and Internet Computing, 2015, pp. 563–567.

[6] A. Vijayakumar, V.C. Patil, D.E. Holcomb, C. Paar, S. Kundu, Physical design obfuscation of hardware: a comprehensive investigation of device and logic-level technique, IEEE Transactions on Information Forensics and Security (2017) 64–77.

[7] J. Voas, Fault injection for the masses, Computer 30 (1997) 129–130.

[8] U.S. Senate Committee on Armed Services, Inquiry into counterfeit electronic parts in the Department of Defense supply chain, 2012.

[9] Meltdown and Spectre: Here's what Intel, Apple, Microsoft, others are doing about it. https://arstechnica.com/gadgets/2018/01/meltdown-and-spectre-heres-what-intel-apple-microsoft-others-are-doing-about-it/.

[10] M. Tehranipoor, U. Guin, D. Forte, Counterfeit integrated circuits, Counterfeit Integrated Circuits (2015) 15–36.

[11] R. Torrance, D. James, The State-of-the-Art in Semiconductor Reverse Engineering, ACM/EDAC/IEEE Design Automation Conference (DAC) (2011) 333–338.

[12] M. Tehranipoor, F. Koushanfar, A Survey of Hardware Trojan Taxonomy and Detection, IEEE Design and Test of Computers (2010) 10–25.

[13] Y. Alkabani, F. Koushanfar, Active Hardware Metering for Intellectual Property Protection and Security, Proceedings of 16th USENIX Security Symposium on USENIX Security (2007) 291–306.

[14] G. Qu, F. Koushanfar, Hardware Metering, Proceedings of the 38th annual Design Automation (2001) 490–493.

[15] R. Pappu, B. Recht, J. Taylor, N. Gershenfeld, Physical One-Way Functions, Science (2002) 2026–2030.

[16] F. Wang, Formal Verification of Timed Systems:A Survey and Perspective, Proceedings of the IEEE (2004) 1283–1305.

第一部分

电子硬件的背景知识

第2章　电子硬件概览

第3章　片上系统的设计与测试

第4章　印制电路板：设计与测试

第 2 章

电子硬件概览

2.1 引言

21 世纪，计算已经渗透到我们日常生活的各个方面。曾经只有科学家和工程师才能进入的领域，现在几乎所有人都可以轻松进入。在世界上任何地方，即使是在非常偏远的地区，所有人都可以使用手机，汽车上有许许多多的微控制器，很多人都有手环这一类基于计算机技术的健身追踪器，这些都很常见。简而言之，计算机无处不在。今天人们的日常生活，如购物、付账、查看银行账户、吃饭，都十分依赖计算机技术。

现代计算系统的普及是集成电路设计和制造技术在过去半个世纪不断进步的直接结果。我们可以把计算的历史追溯到诸如 Charles Babbage 的差分引擎 [1]（difference engine）或 20 世纪 40 年代末发明的 ENIAC[2]。现代计算机是晶体管的直接成果，最早是由 Bardeen、Shockley 和 Brattain 于 1947 年在贝尔实验室以点接触晶体管的形式实现的 [3]。点接触晶体管体积较大，由锗构成。后来，其他半导体材料，特别是硅，被用于实现双极晶体管，并最终在 20 世纪 60 年代场效应晶体管（FET）中发挥重要作用 [3]。

1965 年，英特尔公司的戈登·摩尔发现每平方英寸集成的晶体管数量每两年就会翻一番 [3]。在接下来的 50 年里，晶体管密度和开关速度几乎每隔 18～24 个月就会翻一番，这一发现在半导体行业被称为 "摩尔定律"。图 2-1 展示了从 20 世纪 70 年代初到 2016 年最新一代集成电路晶体管密度的增长 [4, 5]。虽然进入 21 世纪后，持续的增长令人印象深刻，但现在这种增长已经放缓。这主要是由于集成电路的工艺变化和环境噪声使得集成电路很难达到预期的性能。因此现在我们面临的情况就是，面对更高性能和更小区域的需求，需要在未来积极寻求替代纳米技术。

随着晶体管缩小速度的放缓，许多研究人员开始考虑用 "超越摩尔"（Beyond Moore）或 "超过摩尔"（More than Moore）的技术进行替代 [5]。新型纳米电子器件研究的一个基本目标是找到能够延续过去几十年来一直保持的性能提升速度的技术。然而，许多新的纳米技术往往没有当今硅基互补金属氧化物半导体（CMOS）晶体管强大。这些新兴的设备经常能为新的应用程序提供新的机会，或者通过与 CMOS 的混合集成提供性能上的改进 [6-8]。因此，"超过摩尔"技术的支持者认为，应该考虑将纳米技术应用于可能实现的新应用，而不是简单地提高现有计算系统和架构的性能。尽管如此，集成电路设计和制造技术的前景正在改变，特别是随着物联网（IoT）和无处不在的智能设备的出现，计算已经变得司空见惯。

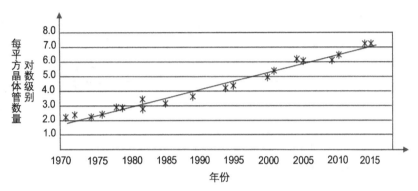

图 2-1　摩尔定律的图解，显示每单位面积上晶体管的数量每年翻一番

通常纳米技术研究的是如何合成和集成尺寸小于 100 纳米的结构物质 [9]。考虑到十多年来硅 CMOS 晶体管的栅长一直低于 100 纳米（现在是 7 纳米），有人可能会说，现代电子技术已经被纳米技术所主导。为了区分传统的 CMOS 和非 CMOS 纳米技术，人们经常使用"纳米级 CMOS"和"深亚微米"等术语。尽管如此，已经出现了几种新型的半导体晶体管技术，它们当然值得在"超越摩尔"纳米电子学的背景下加以考虑。

2.2　纳米技术

2.2.1　绝缘硅片

绝缘硅片（SOI）技术是近年来出现的一种提高半导体器件性能的技术。具体地说，SOI 指的是一种制造技术，其中半导体（通常是硅）被置于绝缘体（通常是二氧化硅）之上。由于顶部的半导体层可以非常薄，因此有可能实现掺杂扩散区域，并一直延伸到下面的绝缘体。此外，一些 SOI 晶体管属于完全耗尽的类型，这意味着当设备打开时，整个通道是反向的。简而言之，SOI 结构降低了寄生电容和其他不利影响，因此相比于传统的非SOI 方法，性能得到了极大的提高。

基于 SOI 的设备和电路生产可能极具挑战性，这也取决于如何在绝缘体顶部制造半导体层。在理想情况下，顶部半导体将通过外延技术产生，这样顶层会非常薄。然而，氧化物或绝缘体层的结晶度通常与所需的半导体并不匹配。SOI 更常见的技术是利用与顶部半导体相同材料的厚晶圆，将其翻转并黏在绝缘体上。由于顶部半导体是独立于绝缘体制造的，它将具有相关电子器件和电路所需的结晶度。然而翻转、黏合和稀释顶层的过程往往代价相当昂贵。

2.2.2　FinFET 技术

另一种产生纳米场效应晶体管（FET）的方法就是垂直化。在器件层面，垂直化可以指 FinFET 晶体管的出现，即半导体通道垂直地制作成翅片结构的晶体管。所谓的翅片允许栅极从三个侧面绕在沟道上，只留下翅片 / 沟道的底部对底层的大块衬底开放。与 SOI 一样，封装的栅极导致一个更加充分的耗尽型的沟道，从而减少寄生效应。寄生电容和其他非理想特性的降低可以提高性能。此外，由于翅片是由现有的半导体衬底制成的，而不是像 SOI 那样在绝缘体上分层，因此 FinFET 技术的难度不会和 SOI 一样高。值得一提的是，FinFET 技术已经成为亚 32 纳米 CMOS 技术的常用方法，英特尔、三星、台积电和 Global Foundries 等公司都提供了 14 纳米的技术节点，甚至很快就会提供 10 纳米和 7 纳米的栅极长度的技术节点 [10]。

2.2.3　三维集成电路

在不久的将来，特征尺寸还将不断地缩小（缩小到 10 纳米，甚至可能更小到 7 纳米和 5 纳米），我们相信 CMOS 晶体管技术在横向尺寸上已经达到了极致。为了在现代半导体电子学中继续获得密度的改进，必须更好地利用垂直尺寸。这是三维（3D）集成电路技术（即 3DIC）发展的首要目标。3DIC 是指分层制造方法，其中多个半导体基板（在相同或不同的代工厂中制造）堆叠在一起，以实现垂直和横向的电路。有多种方法构建 3DIC，包括面对面、从前到后和基于 SOI 的方法。

对于 3DIC，面对面的方法可能是最简单的，因为不需要在硅中实现额外的结构。相反，两个模具或晶圆片的顶部金属层包括连接两层的接触点。然后，将其中一层翻转并定向到另一层之上，以便在预定义的接触点上建立连接。因此，所得到的 3DIC 由两个面对面排列的半导体层组成。当构建一个包含两层以上的 3DIC 时，使用面对面方法就出现局限性了：在这种情况下，要么需要片外连接来连接其他对，要么需要第二种形式的 3DIC，也就是通过硅穿孔（TSV）连接面向背靠背结构的层。

许多 3D 实现都是由某种形式的前后排列构成，其中每个半导体层都面向顶部的金属层。在这种情况下，跨层连接需要使用 TSV。相对于传统的穿孔，每个 TSV 的截面面积往往更大，这限制了可以集成到单个模具上的 TSV 的总数。然而，这种 3DIC 技术能够大幅度缩短总线材长度，从而减少延迟，提高性能。此外，垂直堆叠晶体管的性能使得单位面积上晶体管的数量随着层数的增加而不断增加。这样的集成为继续满足摩尔定律对性能和面积的要求带来了希望。

2.2.4 体硅技术

体硅 CMOS 仍然是现代电子领域的主要载体。尽管 beyond-CMOS 纳米技术已经出现，但由于 CMOS 技术的成熟、成本、性能和易于集成等原因，CMOS 器件仍然发挥着重要的作用。这导致了 CMOS-纳米电子方法的混合，其中 CMOS 用于 I/O 和增益等功能，而纳米级技术用于高密度内存和逻辑实现[6]。使用纳米技术的一个主要优势是增加了密度，并且能够将功能压缩到规则的横杆结构中。此外，纳米电子材料作为 CMOS 材料的极低功率消耗替代品也在不断得到探索。这对于基于三维的架构尤其重要，在这种架构中，上层的热量成为主要关注点[11, 12]。相信 CMOS 将继续在未来的集成电路和电子计算系统、新兴系统和应用领域中（如数字微流体、物联网、量子计算机和神经形态计算）中占有一席之地。因此，集成电路的未来应该是多种技术的混合，包括许多由新兴纳米材料构建的新设备。

2.3 数字逻辑

数字逻辑是用数字表示数字电路的信号和序列。它是所有现代计算系统背后的基本概念，帮助我们理解硬件和电路如何在设备内通信。本节将介绍数字逻辑的基本概念，具体介绍二进制逻辑、组合电路和时序电路，如触发器、寄存器和存储器[13]。

2.3.1 二进制逻辑

二进制逻辑或布尔逻辑是布尔代数的核心概念，它构成了所有数字电子电路和基于微处理器的系统的"门"。基本数字逻辑门对二进制数执行 AND、OR 和 NOT 的逻辑操作。

信息以二进制形式存储在计算机系统中。二进制位表示两种可能的状态，逻辑 1 或逻辑 0。具体来说，正电压状态可以表示为逻辑 1、高或真（true），而无电压状态可以表示为逻辑 0、低或假（false）。在布尔代数和真值表中，这两种状态分别表示为 1 和 0[14]。图 2-2 就展示了一个 CMOS 电路，它通常由 P 型晶体管和 N 型晶体管组成。在数字逻辑中，每个晶体管要么是开的，要么是关的，这分别表示短路或开路。如图 2-2 所示，左侧以二进制形式提供逻辑 true，右侧以二进制形式提供逻辑 false。

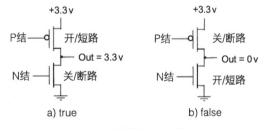

图 2-2 二进制的 true 和 false

2.3.2 数字逻辑门

数字逻辑门是数字电路的基本组成部分。许多基本逻辑门执行着基于在二进制数上指示的逻辑操作（见图 2-3）。例如，双输入逻辑门就具备以下特点。

- AND：如果所有输入为 1，则输出为 1；否则，输出为 0。
- OR：如果至少有一个输入为 1，则输出为 1；否则，输出为 0。
- XOR：如果两个输入相同，则输出为 0；否则，输出为 1。
- NAND：如果至少有一个输入为 0，则输出为 1；否则，输出为 0。
- NOR：如果两个输入都为 0，则输出为 1；否则，输出为 0。
- NOT 或逆变器：如果输入为 0，则输出为 1；如果输入为 1，则输出为 0。

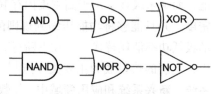

图 2-3 基本双输入逻辑门

2.3.3 布尔代数

布尔代数是数字逻辑的数学表示。上述基本逻辑操作的数学格式如下所示。

- A AND B 写作 AB 或 $A \cdot B$。
- A OR B 写作 $A+B$。
- A XOR B 写作 $A \oplus B$。
- NOT A 写作 $\sim A$ 或 A' 或 $\overline{A}$。
- A NAND B 写作 $(AB)'$ 或 $(A \cdot B)'$ 或 $\overline{(AB)}$。
- A NOR B 写作 $(A+B)'$ 或 $\overline{(A+B)}$。

布尔代数的定律[14] 已列在表 2-1 中，其中 A、B 和 C 可以被认为是逻辑运算的布尔值或单个位。

表 2-1 布尔代数的定律[14]

$A\&B = B\&A$	交换律
$A\|B = B\|A$	交换律
$(A\&B)\&C = A\&(B\&C)$	结合律
$(A\|B)\|C = A\|(B\|C)$	结合律
$(A\|B)\&C = (A\&C)\|(B\&C)$	分配律
$(A\&B)\|C = (A\|C)\&(B\|C)$	分配律
$A\&0 = 0$	重言律
$A\|0 = A$	重言律
$A\&1 = A$	重言律
$A\|1 = 1$	重言律
$A\|A = A$	幂等律
$A\|(\sim A) = 1$	互补律

（续）

$A\&A = A$	幂等律
$A\&(\sim A) = 0$	互补律
$\sim(\sim A) = A$	双重否定律
$\sim(A|B) = (\sim A)\&(\sim B)$	德摩根定理
$\sim(A\&B) = (\sim A)|(\sim B)$	德摩根定理

2.3.4 时序电路

现代数字逻辑电路可分为组合逻辑和顺序逻辑。当输入改变时，组合逻辑在信号传播延迟后发生变化，其输出仅依赖于当前的输入。与之相反，顺序逻辑至少有一个时钟信号，并且包含有内存元件分割的组合逻辑块，而内存元件则由时钟信号驱动。因此，顺序逻辑的输出既依赖于现在的输入，也依赖于过去的输入。

1. 时序电路元件

时序电路元件（触发器和锁存器）通常用于存储信息。确切地说，触发器用于存储一个二进制比特，它有两种状态：一种状态表示 1，而另一种状态表示 0。这种数据存储用来存储状态，相应的电路称为顺序逻辑电路。触发器是计时的，即同步或边缘触发，而锁存器是水平触发的。接下来我们简要回顾一下不同类型的触发器。

- D 型触发器

触发器作为随机存取存储器（RAM）和寄存器的基本组成部分，得到了广泛的应用。D 型触发器捕捉指定边缘的 D 输入值（例如，上升或下降）的时钟。在上升 / 下降时钟边缘之后，捕获的值在 Q 输出处有效。D 型触发器的真值表如表 2-2 所示。

表 2-2　D 型触发器的真值表

时　钟	D	Q_{next}
上升沿	0	0
上升沿	1	1
无上升	X	Q

- T 型触发器

对于 T 型触发器，如果 T 输入为高，则输出在时钟输入高时进行切换；如果 T 输入为低，则输出保持不变。因此，T 型触发器可以用于时钟除法。T 型触发器的真值表如表 2-3 所示。

表 2-3　T 型触发器的真值表

T	Q	Q_{next}	说　明
0	0	0	状态保持（无时钟信号）

（续）

T	Q	Q_{next}	说　明
0	1	1	状态保持（无时钟信号）
1	0	1	翻转
1	1	0	翻转

- JK 型触发器

JK 型触发器有两个输入（J 和 K），输出可以根据输入设置为不同的值。JK 型触发器的真值表如表 2-4 所示。

表 2-4　JK 型触发器的真值表

J	K	Q_{next}	说　明
0	0	Q	状态保持
0	1	0	复位
1	0	1	置位
1	1	$\overline{Q}$	翻转

2. 计时参数

在设计时序电路时，设置时间、保持时间和传输延迟是三个重要的参数。本节将对这三个计时参数进行简要说明，如图 2-4 所示。

- **设置时间**

设置时间（t_{su}）是时钟上升 / 下降边缘前，需要数据输入保持稳定的最小时间量，以便时钟能够准确采样数据。

- **保持时间**

保持时间（t_h）是时钟上升 / 下降边缘后，需要数据输入保持稳定所需的最小时间量，使时钟能够准确采样数据。

- **传输延迟**

时钟到输出延迟（t_{CO}）或传输延迟（t_P）是触发器在时钟的上升 / 下降边缘之后改变输出的时间。

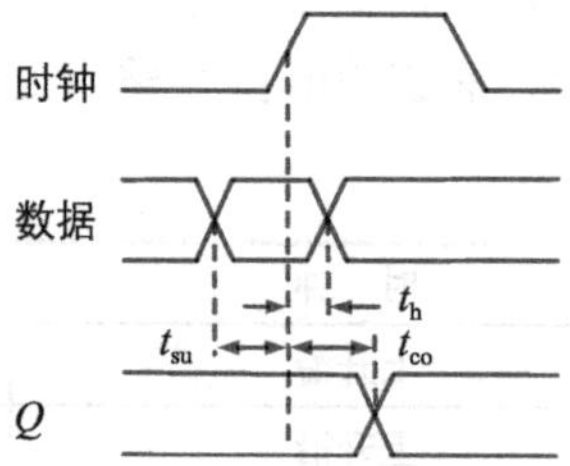

图 2-4　计时参数：触发器的设置时间、保持时间和传输延迟

2.4　电路理论

电路是由电路元件和导线组成的网络。具体来说，线路通常在原理图上表现为直线，节点是线路连接的位置。原理图上的所有其他符号都是电路元件。电阻、电容和电感是构成电子电路的三种无源的线性电路元件。

2.4.1 电阻器和电阻

电阻器作为电子电路中常见的元件，是实现电阻的无源二端元件。电阻器通常用于电路中，以减少电流流量、调整信号电平、分压和偏置有源元件。电阻有不同的类型，包括大功率电阻、固定电阻和可变电阻，被用于各种应用。电阻的典型原理图如图 2-5a 所示；右边的符号是国际电工委员会（IEC）的电阻器符号。

电阻是电阻器的定量性质，定义为

$$\gamma = \frac{\rho L}{A} \tag{2.1}$$

其中，ρ 为材料的电阻率，L 是电阻器的长度，A 为电阻器的横截面面积。

2.4.2 电容器和电容

电容器是在电场中储存势能的无源二端元件。它们以电容进行标定。电容器广泛应用于各种场景。在电子电路中，它们用以阻挡直流电（DC），而允许交流电（AC）通过。在模拟滤波器网络中，它们用以平滑电源的输出。在谐振电路中，它们用来把无线电调到指定的频率。三种电容器的典型原理图如图 2-5b 所示。

电容则为各导体上的电荷 Q（正或负）与电压 V 之比，如式（2.2）所示。电容的单位是法拉（F），定义为每伏一库仑（1 C/V）。一般电子产品中电容器的值域为 1 微法拉（pF = 10^{-15} F）到 1 毫法拉（mF = 10^{-3} F）。

$$C = \frac{Q}{V} \tag{2.2}$$

其中 Q 是每个导体上的正电荷或负电荷，V 是它们之间的电压。

在实际应用中，电荷有时会机械地影响电容器，从而改变其电容。因此，电容的计算公式为：

$$C = \frac{dQ}{dV} \tag{2.3}$$

2.4.3 电感器和电感

电感器是无源二端元件，当电流流过电感器时，电感器将能量存储在磁场中[15]。通常电感器是由一根绝缘导线组成，线圈绕着铁芯。电感器广泛应用于各种交流电子设备。在电子电路中，它们被用来阻止交流电通过，而允许直流电通过。在电子滤波器中，它们用来分离不同频率的信号。此外，除了电容器，它们也可以用来制造调谐电路，用于调谐无线电和电视接收器。电感器的典型原理图如图 2-5c 所示。

电感为电压与电流变化率之比，如下所示。电感的单位为亨利（H），电感值域范围从 1 微亨（μH = 10^{-6} H）到 1 毫亨（mH = 10^{-3} H）。

$$L = \frac{\Phi}{I} \qquad (2.4)$$

其中，Φ 是通过电路的总磁通量，它由电流产生，且取决于电路的几何形状。

2.4.4 基尔霍夫电路定律

基尔霍夫电路定律是电路集中单元模型中支路电压和节点电流的线性约束。基尔霍夫电路定律包括基尔霍夫电流定律（KCL）和基尔霍夫电压定律（KVL），它们与电子元件的性质无关[16]。

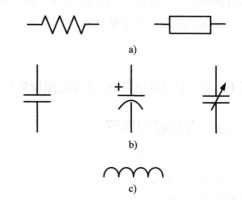

图 2-5 a）电阻器；b）固定电容器、极化电容器和可变电容器；c）电感器的典型原理图

1. 基尔霍夫电流定律

基尔霍夫电流定律解决了电荷进出电路节点的守恒问题。作为电路分析的基本定律之一，基尔霍夫电流定律规定流入电路节点的电流之和恰好等于流出同一节点的电流之和，因为电流没有其他地方可去，就没有电荷损失[15, 16]。

换句话说，在电路节点处电流之和等于零。此外，由于电流可以看作是一个有符号的量，所以这个定律用公式表示为：

$$\sum_{k=1}^{N} I_k = 0 \qquad (2.5)$$

这一原理如图 2-6 所示。可以看出，进入节点的电流等于离开节点的电流，即 $i_1+i_2=i_3+i_4$。换句话说，进出同一节点的电流之和为零：$i_1+i_2-(i_3+i_4)=0$。

2. 基尔霍夫电压定律

基尔霍夫电压定律解决的是闭合回路周围的能量守恒问题。它规定一个闭合电路路径周围的支路电压之和等于零[15, 16]。

因为电压可以看作反映源极性和符号的向量（即有正负），以及环路周围的电压降量，所以这个定律可以表示为

$$\sum_{k=1}^{N} V_k = 0 \qquad (2.6)$$

这一原理如图 2-7 所示。可以看出，回路周围支路电压之和为零，即 $V_1+V_2+V_3+V_4=0$。

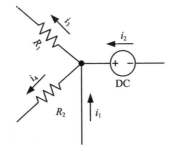

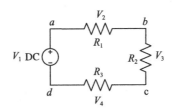

图 2-6 基尔霍夫电流定律　　　　图 2-7 基尔霍夫电压定律

2.5 ASIC 和 FPGA

专用集成电路（ASIC）和现场可编程门阵列（FPGA）都是在现代集成电路的应用范围中有着不同用途的集成电路。由于它们有着不同的设计理念和特性，因此在非重复工程（NRE）、成本、灵活性和性能等方面也存在差异[17]。

2.5.1 ASIC

顾名思义，ASIC 是为特定用途定制和创建的集成电路。ASIC 用于实现模拟、数字和混合信号的高容量、高性能功能。目前，数字 ASIC 的功能通常使用硬件描述语言（HDL）来描述，如 Verilog 和 VHDL。电路图之前本来是用来描述功能的，但是在过去的 20 年里，随着电路尺寸的不断增大，电路图的使用已经减少了很多。

2.5.2 FPGA

FPGA 是一种由客户在制造完成后进行配置的集成电路。因此，它是现场可编程的。与 ASIC 类似，FPGA 的客户通常使用 HDL（如 Verilog 或 VHDL）来指定 FPGA 的配置。

FPGA 由一组可编程逻辑块和可重构连接器构成。逻辑块通过可重新配置的连接器进行连接，以便为不同的功能进行配置。在现代 FPGA 中，逻辑块包含内存元素，如简单的触发器或完整的内存块。FPGA 实例如图 2-8 所示，左边的是 Altera 公司开发的 Stratix IV FPGA，右边的是 Xilinx 公司开发的 Spartan FPGA。

2.5.3 ASIC 与 FPGA 的不同

由于 ASIC 是半定制或全定制的设计，因此它们需要更高的开发成本，在设计和实现阶段的成本通常就会高达数百万美元。此外，ASIC 一旦生产出来，就不能再重新进行编程，因此设计中的更改会带来额外的成本。虽然 ASIC 具有相对较高的偶发成本，但其合理性在于：

图 2-8 来自 Altera（左）和 Xilinx（右）的 FPGA

1）ASIC 通常具有较高的密度，能够将复杂的功能集成到芯片中，从而提供较小的尺寸、较低功率消耗和较低成本的设计。

2）由于其自定义特性，研发人员可以非常仔细地考虑晶体管的数量，在 ASIC 设计中使用尽量少的资源。

3）在为特定用途进行量产时，ASIC 将是最佳选择。

FPGA 的优势在于其灵活性、可在现场重新编程和成本效益。例如，可重新编程的特性使得设计师和制造商可以更改设计，甚至在产品销售之后也可以发送补丁。客户经常利用此来创建基于 FPGA 的原型，这样他们的设计就可以在生产前在真实场景中进行充分的调试、测试和更新。虽然偶发成本非常有限，上市时间快，但由于特定类型 FPGA 的包和资源都是标准设置的，所以 FPGA 上的一些资源其实都是浪费掉的。

此外，考虑生产成本与产量关系，随着产量增加，使用 FPGA 会比 ASIC 成本更高。另外，由于 FPGA 不能完全定制，因此需要在 FPGA 平台中添加一些特定的模拟模块。这些功能通常需要由外部集成电路实现，从而进一步增加最终产品的大小和成本。ASIC 与 FPGA 的区别如表 2-5 所示 [17]。

表 2-5 ASIC 与 FPGA 的不同点

	ASIC	FPGA
上市时间	慢	快
NRE	高	低
设计流	复杂	简单
功率消耗	低	高
性能	高	中等
单元大小	低	中等
单元成本	低	高

由于现代设计常常受到成本的限制，因此 ASIC 和 FPGA 的成本比较就会如图 2-9 所

示。可以看出，FPGA 在构建低容量生产电路时会比 ASIC 更便宜。然而，ASIC 在容量达到 400K 之后则会变得更为划算（注意，这个数字可能会随着技术的进一步扩展而变化）。换句话说，对于低容量设计，FPGA 能够显著降低成本，而 ASIC 在高容量生产上效率更高，性价比更高[17]。

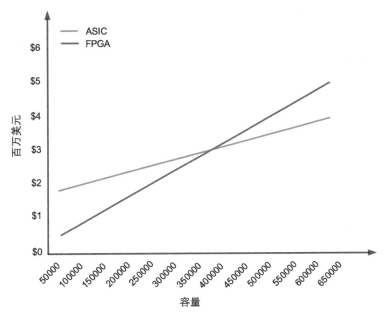

图 2-9　ASIC 与 FPGA 在不同容量下的总成本

2.6　印制电路板

　　印制电路板（PCB）是由玻璃纤维和复合环氧树脂等层压材料制成的薄板。导电通路被蚀刻或印刷在板上，以电连接板上的各种元件，如晶体管、电阻和集成电路[18]。换言之，PCB 是被开发用来通过导电轨道和焊盘支撑与连接电子元件的。图 2-10 为一块本书作者为硬件攻击而构建的 PCB 示例，图中包括导电痕迹、通孔和电子元件。

　　PCB 广泛应用于各种产品，如台式计算机、笔记本电脑、移动设备、电视、收音机、IoT 设备、汽车、数码相机等。它们也是各种计算机元件的基础，包括图形卡、声卡、适配器卡和扩展卡等。所有这些元件都会被进一步连接到 PCB，即主板。虽然 PCB 广泛应用于计

图 2-10　PCB 示例

算机、移动设备和电器中，但需要注意的是，PCB 在移动设备中通常会比在其他应用中更薄，包含更细的电路[18]。

2.6.1 PCB 的分类

根据需求的不同，PCB 可以分为单面印刷板（SSB，即一层铜）、双面印刷板（DSB，即在介质层的两侧各有两层铜）或多层印刷板（MLB，即由几层绝缘基板上的连接导线和装配焊接电子元件用的焊盘组成）。

- **SSB PCB**

单面 PCB 只有一面铜层，另一面是绝缘材料。由于铜是导电材料，只能用单面铜来制造该器件。

- **DSB PCB**

双面 PCB 有三层，中间为绝缘材料，两侧为铜层。因此，两端都可以用于设计、制造和放置电子元件。

- **MLB PCB**

多层 PCB 有两层以上的铜层，根据需要将铜放置在不同的层中。MLB PCB 允许更高的元件密度，否则内层上的电路迹线会占用元件之间的表面空间。目前，MLB PCB 可以用于不同的应用场合，然而它却使得分析、修复和现场改造电路变得更加困难。

2.6.2 PCB 的设计流程

PCB 设计流程包括元件选择、原理图绘制与仿真、电路板布局、电路板验证与确认四个阶段[19]。PCB 设计流程如图 2-11 所示。

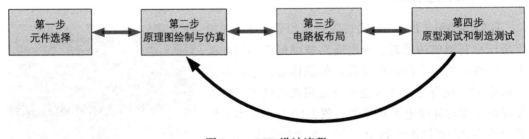

图 2-11 PCB 设计流程

- **元件选择**

元件（如晶体管、电阻、运算放大器和数字元件）是设计中最基本的部分。元件选择阶段需要评估和研究元件如何相互协调，并使之成为整体设计的一部分。通常物理元件的信息可以在网上获取，如数据表，它提供了操作点、切换特性和设计考虑事项。

- **原理图绘制与仿真**

作为 PCB 设计过程的基础阶段，原理图绘制主要是在设计界面上放置和连接元件的图形符号，以建立设计拓扑。一旦绘制了原理图，通常就会使用 SPICE 仿真来预测电路行为，检查电路设计的完整性，并分析元件和信号对设计的影响。仿真能够在实际制造设计之前快速识别出大多数的问题和错误，从而大大减少投放市场的时间和生产成本。

- **电路板布局**

在绘制原理图并进行仿真设计的基础上，建立物理原型，对实际工作负载条件下的设计性能进行测试。电路板的布局通过 EDA 和 CAD 软件环境完成。在 CAD 软件环境下，表示捕获阶段设计元件的符号以实际元件物理尺寸的格式显示。这一阶段的最终设计形式导出为 Gerber 格式。PCB 制造商可以使用该格式将电路板转换为物理形式。虽然先进的 EDA 工具能够自动布局和布线一个电路板，但关键的元素和元件必须由经验丰富的工程师手工处理，并进行必要的检查，以确保设计的性能和稳定性。

- **原型测试和制造测试**

原型测试和制造测试是 PCB 验证的最后步骤。原型测试是为了验证设计是否满足目标规范，而在大批量生产中进行制造测试，是为了确保所交付的每个设备都符合测试原则和预期响应。如果在仿真阶段发现了问题或错误，则必须在此阶段进行确认，并通过设计流程进行迭代，以解决问题。

2.6.3 PCB 设计

通常 PCB 由多个传导电信号的铜层和用于绝缘的各种介质层组成。在大部分 PCB 上看到的绿色其实是来自于阻焊层。当然阻焊层也有其他颜色，如蓝色或红色。下面介绍 PCB 的基本元件 [19]。

- **轮廓**

PCB 的电路板轮廓通常被切割成特定的形状，以满足特定的设计要求。当使用小型设备时，形状（例如，圆形、矩形和之字形）就对最终确定的产品非常重要。有很多确认轮廓形状的方法，导入 DXF 文件（CAD 工具使用的格式）来确定设计形状就是其中之一。

- **创建铜线路**

PCB 上的铜线路用于将电信号传导到板上的各种元件和连接器上。铜通道制作通常是通过在板表面铺上铜层并蚀刻掉多余的铜来完成。蚀刻的过程通常是在铜通道的区域上放置一块掩膜并去除所有不需要的铜。

- **钻孔**

在 PCB 上钻孔需要在电路板不同层上创建信号通路，或创建区域来连接板上的元件。板上的镀通孔（PTH）被称为穿孔，它为两层铜路提供电气连接。穿孔通常是用细钻头钻出来的，那些更细小的孔则会使用激光钻。穿孔也有不同的类型，如从外层向内层的穿孔称为盲孔，它并不完全穿透电路板；在板的两个内层上连接铜路的通孔称为埋通孔，它在板的表面不连接。

- **PCB 上的元件**

PCB 上的元件是指半导体器件，如通孔技术（THT）元件和表面贴装器件（SMD）。THT 零件通常较大，带有较长的销钉，这些销钉植入钻孔中，并一一焊接在板上。而 SMD 元件通常要小得多，并且可以让更小的引线焊接到电路板表面。因此，元件可以附着在板的顶部或底部表面，而不必焊接通孔元件。

- **Gerber 文件**

Gerber 文件是指用于 PCB 制造的文件格式。制造机器会利用 Gerber 文件的数据进行电气元件连接，例如迹线和焊盘。文件通常包含钻削和铣削电路板所需的信息。

2.7 嵌入式系统

顾名思义，嵌入式系统是基于微处理器或微控制器的系统，它为特定功能而设计，并嵌入更大的机械或电气系统中。由于嵌入式系统是为某些特定的任务而开发的，所以它们通常是小规模、低功率消耗和低成本的。嵌入式系统广泛应用于商业、工业和军事等各种领域的应用。

嵌入式系统一般由硬件和应用软件元件构成。一些嵌入式系统可能还具备实时操作系统（RTOS）。一些小型嵌入式系统可能没有实时操作系统。因此，嵌入式系统可以定义为基于微处理器或微控制器的、软件驱动的、可靠的、实时的控制系统。如图 2-12 所示，一个嵌入式系统包含多个元件，如处理器、内存、电源和外部接口。

图 2-12 一块插卡上的嵌入式系统

2.7.1 嵌入式系统硬件

嵌入式系统包含一个微处理器或微控制器，通常用于执行实时操作的计算。一般来说，微处理器只是一个中央处理器（CPU）。因此，需要集成其他元件（如内存、通信接口），并将微处理器作为一个整体。而微控制器是一个自包含的系统，它包括 CPU、内存（如 RAM、闪存）和外围设备（如串行通信端口）。

2.7.2　嵌入式系统软件

与用于管理多个任务的通用处理器相比，嵌入式系统中使用的微处理器或微控制器通常没有那么强的性能。它们通常在一个简单的内存较少的程序环境中工作[20]。因此，嵌入式系统软件具有特定的硬件需求和功能。它是针对特定硬件定制的，并且有时间和存储限制[21]。程序和操作系统通常存储在嵌入式系统的闪存中。

类似地，操作系统或语言平台也是为嵌入式使用而开发的，特别是在需要 RTOS 的地方。目前，所采用的系统一般为 Linux 操作系统或其他操作系统的简单版本，如嵌入式 Java 和 Windows IoT[20]。

2.7.3　嵌入式系统的特点

嵌入式系统的特点可以概括如下：

- **特定功能**　嵌入式系统通常是为特定功能而设计的。
- **严格约束**　嵌入式系统具有严格的资源和时间约束。例如，嵌入式系统必须快速响应，并且能够容忍响应时间（实时或接近实时）上的细微变化，且内存有限，功率消耗最小。
- **实时性和反应性**　在许多环境中必须采用实时或接近实时的反应方式。如全球定位系统（GPS）导航仪需要不断提供道路和位置信息，并以近乎实时的方式向驾驶员发送警报，以增强对情况的感知。同样，汽车巡航控制器需要不断监测和响应速度及刹车传感器，并对加速度或去加速度进行实时计算。任何的延误都可能会使汽车失去控制，并导致灾难性的后果。
- **硬件 / 软件协同设计**　嵌入式系统常常是一个计算机硬件系统，并在其中嵌入了软件。硬件设计是为了性能和安全性，而软件是为更多的功能和灵活性而设计的。
- **基于微处理器或微控制器**　微处理器或微控制器通常部署在嵌入式系统的核心，用于执行操作。
- **内存**　嵌入式系统需要内存，因为程序和操作系统通常是加载并存储在内存中。
- **连接外设**　连接输入和输出设备需要外设。

2.8　硬件 - 固件 - 软件交互

硬件是指系统的物理元件，如内存、硬盘驱动器、显卡、声卡、中央处理单元、主板、适配器卡和以太网电缆。软件是指运行在硬件上的指令或程序，这些指令或程序引导计算机执行特定的任务或操作，而系统建立在硬件之上。计算机软件是由系统处理的信息（如数据、程序和库）。举例来说，软件可以是操作系统（OS），操作系统为硬件系统和应用程序提供全面的控制，而这些程序是为特定的任务而设计的。软件安装并驻留在硬盘上，需要时装入内存。

虽然硬件和软件是独立的概念，但它们需要彼此才能发挥作用。图 2-13 展示了用户与计算机系统上运行的应用软件进行交互的过程。可以看到，应用软件与操作系统交互，操作系统又与硬件通信。箭头表示信息流动方向。

大多数算法可以用硬件或软件得以实现。基于硬件的算法实现往往比基于软件要快得多，但是它只能执行有限数量的指令，如添加、比较、移动和复制。因此，软件更多地被用来创建基于这些基本指令的复杂算法。直接控制硬件的软件是机器语言。软件也可以用与机器语言指令强对应的底层汇编语言编写，并通过汇编程序翻译成机器语

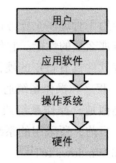

图 2-13 应用软件、操作系统和硬件的关系图

言。然而，由于机器语言过于简单，甚至创建基本算法也需要许多指令。因此，大多数软件都是用高级编程语言编写的，因为高级编程语言比机器语言更接近自然语言，所以程序员使用、描述和开发算法要容易得多，效率也更高。然后，使用编译器和解释器将高级语言翻译成机器语言。不同软件层次与硬件之间的交互如图 2-14 所示。

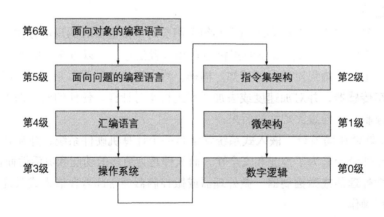

图 2-14 多层计算机系统

第 0 级是硬件级。第 1、2、3 级的程序由一系列数字组成，用户很难理解和解释这些数字。第 4 级是汇编语言，它对用户更友好。这个级别的指令对用户来说就变得可读且有意义。第 5 级和第 6 级是指大多数软件开发。例如，在第 5 级，标准编程语言通常用于开发，如 C 和 C++。在第 6 级，可以使用面向对象的编程语言，如 Java、Python 和 .NET。

固件是指为设备中的特定硬件提供底层控制的一类特定软件。例如，固件可以为设备

的复杂软件提供标准化的操作环境，或者充当设备的操作系统，执行控制、监视和数据操作功能。固件，例如计算机的基本输入输出系统（BIOS），通常包含设备的基本功能，并为高级软件提供服务。所有电子设备（除了最简单的），如计算机系统、计算机外围设备、嵌入式系统、消费设备和物联网（IoT）设备，几乎都包含固件。它存储在非易失性存储器中，包括 ROM、EPROM 和闪存。此外，与软件相比，固件在制造后很少或从不进行更改。它只能通过特殊的安装过程或管理工具进行更新。因此，固件可以看作介于硬件和软件之间的一种中间形式，也可以看作嵌入在硬件中的一类特定软件。

有时为了纠正错误或问题、添加功能或改进设备性能，需要同时升级软件和固件。例如，beta 软件或 beta 固件是一个中间版本，尚未经过全面测试。beta 版比改进后的最终版本更容易出现 bug，因为通常问题或错误只能通过将系统放置到现实世界中来显示。

2.9 习题

2.9.1 判断题

1. 保持时间是时钟处于上升 / 下降边缘前，需要数据输入保持稳定所需的最小时间量。
2. ASIC 和 FPGA 虽然有一些相似的特性，并且在各种应用中得到了广泛的应用，但它们不能相互替代。
3. 基尔霍夫电流定律研究的是电荷进出电路节点的守恒问题，而基尔霍夫电压定律研究的是闭合电路回路周围的能量守恒问题。
4. 固件可以看作一种特定的硬件。
5. 电阻可以通过电阻的长度和横截面面积来计算。

2.9.2 简答题

1. 解释开发 3D 集成电路的动机。
2. 解释集成电路中的时序限制。
3. 假设一段圆柱电阻半径 6.0 mm，长度 2 cm，电阻率为 1.6×10^{-6} Ω，试计算电阻。
4. 解释基尔霍夫电流定律和基尔霍夫电压定律之间的相似性。
5. 解释 ASIC 和 FPGA 的区别。
6. 解释用户、应用软件和硬件之间的交互。

2.9.3 详述题

1. 在图 2-15 中找出电路中的三段电流（I_1，I_2，I_3）和电压（V_{ab}，V_{bc}，V_{bd}）。
2. 描述典型的 PCB 设计流程。
3. 简要总结典型的嵌入式系统的特点。
4. 解释软件和固件之间的区别和相似之处。

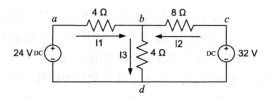

图 2-15   问题 1 的电路

参考文献

[1] D. Harris, S. Harris, Digital Design and Computer Architecture, 2nd edition, Morgan Kaufmann, 2012.

[2] W. Stallings, Computer Organization and Architecture: Designing for Performance, 7th edition, Pearson Education India, 2005.

[3] N.H. Weste, D. Harris, CMOS VLSI Design: A Circuits and Systems Perspective, 4th edition, Pearson Education India, 2010.

[4] G.E. Moore, Cramming more components onto integrated circuits, Electronics Magazine 38 (8) (1965) 114–117.

[5] M.M. Waldrop, More than Moore, Nature 530 (2016) 144–148.

[6] M.M. Ziegler, M.R. Stan, A case for CMOS/nano co-design, in: Proceedings of the 2002 IEEE/ACM International Conference on Computer-Aided Design, ACM, pp. 348–352.

[7] K.K. Likharev, D.B. Strukov, CMOL: devices, circuits, and architectures, in: Introducing Molecular Electronics, Springer, 2006, pp. 447–477.

[8] G.S. Rose, Y. Yao, J.M. Tour, A.C. Cabe, N. Gergel-Hackett, N. Majumdar, J.C. Bean, L.R. Harriott, M.R. Stan, Designing CMOS/molecular memories while considering device parameter variations, ACM Journal on Emerging Technologies in Computing Systems (JETC) 3 (2007) 3.

[9] V. Parihar, R. Singh, K. Poole, Silicon nanoelectronics: 100 nm barriers and potential solutions, in: Advanced Semiconductor Manufacturing Conference and Workshop, 1998. 1998 IEEE/SEMI, IEEE, pp. 427–433.

[10] T. Song, H. Kim, W. Rim, Y. Kim, S. Park, C. Park, M. Hong, G. Yang, J. Do, J. Lim, et al., 12.2 A 7nm FinFET SRAM macro using EUV lithography for peripheral repair analysis, in: Solid-State Circuits Conference (ISSCC), 2017 IEEE International, IEEE, pp. 208–209.

[11] J.H. Lau, T.G. Yue, Thermal management of 3D IC integration with TSV (through silicon via), in: Electronic Components and Technology Conference, 2009. ECTC 2009. 59th, IEEE, pp. 635–640.

[12] K. Tu, Reliability challenges in 3D IC packaging technology, Microelectronics Reliability 51 (2011) 517–523.

[13] M.M. Mano, Digital Logic and Computer Design, Pearson Education India, 2017.

[14] Embedded Systems: Introduction to ARM CORTEX-M Microcontrollers, Volume 1, ISBN 978-1477508992, 2014, http://users.ece.utexas.edu/~valvano/.

[15] C. Alexander, M. Sadiku, Fundamentals of Electric Circuits, 3rd edition, 2006.

[16] J.W. Nilsson, Electric Circuits, Pearson Education India, 2008.

[17] FPGA vs ASIC, what to choose?, anysilicon, https://anysilicon.com/fpga-vs-asic-choose/, Jan. 2016.

[18] R.S. Khandpur, Printed Circuit Boards: Design, Fabrication, Assembly and Testing, Tata McGraw-Hill Education, 2005.

[19] Best practices in printed circuit board design, http://www.ni.com/tutorial/6894/en/#toc6, Aug. 2017.

[20] Embedded system, https://internetofthingsagenda.techtarget.com/definition/embedded-system, Dec. 2016.

[21] E.A. Lee, Embedded Software, Advances in Computers, vol. 56, Elsevier, 2002, pp. 55–95.

[22] A.S. Tanenbaum, Structured Computer Organization, 5th edition, Pearson Prentice Hall, 2006.

第 3 章

片上系统的设计与测试

3.1 引言

随着设备和处理器大小继续以摩尔定律预测的速度缩小，集成电路上的门密度和设计复杂度在最近几十年也在不断增加。纳米尺度的制造工艺则可能引入更多的制造缺陷。在用新材料和新技术制造的设计中，可以看到目前故障模型并未涵盖的新的失效机理。与此同时，电源和信号完整性问题，再加上按比例放大的电源电压和更高工作频率，增加了违反预先定义的时序裕度的故障数量。因此，超大规模集成电路（VLSI）测试对于验证设计和制造过程的正确性变得越来越重要和具有挑战性。图 3-1 展示的是一个简化的 IC 生产流程。在设计阶段，将测试模块植入网表中，并在布局中进行合成。考虑到仿真情况下与现场实际运行时的差异，如工艺变化、温度变化、电源噪声、时钟抖动等带来的不确定性，设计人员精心设置时序裕度。然而，由于设计和制造工艺的不完善，芯片仍会存在缺陷，使得芯片超出了这一时序裕度，导致功能失效。而功能缺陷、制造错误和有缺陷的包装可能是这些错误的根源。因此，有必要筛选出有缺陷的芯片，防止它们进入市场，以减少客户退货。

从检测中收集到的信息不仅会被用于筛选不合格产品，还会用于提供反馈以改进设计和制造过程（见图 3-1）。因此，VLSI 测试还可以提高制造良品率和盈利能力。

3.1.1 测试成本和产品质量

虽然高质量的测试是大家首选，但随之而来的也是极高的成本，所以有必要进行权衡以

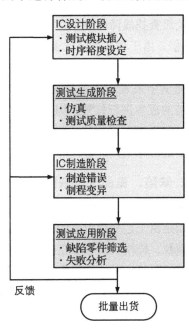

图 3-1 简化的集成电路设计、制造和测试流程

达到所需的测试质量与最低成本[1]。在本节中，将介绍测试成本、成品率和产品质量等概念。当这些概念应用于电子测试时，就会引发经济概念上的讨论，从而证明可测试性设计（DFT）的必要性[2]。

1. 测试成本

测试成本包括自动测试设备（ATE）（初始和运营成本）、测试开发成本（计算机辅助设计（CAD）工具、测试向量生成、测试编程）[3]和DFT的成本[4]。扫描设计技术可以显著降低测试生成成本，内置自测试（BIST）方法可以降低ATE的复杂度和成本[5]。

如图3-2所示，电子行业会对芯片进行不同程度的测试。晶圆测试是在半导体器件制造过程中使用ATE进行的。在此步骤中，通过对晶圆片上的每个设备应用特定生成的测试模式，对其进行故障测试（如静态测试和转换延迟）。然后晶圆被切成矩形块，每一块被称为一个模具。然后每个好的模具都被封装，所有封装好的设备都要经过最后的测试，在晶圆测试中使用相同或类似的ATE进行测试。芯片发货给客户后，根据经验确定的10倍修复成本定律[6]，他们通常会再次进行PCB测试和系统测试（有时也称为验收测试）。在PCB水平上修复或更换有缺陷的IC通常要比芯片水平贵10倍。芯片装配成系统后，如果PCB测试中没有发现电路板故障，那么在系统级查找故障的成本是在电路板级查找故障成本的10倍。由于现代系统比1982年首次提出时要复杂得多[6]，因此成本增加了10倍以上。而对于飞机来说，测试中未发现的芯片故障可能要花费数千或数百万倍的成本进行修复。因此，VLSI测试和DFT的使用对于实现关键应用（如汽车、航天和军事）的高测试质量目标至关重要。

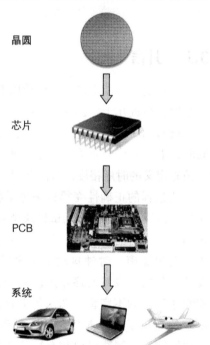

晶圆

芯片

PCB

系统

图3-2 测试级别：晶圆片、封装芯片、PCB和现场系统

2. 缺陷、良品率及缺陷程度

制造缺陷是指由于制造过程中的错误而导致电路故障的有限芯片区域。晶圆片上的缺陷可能是由工艺变化引起的，例如晶圆片材料和化学物质中的杂质、掩模或投影系统上的灰尘颗粒、掩模失调和不正确的温度控制等。典型的缺陷包括金属线断裂、缺少触点、金属线间的桥接、晶体管缺失、掺杂水平不正确、空穴通孔、电阻开路以及许多其他可能导致电路故障的现象。简而言之，没有制造缺陷的芯片称为优质芯片。在制造过程中生产的优质芯片的百分比称为良品率。良品率在实际应用中通常用符号 Y 表示。若芯片面积为 A，故障密度为 f（指单位面积上的平均故障），故障集群参数 β 和故障覆盖率 T，那么良品

率方程 [5] 表示为

$$Y(T) = \left(1 + \frac{T \cdot A \cdot f}{\beta}\right)^{-\beta}$$ （3.1）

假设故障覆盖率100%（即 T=1）的测试除去所有故障芯片，则成品率 $Y(1)$ 为

$$Y = Y(1) = \left(1 + \frac{A \cdot f}{\beta}\right)^{-\beta}$$ （3.2）

好的测试过程可以剔除大部分或全部有缺陷的芯片。然而如果测试期间收集的诊断信息不能反馈给设计和制造过程，那么即使测试可以去除所有缺陷芯片，其本身也不能提高工艺成品率。提高良品率有两种方法 [5]：

- **诊断和修复**。对有缺陷的芯片进行诊断，然后进行修复。虽然有助于提高良品率，但会增加生产成本。
- **过程诊断和纠正**。通过识别系统缺陷及其根源，在生产过程中消除缺陷，提高成品率。过程诊断是提高良品率的首选方法。

用来衡量测试有效性和产品质量的一个度量标准就是缺陷级别（DL），即测试的芯片中有缺陷芯片的比例，测量单位为百万分之一（ppm）。对于商用超大规模集成电路芯片，DL 值的标准范围是小于等于 500 ppm。而对于汽车等关键应用，要求是零 DPPM（每百万个产品中的不良数）。

缺陷等级的确定有两种方法。一种方法是利用现场的数据。在现场出现故障的芯片将退还给制造商。所以缺陷级别可以表示为每一百万个产品中返厂缺陷产品的数量。另一种是使用测试数据。对测试的故障覆盖率和芯片错检率进行分析。将错检率数据拟合进修正的现场模型来估计缺陷级别，其中芯片错检率是测试集中某一向量芯片失败的比例，即 $1-Y(T)$。

当芯片测试故障覆盖率为 T 时，缺陷等级由下式 [5] 给出：

$$\text{DL}(T) = \frac{Y(T) - Y(1)}{Y(T)} = 1 - \frac{Y(1)}{Y(T)} = 1 - \left(\frac{\beta + T \cdot A \cdot f}{\beta + A \cdot f}\right)^{\beta}$$ （3.3）

其中 Af 是错误芯片面积的平均数量，β 是故障集群参数，Af 和 β 由测试数据分析确定。这个方程将 DL 表示为一个分数，应乘以 10^6 才能得到 ppm。对于零故障覆盖率，DL(0)=1−$Y(1)$，其中 $Y(1)$ 为工艺成品率。对于 100% 故障覆盖率，DL(1)=0。

在非聚类随机缺陷的情况下，与缺陷级别、良品率和故障覆盖率相关的另一个方程 [7] 是

$$\text{DL}(T) = 1 - Y^{1-T}$$ （3.4）

其中 T 为测试的故障覆盖率，Y 为良品率。

3.1.2　测试生成

1. 结构测试与功能测试

过去，功能模式常被用来验证集成电路的输出是否存在错误。完整的功能测试将检

查真值表的每个条目。对于较小的电路，可以用较小的输入数来实现。然而，由于穷举测试会随着输入数量和电路尺寸的增加呈指数增长，对于有几百个输入的实际电路来说，这样的测试就不大现实了。Eldred 在 1959 年推导出一种测试方法，可以观察一个大型数字系统初级输出时的内部信号状态 [8]。这种测试被称为结构测试，因为它们依赖于特定的结构，如被测试电路的门类型、互连和网表 [5]。在过去的 20 年中，由于测试时间变得可控，测试成本大大降低，结构测试越来越多地被应用起来。

结构测试可以看作一个白盒测试，因为测试生成需要用到系统内部逻辑信息。它并不直接确定电路的整体功能是否正确，相反，它会检查电路是否按照网表中指定的低电平电路元件进行正确装配。规定如果确认电路元件装配正确，则电路应正常工作。功能测试会根据电路的功能说明来验证被测电路的功能性，因此，可以看作黑盒测试。顺序自动测试模式生成（ATPG）程序为电路的输入 – 输出组合生成完整的测试集，用以完全执行电路功能。图 3-3 为 64 位涟波进位加法器及 1 位片加法器的逻辑电路设计。从图 3-3a 可以看出，加法器有 129 个输入和 65 个输出。因此，要使用功能模式对其进行全面测试，需要 $2^{129} = 6.80 \times 10^{38}$ 种输入模式，并验证 $2^{65} = 3.69 \times 10^{19}$ 种输出响应。如果使用工作频率为 1 GHz 的 ATE，假设该加法器电路也可以在 1 GHz 下工作，那么将所有这些模式应用到该加法器电路中需要 2.15×10^{22} 年的时间。今天，考虑到大多数电路的尺寸比这个简单加法器大得多，所以穷举功能测试是不切实际的。值得一提的是，在实践中发现少量的功能测试模式对筛选时钟缺陷还是有用的。对于微处理器等应用，功能测试仍然扮演着非常重要的角色。然而，结构测试可以迅速应用于这个 64 位加法器电路。去除图 3-3b 中的等效故障后，1 位加法器共存在 27 个阻塞故障。对于 64 位加法器，有 $27 \times 64 = 1728$ 个错误。它最多需要 1728 个测试模式。使用 1 GHz ATE 只需要 0.000 001 728 秒就可以应用这些模式。由于这个模式集覆盖了该加法器中所有可能的静态故障，所以它实现了与大型功能测试模式集相同的故障覆盖。

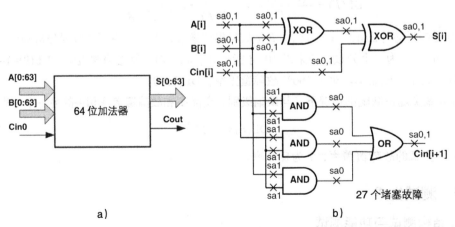

图 3-3   64 位涟波进位加法器：a）功能测试；b）结构堵塞故障测试

2. 故障模型

以下术语通常用于描述半导体芯片中的错误。

- **缺陷**：电子系统中的缺陷是指实现的硬件与其预期设计之间的意外差异。VLSI 芯片的典型缺陷是工艺缺陷、材料缺陷、老化缺陷和封装缺陷。
- **错误**：有缺陷的系统产生的错误输出信号称为错误。错误是一种结果，其原因是某种缺陷。
- **故障**：抽象函数级别上的缺陷表示称为故障。

故障模型是一种对缺陷如何改变设计行为的数学描述。当测试模式应用于设计时，如果在电路的一个或多个主要输出处观察到的逻辑值，在原始设计和带有故障的设计之间存在差异，则可以说该故障被测试模式检测到了。为了描述不同类型的物理缺陷，人们开发了几种故障模型。现代 VLSI 测试中最常见的故障模型包括固定型故障、桥接故障、延迟故障（过渡延迟故障和路径延迟故障）、固定开路故障和固定短路故障。

- **卡死型故障**：逻辑门或触发器的输入输出信号被卡死在 0 或 1 的位置，与电路的输入无关。卡死型故障被广泛使用，即每条线路存在两个故障点，信号状态为 1（sa1）或 0(sa0)。图 3-3 为电路中出现固定型故障的实例。
- **连接型故障**：两个信号在不应该连接的情况下连接在一起。根据所应用的逻辑电路的不同，这可能会导致线或（wired-OR）线和（wired-AND）逻辑功能。由于存在 $O(n^2)$ 潜在的连接型故障，它们通常仅限于设计中物理上相邻的信号。7 种典型连接型故障的示意图如图 3-4 所示。这些类型源自于设计规则检查（DRC）、可制造性设计（DFM）规则以及布局特性，以及已知的连接关系 [9]：

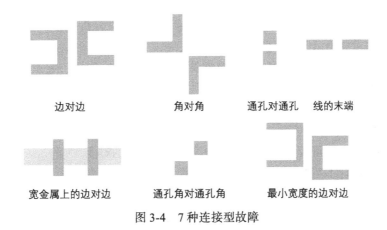

边对边   角对角   通孔对通孔   线的末端

宽金属上的边对边   通孔角对通孔角   最小宽度的边对边

图 3-4 7 种连接型故障

- 类型 1 边对边
- 类型 2 角对角
- 类型 3 通孔对通孔
- 类型 4 线的末端

- 类型 5　宽金属上的边对边
  - 类型 6　通孔角对通孔角
  - 类型 7　最小宽度的边对边
- **延迟故障**：这些故障使信号传播比正常情况下慢，导致电路的组合延时超过时钟周期。具体的延迟故障有：过渡延迟故障（TDF）、路径延迟故障（PDF）、门延迟故障、线路延迟故障和段延迟故障。其中，涨幅慢、跌幅小的 PDF 和 TDF 是最常用的。路径延迟故障模型的目标是路径中所有门的累积延迟，而过渡故障模型的目标是设计中的每个门的输出。
- **固定开路故障和固定短路故障**：MOS 晶体管被认为是理想的开关。固定开路故障和固定短路故障模拟开关永久处于打开或短路状态。他们假设只有一个晶体管处于开路或短路模式。开路故障产生的后果是在故障逻辑门的输出处产生一种浮动状态。其检测方法类似于在门的输出引脚上的输出故障处检测阻塞故障。短路故障产生的后果是使电力线和接地线短路。测量静止电流（IDDQ）可以用来检测这些故障，并作为一种有效的解决方案。

3. 可测性：可控性和可观测性

可测试性由可控性和可观测性度量来表示，这些度量可以近似地量化进行设置和观察电路内部信号的难易程度。可控性表示将特定逻辑信号设置为 0 或 1 的难度。可观测性表示为观察逻辑信号状态的难度。可测试性分析可用于分析内部电路元件测试的难度，并在此基础上对电路进行重新设计或增加专用测试硬件（测试点），以提高电路的可测试性。它还可以作为算法计算测试模式的指导。启发式测试生成算法通常在启发式操作中采用某种可测试性度量，极大地加快了测试生成过程。通过可测试性分析，可以估计故障覆盖率、不可测试故障数量和测试向量长度。

可测性分析涉及无须测试向量和搜索算法的电路拓扑分析：它具有线性复杂度。Sandia 可控性可观测性分析程序（SCOAP）是由 Goldstein[10] 提出的一种系统高效的算法，广泛用于对可控性和可观测性指标的计算。它由电路中每个信号（l）的 6 个数值度量值组成。3 种组合度量为：

- CC0(l)　组合 0-可控性，表示将线路设置为逻辑 0 的难度。
- CC1(l)　组合 1-可控性，表示将线路设置为逻辑 1 的难度。
- CO(l)　组合可观测性，描述了观察线路的困难。

同样，有 3 个顺序度量：SC0(l) 为顺序 0-可控性，SC1(l) 为顺序 1-可控性，SO(l) 为顺序可观测性。一般来说，这 3 种组合度量方法与可以控制或观察信号 l 的信号数量有关。而 3 种顺序度量方法则与控制或观察所需的时间帧数量（或时钟周期）有关[5]。可控性范围在 1 到 ∞ 之间，可观测性范围在 0 到 ∞ 之间。度量值越高，控制或观察线路就越困难。

根据 Goldstein 的方法 [10]，计算组合度量和顺序度量的描述如下：

- 对于所有主输入 (PI)*I*，令 CC0(*I*) = CC1(*I*)=1；SC0(*I*) = SC1(*I*) = 0；对于所有其他节点 *N*，令 CC0(*N*) = CC1(*N*) = SC0(*N*) = SC1(*N*) =∞。
- 从 PI 到主输出 (PO)，使用 CC0、CC1、SC0 和 SC1 方程，将逻辑门和触发器输入控制映射到输出控制。迭代，直到反馈循环中的可控性数字稳定下来。
- 对于所有 PO *U*，令 CO(*U*) = SO(*U*) = 0；对于所有其他节点 *N*，令 CO(*N*) = SO(*N*) =∞。从 PO 到 PI，利用 CO、SO 方程和预计算的控制能力，将门和触发器的输出节点可观测性映射到输入可观测性。对于扇出茎 *Z* 与其分支 *Z*1 到 *ZN*，SO(*Z*) = min(SO(*Z*1),···, SO(*ZN*))，CO(*Z*) = min(CO(*Z*1),···, CO(*ZN*))。
- 如果任何节点保持 CC0/SC0 =∞，则该节点为 0-不可控。如果任何一个节点保持 CC1/SC1 =∞，那么这个节点就是 1-不可控的。如果任意一个节点的 CO =∞ 或 SO=∞，那么这个节点是不可观测的。这些是充分但不是必要条件。

当计算单个逻辑门的可控性时，如果是通过只将一个输入设置为一个控制值而产生的单个逻辑门输出，则

$$输出可控性 = \min（输入可控性） + 1 \tag{3.5}$$

如果逻辑门输出只能通过将所有输入设置为非控制值来产生，则

$$输出可控性 = \sum（输入可控性） + 1 \tag{3.6}$$

如果输出可以由多个输入集（如 XOR 门）控制，则

$$输出可控性 = \min（输入集可控性） + 1 \tag{3.7}$$

对于需要观察输入信号的逻辑门，有

$$输入可观察性 = 输出可观察性 +$$
$$\sum（所有其他设置为非控制值的引脚的可控性） + 1 \tag{3.8}$$

图 3-5 给出了使用 AND、OR 和 XOR 门进行 SCOAP 可控性和可观测性计算的示例。

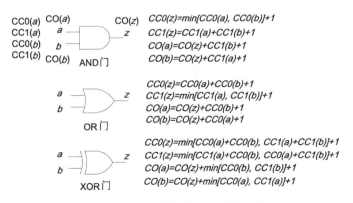

图 3-5　SCOAP 可控性和可观测性计算

图 3-6 则展示了一个可重置的负边缘触发的 D 触发器（DFF）。组合可控性 CC1 或 CC0 将度量必须要有多少行电路才能使 DFF 输出信号 Q 为 1 或 0，而连续可控性 SC1 或 SC0 将度量必须要设定多少触发器才能使 Q 为 1 或 0。要将 Q 线控制为 1，必须将输入 D 设置为 1，并在 C 上强制一个下降时钟边缘，复位信号线 RS 需要保持为 0。当信号从触发器输入传播到输出时，需要为顺序度量添加 1。因此，CC1(Q) 和 SC1(Q) 的计算方法如下：

$$CC1(Q) = CC1(D) + CC1(C) + CC0(C) + CC0(RS)$$
$$SC1(Q) = SC1(D) + SC1(C) + SC0(C) + SC0(RS) + 1 \tag{3.9}$$

有两种方法可以使 $Q = 0$。一种是设置复位信号 RS，同时保持时钟 C 为 0，另外一种就是在输入 D 时设置时钟 a 为 0。所以，用以下计算公式可以得到 CC0(Q) 和 SC0(Q)：

$$CC0(Q) = \min[CC1(RS) + CC0(C), CC0(D) + CC1(C)+CC0(C)+CC0(RS)]$$
$$SC0(Q) = \min[SC1(RS) + SC0(C), SC0(D) + SC1(C) + SC0(C) + SC0(RS)]+ 1 \tag{3.10}$$

通过保持低 RS，在时钟线 C 上产生一个故障边缘，可以在 Q 处观察输入 D：

$$CO(D) = CO(Q) + CC1(C) + CC0(C) + CC0(RS)$$
$$SO(Q) = SO(Q) + SC1(C) + SC0(C) + SC0(RS) + 1 \tag{3.11}$$

将 Q 设为 1，并使用 RS，可以观察到 RS：

$$CO(RS) = CO(Q) + CC1(Q) + CC1(C) + CC0(C) + CC1(RS)$$
$$SO(RS) = SO(Q) + SC1(Q) + SC1(C) + SC0(C) + SC1(RS) + 1 \tag{3.12}$$

间接观察时钟线 C 有两种方法：一是将 Q 设为 1，时钟从 D 设为 0，二是将触发器和时钟从 D 设为 1，于是得到：

$$CO(C) = \min[CO(Q) + CC0(RS) + CC1(C) + CC0(C) + CC0(D) + CC1(Q)$$
$$CO(Q) + CC1(RS) + CC1(C) + CC0(C) + CC1(D)]$$
$$SO(C) = \min[SO(Q) + SC0(RS) + SC1(C) + SC0(C) + SC0(D) + SC1(Q)$$
$$SO(Q) + SC1(RS) + SC1(C) + SC0(C) + SC1(D)] + 1 \tag{3.13}$$

如果采用扫描设计，扫描单元就是可测试性分析的可控点和可观测点。此外，基于 SCOAP 的可控性和可观测性度量为电路的可测性提供了用于指导测试生成和可测性改进的评估参考 [11]。

4. 自动测试模式生成（ATPG）

ATPG 是一种电子设计自动化（EDA）的方法，用于查找输入（或测试）序列。当应用于数字电路时，该序列可以使测试人员能够区分正确的电路行为和由缺陷引起的错误行为。这些算法通常与故障生成器程序一起运行，该程序会创建最小崩溃故障列表，这样设计人员就不需要操心故障生成 [5]。所有主要的

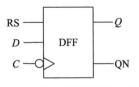

图 3-6　可重置的负边缘触发的 D 触发器

ATPG 算法都采用了可控性和可观测性度量。ATPG 的有效性是通过检测到的建模缺陷（或故障模型）数量和生成模式数量来衡量。这些指标通常表示测试质量（更高的故障检出率）和测试应用程序时间（更多的模式数量）。ATPG 效率则是另一个重要的考虑因素，它受多方面因素影响，包括所考虑的故障模型、被测电路的类型（组合、同步顺序或异步顺序）用来表示被测电路的抽象级别（寄存器、门、晶体管）和所需的测试质量[12]。

今天，由于大尺寸电路和上市时间缩短的需求，所有 ATPG 算法都是由商业上可用的 EDA 工具来执行的。图 3-7 展现了基本的 ATPG 运行流程。该工具首先读取设计网表和库模型，然后在构建模型之后，检查测试协议文件中指定的测试设计规则。如果在此步骤中发生任何违规，它将根据严重程度将违规规则报告为警告或错误。利用用户指定的 ATPG 约束，该工具再进行 ATPG 分析，生成测试模式集。如果测试覆盖率满足用户需求，则将测试模式保存到特定格式的文件中。否则，用户可以修改 ATPG 设置和约束，并重新运行 ATPG。

值得注意的是，覆盖率度量标准有两种：测试覆盖率和故障覆盖率。测试覆盖率是已检测故障在可检测故障中的百分比，是测试模式质量最有意义的度量。故障覆盖率是检测到的所有故障的百分比，它不显示无法检测的故障。通常，测试覆盖率在实践中用作 ATPG 工具生成的测试模式的有效性度量。

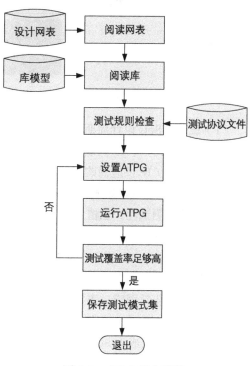

图 3-7　ATPG 基本流程

3.2　基于 IP 的 SoC 生命周期

SoC（片上系统）是一个包含给定系统所需所有元件的集成电路，通常包括模拟、数字和混合信号 IP 核心。它作为 ASIC 方法的一种演化，加之功能密度高、功率消耗低而被广泛应用于各种应用。

在过去 20 年中，IP 复用在业界得到了广泛的研究和发展。IP 复用是指对先前设计和测试元件的复用。由于复用 IP 已经经过设计、验证和测试，所以集成商或 IP 用户可以在各种应用程序中复用这些元件。更重要的是，IP 复用使设计和开发产品变得更加低成本和迅速。因此，为在性能、成本和上市时间等方面赶超竞争对手，发展现代工业 SoC 成为很多企业的强大动力。

如图 3-8 所示，基于 IP 的 SoC 生命周期是指在系统中，设计、制造、装配、分配、使用乃至最后销毁的流程。下面将更详细地讨论每个步骤[13]。

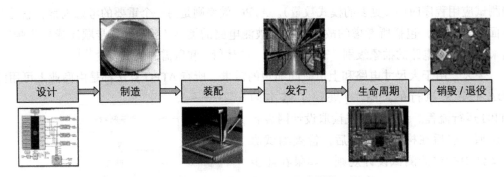

图 3-8   基于 IP 的 SoC 生命周期

1）**设计**：SoC 设计周期通常包括以下几个阶段。首先，设计规范由 SoC 积分器创建，然后积分器标识一个 IP 列表来实现既定规范。接下来，所有的 IP 内核，无论是内部开发的还是从第三方 IP 供应商购买的，都将集成在一起，以生成寄存器传输级（RTL）SoC 设计。在此基础上，SoC 集成商将 RTL 设计综合为一个基于目标技术节点的门级网表。为了提高 SoC 的可测试性，也植入了 DFT 结构。然后，将网表转换为基于物理库的物理布局。一旦完成了时钟和电源关闭，就会生成 GDSII 格式的最终布局。最后，将芯片送到代工厂进行制造和测试。

如今复杂集成电路的设计已经发展到极其复杂的程度，仅仅靠内部运作就想完成整个设计已经变得非常困难。事实上更常见的情况是，从 RTL 到 GDSII 的设计流程通常在多个地方（甚至在不同的国家或大陆）完成，这样做主要是为了降低开发成本和上市时间。如今设计复用已经成为 SoC 设计的一个组成部分。硬件 IP、固件 IP 和软件 IP 均可用于此目的。

2）**制造**：制造流程就是指制造集成电路的过程。这些电路在纯半导体材料晶圆片上按步骤逐步生成。创建电路的步骤包括一系列的光刻和化学处理。然后进行制造测试，筛选出有缺陷的芯片。

现在集成电路的制造也是全球化了，主要是为了降低制造成本。设计公司与代工厂签订合同，完成设计，披露其 IP 细节，并根据设计支付制作费用。代工厂与设计院之间的合同协议受 IP 保护[14]。

3）**装配**：制造完成后，代工厂将经过测试的晶圆送到装配处，将其切割成模具。具体来说，这里的集成电路封装被称为装配，其中的模具封装提供电气连接，以保护芯片免受物理损伤和腐蚀，并提供散热芯片的热路径。然后在批量出货前，对那些包装好的模具进行最后的测试。

4）**发行**：测试后的集成电路将配送给分销商或系统集成商（即原始设备制造商）。

5）**系统集成 / 生命周期**：系统集成是将所有元件和子系统装配成一个系统，使它们能够协作并作为一个整体工作的过程。

6）**销毁 / 退役**：当电子产品老化或过时时，它们通常会被销毁或退役，然后被替换。建议采用适当的处理技术来回收贵金属，并防止铅、铬和汞等有害物质对环境造成危害 [15]。

3.3　SoC 的设计流程

SoC 设计流程如图 3-9 所示。

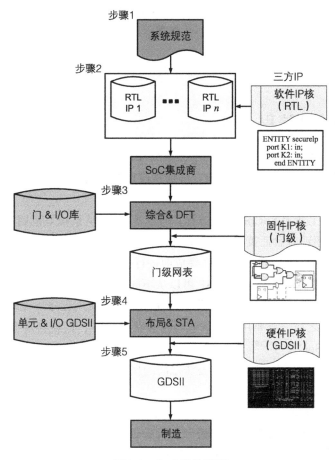

图 3-9　SoC 设计流程

步骤 1：设计规范由 SoC 集成商制定，并指定一个 IP 列表以实现既定规范。这些 IP 核心要么是内部开发，要么是从第三方 IP（3PIP）供应商处购买。3PIP 核心可以通过以下三种方式 [16] 从供应商处购买：

- 软 IP 核以寄存器传输级（RTL）硬件描述语言（HDL）交付。

- 硬 IP 核以完全放置和路由的核心设计 GDSII 表达交付。
- 固定 IP 核在结构和拓扑上进行了优化，以提高性能和面积，可能会使用通用库。

步骤 2：SoC 设计公司在开发 / 采购了所有的软 IP 后，将它们集成在一起，生成整个系统的 RTL 描述。

步骤 3：SoC 集成商基于目标技术库的逻辑单元和 I/O，将 RTL 描述一体化成一个门级网表。然后，集成商可以将来自供应商的门级 IP 核集成到网表中。此外，测试性设计（DFT）结构也会植入网表中，以提高可测试性。

步骤 4：门级网表被转换为基于逻辑单元格和 I/O 几何图形的物理布局。在此步骤中，还可以以 GDSII 布局文件格式从供应商处导入 IP 内核。

步骤 5：一旦静态时序分析（STA）和电源关闭完成，开发人员将生成 GDSII 格式的最终布局，并将其发送进行制作。

步骤 6：芯片在代工厂或装配厂进行制造和测试。

3.4 SoC 的验证流程

随着单片 SoC 复杂度和功能密度的不断提高，芯片验证变得越来越困难和关键。验证阶段又称硅前验证，主要是指在流片前，确保从设计规范到网表的功能正确和正确转换的过程，如图 3-10 所示。

图 3-11 描述了工业上 SoC 的验证流程。验证流程[17] 从系统规范制定开始，而规范在某种程度上决定并驱动着验证策略。芯片验证计划与设计规范的制定将被同时考虑。

步骤 1：系统中的所有 IP 都需要在集成前进行验证。即 IP 在发送给 SoC 集成商或 IP 用户之前由 IP 供应商进行验证。由于 IP 可以从不同的 IP 供应商以不同的格式交付，因此集成人员需要通过将设计文件和测试工作台转换到自己的应用程序环境来重新验证 IP[18]。

在单个 IP 验证之后，需要用额外的逻辑封装获得的 IP，以便与现有 IP 进行通信。然后它就可以集成到 SoC 中了[18]。

步骤 2：基于接口协议，对芯片中各块之间的接口进行验证，以减少最终的集成工作，使系统能够在早期就检测到错误。

步骤 3：SoC 级验证。准确地说，SoC 行为是根据其规范进行建模的，并通过行为仿真实验台进行验证。测试台可以使用多种语言来描述，例如 Verilog/VHDL、C/C++。此外，还需要将测试台转换为指定的格式，以适用于以下步骤中的硬件和软件验证。

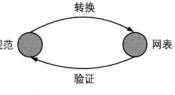

图 3-10   SoC 验证

步骤 4：完成系统级验证后，根据软硬件 IP 库将 SoC 设计划分为软件和硬件两部分。然后使用上一步中创建的测试台对架构（包括软件和硬件部分）进行验证。

步骤 5：对上一步中得到的 RTL 硬件设计进行功能验证。硬件验证需要使用到在系统行为验证过程中创建的测试台。RTL 的验证主要包括验线、逻辑仿真、形式验证（即等价性检查和模型检查）、基于事务的验证和代码覆盖率分析。

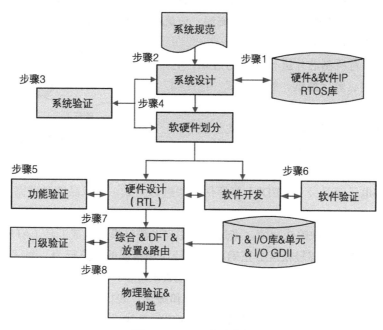

图 3-11 SoC 验证流程

步骤 6：根据系统规范进行软件验证。软件验证和硬件 / 软件（HW/SW）集成可以通过不同的方法执行，包括软原型、快速原型、仿真和 HW/SW 协同验证。以 HW/SW 协同验证为例，具有处理器类型核心的 SoC 需要进行协同验证。在此过程中，HW/SW 测试与验证同时进行。具体来说，协同仿真是将当前硬件仿真器与软件仿真器 / 调试器进行耦合，从而使软件能够在目标硬件设计上执行。接着提供硬件设计并进行实际刺激。这种协同验证减少了创建硬件测试工作台的步骤，并促进了硬件和软件集成。此外，它还为系统验证提供了极大的性能改进。

步骤 7：利用目标技术库合成 RTL 设计，生成门级网表。网表通常通过形式化的等价性检查工具进行验证，以确保 RTL 设计在逻辑上与网表是等价的。为了满足可测试性和时序需求，网表通常会植入 DFT 元件（如扫描链）和时钟树，所以更新后的网表必须使用形式等价性检查工具进行重新验证，以确保更新设计的功能的正确性。然后从门级阶段到物理布局阶段进行时间验证，以避免任何时间违规，从而满足时间上的需求。

步骤 8：对集成电路的物理布局进行验证，确保设计满足一定的标准。它包括设计规则检查（DRC）、布局对原理图（LVS）、电气规则检查（ERC）、天线效应分析和信号完整性（SI）分析（包括高电流、电阻压降、串扰噪声和电迁移）。任何违规都必须在芯片制造之前解决。一旦完成了物理布局验证，就可以进行签名和录制了。

3.5　SoC 的测试流程

SoC 测试又称制造测试或生产测试，是验证设计是否正确的过程。由于制造工艺不完善，导致芯片缺陷，因此出现这一测试流程。该流程包括不同程度的测试[19]。验证与测试的概念比较如图 3-12 所示。

SoC 测试是对所制芯片进行筛选的过程，它包括晶圆片分类、老化测试、结构测试、特性测试和功能测试。

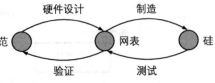

图 3-12　SoC 验证与 SoC 测试

制造测试的第一步是晶圆测试。此步骤将对晶圆片上的所有模具进行测试来检测故障。通常会使用晶圆探针为晶圆上的模具提供必要的电气刺激。通过晶圆最终测试（WFT）、电路探针（CP）和电子模具分类（EDS）等评估方法进行测试。一旦晶圆测试完成，就可以进行封装。

第二步是识别制造缺陷或故障。该过程使用自动测试模式生成工具（ATPG）生成测试模式，使测试工程师能够轻松区分正确的电路行为和错误的电路行为。测试设备（例如自动测试设备（ATE））用于应用测试模式并自动检查响应。

第三步是在向客户发货前对芯片进行表征和筛选。表征是找出芯片的理想工作参数，如频率和电压。在现代的 SoC 中，高速 I/O（如串行总线、DDR 和以太网）也需要通过各种电气参数进行表征，以达到最佳的传输和错误率。

第四步是功能测试，通过使用功能测试模式来识别芯片中的功能缺陷。以实际速度运行的功能测试模式，将用于测试芯片的不同部分，以达到指定的覆盖率。

第五步是封装模具的老化应力测试。它是一种温度 / 偏置可靠性应力测试，用于检测和筛选早期故障。

3.6　调试性设计

在过去的几十年里，随着技术的不断发展，系统中的功能密度也显著增加。在可预见的未来，系统中可编程核心的数量必将继续增加[20, 21]。此外，每个核心也都可以执行各种功能，如嵌入式软件、硬件加速器和专用外围功能[22]，或与不同类型的传感器进行集成[23]。

对于大型复杂系统，验证、静态时序分析、仿真和仿真方法等这些技术还不能保证在第一次流片前就检测和清除硬软件元件中的所有错误[22]，一些系统错误仍然存在，这也是设计和调试工程师所面临的挑战。这些错误通常包括但不限于功能错误、时间违规和设计规则检查违规等。

为什么这些错误无法被检测出来呢？原因在于目前使用的系统验证方法只能应用于芯

片模型，而非实际的硅。随着模型复杂度的增加，大多数验证方法难以得到充分的利用，因为计算量也在增加。因此为了加快上市时间和控制成本，当第一个硅可用时，就必须尽早发现这些错误[24]。所以就需要调试性设计（DFD）技术来减少定位和修复这些错误所耗的时间和开发成本，从而改进整个系统开发过程。

SoC 调试，也称为硅后验证，在第一个硅可用之后进行。这是一个为实际部署而对所有硅 / 芯片测试用例，以及这些测试模型设计进行验证的过程。在此过程中，将在与实际应用部署类似的实验室设置中，对设计进行功能正确性测试。SoC 调试通常涉及在系统级环境中使用运行在硬件上的软件来验证芯片，以测试设计的所有特性和接口[19]。

调试支持由芯片上的 DFD 架构和软件组成。如图 3-13 所示，实现调试支持的策略是将接入点放置在系统中，那么在硅执行过程中，内部信号的可控性和可观测性就可以从外部获得。随着芯片不断复杂化，除片内调试架构外，应用软件也越来越受到重视。调试支持提供的基础设施构成了开发工具（如调试器、分析器和校准[25]）的基础。

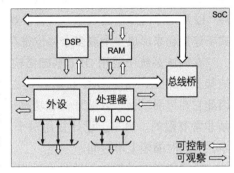

图 3-13 SoC 的调试支持

3.6.1 调试需求

若想进行系统调试，就必须通过适当的刺激从外部观察芯片的内部行为。通过控制系统状态和反复施加刺激，设计和调试工程师能够识别和定位系统中仍然存在的错误。一个高效调试系统的基本需求如下[24, 25]：

- 能从外部访问内部系统状态和关键信号。
- 能从外部访问控制系统操作和设施，包括各种外设。
- 在引脚面积和数量上，不会对系统行为和开销产生太大影响。

能从外部访问内部系统状态和关键信号：调试 IC 需要跟踪芯片的关键信号，提取寄存器和嵌入式内存的内容，便于调试工程师诊断和推导出芯片故障的根本原因。由于现代的 SoC 在几个时钟周期内就能产生大量数据，那么跟踪和收集所有这些信息是不现实也不必要的，特别是通过实时调试系统的方法。因此，只需要提取关键信号以及相关寄存器和内存阵列的内容即可。

能从外部访问控制系统操作和设施，包括各种外设：为了调试系统，工程师必须控制系统操作，创建定制的触发器和中断，并执行一系列操作，如重置、配置、激活、停止、转储、单步执行指令和恢复等。

在引脚面积和数量上，不会对系统行为和开销产生太大影响：由于调试基础设施是为了追踪系统执行失败原因，所以芯片上的 DFD 架构需要在不破坏芯片内部或外部行为的前提下，很容易地植入芯片。否则，错误可能无法检测到或以不恰当的方式表现出来。此外 DFD 架构对区域开销和引脚数量的影响也需有一定限制。

3.6.2 片上调试架构

在集成电路中，对用于制造测试的 DFT 基础设施进行复用，以进行硅调试[26, 27] 是一种常见的实践。作为最流行的 DFT 技术，扫描设计可以让开发人员对设计中所有存储或存储子集进行读 / 写访问。确切地说，它提供了对指定值存储元件的直接控制和对存储元件（以及元件内部电路状态）的直接观察。通过将触发器替换为扫描触发器，并在测试模式下连接起来形成一个或多个移位寄存器，这样便实现了扫描设计。

在调试系统中复用 DFT 基础结构有三个主要优点。第一，DFT 结构易于适应各种系统架构。第二，由于 DFT 技术在过去的几十年中已经得到了很好的发展和广泛的应用，因此它在可测试性、区域开销和功率消耗，以及在制造和调试成本方面，对设计的影响都是非常有限的。第三，设计复用对于现代 SoC 设计来说是至关重要的，它可以保持低成本，并同时缩短上市时间。

除了通过在关键控制路径和数据路径上放置扫描链以方便芯片可控性和可观测性外，调试软件还需要与芯片上的 DFD 架构进行交互，以使调试功能在工作站上可用。简而言之，基于扫描的片上调试架构、基于软件的调试支持，以及运行控制特性共同构成了调试系统的基础。

3.6.3 片上调试架构的例子

扫描设计只使用一个扫描路径来减少路由开销，这限制了它的性能。芯片上 DFD 架构的一种通用实现是在应用中将多个扫描链复用到有限的数字引脚上。然后，通过这些引脚[24,25] 就可以观察到关键的内部信号。

在文献 [28] 中，除了扫描链外，系统中还添加了 DFD 模块，以提供硅调试的功能。此外，在设计验证阶段和硅验证阶段，调试软件得以开发和使用，并与芯片上的 DFD 结构进行交互，使模拟器能够与实际硅执行进行通信。

在文献 [29] 中，作者利用通常用于测试的 JTAG 边界扫描架构开发了一个调试器工具。他们还设计了一个硬件模块，用于更关键的实时调试。边界扫描结构通过 JTAG 接口和嵌入式硬件模块控制扫描链。

基于 IEEE 标准 1149.1 开发的调试系统[27] 成功应用于 Ultra-SPARC-III 系统的调试、测试和制造。通过向芯片内核和 I/O（例如内核影子链和 I/O 影子链）引入一些用户定义的指令（如 Shadow 和 Mask）和额外的逻辑，实现了调试和测试的功能。基于这些功能，Ultra-SPARC-III 的关键内部状态可以在系统运行过程中被访问和控制。此外，在边界扫描结构中植入了额外的逻辑，以维护对测试和调试特性的支持。采用暗链和片上触发电路相结合的方法，可以在不中断芯片操作的情况下提取捕获的数据，从而解决了纯基于扫描的控制架构带来的延迟和运行时问题。

目前，除了用于跟踪信号、转储存储元素和触发定制中断的基础设施之外，SoC 的复杂性还要求对芯片上的 DFD 架构进行标准化，以便 EDA 供应商能够创建用于访问和控制系统级调试[31]硬件架构的软件 API。例如，ARM Coresight 架构[30]提供的工具就可以用于跟踪、同步、时间戳硬件和软件事件、触发器逻辑以及标准化的 DFD 访问和跟踪传输[31]。

3.7　结构化 DFT 技术概览

3.7.1　测试性设计

DFT 技术在现代集成电路中得到了广泛的应用。DFT 是一个通用术语，用于实现更全面、更低成本测试的设计方法。通常，DFT 通过使用额外的硬件电路实现测试目的。额外的测试电路促进了对内部电路元件的访问。通过这些测试电路，可以更容易地控制和观察局部内部状态，它增加了内部电路的可控性和可观测性。DFT 作为测试应用和诊断的接口，在测试程序的开发中起着至关重要的作用。随着合适的 DFT 规则的实施，诸多系统设计的优势便随之而来，产生了更容易的故障诊断和定位。一般来说，在开发周期中集成 DFT 有利于：

- 提高故障覆盖率
- 减少测试生成时间
- 潜在地缩短测试长度和减少测试内存
- 减少测试应用时间
- 支持分层测试
- 实现并行工程
- 降低生命周期成本

这些优势的代价则是额外的引脚开销、面积、低产量、性能下降和更长的设计时间。但 DFT 总体上降低了芯片的总体成本，因为它是一种性价比更高的方法，因此它在集成电路工业中得到了广泛的应用。

电子系统中有三种元件需要测试：数字逻辑、内存块、模拟或混合信号电路。每种类型的元件都有特定的 DFT 方法。数字电路的 DFT 方法包括 ad hoc 方法和结构化方法。ad hoc DFT 方法依赖于设计经验和优秀的设计人员来发现问题区域。有时可能需要修改电路或植入测试点来提高这些区域的可测试性。ad hoc DFT 技术通常过于劳动密集型，不能保证 ATPG 的良好效果。由于这些原因，对于大型电路，不鼓励使用 ad hoc DFT。常用的结构化方法有扫描、局部扫描、BIST 和边界扫描；其中，BIST 通常用于内存块测试。下面简要介绍这些结构化 DFT 技术。

3.7.2 扫描设计：扫描触发器、扫描链和扫描测试压缩

扫描是流行的 DFT 技术。扫描设计提供了对设计中所有存储或子集存储元素的简单读 / 写访问，它还可以直接控制存储元件的任意值（0 或 1），并直接观察存储元件的状态，从而观察电路的内部状态。简而言之，它增强了电路的可控性和可观测性。

1. 扫描触发器

扫描设计通过将触发器替换为扫描触发器（SFF）得以实现，并在测试模式下将它们连接起来形成一个或多个移位寄存器。图 3-14 展示了一个基于 D 型触发器（DFF）的 SFF 设计。在 DFF 前加入多路复用器，构造扫描 D 型触发器（SDFF）。测试使能（TE）信号控制 SDFF 的工作模式。当它高时，选择测试模式，并将扫入（SI）位作为 DFF 的输入。当 TE 信号较低时，SDFF 以功能模式工作。它作为一个普通的 DFF，将组合电路中的值 D 作为 DFF 的输入。

SFF 通常用于时钟触发扫描设计，而电平敏感扫描设计（LSSD）单元用于基于锁存器的电平敏感设计。图 3-15 显示了一种偏振保持移位寄存器锁存器设计，可以用作 LSSD 扫描单元。扫描单元由两个锁存器组成，一个主双端口 D 锁存器 L1 和一个从 D 锁存器 L2。D 是正常的数据线，CK 是正常的时钟线。直线 +L1 是正常的输出。线 SI、A、B 和

L2 构成锁存器的移位部分。SI 是移位数据，+L2 是移位数据。A 和 B 是两个相，不重叠的移位时钟。使用 LSSD 扫描单元的主要优点是它可以应用于基于锁存器的设计。此外，它还避免了 MUX 在移位寄存器修改中引入的性能下降。由于 LSSD 扫描单元是水平敏感的，使用 LSSD 的设计可以保证是无竞争状态。然而，这种技术需要为附加时钟进行路由，这增加了路由的复杂性。它只能用于慢速测试应用，而无法实现正常速度测试。

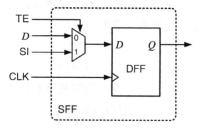

图 3-14　一种由 D 型触发器和多路复用器构成的扫描触发器（SFF）

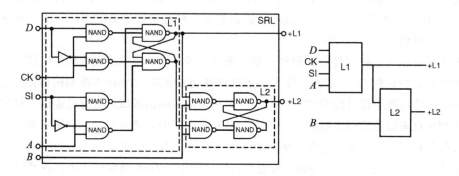

图 3-15　电平敏感扫描设计（LSSD）单元

2. 扫描链

图 3-16 显示了时序电路设计中的扫描链。SFF 被缝合在一起形成扫描链。当测试使能信号 TE 较高时，电路工作在测试（位移）模式。扫描输入（SI）通过扫描链移动；扫描链状态可以通过扫描链向外平移，并在扫描管脚处观察到扫描链状态。测试程序将 SO 值与预期值进行比较，以验证芯片的性能。

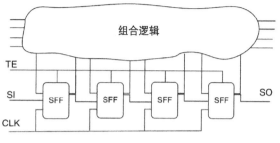

图 3-16 设计中的扫描链

通常会使用多个扫描链来减少加载和观察的时间。SFF 可以分布在任意数量的扫描链中，每个扫描链都有一个独立的扫描输入（SI）和扫描输出（SO）引脚。在应用扫描测试序列之前，必须对扫描链的完整性进行测试。在扫描模式（TC=0）中，一个长度为 $n+4$ 的移位序列 00110011… 在所有触发器中产生 00、01、11 和 10 个跃迁，并在扫描链输出时观察结果，其中 n 为最长扫描链中的 SFF 数。

3. 扫描测试压缩

随着芯片变得更大、更复杂，测试数据量的增长导致测试成本的显著增加。对于基于扫描的测试，测试数据量与测试循环数成正比，而测试循环数与测试时间与扫描单元数、扫描链数、扫描模式数相关，如式（3.14）所示。移位频率是功能时钟频率的一小部分（因为切换活动的高百分比）。虽然理论上增加移频可以减少测试时间，但在实际应用中，由于功率损耗和设计限制，移频不能增加太多。

$$测试周期 \approx \frac{扫描单元 \times 扫描模式}{扫描链}$$

$$测试时间 \approx \frac{扫描单元 \times 扫描模式}{扫描链 \times 移位频率} \qquad (3.14)$$

由于制造测试成本在很大程度上取决于测试数据的数量和测试时间，因此关键需求之一就是大幅降低测试成本。开发测试压缩是为了解决这个问题。当 ATPG 工具为一组错误生成测试时，会留下大量不相关的部分。测试压缩就是利用少量的重要值来减少测试数据和测试时间。一般背后的想法是，修改设计，以增加内部扫描链的数量，并缩短最大扫描链长度。如图 3-17 所示，然后这些链由芯片上的解压器驱动，这些解压器通常被设计用以连续流的解压。当数据被发送到解压器时，内部扫描链就被加载。解调方法有很多[33]，一个常见的方法是线性有限状态机，其中压缩刺激是通过求解线性方程来计算的。对于测试向量 care-bits 比在 0.2%～3% 之间的工业电路，基于该方法的测试压缩通常会产生 30～500 倍的压缩比[32]。

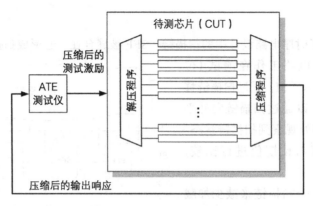

图 3-17　扫描测试压缩

需要一个压实器将所有内部扫描链输出压缩到输出引脚。如图 3-17 所示，它植入在内部扫描链输出与检测器扫描通道输出之间。压缩器必须与数据解压缩器同步，并且必须能够处理未知（X）状态，这些状态可能来自错误和多循环路径，或者其他意外原因。

3.7.3　局部扫描设计

全扫描设计是用 SFF 替换了所有的触发器，但局部扫描设计是只选择要扫描的触发器子集，这就提供了更多的设计解决方案，可以对扫描设计产生开销（即面积和功率消耗）的可测试性进行权衡。

图 3-18 展现了局部扫描的概念。与图 3-16 所示的全扫描设计不同，并非所有的触发器都是 SFF。有两个独立的时钟用于扫描操作和功能操作。

局部扫描设计的关键在于对触发器的选择，能否选择出在可测试性方面提供最佳改进的方案。大多数 SFF 选择方法基于以下一种或几种技术：可测试性分析、结构分析和测试生成[34]。基于可测性的方法利用 SCOAP 分析电路的可测性，通过局部扫描提高电路的可测性。然而，对于具有复杂结构的电路，使用这些技术可能无法获得足够的故障覆盖

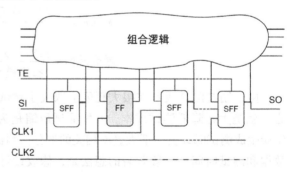

图 3-18　局部扫描设计

率。结构分析局部扫描选择的目的是消除电路中所有反馈回路，从而简化测试生成算法的电路结构。这类技术的问题在于，对于许多电路来说，为了达到理想的故障覆盖率而消除所有反馈回路可能是行不通的，或者说是没必要的。基于测试生成的方法利用来自测试生成器的信息驱动扫描选择过程。使用基于测试生成的技术的主要优点是可以针对特定的故障检测目标，而不是简化电路或提高电路中特定区域的可测试性。然而，该过程通常会带

来昂贵的计算和存储需求 [34]。

由于扫描操作使用的是一个独立时钟，所以可以在扫描操作期间冻结非 SFF 状态，并且可以在不影响非 SFF 状态的情况下将所有状态扫描到扫描寄存器中。这样，时序电路测试发生器就可以有效地生成测试向量。但是，在时钟信号路由过程中，多时钟树需求和对时钟倾斜的严格约束也会成为问题。

3.7.4　边界扫描

边界扫描技术使用移位寄存器来测试诸如互连、逻辑和内存集群等要素。边界扫描寄存器由边界扫描单元组成，边界扫描单元植入每个元件引脚附近，利用扫描测试原理对元件边界处的信号进行控制和接收。边界扫描控制器同时也是 SoC 设计的标准机制，用于启动和控制多个内部存储器 BIST 控制器。边界扫描现在已经是一个文档化的 IEEE 标准，同时一些测试软件供应商也会提供自动化解决方案。1990 年引入了 IEEE 1149.1，也被称为 JTAG 或边界扫描 [35]。该标准致力于解决由于高引脚数和 BGA 器件、多层 PCB 板和密集封装电路板元件过多使用导致的物理访问丢失问题及其引发的测试和诊断问题。该标准概述了用于测试和诊断制造故障的预定义协议。它还为闪存等非易失性内存设备的板载编程，或像 PLD 和 CPLD 这样的设备系统内编程提供了一种方法。

图 3-19 展示了基本的边界扫描架构。待测逻辑电路块连接着多个边界扫描单元。芯片制造时，电池和集成电路一起被创造出来。每个单元都可以监测或刺激电路中的一个点。然后将单元格串行连接，形成一个长移位寄存器，其串行输入、指定的测试数据输入（TDI）、串行输出端口和指定的测试数据输出（TDO）成为 JTAG 接口的基本 I/O。移位寄存器通过外部时钟信号（TCK）进行计时。除了串行输入、串行输出和时钟信号外，还提供了一个测试模式选择（TMS）输入，以及一个可选的测试复位引脚（TRST）。TMS、TCK 和 TRST 信号被应用于有限状态机（测试访问端口（TAP）控制器）。除了外部二进制指令，它还控制所有可能的边界扫描函数。为了刺激电路，将测试位移位，叫作测试向量。

边界扫描技术的主要优点是能够独立地观察和控制应用逻辑中的数据。它还减少了设备访问所需的总测试点数量，这有助于降低电路板制造成本和增加封装密度。在测试仪上使用边界扫描进行简单的测试就可以发

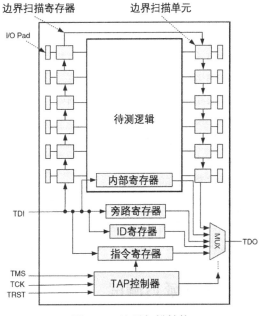

图 3-19　边界扫描结构

现制造缺陷，如未连接的引脚、丢失的设备，甚至是无效设备。此外，边界扫描还提供了更好的诊断。在边界扫描中，边界扫描单元通过监视设备的输入引脚来观察设备响应。这可以很容易地隔离各种类型的测试失败。边界扫描可以用于不同级别的功能测试和调试，从集成电路测试到板级测试。该技术还可用于硬件/软件集成测试，并提供系统级调试功能[36]。

3.7.5　BIST 方法

内建自测试（BIST）是一种 DFT 方法，它将额外的硬件和软件特性植入集成电路中，使其能够进行自测试，从而减少对外部 ATE 的依赖，最终降低测试成本。BIST 概念适用于任何类型的电路。BIST 也可以用来测试那些与外部引脚没有直接连接的电路，比如设备内部使用的嵌入式内存。图 3-20 显示了 BIST 架构。在 BIST 中，测试模式生成器生成测试模式，签名分析器（SA）比较测试响应。整个过程由 BIST 控制器控制。

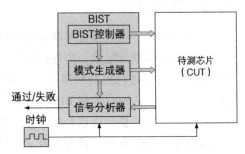

图 3-20　内建自测试结构

常见的两类 BIST 是逻辑 BIST（LBIST）和存储器 BIST（MBIST）。LBIST 用于测试随机逻辑，通常使用伪随机模式生成器生成输入模式（该输入模式应用于设备内部扫描链），并使用多个输入签名寄存器（MISR）获得设备对这些输入测试模式的响应。错误的 MISR 输出表明设备存在缺陷。MBIST 是专门用来测试存储器的。它通常由测试电路组成，这些测试电路为存储器应用一组读 - 写 - 读序列。复杂的写 - 读序列称为算法，如 MarchC、Walking 1/0、GalPat 和 Butterfly。在文献 [37] 中给出了 MBIST 和 LBIST 的成本效益模型。分析了内置逻辑和内存内核自测的经济效果。

BIST 的优势包括：

- 测试成本低，因为它减少或消除了使用 ATE 进行外部电气测试的需要。
- 提高可测试性和故障覆盖率。
- 支持并发测试。
- 如果 BIST 可以设计成并行测试更多结构，则测试时间更短。
- 全速测试。

同样 BIST 的缺点包括：

- BIST 电路的硅面积、引脚计数和电源开销。
- 性能下降，时间问题。
- BIST 结果的正确性可能存在问题，因为芯片内测试硬件本身可能会失败。

3.8　全速延迟测试

全速延迟测试是一种广泛应用于测试计时相关故障的方法。将全速测试纳入现代半导体工业的测试流程已成为一种普遍的做法。本节将简要介绍全速延迟测试的基本原理，包括它的应用、故障模型、测试时钟的配置，以及在纳米设计中遇到的一些挑战。

3.8.1　为何选择全速延迟测试

随着技术的发展，设备尺寸不断缩小，连接线也大幅度减少，硅片行为对片上噪声、工艺和环境变化也变得更加敏感。缺陷谱中目前包含了更多的问题，如高阻抗短路、电源噪声、信号间的串扰等，传统的静态故障模型往往无法检测到这些问题。造成计时失败（设置 / 保持时间冲突）的缺陷数量正在增加，这将导致产量损失和逸出增加，以及可靠性的降低。因此，采用了过渡延迟故障模型和路径延迟故障模型的结构化延迟测试，由于其实现成本低、测试覆盖率高，而被广泛采用。转换故障测试模型用于检测与计时相关的缺陷，如大型门延迟故障。这些故障会通过敏化路径影响电路的性能。然而，通过故障点的路径较多，通常以短路径检测到 TDF。小的延迟缺陷只能通过长路径检测到。因此，对多个选定的关键（长）路径进行路径延迟故障测试就变得很有必要。此外，当测试速度低于功能速度时，可能会出现小的延迟缺陷。所以为了提高实际的延迟故障覆盖率，最好是采用全速测试。如在文献 [38] 中，当在传统的静态测试基础上增加全速测试时，百万分率缺陷减少了 30%～70%。

时钟和测试使能用于锁定和视距测试的波形。

3.8.2　全速测试的基础知识：LOC 和 LOS

转换故障和路径延迟故障是全速延迟测试中应用最广泛的两种故障模型。路径延迟模型研究的是预定义路径中的整个门列表的累积延迟，而转换故障模型是针对慢升和慢降延迟故障 [5] 设计中的每个门输出。转换故障模型比路径延迟模型应用得更广泛，因为它在设计中对所有网的高速故障都进行了测试，总的故障列表是网数的两倍。另一方面，现代设计中有数十亿条路径需要进行路径延迟故障测试，这导致了极大的分析工作量。与转换故障模型相比，路径延迟故障模型的成本较高。

与静态故障模型测试相比，全速测试逻辑需要一个包含两个向量的测试模式。第一个向量沿着路径启动逻辑转换值，第二个向量捕获指定时间（由系统时钟速度决定）的响应。如果捕获的响应表明所涉及的逻辑在周期内没有按照预期进行转换，则该路径失败，并被认为包含缺陷。

基于扫描的全速延迟测试使用 Launch-Off-Capture（LOC）和 Launch-Off-Shift（LOS）延迟测试实现。LOS 测试往往更有效，它使用更少的测试向量，并实现更高的故障覆盖率，但由于需要快速扫描，大多数设计并不支持。因此，基于 LOC 的延迟测试则更可取，并被更多的工业设计所使用。图 3-21 展现了用于 LOC 和 LOS 全速延迟测试的时钟和测试启用波形。从图中可以看出，LOS 对信号时间的要求很高。需要一个高速测试时钟来为高速测试提供计时。高速测试时钟主要有两种来源：一个是外部 ATE，一个是片上时钟。随着时钟速度和精度要求的提高，加上测试仪器的复杂性和成本的增加，越来越多的设计会采用包含锁相环回路或其他片上时钟产生电路的方式提供内部时钟源。与 ATE 时钟相比，在测试中使用这些功能时钟会有几个优点。首先，当测试时钟与功能时钟完全匹配时，测试计时更加准确。其次，高速片上时钟降低了 ATE 的要求，使得更便宜的测试仪可以投入使用[38]。

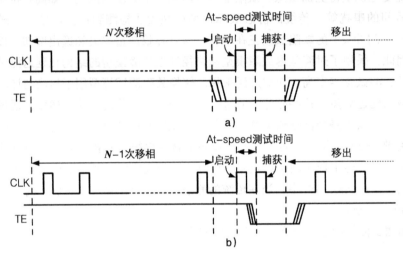

图 3-21　用于 LOC 和 LOS 全速延迟测试的时钟和测试启用波形

3.8.3　全速延迟测试的挑战

随着电路复杂度和功能频率的增加，功率完整性和时序完整性在电路设计和测试中显得越来越重要。测试功率消耗、电源电压噪声、信号耦合效应引起的串扰噪声、片上温度不均匀引起的热点等都会对良品率和可靠性产生显著影响。如图 3-22 所示，随着技术节点的缩小，由信号线耦合效应和电力线及地线电阻压降引起的延迟占了更大的比例。电源噪声和串扰噪声是影响电路时序完整性的两大重要噪声。在今天的集成电路中，低压供电意味更少的信号完整性问题。许多高端集成电路的供电电压现在已经下降到 1 V 甚至更低，导致电压波动的幅度减小。同步开关噪声会引起地面波动，导致难以隔离的信号完整性问题和时钟问题。功率、时序和信号完整性效应在 90 纳米及以下都是相互作用的，这就使得问题变得更为复杂。

计时故障通常是设计中的弱点和硅材料缺

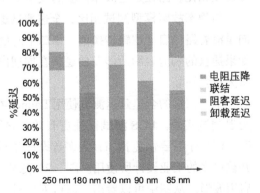

图 3-22　进程节点的寄生效应

陷共同作用的结果，这些缺陷降低了设计的抗噪性，并最终暴露在信号完整性问题中。例如，对于某些测试向量，一个不合理的电源规划或缺少电源的穿孔就可能导致芯片上电源下降。功率下降会影响关键路径上的门，并可能导致计时失败。这种故障只能用某些测试向量作为输入重新创建。如果相应的测试向量不包含在测试模式集中，故障将成为一个转义，并且在使用当前的测试模式集中进行诊断时无法重现。当前自动测试模式生成工具并不能检测出布局上的开关分布和模式引起的噪声。这些元件通过了 ATPG 工具生成的无布局测试模式并且客户同样未发现问题。因此，高质量的测试模式对于在生产测试中捕获噪声引起的延迟问题以及在诊断过程中识别与噪声相关的故障是必不可少的 [41, 42]。

3.9　习题

3.9.1　判断题

1. 全扫描设计是植入扫描链的唯一选择。
2. 在植入测试点所提供的可控性和可观测性方面，控制点对可观测性没有影响，观测点对可控制性没有影响。
3. SoC 调试可视为硅前验证，SoC 验证可视为硅后验证。
4. 当测试速度高于功能速度时，可能会出现小的延迟缺陷。
5. LBIST 和 MBIST 是 BIST 最常见的两种分类。

3.9.2　简答题

1. 制造过程良品率是指所有制造的零件中可接受零件的比例 [5]。如果可接受的零件数量为 5000 件，且制造的零件总数为 7000 件，试计算良品率。
2. 缺陷级别，也称为废品率，是指通过测试的所有芯片中缺陷芯片的比例，可以表示为 PPM[5]。如果通过最终测试的故障芯片数量为 10 片，芯片总数为 50 000 片，试计算缺陷级别。
3. 如果每个芯片有 92% 的故障覆盖率和 70% 的成品率，计算缺陷级别。
4. 列出常见故障模型的类型。
5. 什么是延迟故障？转换延迟故障（TDF）和路径延迟故障（PDF）之间有什么区别？
6. 解释 ATPG。如何衡量 ATPG 的有效性？
7. 如何证明 SoC 验证具有良好的覆盖率？解释一下。
8. 假设有一个 IP 核，未经验证的 IP 核的第一个硅成功率为 90%，而经过验证的 IP 核的第一个硅成功率为 98%。

 1）如果 SoC 由 10 个未经验证的 IP 核组成，SoC 的第一个硅成功率是多少？

 2）如果一个 SoC 由 8 个经过验证的 IP 核和 2 个未经验证的 IP 核组成，那么 SoC 的第一个硅成功率是多少？

 3）如果一个 SoC 由 10 个经过验证的 IP 核组成，每个经过验证的 IP 核的成功率应该是多少才能达到 SoC 第一次硅芯片成功率的 90%？

 注意：不需要考虑芯片内部的互连问题和其他 IP。

9. 1）如果基于扫描的设计有 6400 个扫描触发器，可以构造为 100 个扫描链，每个扫描链长度相等，那么测试模式的数量为 5000 个，测试时钟周期为 10 ns，那么测试周期和测试时间是多少？

　2）影响制造成本的主要因素是什么？怎样才能降低制造成本呢？

10. 全扫描设计和局部扫描设计的区别是什么？

3.9.3　详述题

1. 功能测试和结构测试有什么不同？

2. 1）设计制造试验时，假设设计中检测到的故障数为 81 506，设计中检测到的故障数为 87 122，设计中未检测到的故障数为 103。测试覆盖率和故障覆盖率分别是什么？（答案四舍五入到小数点后两位）

　2）检测到的故障、可能检测到的故障、无法检测的故障、ATPG 无法检测的故障和未检测到的故障中包含哪些类型的故障？

3. SoC 的验证、调试和测试之间有什么区别？

参考文献

[1] H.B. Druckerman, M.P. Kusko, S. Pateras, P. Shephard, Cost trade-offs of various design for test techniques, in: Economics of Design, Test, and Manufacturing, 1994. Proceedings, Third International Conference on the IEEE, p. 45.

[2] V.D. Agrawal, A tale of two designs: the cheapest and the most economic, Journal of Electronic Testing 5 (1994) 131–135.

[3] I. Dear, C. Dislis, A.P. Ambler, J. Dick, Economic effects in design and test, IEEE Design & Test of Computers 8 (1991) 64–77.

[4] J. Pittman, W. Bruce, Test logic economic considerations in a commercial VLSI chip environment, in: Proceedings of the 1984 International Test Conference on the Three Faces of Test: Design, Characterization, Production, IEEE Computer Society, pp. 31–39.

[5] M. Bushnell, V. Agrawal, Essentials of Electronic Testing for Digital, Memory and Mixed-Signal VLSI Circuits, vol. 17, Springer Science & Business Media, 2004.

[6] B. Davis, The Economics of Automatic Testing, BookBaby, 2013.

[7] T.W. Williams, N. Brown, Defect level as a function of fault coverage, IEEE Transactions on Computers 30 (1981) 987–988.

[8] R.D. Eldred, Test routines based on symbolic logical statements, Journal of the ACM (JACM) 6 (1959) 33–37.

[9] M. Keim, N. Tamarapalli, H. Tang, M. Sharma, J. Rajski, C. Schuermyer, B. Benware, A rapid yield learning flow based on production integrated layout-aware diagnosis, in: Test Conference, 2006. ITC'06. IEEE International, IEEE, pp. 1–10.

[10] L. Goldstein, Controllability/observability analysis of digital circuits, IEEE Transactions on Circuits and Systems 26 (1979) 685–693.

[11] L.-T. Wang, C.-W. Wu, X. Wen, VLSI Test Principles and Architectures: Design for Testability, Academic Press, 2006.

[12] L. Lavagno, G. Martin, L. Scheffer, Electronic Design Automation for Integrated Circuits Handbook-2 Volume Set, CRC Press, Inc., 2006.

[13] U. Guin, D. Forte, M. Tehranipoor, Anti-counterfeit techniques: from design to resign, in: Microprocessor Test and Verification (MTV), 2013 14th International Workshop on, IEEE, pp. 89–94.

[14] T. Force, High performance microchip supply, Annual Report, Defense Technical Information Center (DTIC), USA, 2005.

[15] H. Levin, Electronic waste (e-waste) recycling and disposal-facts, statistics & solutions, Money Crashers (2011), https://www.moneycrashers.com/electronic-e-waste-recycling-disposal-facts/.

[16] V. Alliance, VSI alliance architecture document: Version 1.0, VSI Alliance, vol. 1, 1997.

[17] P. Rashinkar, P. Paterson, L. Singh, System-on-a-Chip Verification: Methodology and Techniques, Springer Science & Business Media, 2007.

[18] F. Nekoogar, From ASICs to SOCs: A Practical Approach, Prentice Hall Professional, 2003.

[19] Verification, validation, testing of asic/soc designs – what are the differences, anysilicon, http://anysilicon.com/verification-validation-testing-asicsoc-designs-differences/, 2016.

[20] D. Patterson, et al., The parallel computing landscape: a Berkeley view, in: International Symposium on Low Power Electronics and Design: Proceedings of the 2007 International Symposium on Low Power Electronics and Design, vol. 27, pp. 231.

[21] D. Yeh, L.-S. Peh, S. Borkar, J. Darringer, A. Agarwal, W.-M. Hwu, Roundtable-thousand-core chips, IEEE Design & Test of Computers 25 (2008) 272.

[22] B. Vermeulen, Design-for-debug to address next-generation SoC debug concerns, in: Test Conference, 2007. ITC 2007. IEEE International, IEEE, pp. 1.

[23] M.T. He, M. Tehranipoor, Sam: A comprehensive mechanism for accessing embedded sensors in modern SoCs, in: Defect and Fault Tolerance in VLSI and Nanotechnology Systems (DFT), 2014 IEEE International Symposium on, IEEE, pp. 240–245.

[24] B. Vermeulen, S.K. Goel, Design for debug: catching design errors in digital chips, IEEE Design & Test 19 (2002) 37–45.

[25] A.B. Hopkins, K.D. McDonald-Maier, Debug support for complex systems on-chip: a review, IEE Proceedings, Computers and Digital Techniques 153 (2006) 197–207.

[26] Y. Zorian, E.J. Marinissen, S. Dey, Testing embedded-core based system chips, in: Test Conference, 1998. Proceedings. International, IEEE, pp. 130–143.

[27] F. Golshan, Test and on-line debug capabilities of IEEE Standard 1149.1 in UltraSPARC/sup TM/-III microprocessor, in: Test Conference, 2000. Proceedings. International, IEEE, pp. 141–150.

[28] G.-J. Van Rootselaar, B. Vermeulen, Silicon debug: scan chains alone are not enough, in: Test Conference, 1999. Proceedings. International, IEEE, pp. 892–902.

[29] D.-Y. Jung, S.-H. Kwak, M.-K. Lee, Reusable embedded debugger for 32-bit RISC processor using the JTAG boundary scan architecture, in: ASIC, 2002. Proceedings. 2002 IEEE Asia-Pacific Conference on, IEEE, pp. 209–212.

[30] Coresight on-chip trace and debug architecture, http://infocenter.arm.com/help/index.jsp?topic=/com.arm.doc.set.coresight/index.html, 2010.

[31] A. Basak, S. Bhunia, S. Ray, Exploiting design-for-debug for flexible SoC security architecture, in: Design Automation Conference (DAC), 2016 53nd ACM/EDAC/IEEE, IEEE, pp. 1–6.

[32] J. Rajski, J. Tyszer, M. Kassab, N. Mukherjee, Embedded deterministic test, IEEE Transactions on Computer-Aided Design of Integrated Circuits and Systems 23 (2004) 776–792.

[33] N.A. Touba, Survey of test vector compression techniques, IEEE Design & Test of Computers 23 (2006) 294–303.

[34] V. Boppana, W.K. Fuchs, Partial scan design based on state transition modeling, in: Test Conference, 1996. Proceedings. International, IEEE, pp. 538–547.

[35] C. Maunder, Standard test access port and boundary-scan architecture, IEEE Std 1149.1-1993a, 1993.

[36] R. Oshana, Introduction to JTAG, Embedded Systems Programming, 2002.

[37] J.-M. Lu, C.-W. Wu, Cost and benefit models for logic and memory BIST, in: Design, Automation and Test in Europe Conference and Exhibition 2000. Proceedings, IEEE, pp. 710–714.

[38] B. Swanson, M. Lange, At-speed testing made easy, EE Times 3 (2004), http://www.eedesign.com/article/showArticle.jhtml?articleId=21401421.

[39] J. Savir, S. Patil, Broad-side delay test, IEEE Transactions on Computer-Aided Design of Integrated Circuits and Systems 13 (1994) 1057–1064.

[40] D. Maliniak, Power integrity comes home to roost at 90 nm, EE Times 3 (2005).

[41] J. Ma, J. Lee, M. Tehranipoor, Layout-aware pattern generation for maximizing supply noise effects on critical paths, in: VLSI Test Symposium, 2009. VTS'09. 27th IEEE, IEEE, pp. 221–226.

[42] J. Ma, N. Ahmed, M. Tehranipoor, Low-cost diagnostic pattern generation and evaluation procedures for noise-related failures, in: VLSI Test Symposium (VTS), 2011 IEEE 29th, IEEE, pp. 309–314.

第 4 章

印制电路板：设计与测试

4.1 引言

印制电路板（PCB）可以定义为基于基底结构的非导电板，如图 4-1 所示。PCB 主要是为电路电气元件提供电气连接和机械支撑。它们在电子设备中十分常见，在大多数情况下为绿色的电路板。根据设计规范和要求，在 PCB 上安装各种有源元件（如运算放大器和电池）和无源元件（如电感、电阻和电容），以匹配最终设计的形状要素。形状要素可以定义为任何硬件设计的一个特征，而硬件设计定义了 PCB 整体的尺寸、形状和其他相关的物理特性。在确定 PCB 设计的形状要素时，要考虑底盘、安装方案和电路板配置等。PCB 上的元件之间的连接是通过铜互连来建立的，铜互连是电信号的通路。

奥地利工程师 Paul Eisler 是第一个开发 PCB 人。他为 PCB 蚀刻工艺、各种互连路由机制，以及电气导管的使用申请了专利，而这些专利方法在过去几十年里已得到广泛的运用[6]。相较于第一块 PCB，如今的设计已经发生了显著的变化。现代的 PCB 有着不同等级的复杂度，从单层的 PCB 到多达 20～30 层的复杂设计，再到带有隐藏穿孔和嵌入式组件的 PCB[18]。穿孔是指为通过电路板的一个或多个相邻层建立电气连接的垂直互连通路。

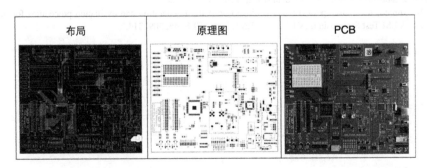

图 4-1 现代 PCB 非常复杂，多层面板和多个元件十分紧凑地排列在一块小小的电路板上。现代 PCB 有不同的展现形式，如布局、原理图。上图为最终的成品形式

PCB 在计算系统的面积、功率、性能、可靠性和安全性方面起着至关重要的作用。PCB 设计和测试过程中应考虑这些参数。本章将重点介绍当前的 PCB 设计和测试实践，以及 PCB 中使用的电子元件和不同类型的电路板。简要介绍 PCB 的发展历史，及 PCB 设计随着技术进步而发生的变化。同时本章还会描述现代 PCB 设计的整个生命周期，并举例说明了这些步骤。

4.2　PCB 和元件的发展

20 世纪初，出现了 PCB 的第一项专利，当时还是以"印刷线"为标题。1925 年，Charles Ducas 为印刷电线技术申请了专利，发明了一种在绝缘材料表面铺设电路的技术。这个概念是革命性的，它是一种有效的设计电路的方法，从此不再需要复杂的布线。因此，该设计极大地改善了常规电路的开销和性能结果。但是，直到 1943 年，第一块 PCB 才正式投入生产。来自奥地利的 Paul Eisler 博士在第二次世界大战后率先开发了第一种可操作的 PCB[6, 24]。关于 PCB 演化的一个简短时间轴可参考下节。

4.2.1　PCB 演化的时间轴

电子行业在 PCB 全面量产之前，常见的做法是进行点对点连接。这种做法的主要缺点在于开发需要定期维护和更换大型插座。此外，这些元件使设计笨重，经常导致设计缺陷。在 PCB 应用之后这些问题得到了解决，而且也提高了电路的面积、功率和性能。PCB 设计的主要里程碑如图 4-2 所示。

20 世纪 20 年代：在 20 世纪 20 年代，PCB 材料尝试了多种选择，从人造树胶到绝缘纤维板再到普通薄木片。PCB 的制作是在电路板材料上钻孔，并在孔中植入扁平的黄铜线，充当电路的路径。虽然早期制造 PCB 缺乏效率或缺少相应工艺，但设计仍能满足电力需求，且这些电路板大量用于无线电和留声机。Charles Ducas 利用绝缘材料上的导电墨水实现电气连接，这一发明成了 20 年代最重要的一项进步。平面导体、多层 PCB 和两层通孔应用的概念也在这一时期出现，并在 1903 年被德国发明家 Albert Hanson 获得专利[6, 8]。

20 世纪 30 年代至 40 年代：近炸引信在二战精密武器中的应用，加速了 PCB 在这个历史时期的发展和应用。在武器中使用近炸引信的目的是获得更大的距离和更高的精度。1943 年，Paul Eisler 博士为制作 PCB 的方法申请了专利。他的方法是在绝缘基底上使用铜箔，并用玻璃加固。该专利最初应用于无线电和通信设备，后来应用范围逐渐扩大。1947 年生产的镀通孔双面 PCB 则进一步扩大了 PCB 的应用范围。这种设计通过提供一种有效的开发电子电路的方法[1, 3, 6]，克服了以往设计的诸多限制。

20 世纪 50 年代至 60 年代：20 世纪 50 年代至 60 年代，PCB 设计中使用了各种不同的板材，包括各种人工树脂和兼容材料。那个时期，电线是安装在电路板一侧，而电气元件则安装在另一侧。当时诸多应用都采用了 PCB 设计，因为解决了之前布线繁重的问题，大大提高了电路的性能。PCB 发展的一个重要基石是一项名为"电路装配过程"的专利。1956 年，美国陆军的一小群科学家向美国专利局提交了这份专利申请。他们引入了一种在锌板上绘制布线图和拍摄图案的技术。锌版用作胶印机电路板的印版。这些金属丝则是用耐酸油墨印刷在铜箔上，然后用酸溶液蚀刻。1957 年，印刷电路学会（IPC）决定成立联盟，该联盟第一次全体会议于同年在芝加哥举行 [6, 9]。

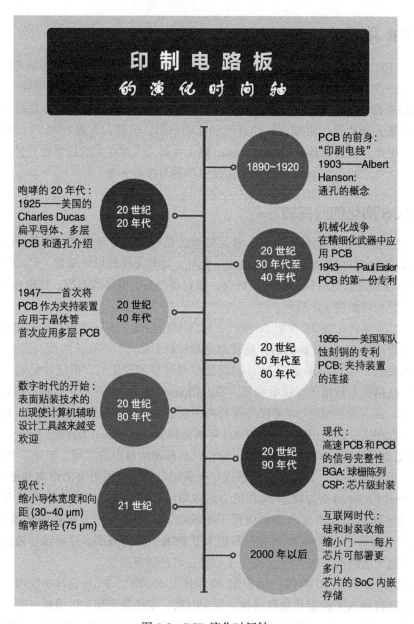

印制电路板
的演化时间轴

咆哮的 20 年代：
1925——美国的
Charles Ducas
扁平导体、多层
PCB 和通孔介绍

20 世纪
20 年代

1890~1920

PCB 的前身：
"印刷电线"
1903——Albert
Hanson:
通孔的概念

20 世纪
30 年代至
40 年代

机械化战争
在精细化武器中应
用 PCB
1943——Paul Eisler
PCB 的第一份专利

1947——首次将
PCB 作为夹持装置
应用于晶体管
首次应用多层 PCB

20 世纪
40 年代

20 世纪
50 年代至
80 年代

1956——美国军队
蚀刻铜的专利
PCB: 夹持装置
的连接

数字时代的开始：
表面贴装技术的
出现使计算机辅助
设计工具越来越受
欢迎

20 世纪
80 年代

20 世纪
90 年代

现代：
高速 PCB 和 PCB
的信号完整性
BGA: 球栅陈列
CSP: 芯片级封装

现代：
缩小导体宽度和向
距 (30~40 μm)
缩窄路径 (75 μm)

21 世纪

2000 年以后

互联网时代：
硅和封装收缩
缩小门——每片
芯片可部署更
多门
芯片的 SoC 内嵌
存储

图 4-2 PCB 演化时间轴

20 世纪 60 年代至 70 年代：1960 年多层 PCB 由概念变成现实开始投入生产。但是 PCB 最大层数为 2～5 层不等。第一批板材采用 4∶1 红蓝线皮纸法生产。这种工艺有助于手工贴上零件和轨道。然后采用精密方法制备了 1∶1 负片。该工艺增强了设计周期的流水线作业，提高了生产速度。一个经验丰富的设计师要花大约 2 个小时的时间来制作电路板布局，板上安装了相当于 14 针集成电路的电路板。到了 70 年代，PCB 电路和总体尺寸开始明显变小。热风焊接法在这一时期开始得到广泛应用。此外，许多印制电路板制造商采纳了日本的一种做法，使用各种水性材料开发液态感光掩模（LPI）。后来这种方法在随后几年里成为了行业标准。RS-274-D 是格伯科学公司近十年来提出的一种基于机器的矢量光绘图仪格式化方法 [6]。

20 世纪 80 年代：20 世纪 80 年代，PCB 生产商开始选择印制板上光栅元件的表面安装技术，渐渐摒弃了通孔法。这使得 PCB 尺寸继续缩小，而功能却丝毫不受影响。1986 年发布了对 RS-274-D 数据格式的改进。新版本 RS-274X 支持内置光圈信息，外部光圈定义文件就不再是必须 [10]。

20 世纪 90 年代：PCB 板的尺寸和价格在 20 世纪 90 年代开始下降。但是由于采用了多层设计，电路板的复杂性却在不断增加。然而，多层结构促进了刚性和柔性 PCB 在设计中的结合，促进了设计的进步。1995 年，通过在 PCB 生产中使用微通孔技术，人们迎来了高密度互连（HDI）的时代 [6, 7]。

2000 年至 2020 年：这 20 年的最大亮点是 PCB 在美国市值首次达到 100 亿美元的峰值。PCB 制造行业和 ELIC（每层互连）的工艺流程从 2010 年开始兴起。ELIC 提供更小的节距，消除了板内的机械孔，从而增加了互连密度。在 ELIC 过程中，PCB 通过使用几个层堆叠在垫微孔的铜填充，以实现 HDI。在此期间，三维模型板和芯片系统的应用也有助于开发性能更好的紧凑型 PCB。正是有了这些技术，PCB 设计行业得以动态地持续快速发展 [5, 6]。

4.2.2 现代 PCB 元件

每个 PCB 都由不同的电子元件组成（图 4-3）。这些元件通常是单独批量生产的工业产品，具有广泛的价值。它们与电子终端一起建立电子电路。电子元件根据其类型、功能和应用进行打包。电子元件通常会根据能量来源进行分类：作为能源的元件称为有源元件，而需要外部能源的元件称为无源元件 [15]。

在直流电路中，有源元件依赖于电池等能源。在某些情况下，它们可以把能量引入电路。在交流电路中，有源元件由晶体管和隧道二极管组成。无源元件不能在电路中引入能源，它们完全依赖于所连接的交流电路功率。这些元件有两个电子终端。一些无源器件包括电阻、电感和电容。

下面介绍一些有源元件：

- 电池　电池为电路提供所需电压，主要用于直流电路。
- 晶体管　晶体管用于放大电荷，当然它们也被用来交换电子信号。

下面是一些无源元件：

- 电阻器　电阻控制流经电阻的电流，通过颜色编码可以识别它们的电阻。
- 电容器　电容器以电场的形式存储势能。
- 电感器　当电流通过电感器时，电感器以磁场的形式存储电能。
- 二极管　二极管只在一个方向导电。电流往一个方向前进时阻力非常小，而往相反方向时，电阻变大。
- 开关　开关用于阻挡或改变电流的方向。

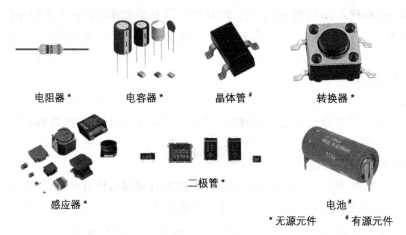

图 4-3　PCB 中各种有源与无源元件

4.3　PCB 的生命周期

现代 PCB 的制作是一个复杂的过程，并包含多个阶段。PCB 的设计和制造需要多方参与。本节将简要概述 PCB 的生命周期（参见图 4-4）。

4.3.1　PCB 设计人员

PCB 生命周期中的第一个参与者就是设计人员。PCB 设计人员的设计流程包括一些基本的步骤：零件研究与选择、原理图绘制与仿真、电路板布局和验证与确认，最后才能完成整个设计。一旦设计人员觉得成果满意，就会将设计提交给设计公司，并提供准确的设计规范。

4.3.2　设计公司

PCB 设计公司从设计工程师处获得所需的设计规范和必要的设计文件。设计文件可以来自第三方供应商或内部设计工程师。一旦获得了设计文件，设计公司的工程师就开始通过分析网表创建 PCB 板文件。网表就是一个元件列表，它描述特定设计中元件之间的连接。

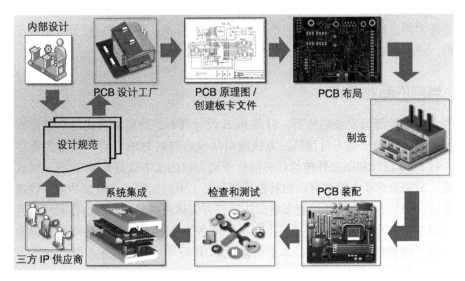

图 4-4　PCB 的生命周期

一旦网表确定下来，设计公司的工程师就为设计的元件创建库。在这一阶段，设计工程师对每个元件的数据表进行评审和分析。从数据表检索的关键信息包括机械尺寸、包类型、符号、脚印和扩充栈。具有机械约束的元件在元件放置阶段首先被放置板上。然后放置性能关键元件（如微处理器、视频图形阵列（VGA）、内存和 FPGA），最后再放置其他元件（如解耦电容器、无源元件和测试点）[6]。

元件放置好后，接着在板上布置网或互连线。关键网在路由过程中具有较高的优先级。然后，非关键网要么手工路由，要么使用设计工具自动路由。最后，通过设计规则校验和误差消除，验证设计的正确性。设计公司 PCB 设计的最后一步是设计的后加工，包括创建 Gerber 文件和带有关联装配图的钻取文件。

4.3.3　代工厂

代工厂或制造车间是 PCB 生命周期中的另一个关键参与者。最终的板是在制造车间制造的，一旦制作完成，就开始下一步的 PCB 装配。本章后面将详细描述当前实践中常用的装配技术。在装配过程中，PCB 通常要经过多个步骤，如模板打印和元件的放置。然后，在装配线上使用取放机对板材进行选择，送至回流炉。制造企业根据设计需要，采用多种类型的取放机。对于高混合和低产量的产品，可编程的取放机提供了很高的灵活性，且不会在过程中造成太多的停机时间。下一步，所制造的板材将进行检验。常用的检测技术有自动操作检测（AOI）和 X 射线检测。检查员通过自动化机器验证 PCB 设计的物理完整性。这一步之后，将进行板的通电测试。常用的测试方法包括在线测试、功能测试和基于 JTAG 的边界扫描测试。每一个 PCB 都经过严格的测试，以验证和确认电路运行的功能。不同的仿真环境会评估 PCB 在真实场景中的性能。对于有缺陷的电路板，在进行修复之后，还要再进行测试，检查它们是否达到了性能标准，并根据故障分析结果反馈给设计工程师，以采取必要措施防止进一步的故障 [1]。

4.3.4 当前的商业模式

在当今全球经济的发展趋势下，目前 PCB 设计和制造的商业模式越来越依赖于大量外包。制造商更倾向于将不可信第三方供应商集成参与到 PCB 设计和制造步骤中，以降低成本。将 PCB 设计和制造外包给具有廉价劳动力国的成本效益是 PCB 商业模式的主要驱动因素。采用全球业务模型背后的其他动因包括上市时间需求、资源约束、快速增长和协作。然而，如果不采取必要措施来确保从第三方实体获得的产品的信任和可靠性，这种全球业务模型的安全影响可能深远的。对于任何 PCB 制造商来说，必须在外包的安全性和企业效率之间做好权衡 [1, 12, 30]。本节将描述 PCB 设计过程的主要步骤。这些步骤一般适用于全球化设计的 PCB。

- 元件研究和选择
- 原理图绘制和仿真
- 板布局
- 验证和确认

图 4-5 展示了 PCB 设计流程的步骤。在目前 PCB 设计流程的实践中，原理图绘制和仿真阶段与电路板布局阶段很好地结合在了一起。通过使用单个工具链，通常可以方便地进行集成。任何 PCB 设计的第一步都是进行元件的研究和选择，最后通过原型验证来完成设计。然而，这两个步骤与核心阶段是分离的。这种分离通常会带来很多问题，因为每一个 PCB 设计在达到最终阶段之前都要经过大量的迭代。迭代设计过程中缺乏集成会导致开发时间的不合理分配。因此，有效的 PCB 设计应该是要消除初始阶段和最终阶段之间的隔离，并将它们集成到整个流程中。

4.3.5 元件的研究与选择

PCB 设计的第一步是研究和选择物理元件。电阻、晶体管、运算放大器、处理器、存储器等元件是设计的基础。在元件研究和选择阶段，一个重要的任务就是要调查和评估每一个元件，并确定它们在设计中所起的作用。这些元件的设计规范和设备性能信息可以在许多数据表的在线存储库中找到。数据表通常包含如设计考虑、操作点和开关特性等重要信息 [11, 12]。

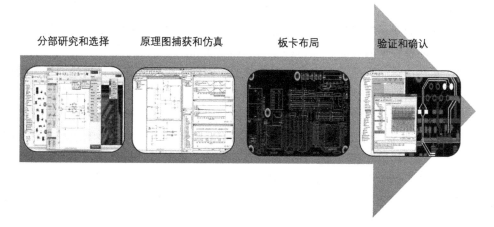

分部研究和选择　　　原理图捕获和仿真　　　板卡布局　　　验证和确认

图 4-5　PCB 设计流程的基本步骤

大多数制造商的网站和 Web 存储库（如 Datasheet Catalog.com）上都提供了元件数据表。不同元件的获取，并开发模板原型通常是设计过程中最耗时的步骤。此过程还包括购买不同元件，并在设计的初始阶段对这些元件进行测试。更多的设计师会选择开发模板原型，他们希望更好地理解元件的功能，而不是简单地浏览产品数据表。

使用原理图绘制和仿真工具可以帮助设计人员节省购买元件和开发物理测试板的成本。有许多现成的商业工具可以生成仿真环境和模拟电路的整体性能。例如，设计人员可以选择 PCB 设计软件（如 TinyCAD、KiCAD、ExpressPCB、EasyEDA 和 DesignSpark PCB），并从数据库中选择所需的元件来设计电路。此外，元件的操作还可以通过相关的仿真模型进行可视化处理。捕获和仿真环境可以帮助快速创建电路的设计和仿真运行。省略了开发模板原型的物理实现，减少了设计开销和元件选择所需的时间 [28]。

4.3.6　原理图绘制

设计过程从电路中正确元件的选择和放置开始。所有原理图生成工具都提供了一个元件数据库，工程师可以从中选择所需的元件。由于元件数量庞大，因此该工具针对每个元件类别均提供了对应分类组。这些类别是根据元件类别和功能设计的。初始原理图设计包含以下几个步骤：浏览元件数据库，选择所需的元件，将元件放入电路中，并进行适当的布线。一些工具还提供了无线工作环境，以减少在元件放置和布线模式之间进行连续切换的工作量 [29]。电路原理图通常用 ASCII 和 DIN 标准的符号表示，并通过电线相互连接。

4.3.7　模拟仿真

一旦有了原理图，PCB 设计者会利用仿真环境，如 SPICE 或 XSPICE，模拟设计的行为，并评估不同电路元件和信号的效果。仿真是设计的一个关键部分，因为在实际构建电路的情况下它就捕获了电路的行为和性能。根据定义，仿真是一种数学表达，描述了真实电路元件在不同条件下的功能，包括特定的工作电压和温度。通过仿真，可以对设计拓扑进行测试，并在构建原型之前确定是否需要修改。因此，模拟能在设计到达原型阶段前就能够及时发现缺陷，从而节省了时间、精力和成本。

在模拟环境中，元件的真实行为的描述取决于设备模型的准确性。因此，开发尽可能精确的器件模型非常关键，因为它对设计者分析 PCB 设计有很大的影响。许多器件的模型，如 BJT、FET 和运算放大器，都设计得非常精确，可以通过仿真来演示真实世界的行为。精确调整结果的百分比可以通过对高级功能（例如，寄生效应和设备的复杂行为）进行微调来实现。为了有效地模拟电路，PCB 设计工程师需要对 SPICE 或其任何变体有非常好的了解。它是一种基于文本的语言，用于有效地仿真电路。

4.3.8　电路板布局

PCB 设计流程的第三步是建立一个健壮的原型。设计的健壮性将取决于方案捕获的有效性，以及通过仿真是否进行了有效的测试。原型开发用于评估设计的实际性能。开发过程需要一个支持设计所使用元件精确物理尺寸格式的 CAD 环境。CAD 工具最后以 Gerber 文件形式输出最终设计结果。制造工厂在根据 Gerber 文件生产实际的物理电路板。在布局设计阶段，集成电路和其他元件被放置在 PCB 上。此外，各元件通过电流传导管相互连接。该阶段最后一步是计算相应 PCB 板的形状要素。确定正确的形状要素至关重要，因为它能确保设计符合 PCB 所使用的物理环境。

有许多高级 CAD 工具可进行自动放置和线路布局。然而这些工具的选择需要慎重。在关键条件下或在严格的能量或性能约束下运行的设计需要进行严格的审查。通常对 PCB 设计中性能至关重要的部分，最好使用手动方法进行设计。然而，对于设计中不太重要的部分，自动工具（如自动路由器）的应用便是可以接受的。

4.3.9　原型测试

PCB 设计流程的最后一步是原型开发，然后是制造测试。原型测试的目的是验证设计是否符合预期的规范。另一方面，生产测试是为了评估在现场部署的最终产品的标准。在后期发现的任何设计缺陷都会产生额外的时间和金钱成本。因此，在原理图绘制和仿真阶段的迭代方法是可以促进产品开发的。

原型测试会分析 PCB 的实际运行情况，并与原设计规范进行比较。通过这些测试，测试工程师可以验证最终产品，并评估产品性能。最后根据评估结果，决定是将产品推向市场，还是重新评估以进一步提高性能。

4.3.10 整体设计流程中的最佳实践

在整个设计流程中，无论是元件选择还是电路板的布局，集成都在简化 PCB 创建、减少迭代、纠正常见错误等方面发挥着极其重要的角色。正如本章所述，这种集成可以突破传统设计流程中存在的障碍，是板级设计中的最佳实践。

它将元件选择、原理图绘制、仿真、电路板布局和设计验证集成在一个线程中。现有的原理图绘制工具可以用来测试和验证 PCB 设计的任务拓扑结构。此外，像大型元件库和接线这样的功能也可以加快设计的过程。设计人员还可以利用交互式仿真环境和高级分析及虚拟原型工具，减少设计错误和开发用于板级设计的改进仿真模型。最后，设计人员可以应用手动和自动布局工具，有效地生成 Gerber 数据创建 PCB 原型 [13, 14, 29]。

4.4 PCB 装配流程

PCB 装配的主要步骤就是将电子元件放置在电路板上，然后将元件焊接于基板。尽管通常需要按照以下步骤将元件手工焊接到通孔中，但现代 PCB 的装配过程确是一个包含多步骤的复杂过程。这是一个多步骤的过程，可灵活地整合各种封装类型以及基材。当前的实践还促进了 PCB 设计在可靠性和缺陷级别阈值方面的适应性以及生产数量的变化。一般来说，PCB 更精确的装配过程如下步骤所示：

- 准备板上的元件和基材
- 应用焊剂和焊料
- 熔化焊料进行连接
- 清洗焊接
- 最终产品的检验和测试

许多情况下，某些步骤会根据产品需求合并或进行省略。制造工厂的装配过程必须要包含上述所有关键步骤。PCB 的装配技术大致可分为通孔技术和表面贴装技术（SMT）。基于不同的设备资源，这些工艺在装配过程中会提供不同程度的自动化，其程度通常取决于电路板的设计、设备开支、材料清单和制造成本等。

4.4.1 通孔技术

通孔技术是指将电气元件引线植入板上孔中，通过焊接工艺进行安装的装配技术（图 4-6），并通过波缝焊接实现自动化。这种技术的一个主要缺点是装配密度低。由于还需要给大型元件和大型穿孔提供空间，这种技术就不利于设计的微型化和功能的灵活性。但与其他方法相比，该技术的优点是装配成本低。即使是结合了波缝焊接，选择性焊接或入孔 / 回流技术的完全自动化装配过程，通孔技术的总体设备和安装成本通常低于表面贴装技术。

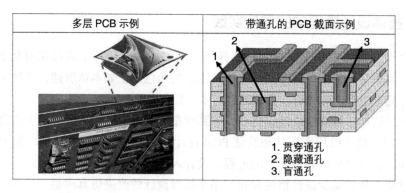

图 4-6 多层 PCB 样品及其横截面图（包含不同的通孔）

4.4.2 表面贴装技术

采用表面贴装技术，元件既可以放置在板的一侧，也可以同时放置在板两侧。该技术的开发最初是为了将混合微电路（HMC）装配在陶瓷基板上，后来被开发用于层压基板。它的主要优点是电路板密度高，可以容纳更多小型元件。表面贴装技术采用小通孔代替传统大孔来连接边和内层。该技术还有利于 PCB 的小型化，并通过利用更精小的线路和元件（如小型的电阻、电容和电感）来提高性能。它还有利于嵌入式无源器件（如置于板层中间的电阻器和电容器）的使用，而这些嵌入式无源器件为有源元件提供了更大的空间。

4.4.3 PCB 的复杂性趋势和安全

随着元件尺寸的不断缩小和设计复杂性的不断增加，需要把更多的元件集成到一个 PCB 上，也对高效的包装技术提出了要求，例如，球栅阵列（BGA）、片上系统（SoC）、芯片规模封装（CSP）和片上芯片（COB）就引领着传统 PCB 技术向 HDI 时代的发展。图 4-7 就是一个互连技术随时间不断发展的实例：由于元件技术、PCB 技术和装配技术的进步，CPU 也不断地革新。

目前选择封装和互连技术的主要考虑因素包括运行速度、功率消耗、热管理、电子干扰、系统运行环境等。电子设备小型化和便携化也是决定 PCB 设计和技术趋势的另一个因素。然而，随着 PCB 设计复杂度的快速增加，现代 PCB 在设计中的安全问题也越来越受到人们的关注。恶意攻击者有可能利用如今复杂而高度集成的 PCB 设计，借助隐藏穿孔或嵌入式无源元件，以硬件木马的形式篡改或植入额外的恶意电路。然而目前行业并未采取足够的安全措施来阻止此类威胁。所以就迫切需要 PCB 设计能够在满足性能和其他约束条件的同时，能够抵抗这些安全问题。本书第 11 章将详细描述现代 PCB 设计中的安全漏洞和潜在的攻击场景。

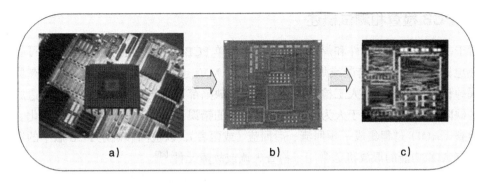

图 4-7　包含不同元件、装配和 PCB 的 CPU，不同时期的变化：a）1986 年开发的第一个
　　　　RISC 处理器：14 层通孔板，128 平方英寸（1 英寸＝2.54 厘米）；b）1991 年的同
　　　　一处理器：16 平方英寸的 10 层板（使用 SMT 制造）；c）1995 年的处理器：4 平
　　　　方英寸的 HDI 板（包括埋置和盲孔以及时序堆积的微孔）

4.5　PCB 设计验证

　　不管是什么领域的应用，每一个建立在 PCB 上的系统都会对无损操作和高性能有一
定要求。很多情况下，关键性能系统往往都关系人们生命安全。所以 PCB 必须要能无错
误地正常运行。检验和测试是 PCB 生命周期的重要组成部分。PCB 测试的难度主要在于
要处理 PCB 板上数百个元件和数千个焊接连接。为克服这些困难，PCB 制造公司采用多
种检测和测试方法来生产高质量的最终产品。

　　PCB 验证方法的分类如图 4-8 所示。在检查和测试阶段，识别出有缺陷的电路板并考
虑修复。在制造板上得到反馈，有助于工程师通过多次迭代不断改进设计。每个 PCB 由
制造商根据设计和性能规范进行检查和测试，以确保最终产品的最大良品率和可靠性。因
此，检查和测试是 PCB 生命周期中的关键阶段。在本节中，将简要介绍不同的 PCB 检查
和测试方法，以帮助读者更好地了解适用于不同 PCB 的检查和测试过程。

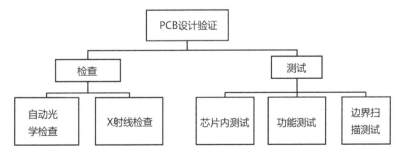

图 4-8　PCB 验证方法分类

4.5.1 PCB 检查和测试概述

对于一个只有少量元件和焊点连接组成的简单 PCB，手工目视检查（MVI）可能就足以检测电路板上的放置错误或焊点问题。然而，MVI 也存在自身的缺陷，如检查员很可能会漏掉设计中的缺陷。人工检查阶段，未识别缺陷都可能会在系统运行过程中造成更加严重的缺陷。为了减少由于人为介入检查而带来的错误，检查过程已经实现自动化。自动光学检查（AOI）过程集成了预回流、后回流（或两者），以检测和确定 PCB 版中的潜在故障。具有 AOI 功能的取放机通常用于检查失调或故障元件 [26]。

SMT 的出现也给 AOI 带来了主要障碍。SMT 它可以集成更小的元件，进行全新的微芯片封装，并有助于开发更复杂的多层板。由于 PCB 密度的增加，很难对含有球栅阵列的焊点和芯片封装进行分析。通过基于 X 射线的检查方法，就可以解决难以查看复杂 PCB 的分层内容的问题。自动 X 射线检查（AXI）帮助 PCB 检查人员更好地分析带有元件和互连构造的多层和双面高密度 PCB。

在检验过程之后，还要对 PCB 进行测试。虽然像 AOI 这样的检查技术，能够检验整个 PCB 结构质量和主要缺陷（如缺少元件），但更细致的 PCB 测试才是保障高质量不可少的一步。常用的测试机制有在线测试（ICT）、功能测试（FCT）和基于 JTAG 的边界扫描测试。ICT 有助于验证电路板及其每个元件是否按照规范执行。另一方面，FCT 则被应用于 PCB 的通过 / 失败决策。边界扫描测试则是弥补传统测试（即功能测试和电路内测试）的局限性，如无法减小互连线间距，无法在双面元件的现代 PCB 上使用针床装置。边界扫描测试促进了内置的测试交付系统的发展，并提供了标准化的测试端口和总线。

4.5.2 PCB 缺陷

由于不正确的设计实践，PCB 板可能会有各种各样的缺陷。PCB 中常见的缺陷包括：未对准的元件、不完整的焊接连接和过量焊料引起的短路等。表 4-1 总结了 PCB 常见的缺陷。该表还根据焊接问题的类型、发生率和相关性对缺陷进行了分类 [16, 17, 25]。

表 4-1 PCB 中常见缺陷的说明性摘要

缺　陷	概率（%）	类　型	焊锡相关
断路	25	结构	是
焊料不足	18	结构	是
短路	13	结构	是
缺少电子元件	12	结构	否
元件错位	8	结构	是
电子元件存在缺陷	8	电子	否
元件错误	5	电子	否
焊料多余	3	结构	是

（续）

缺　陷	概率（%）	类　型	焊锡相关
缺少非电子元件	2	结构	是
方向错误	2	电子	否
非电子元件存在缺陷	2	结构	否

4.5.3　PCB 检查

如果能在早期阶段发现 PCB 中的故障，就能大大降低维修成本。因此，制造商会在生命周期的不同阶段对 PCB 进行检测。在接下来的章节中，我们将详细介绍两种 PCB 检查方法，即行业中常用的自动光学检查和自动 X 射线检查（见图 4-9）。

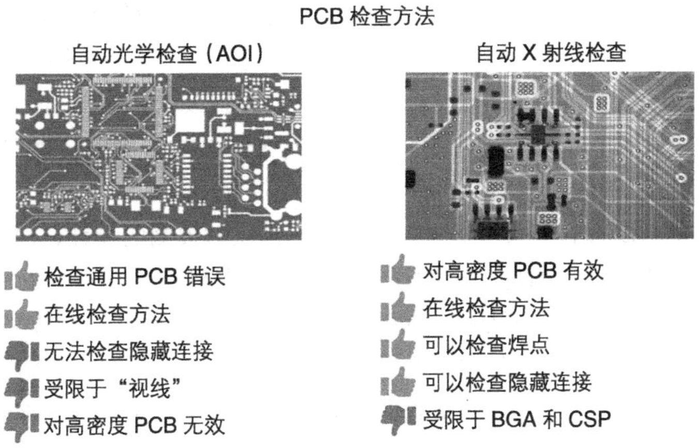

图 4-9　PCB 两种检查方法对比

1. 自动光学检查

自动光学检查（AOI）检查过程包括：使用多个高清摄像机从多个角度捕捉被测板的图像和视频。高清图像相互拼接形成一个大的图像文件。然后，将所得图像与金板（具有精确设计规范的理想板）进行比较。AOI 系统主要用于发现物理缺陷，包括划痕、应变或板上的结节。此外，AOI 还可以用于检测电板问题，如开路和短路，以及由于制造缺陷导致的焊接变薄。AOI 系统通常识别出的其他缺陷包括缺少元件以及对齐不正确或倾斜。总的来说，在精确度和时效方面，AOI 都远远超过人工检查员 [27]。

目前的工业实践中还应用到了 3D AOI 设备，该设备还可以确定元件的高度，而传统的二维 AOI 机是无法做到这一点的。此外，3D AOI 机在捕获高度敏感设备（例如含铅元件）方面提供了更加优越的性能。2D AOI 机器采用多角度彩色照明和侧面角度相机对这些设备进行检查。但这个过程并没有产生非常准确的结果。而 3D AOI 机器则可以检测高度敏感设备的共面性。现代 AOI 技术在行业中享有盛誉，并与各种社会标准相兼容。这些技术能够检测 PCB 中许多常见的错误，可以很好地与现有的 PCB 制造步骤集成、嵌套和部署。AOI 技术的主要缺点：无法检查 BGA 和元件包内的隐藏互连。当涉及复杂 PCB，AOI 机还会受能见度问题的限制。此外，由于隐藏或阴影元件，AOI 机在检查多负载 PCB 时还可能会产生错误的结果。

2. X 射线检查

随着 SMT 的出现，PCB 上元件密度逐渐增大。现代 PCB 通常含有 20 000 个或更多的焊点。此外，SMT 还帮助开发了新的芯片封装，如 BGA 和 CSP，这些芯片的焊接连接是不可见的，因此不能由传统的 AOI 设备进行检测。为了解决现代 PCB 中能见度有限的问题，人们开发了 X 射线检查设备来扫描元件内部的焊点，并检查设计中的潜在缺陷。X 射线检查可以是手动，也可以是自动。不同材料对 X 射线的吸收速度因其原子量的不同而不同。重量较重的材料会吸收更多的 X 射线。因此，含有较轻元素的材料在 X 射线检查中相对更加透明。PCB 焊点通常由较重的元素构成，如铋、锡、铟、银和铅。而 PCB 本身则是由较轻的元素组成的，如碳、铜、铝和硅。X 射线检查对分析焊料非常有效，因为这些焊接点在 X 射线下显示非常清晰。但是通过 X 射线检查无法正确看到大多数封装，包括电路板基板、元件引线和 IC。

AOI 与 X 射线检查的工作原理不同，X 射线不是反射被测的设计，而是穿过面板，以提取面板另外一侧的图像。因此，X 射线检查可以帮助检查连接线在元件内部的 BGA。由于零件阴影在 X 射线检查中不是一个问题，因此用这种机制可以检查复杂的高密度板。例如，X 射线检查可以提供焊点的内部视图，以确定焊点中是否存在气泡。这些方法还有助于提高焊点引脚的可见性。X 射线检查的主要优点是可以看到元件内部的连接。这些技术也有助于彻底检查包括焊点在内的高密度板。当然它也有缺点。由于该技术较新，且对该技术的投资也只限于特定的包，如 BGA 和 CSP，所以这一技术并没有很好地被人们掌握。

4.5.4 PCB 测试

一旦检查完成，所制造的板材就可以进行测试了。本节将详细介绍行业中常用的在线测试、功能测试和基于 JTAG 的边界扫描测试方法（图 4-10）[22, 24]。

1. 在线测试

在线测试（ICT）的目的是通过元件的精确列表和布置来验证设计规范。ICT 常用方法包括用电子探针测试加载的 PCB，并在开路或短路情况下比较功能上的任何差异。

这些探针还有助于确定设计中的电阻、电容或电感是否正确。进行 ICT 需要一套飞行探针或一套固定的针床。一个针床测试仪基本上是一种测试固定装置，它由小型弹簧加载的弹簧针组成。引脚连接到 DUT 电路的每个节点。节点和引脚之间的成功连接在测试器和电路多个测试点之间建立了联系。然而，针床固定装置通常比较昂贵，且不符合设计类型的变化。此外，这些测试器与密载 PCB 不能很好地融合。

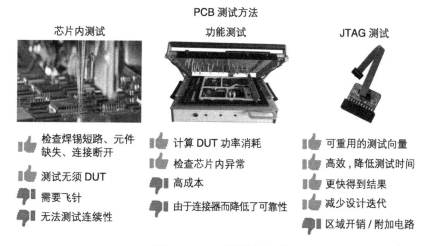

图 4-10　PCB 测试方法对比

　　解决针床测试器所面临困难的一种方法是使用粗纱或飞行探针。飞行探针的部署需要使用固定装置将其稳定地固定在电路板上，并使测试探针在所需的接触点上保持恒定移动。由于探针的移动可以编程化，因此飞行探针便于对大量不同设计规格的板材进行测试。然而，ICT 测试并不能验证电路板的运行有效性，因为需假定电路是完全且无错误地运行的。

　　ICT 可以有效地发现物理缺陷（例如由于焊接引起的短路或断路）、检测失踪或错误的元件以及元件之间的断路。ICT 还能在没有电源的情况下测试电路，因为电源输入可能会引发其他潜在的电路损坏。ICT 需要昂贵的测试固定装置，用于针床或针对探针进行详细编程。此外，这些测试不会通过电路的连接器检查设计的连续性。因此 ICT 可能会忽略电路中存在的连接器故障。

2. 功能测试

　　在 PCB 上执行功能测试（FCT）以确认设计功能性。FCT 通常是制造过程的最后一步。制造商试图通过功能测试来检测最终硬件中的故障。最终产品中的任何未解决的故障都可能对目标系统的运行产生不利影响。因此，使用一套功能测试来确定电路板的功能性是否正常。根据被测系统和设计的不同，功能测试的需求也是不同的，相应地功能测试的开发和测试过程也有所不同。PCB 的边缘连接器和测试探针引脚将被用以与功能测试工具进行接口设计。测试还包括生成适当的电气环境，以模拟设计的操作条件。热模拟是行业中流行的一种功能测试形式，其他形式的测试包括循环设计和全面的操作测试。

最重要的是功能测试有助于识别 PCB 中的缺陷。这些测试还有助于确定被测设计的功率消耗。功能测试可以应用于模拟电路和数字电路。然而与功能测试相关的编程是比较昂贵的，因为它需要对 DUT 和工作环境进行全方位的理解。该过程还需要昂贵的高速仪器来表征所考虑的信号。另一个缺点是功能测试是通过连接器执行的，这可能会由于经常磨损而导致进一步的可靠性问题。

3. JTAG 边界扫描测试

在如今的 PCB 工业中，联合测试行动组（JTAG）边界扫描测试被认为是一种行业标准的装配后验证和测试。JTAG 边界扫描技术方便了对复杂现代集成电路中大量信号和器件引脚的访问。人们利用边界扫描单元通过测试访问端口（TAP）来访问所需的信号。根据所使用的 JTAG 版本，TAP 可以由两个、四个或五个信号组成。四或五个引脚接口有助于建立一个菊链式连接，以测试主板上的多个芯片。还可以通过 TAP 接口测试和控制信号的状态。因此，通过运行时操作 TAP 可以帮助监视和检测 PCB 故障。边界扫描单元的工作模式可分为功能模式和测试模式两大类。在功能模式下，扫描单元对设备的运行没有任何影响。在测试模式下，器件的功能核心与引脚隔离，边界扫描单元用于控制和监控被测器件的值。图 4-11a 就是基于 JTAG 的边界扫描测试信号与连接的系统级框图。图 4-11b 则是实际 PCB 上的 JTAG 接口。

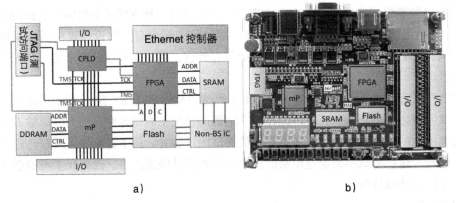

a) b)

图 4-11 a）基于 JTAG 的边界扫描测试访问的系统级框图；b）实际 PCB 上 JTAG 接口的样例

与传统的功能测试相比，基于 JTAG 的边界扫描测试更容易执行，因为控制引脚与启用的设备是分离的，且引脚测试的使用不需要额外的引脚配置或启动。TAP 接口通过控制和监视设备的启用信号，大大地减少了测试 PCB 板所需的物理访问。JTAG 的边界扫描功能主要可以从两个方面加以利用：1）为在测试中获得良好的覆盖率，需要 PCB 板上进行连接测试，而连接测试依赖于 JTAG 设备的功能以及板上的连接和网；2）可以使用 PCB 上的 JTAG 设备来提高测试覆盖率，并与缺少 JTAG 支持的外围设备进行通信。图 4-12 为集成了 JTAG 边界扫描的集成电路横截面图 [23]。

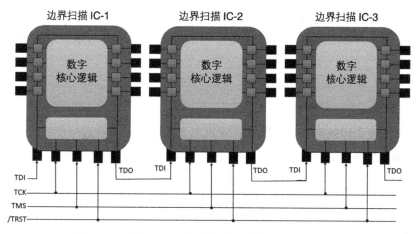

图 4-12 配有 JTAG 边界扫描的集成电路横截面图

JTAG 通过减少 ICT 针床的成本和复杂性，降低了测试生成的成本。此外，JTAG 还解决了为测试多层 PCB 上设备之间互连的物理访问限制所带来的问题。JTAG 的可重用测试向量显著降低了开销。传统的 ICT 技术在结构故障诊断过程中面临着严峻的挑战。而 JTAG 则提供了一种有效的方法来测试这些故障，减少了测试针数量和测试时间。因此，与 ICT 方法相比，JTAG 技术具有较高的性价比。JTAG 的缺点是额外电路带来面积开销。而一般来说，也很难评估 JTAG 边界单元功能对电路大小的影响，因为它还需要看具体的实现细节。在设计约束方面，JTAG 技术要求将边界扫描集成到功能核心的外围，这就对设计工作量提出了更高要求。

4.6 动手实践：逆向工程的攻击

4.6.1 目标

本实验旨在为学生提供电子硬件逆向工程攻击的实践经验：逆向工程一个简单的双层 PCB。

4.6.2 方法

将 HaHa 平台设置为攻击目标，学生们需要运用设计捕捉技术，从实际硬件中获取重新创建设计 PCB 所需的所有设计细节。本实验以双层印制板为例，采用视觉检测的方法进行设计信息检索。这些信息包括被攻击系统的元件类型和路由结构。接下来，学生需要对所获得的信息进行汇编，以重新创建 HaHa 平台的详细原理图。

4.6.3 学习结果

通过实验的步骤，让学生体会到 PCB 逆向工程的易用性和难度，了解 PCB 盗版的脆弱性。他们还将学习如何跟踪元件，捕获它们的连接性，并在分析和调试 PCB 时识别它们的功能。最后，本实验希望能帮助学生了解 PCB 逆向工程的对策，并激励他们开发新的解决方案。

4.6.4 进阶

通过对具有复杂电路和基本混淆的复杂 PCB 的攻击，可进行进一步的探索。

关于实验的更多细节见补充文件。请访问 http://hwsecuritybook.org。

4.7 习题

4.7.1 判断题

1. 印制电路板的主要用途是提供机械支撑和电气连接。
2. 电池是 PCB 上的一种无源元件。
3. 导电基材是任何 PCB 板的基材。
4. 元件的研究与选择是 PCB 设计的重要环节。
5. PCB 行业的制造商都有自己的制造实验室。
6. 与手工检测相比，PCB 检测的自动化会产生更差的结果。
7. 功能测试验证了设计电路的运行情况。
8. 通电测试会损坏 PCB。
9. 基于 X 射线的检测对 PCB 基材有害。
10. 表面贴装技术有利于高密度复合 PCB 的生产。

4.7.2 简答题

1. 在 PCB 设计和开发的历史和演变过程中发生了哪些重大事件？
2. 简要介绍两种工业上常用的 PCB 自动检测技术。
3. 说明在线测试和功能测试的区别。
4. 在下图中标记 PCB 元件。

5. 什么是基于 JTAG 的边界扫描测试？如何解决在线测试的局限性？

6. 两种常见的 PCB 装配技术是什么？简要描述。

4.7.3 详述题

1. 简要介绍常用的 PCB 的有源和无源电气元件。

2. 描述一个现代 PCB 的生命周期，并简要描述步骤和涉及的各方。

3. 描述 PCB 设计过程，简要描述主要步骤。

4. 简要讨论当代 PCB 测试技术及其优缺点。

5. 简要讨论目前 PCB 装配技术的优缺点。

6. 讨论 PCB 设计验证的分类。

7. 简要讨论 JTAG 测试。

参考文献

[1] J. Li, P. Shrivastava, Z. Gao, H.-C. Zhang, Printed circuit board recycling: a state-of-the-art survey, IEEE Transactions on Electronics Packaging Manufacturing 27 (1) (2004) 33–42.

[2] J. Howard, Printed circuit board, Metal Finishing 11 (95) (1997) 117.

[3] Y. Crama, J. van de Klundert, F.C. Spieksma, Production planning problems in printed circuit board assembly, Discrete Applied Mathematics 123 (1–3) (2002) 339–361.

[4] J. LaDou, Printed circuit board industry, International Journal of Hygiene and Environmental Health 209 (3) (2006) 211–219.

[5] H.-H. Loh, M.-S. Lu, Printed circuit board inspection using image analysis, IEEE Transactions on Industry Applications 35 (2) (1999) 426–432.

[6] M.W. Jawitz, Printed Circuit Board Materials Handbook, McGraw Hill Professional, 1997.

[7] A. Kusiak, C. Kurasek, Data mining of printed-circuit board defects, IEEE Transactions on Robotics and Automation 17 (2) (2001) 191–196.

[8] I.E. Sutherland, D. Oestreicher, How big should a printed circuit board be? IEEE Transactions on Computers 100 (5) (1973) 537–542.

[9] T.F. Carmon, O.Z. Maimon, E.M. Dar-El, Group set-up for printed circuit board assembly, The International Journal of Production Research 27 (10) (1989) 1795–1810.

[10] J. Vanfleteren, M. Gonzalez, F. Bossuyt, Y.-Y. Hsu, T. Vervust, I. De Wolf, M. Jablonski, Printed circuit board technology inspired stretchable circuits, MRS Bulletin 37 (3) (2012) 254–260.

[11] P.-C. Chang, Y.-W. Wang, C.-Y. Tsai, Evolving neural network for printed circuit board sales forecasting, Expert Systems with Applications 29 (1) (2005) 83–92.

[12] O. Maimon, A. Shtub, Grouping methods for printed circuit board assembly, The International Journal of Production Research 29 (7) (1991) 1379–1390.

[13] M. Gong, C.-J. Kim, Two-dimensional digital microfluidic system by multilayer printed circuit board, in: Micro Electro Mechanical Systems, 2005. MEMS 2005. 18th IEEE International Conference on, IEEE, 2005, pp. 726–729.

[14] P. Hadi, M. Xu, C.S. Lin, C.-W. Hui, G. McKay, Waste printed circuit board recycling techniques and product utilization, Journal of Hazardous Materials 283 (2015) 234–243.

[15] P.T. Vianco, An overview of surface finishes and their role in printed circuit board solderability and solder joint performance, Circuit World 25 (1) (1999) 6–24.

[16] E. Duman, I. Or, The quadratic assignment problem in the context of the printed circuit board assembly process, Computers & Operations Research 34 (1) (2007) 163–179.

[17] P. Johnston, Printed circuit board design guidelines for ball grid array packages, Journal of Surface Mount Technology 9 (1996) 12–18.

[18] S. Ghosh, A. Basak, S. Bhunia, How secure are printed circuit boards against Trojan attacks? IEEE Design & Test 32 (2015) 7–16.

[19] W. Jillek, W. Yung, Embedded components in printed circuit boards: a processing technology review, The International

Journal of Advanced Manufacturing Technology 25 (2005) 350–360.

[20] S. Paley, T. Hoque, S. Bhunia, Active protection against PCB physical tampering, in: Quality Electronic Design (ISQED), 2016 17th International Symposium on, IEEE, pp. 356–361.

[21] J. Carlsson, Crosstalk on printed circuit boards, SP Rapport, 1994, p. 14.

[22] B. Sood, M. Pecht, Controlling moisture in printed circuit boards, IPC Apex EXPO Proceedings (2010).

[23] O. Solsjö, Secure key management in a trusted domain on mobile devices, 2015.

[24] S.H. Hwang, M.H. Cho, S.-K. Kang, H.-H. Park, H.S. Cho, S.-H. Kim, K.-U. Shin, S.-W. Ha, Passively assembled optical interconnection system based on an optical printed-circuit board, IEEE Photonics Technology Letters 18 (5) (2006) 652–654.

[25] B. Archambeault, C. Brench, S. Connor, Review of printed-circuit-board level EMI/EMC issues and tools, IEEE Transactions on Electromagnetic Compatibility 52 (2) (2010) 455–461.

[26] T. Hubing, T. Van Doren, F. Sha, J. Drewniak, M. Wilhelm, An experimental investigation of 4-layer printed circuit board decoupling, in: Electromagnetic Compatibility, 1995. Symposium Record., 1995 IEEE International Symposium on, IEEE, 1995, pp. 308–312.

[27] H. Rau, C.-H. Wu, Automatic optical inspection for detecting defects on printed circuit board inner layers, The International Journal of Advanced Manufacturing Technology 25 (9–10) (2005) 940–946.

[28] R.G. Askin, Printed circuit board family grouping and component, Naval Research Logistics 41 (1994) 587–608.

[29] V.J. Leon, B.A. Peters, A comparison of setup strategies for printed circuit board assembly, Computers & Industrial Engineering 34 (1) (1998) 219–234.

[30] G. Reinelt, A case study: TSPs in printed circuit board production, in: The Traveling Salesman: Computational Solutions for TSP Applications, 1994, pp. 187–199.

第二部分

硬件攻击：分析、示例和威胁模型

第 5 章　硬件木马

第 6 章　电子供应链

第 7 章　硬件 IP 盗版与逆向工程

第 8 章　侧信道攻击

第 9 章　面向测试的攻击

第 10 章　物理攻击和对策

第 11 章　PCB 攻击：安全挑战和脆弱性

第5章

硬件木马

5.1 引言

现代单片机系统（SoC）的复杂性以及上市时间的压力致使设计公司无法在没有外部支持的情况下单独完成整个单片机系统的设计。此外，建造和维护具有现代化先进技术的制造工厂成本巨大，使得大部分单片机系统设计公司无法拥有自己的晶圆制造工厂。在过去20年中，受上述因素以及尽快上市压力的影响，半导体行业已转向横向业务模式，即通过外包和设计再利用的方式降低制造成本并加速推动产品上市。依照这种模式，单片机系统设计人员通常通过获取拥有核心 IP 的第三方机构（3PIP）的授权许可，集中各种授权技术和自研技术进行设计，并将产品制造、测试和包装等步骤外包给第三方工厂。

由于设计和制造服务外包的新趋势以及对于第三方核心 IP 越来越大的依赖，单片机系统越来越容易受到恶意活动和硬件木马的攻击。硬件木马主要通过恶意修改原始电路来利用硬件或者通过硬件机制向设备中植入后门。这些后门可以导致敏感信息泄露以及系统可靠性降低并引发其他可能的攻击，例如拒绝服务。硬件木马对军事系统、金融基础设施、交通安全和家用电器产生了巨大威胁。据报道，硬件木马在国外军事武器系统中被用作"杀伤开关"和后门 [1]。美国军方和情报部门的现任和前任高管一致认为，隐藏在芯片中的硬件木马是美国在战争中面临的最严重威胁之一 [2]。

由于几个原因，硬件木马的检测非常困难。第一，当前 SoC 中使用的软件、固件、硬件核心技术数量庞大，单独技术模块高度复杂，检测一个小小的恶意更改十分困难。第二，SoC 系统的纳米级尺寸特征使得物理检测和破坏性逆向工程检测变得非常困难、耗时和昂贵。此外，破坏性逆向工程并不能保证剩余的 SoC 将不受木马攻击，特别是当木马被有选择地插入部分芯片群时。第三，根据设计，硬件木马电路通常在非常特殊的条件下被激活（例如，连接到低转换概率网络或感应特定的设计信号，例如电源或温度），这导致使用随机或功能性刺激不太可能激活并检测它们。第四，用于检测制造故障的测试，如卡住故障和延迟故障测试，无法有效检测硬件木马。这样的测试在一个没有木马电路的网络上运行，因此无法激活和检测木马。即使所有类型的制造故障都有 100% 的故障检出率，硬件木马程序也无法保证被有效检出。最后，由于光刻技术的进步，硬件电路物理尺寸不断减小，工艺和环境的变化对电路参数行为的完整性产生了越来越大的影响。因此，通过分析这些参数信号来检测木马是无效的。所有这些因素使得在 SoC 系统中对木马进行检测成为一项非常具有挑战性的任务。

下一节讨论了现代 SOC 设计流程以及该流程中的恶意实体如何插入硬件木马。之后，将全面介绍硬件木马分类。针对硬件木马的系统分类有助于开发硬件木马缓解、检测和保护技术。此外，从检测和预防两方面详细描述了针对硬件木马威胁的最新对策。

5.2 SoC 的设计流程

典型的 SoC 设计流程如图 5-1 所示。SoC 集成器的设计通常是第一步。例如，SoC 集成器首先确定哪些功能需要纳入 SoC 中，哪些功能需要达到目标要求。然后，集成器通过识别一个功能块列表来实现 SoC。这些功能块具有 IP 价值，通常称为 IP。这些核心技术要么是内部开发的，要么是从第三方组织那里购买的。这些第三方授权技术包括软件技术（寄存器传输级别（RTL））、固件技术（门电路级别）和硬件技术（布局级别）等[3]。

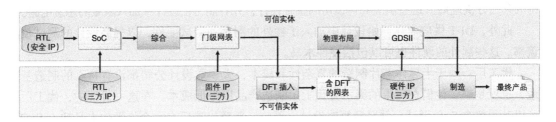

图 5-1 SoC 设计流程

在开发 / 采购了所有必要的核心技术之后，SoC 设计公司将它们集成到整个 SoC 的通用 RTL 规范中。RTL 设计通过广泛的功能测试来验证 SoC 的功能正确性，并发现设计缺陷。SoC 集成器基于目标技术库将 RTL 描述合成一个门级网表。整合是在计算机辅助设计（CAD）工具的帮助下，将 RTL 代码转换为由逻辑门组成的硬件实现的过程，例如 Synop 系统的设计编译器。计算机辅助设计工具同样根据最小化面积、时间或功率的目标进行设计优化。然后针对门级网络进行形式等价检查以验证其是否符合 RTL 规范。在这个阶段，SoC 设计者还可以将厂商的 IP 核心集成到 SoC 网络中。然后，SoC 集成器集成测试设计（DFT）结构，以提高设计的可测试性。然而，在许多情况下，DFT 模块集成被外包给专门设计测试和调试结构的第三方供应商，例如内置自测试（BIST）和压缩结构。在下一步中，门级网络设计被转换为物理布局设计，还可以在此阶段集成供应商的核心硬件技术。在执行静态时钟分析（STA）和电源关闭后，SoC 集成器以 GDSII 格式生成最终布局，并将其发送到工厂进行制造。生成的 GDSII 文件包含在硅片上制造 SoC 所需的逐层信息。

工厂制造 SoC，并对模具和晶圆进行结构测试，以找出制造缺陷。制造完成后，工厂将经过测试的晶圆送到流水线上，将晶圆切割成模具，并将模具包装成芯片[4]。

硬件木马植入：潜在攻击者

在整个硬件供应链中，存在有能力将硬件木马植入集成电路设计的潜在攻击者。以下是针对这些攻击者的简述。

3PIP 供应商：由于产品上市时间的约束，设计公司越来越依赖第三方供应商来采购 IP。这些 IP 由分布在世界各地的数百家 IP 供应商设计。这种 IP 是不可信的，因为其中可以恶意植入硬件木马。3PIP 供应商对其 IP 拥有完全控制权，并且可以插入秘密木马，使用传统的测试和验证技术难以检测。

针对 3PIP 的木马检测是一项挑战，因为在验证过程中没有标准参考与给定 IP 核心进行比较。此外，系统集成商只知道 IP 的黑盒知识，也就是说，系统集成商只知道设计的高级功能，但是不知道木马的低级实现设计。一个大型的工业级 IP 核心可以包含数千行代码，识别几行木马代码是一项极具挑战性的任务[5]。

DFT 供应商：在当前的硬件设计流程中，DFT 集成过程通常外包给专门设计测试和调试结构的第三方供应商。这些供应商可以访问整个设计，并有能力在设计中加入隐藏的恶意电路。

此外，DFT 供应商在原始设计中加入了额外的测试和调试硬件，以提高设计的测试覆盖率。这些额外的硬件也可以包括硬件木马。

代工厂：由于半导体芯片制造的复杂性和成本，大多数设计公司都没有自己的制造基地，也就是说，他们在离岸的第三方代工厂制造产品以降低成本。在这一过程中，代工厂可以获得整个 SoC 设计，并恶意篡改设计。因此，恶意代工厂有一个将硬件木马插入 SoC 的独特机会。它可以利用 SoC 中的空白空间将恶意功能植入实际功能中。由第三方代工厂植入的硬件木马极难被检测。原因是，不同于硅前设计阶段，制造阶段的 SoC 所提供的验证和验证选项非常有限。

5.3 硬件木马

硬件木马（HT）被定义为对电路设计的恶意、故意修改，在部署电路时会导致恶意行为[6]。被硬件木马"感染"的 SoC 可能会在功能或规格上发生变化，可能会泄露敏感信息，或者可能会出现性能下降或不可靠的情况。硬件木马对部署在关键操作中的任何硬件设计都构成严重威胁。

硬件木马程序是硬件级别的恶意植入，软件级别的对策可能不足以应对由硬件木马造成的威胁。此外，在硬件设计中检测木马是一个挑战，因为在验证期间没有标准版本可以与给定的设计进行比较。理论上，检测硬件木马的有效方法是激活木马并观察其效果，但木马的类型、大小和位置未知，而且其激活条件可能十分罕见。因此，木马可以在芯片正常功能操作期间很好地隐藏起来，只有在特定触发条件时才会被激活。

5.3.1　硬件木马的结构

3PIP 中木马的基本结构可以包括两个主要部分：触发器和攻击载荷[3]。木马触发器是可选部分，用于监视电路中的各种信号或一系列事件。攻击载荷通常从原始电路和触发器接收信号。一旦触发器检测到预期的事件或条件，攻击载荷就会被激活以执行恶意行为。通常触发器在极少数情况下才会被激活，因此攻击载荷在大多数情况下保持静默状态。当攻击载荷处于非活动状态时，芯片就像一个没有木马的电路，很难检测到该木马。

图 5-2 显示了硬件木马的门级基本结构。触发器接受来自电路各级网络的输入（T_1，T_2，…，T_k），攻击载荷接收原始电路的原始信号 Net_i 和触发器的输出信号。由于触发器激活条件罕见，大部分时间里，攻击载荷输出与原始电路相同，为 Net_i。然而，当触发器被激活，即 TriggerEnable 为 "0"，攻击载荷的输出将不同于原始电路输出 Net_i。这可能导致电路被注入错误值，并导致输出错误。请注意，RTL 木马的功能与图 5-2 所示的类似。

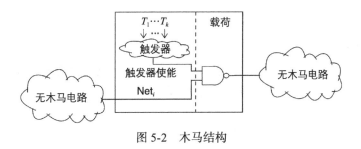

图 5-2　木马结构

5.3.2　硬件木马建模

多年来，研究人员使用不同的木马模型开发了许多不同的木马，来证明他们所提出的木马对抗方法的能力和有效性。本节讨论最常用的数字触发和数字攻击载荷木马模型。在此模型中，假定木马将被罕见的电路节点条件激活并将其攻击载荷作为功能电路的关键节点和测试阶段的非可观测节点，以避免木马电路在正常功能测试期间受到检测。如果木马包含时序元素，如随机事件触发计数器，那么该木马将更加难以被检测。

图 5-3 所示为组合和时序硬件木马的通用模型[7]。触发条件是内部节点上的 n 位值，假定这种值非常罕见，足以避开正常的功能测试。攻击载荷被定义为在硬件木马被激活时倒置的节点。为了增加检测难度，可以考虑时序木马，这需要在激活木马并反转攻击载荷节点之前重复发生 2^m 次触发事件。时序状态机被认为是一个最简单形式的计数器，攻击载荷为 XOR 函数模型被认为具有最大的影响。在更通用的模型中，计数器可以被任何有限状态机（FSM）所取代，电路可以被修改为木马输出和攻击载荷节点的函数。同样，为了使组合事件非常罕见，木马触发条件被建模为几个罕见节点的 AND 函数。但是，攻击者

可能会选择重用电路中的现有逻辑来实现触发条件，而不会添加过多的额外门电路。

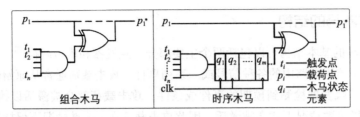

图 5-3   组合和顺序木马模型举例

值得注意的是，在内部节点上选择罕见值作为木马程序的输入时，组合的罕见事件必须是可激发的；否则，木马永远不会在现实生活中被触发。

5.3.3   硬件木马示例

本节提供了一些硬件木马程序的示例。它描述了一个潜伏在通用处理器密码模块中的木马程序。

1. 加密引擎中的木马

加密引擎中可能存在的木马攻击可能试图破坏安全机制。攻击载荷可以是由攻击者预定义的虚拟密钥而不是用于敏感加密或签名验证的实际加密密钥，通过侧信道泄露硬件密钥，例如通过功率追踪发现信息泄露。图 5-4 提供了此类木马程序的一个示例，它尝试使用一种称为恶意片外泄露（MOLES）的技术，通过功率侧信道从加密模块内部泄露密钥 [8]。其他目标可以是用于为特定操作派生随机会话密钥的随机数生成器，也可以是用于解锁测试模式访问安全敏感信号的调试密码。研究人员还提出通过低带宽调制的无线传输信号 [9] 泄露此类信息。

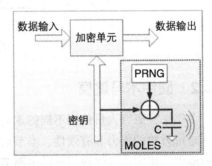

图 5-4   木马例子设计，具有通过功率侧信道从加密芯片中泄露秘密信息的能力

2. 通用处理器中的木马程序

在通用处理器中，制造工厂中的攻击者可以在系统中植入可被利用的后门 [10-13]。例如，现代处理器实现了硬件信任链以确保恶意软件不会危及硬件资产，如密钥和内存。通过使用不同阶段的固件和启动代码身份验证，可以确保操作系统（OS）内核和底层程序（如虚拟机管理程序）不会损坏。然而在这类系统中，不可信的制造厂攻击者可以植入后门，在某些罕见情况下根据攻击者输入而禁用安全启动机制 [10]。同时，在硬件木马的帮助下可以实现其他类型的攻击，例如使用缓冲区溢出攻击绕过内存保护机制或者通过认证绕过漏

洞来访问特权资产。

本节讨论了特定集成电路（ASIC）对应硬件木马的威胁，下一节将讨论 FPGA 设计流程和供应链中的木马威胁。

5.4 FPGA 设计中的硬件木马

如今，FPGA 被广泛用于一系列嵌入式应用，从电信系统和数据中心到导弹制导系统。不幸的是，FPGA 生产外包和使用不受信任第三方技术也带来了木马威胁。基于 FPGA 的木马可以采用 IP 块（硬件、软件或固件）形式加载到通用 FPGA 结构中，并使用 FPGA 系统进行恶意活动，例如拒绝服务和信息泄露。基于布局的木马程序不适用于 FPGA，而基于 FPGA IP 块的木马程序与 ASIC 设计流程中的元件大同小异。但是，"预先存在" FPGA 结构中并可能被不受信任的第三方厂商植入的木马程序本身就会构成严峻的威胁和挑战。FPGA 包含大量以查找表、RAM 块和可编程模块的可重构逻辑单元，可用于实现任意时序和组合的设计。然而，可能存在大量受攻击者（例如 FPGA 代工厂或供应商）控制的可重构逻辑单元，能够加载硬件木马并影响 FPGA 系统和其中装载的 IP 模块。这些 FPGA 设备特定的硬件木马程序及其效果在文献 [14] 中进行了解释，并作如下概述。

5.4.1 激活特性

FPGA 硬件木马具有与 5.3.1 节和 5.3.2 节中描述相类似的激活特性，然而基于 FPGA 设备的硬件木马程序的一个独特之处在于，它们可以依赖 IP，也可以独立于 IP。

1. IP 依赖木马

恶意代工厂或 FPGA 供应商可以向 FPGA 中植入硬件木马程序，该木马可以监视 FPGA 中多个查找表（LUT）的逻辑值。一旦此类木马程序被触发，可能会损坏其他查找表的值，将错误值加载到 RAM 块中或破坏配置单元。由于任意 IP 都可以加载到 FPGA 上，恶意代工厂或供应商可以在整个 FPGA 范围内植入木马触发器以提高木马触发并导致硬件故障的概率。

2. 非 IP 依赖木马

恶意代工厂或供应商还可以将木马集成到 FPGA 芯片中，该芯片完全独立于被加载的 IP 块。此类木马会占用 FPGA 一小部分资源并导致这类非 IP 依赖但是关键的资源产生故障，例如数字时钟管理器（DCM）。一种潜在的攻击模式是木马通过操作 DCM 单元的 SRAM 单元来增加或减少设计时钟频率，这可能导致时序电路故障。

5.4.2 攻击载荷特性

基于 FPGA 设备的木马也会带来独特的恶意影响，例如导致 FPGA 资源故障或加载到

FPGA 上的 IP 泄露。

1. 资源故障

FPGA 设备中的硬件木马程序可能会损坏 LUT 或 SRAM 值，从而影响已实现 IP 的功能，或者对 FPGA 设备造成物理损坏，从而导致逻辑故障。例如，一个被触发的硬件木马可以将一个输入 I/O 端口重置为一个输出 I/O 端口，同时抑制配置单元，防止其重新恢复端口原有功能。这将导致 FPGA 与其连接系统之间短路，从而导致物理设备故障。

2. IP 泄露

目前 FPGA 提供位流加密功能，以保护加载到 FPGA 设备上的 IP。但是，这种加密仅可防止软件未经授权或直接的回读。硬件木马可能会通过泄露解密密钥，甚至整个 IP 来规避这种保护。木马可以获取从内存或者解密模块中输出的密钥，然后通过隐蔽的侧信道（例如，功率追踪）或通过 JTAG、USB 或 I/O 端口进行密钥解密。

5.5 硬件木马的分类

要更好地了解硬件木马并建立有效的防御机制，就需要一个将相似的木马组合在一起的框架，以便能够对其特征进行系统研究。然后，可以针对每个木马类型开发检测、缓解和保护技术，并制定基准，作为比较对策的基础。此外，还可以为尚未观察到的木马类型创建实验，从而促进主动防御。

分类的主要依据是硬件木马的物理、激活和功能特性。硬件木马具体可根据 5 个方面进行分类：植入阶段、抽象级别、激活机制、攻击载荷和分布位置（如图 5-5 所示）[15]。

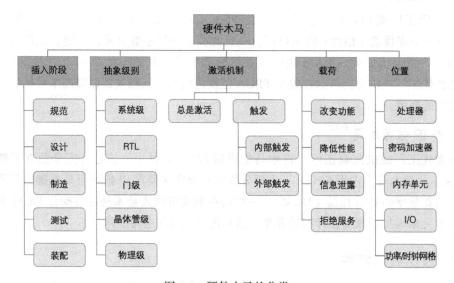

图 5-5 硬件木马的分类

5.5.1 植入阶段

硬件木马可以在整个 SoC 设计流程的任意阶段植入。硬件木马可以根据其植入阶段进行分类。

1. 规范阶段

在此阶段，芯片设计人员定义系统的特性：目标环境、预期功能、大小、功率和延迟。当 SoC 开发处于这个阶段时，可以修改功能规范或其他设计约束。例如，在规范阶段植入的木马可能会改变硬件的时间要求。

2. 设计阶段

开发人员在将设计映射到目标技术时，会考虑功能、逻辑、时间和物理约束。此时，他们可以使用第三方 IP 块和标准单元。木马可能存在于任何有助于设计的元件中。例如，标准单元库可以被木马篡改。

3. 制造阶段

在此阶段，开发人员创建一个掩模组并使用晶圆片来生产掩模板。微妙的掩模变化会产生严重影响。在极端情况下，对手可以替换不同的掩码集。或者，在制造过程中，化学成分可能会发生变化，以增加关键电路（如电源和时钟网格）中的电迁移，从而加速故障。

4. 测试阶段

集成电路测试阶段对于硬件信任非常重要，这不仅是因为它可能是木马植入的阶段，而且还因为它为木马检测提供了机会。测试仅在以可靠的方式进行检测时才有用。例如，在制造阶段植入木马的攻击者希望对测试向量具有控制权，以确保木马在测试期间不会被检测到。可信测试可确保测试向量将被保密并忠实应用，并且指定的操作将被忠实遵循。攻击者可以通过自动测试模式生成（ATGP）工具利用未检测到的故障（ND）。这样，利用这些错误的木马将永远不会被激活。

5. 装配阶段

开发人员将测试芯片和其他硬件元件装配在印制电路板（PCB）上。系统中两个或多个元件交互的每个接口都是潜在的木马植入点。即使系统中的所有集成电路块都是可信的，恶意程序集也会在系统中引入安全缺陷。例如，连接到 PCB 上节点的非屏蔽导线可能会在电路板上的信号与其电磁环境之间引入意外的电磁耦合。攻击者可以利用这一点造成信息泄露和错误注入问题。

5.5.2 抽象级别

木马电路可以在不同级别的硬件中被植入，其功能和结构取决于它们植入的硬件级别。

1. 系统级别

系统级别定义了不同的硬件模块、内连关系和通信协议。在此级别中，木马程序可能由目标硬件中的模块触发。例如，从键盘中输入的 ASCII 码值可以被替换。

2. 注册 – 传输级别

在注册传输级别（RTL），芯片设计人员从寄存器、信号和布尔函数的角度描述每个功能模块在此级别中，由于攻击者能够完全控制功能设计过程，硬件木马将可以轻易被设计和植入。例如，在此级别实现的木马可以通过将一个圆形计数器分两步而不是一步运算，从而将加密算法的轮数减半。

3. 门电路级别

在此级别，单片机系统表现为逻辑门电路的互连。攻击者可以控制所植入木马的所有方面，包括其大小和位置。例如，木马程序可能是一个由基本门电路（与、或、异或门电路）组成，用以监控芯片内部信号的简单比较器。

4. 晶体管级别

芯片设计者使用晶体管构建门电路。在此级别，木马设计者能够控制电路特性，例如功率和计时。攻击者可以植入或移除单个晶体管以改变电路功能或者修改晶体管尺寸以改变电路参数。例如，晶体管级别的木马可能是一个栅极宽度较低的晶体管，在关键电路中可能导致更多延迟。

5. 物理级别

设计的物理级别描述所有电路元件及其尺寸和位置，同样能够被植入木马。攻击者可以通过修改导线的尺寸、电路间距以及重新分配电路层来植入木马。例如，更改芯片中的时钟导线、时钟临界网或金属线的宽度可能会导致时钟偏移。

5.5.3　激活机制

某些木马被设计为始终活跃，而其他木马则一直处于休眠状态，直到被触发。一个休眠木马需要一个内部或外部事件来激活。一旦触发器激活木马，它可以永远保持活跃状态或者在指定时间后返回休眠状态。

1. 内部事件触发

内部事件触发木马是由目标设备中的事件激活。该事件可能基于时间或基于物理条件。预设计数器可以在预定时间触发木马，从而导致硅定时炸弹。同时，当芯片温度超过某个阈值时，木马也会被触发。

2. 外部事件触发

外部事件触发木马需要特定的外部输入到目标模块才能激活。外部触发事件可以是用户输入或者元件输出。用户输入触发事件包括按钮、开关、键盘或系统输入数据流中的关键字或短语。元件输入触发事件可能来自与目标设备交互的任何元件。例如，密码模块中的木马可以观测从应用的纯文本输入的特定纯文本或者纯文本与操作条件的组合，一旦命中则被触发。

还可以将触发木马分为两类：模拟触发和数字触发。模拟触发木马由模拟信号触发，例如温度和电压。数字触发木马由数字信号触发，例如触发器的状态、逻辑网络的状态、计数器、时钟信号、数据、指令或中断。

5.5.4　攻击载荷

硬件木马同样可以通过其攻击载荷也就是木马激活时造成的恶意影响来表征。这些对目标硬件或系统的影响，严重程度可以从细微干扰到灾难性的系统故障。

1. 更改功能

木马可以改变目标设备的功能，并导致在制造和测试期间难以检测的细微错误。例如，木马可能导致错误检测模块接受本应拒绝的输入。

2. 损害性能

木马可以通过蓄意更改设备参数来降低设备性能。这些参数包括功能、接口或者参数特性，例如功率和延时。例如木马可能在芯片连接处插入更多缓冲区，从而消耗更多电量，导致电池电量快速耗尽。

3. 信息泄露

木马可以通过秘密或公开的信道泄露信息。敏感数据可以通过射频、光功率或热功率、时钟侧信道和调试接口（例如 RS-232 和 JTAG）。例如，木马可以通过未使用的 RS-232 接口泄露加密算法的密钥。

4. 拒绝服务

拒绝服务（DoS）木马会导致目标模块耗尽稀缺的资源，如带宽、计算和电池电量。它还可以在物理上破坏、禁用或更改设备的配置，例如，导致处理器忽略来自特定外围设备的中断。DoS 可以是临时的，也可以是永久的。

5.5.5　植入位置

硬件木马可以植入单个元件中，也可以跨元件（例如处理器、内存、输入 / 输出、电源或者时钟）分布。跨元件分布的木马可以相互独立或者以组为单位协同工作，以达到攻击目的。

1. 随机逻辑

硬件木马可以插入单片机系统的随机逻辑部分。检测此类硬件木马极具挑战性，因为理解随机逻辑的功能十分困难，因此难有有效的测试机制。单片机系统随机逻辑部分范围较大。

2. 处理器

植入处理器逻辑单元的任何木马都可归于此类。例如，处理器中的木马可能更改指令的执行顺序。

3. 加密模块

加密模块可能成为木马的植入目标，因为这些模块适用于资产操作，例如私钥和敏感信息。加密模块中的木马可能泄露密钥（对机密性的攻击）或替换密钥（对完整性的攻击），并危及整个系统的安全。

4. 内存模块

内存模块及其接口单元中的木马属于此类别。此类木马可能会更改内存中的存储数据，还可能阻止对某些内存位置的读取或写入操作。例如，更改单片机系统只读内存中的内容。

5. 输入 / 输出模块

木马可以驻留在芯片的外围设备或 PCB 板中。这些外围设备与外部元件接口，可以让木马控制处理器与系统外部元件之间的数据通信。例如，木马可能会更改通过 JTAG 端口的数据。

6. 电源模块

现代单片机系统包括许多电压岛、大量本地分布式稳压器和动态电压 / 频率系统，其中，芯片频率通过调整 VDD（电源端）来改变。攻击者可能通过植入木马来改变芯片的供电电压和电流，从而导致故障。

7. 时钟模块

时钟模块中的木马可以更改时钟频率，在提供给芯片的时钟信号中插入噪声，从而引发故障。此类木马还可以阻断提供给其余功能模块的时钟信号。例如，木马程序可能会增加提供给芯片特定部分的时钟信号偏移，从而导致短路径的保持时间冲突。

5.6 信任基准

"信任基准"是一种基准电路（RTL、门级或者布局级的通用电路），在难以检测、具有较大影响的位置故意添加木马（例如稀有节点或布局空白处），用以比较木马带来的影响和不同木马检测技术的有效性 [16]。现有的信任基准电路实例参见 http://www.trust-hub.org/benchmarks.php。

每个信任基准都配有对应文档，这些文档描述了信任基准电路的重要功能，例如触发概率（针对门级 / 布局级木马）、木马精确影响效果、触发木马所需的输入组合（针对

RTL/门级木马)、木马导致的延时或电容以及木马电路规模。此外,针对某些基准,提供了标准模型,即无木马的相同电路版本,这对于针对不同攻击模型分析信任基准电路至关重要。最后,对于大多数信任基准测试,包括两个测试台,其中一个可用于标准模型(用于调试和测试目的),另一个可用于触发木马。对于 RTL 信任基准测试,测试台的格式为 Verilog/VHDL,其中指定了木马触发器。对于 netlist/gate 级别的基准,提供了触发木马程序的精确测试模式。最后,每个信任基准的文档包含插入的木马的确切形式和位置。例如,对于 RTL 木马,实现该木马的代码部分已经记录在案。对于门级电路,还提供了木马 netlist 的一个片段。提供木马的准确位置和实现,使研究人员更容易根据检测精度呈现结果。但是,应该注意的是,这些信息只能在事后使用,因为考虑到木马的实现和预先定位可能不公平地偏向检测技术。最后,值得注意的是,通常情况下,木马基准测试是一项持续的工作,并且正在开发更多的信任基准来涵盖木马分类并改进现有的分类。

以下是迄今为止开发的大约 100 个基准点的一些代表性基准。

5.6.1 基准命名约定

信任基准遵循以下命名约定,为信任基准电路中的每个木马基准分配一个唯一的名称:DesignName-Tn#$,其中:

- **DesignName** 不含木马的主设计名称。
- **T*n*(木马编号)** 最多两位数。不同设计中相同的木马编号并不代表相同的木马程序。
- **#(位置编号)** 第二个到最后一个数字表示同一木马在电路中的不同位置,范围为 0~9。
- **$(版本编号)** 基准名称中的最后一个数字表示木马的版本,范围为 0~9。这是一项附加功能,以防开发出具有相同放置位置的同一木马的新版本。版本号将区分旧版本和新版本。

例如,MC8051-T1000 表示木马 10 号(T10)被插入微控制器 8051(MC 8051)的位置 0 处,其版本为 0。作为另一个例子,dma-T1020 意味着木马 10 号(T10)被插入 DMA 电路的位置 2,其版本为 0。如上所述,DMA 中的木马 T10 不一定与 MC8051 中的木马 T10 相同。

5.6.2 信任基准样例

以下为部分附带木马简要说明的基准样例:

- **开发阶段 – 制造**:在 GDSII 开发期间,木马植入通过添加 / 删除门或更改电路布局来实现,在制造期间还可以通过更改掩模来实现。
  基准样例:EthernetMAC10GE-T710 包含由组合比较器电路触发的木马程序,该程序查找特定的 16 位向量。在这种情况下，木马激活概率是 $6.4271e^{-23}$。当木马被触发时，它的攻击载荷将控制电路中的一个内部信号。

抽象级别 – 布局：木马可以通过改变电路掩模、增加 / 移除门或改变门和互连几何结构来影响电路的可靠性。

基准样例：EthernetMAC10GE-T100 关键路径上包含木马。特定网络被加宽以增加电容耦合，从而导致电路串扰。

- **激活机制 – 外部触发**：木马在某些外部条件下被激活，例如通过外部启用的特定输入。

基准样例：RS232-T1700 包含由组合比较器触发的木马，其由外部输入触发，触发概率为 $1.59e^{-7}$。每当木马被触发时，它的攻击载荷将能控制特定输出端口。

- **效果 – 更改功能**：激活后，木马程序将改变电路的功能。

基准样例：RS232-T1200 包含由序列比较器触发的木马，触发概率为 $8.47e^{-11}$。每当木马被触发时，它的攻击载荷将能控制特定输出端口。

- **位置 – 电源模块**：木马可以放置在电源网络中。

基准样例：EthernetMAC10GE-T400 在电路布局的一部分中，使用窄电源线对 EthernetMAC10GE-T400 进行了修改。

- **物理特性 – 参数化**：通过改变电路参数，例如线路宽度，可以实现木马。

基准样例：EthernetMAC10GE-T100 在关键路径上包含木马。此木马会加宽特定的内部线路，从而导致时间冲突。

表 5-1 提供了迄今为止开发的一份完整的信任基准清单，其根据木马类型进行分类，包括每种类型可用的信任基准数量以及植入木马的主电路 / 基准名称。例如，表 5-1 显示 25 种木马在门电路级别被植入，51 种木马在寄存器级别被植入，12 种木马在布局级别被植入。另外一个例子，"攻击载荷"一栏显示 35 种木马更改电路功能，3 种木马损耗电路性能，24 种木马造成信息泄露以及 34 种木马导致拒绝服务。请注意，一些基准属于多个类别。目前，信任基准网站上共有 91 个基准。

表 5-1 信任基准特征

类 别	木马类型	编 号	主 电 路
植入阶段	规范制定阶段	0	–
	设计阶段	80	AES, BasicRSA, MC8051, PIC16F84, RS232, s15850, s35932, s38417, s38584
	测试阶段	0	–
	装配阶段	0	–
抽象级别	寄存器级	51	AES-T100, b19, BasicRSA, MC8051, PIC16F84, RS232
	门电路级	25	b19, EthernetMAC10GE, RS232, s15850, s35932, s38417, s38584, VGA LCD
	布局级	12	EthernetMAC10GE, MultPyramid, RS232
激活机制	始终活动	11	AES-T100, MultPyramid, EthernetMAC10GE
	条件触发	79	AES, b19, BasicRSA, MultPyramid, PIC16F84l, RS232, s15850

(续)

类　别	木马类型	编　号	主　电　路
攻击载荷	更改功能	35	b19, Ethernet MAC10GE, MC8051, RS232, s15850, s35932, s38417, s38584
	损耗性能	3	EthernetMAC10GE, MultPyramid, s35932
	信息泄露	24	AES, BasicRSA, PIC16F84, s35932, s38584
	拒绝服务	34	AES, BasicRSA, EthernetMAC10GE, MC8051, MultPyramid, PIC16F84, RS232
位置	处理器	26	b19, b19, BasicRSA, MC8051, MultPyramid, PIC16F84, s15850, s35932, s38417, s38584
	加密模块	25	AES-T100 to T2100, BasicRSA-T100
	内存	0	–
	输入 / 输出	4	MC8051, wb_conmax
	电源模块	2	MC8051-T300, wb_conmax
	时钟模块	2	EthernetMAC10GE

5.7　硬件木马的防御

多年来，已有多种硬件木马检测方法。在不失通用性的情况下，这些方法分为两大类：木马检测方法和木马防范方法，每种分类都可以进一步分为几个子类别，如图 5-6 所示。

5.7.1　木马检测

硬件木马检测是处理硬件木马最简单、最常用的方法。它旨在验证现有设计和已成型系统的正确性，不需要任何辅助电路。它们要么在设计阶段（硅前）执行以验证系统设计，要么在制造阶段（硅后）执行以验证已成型系统。

1. 硅后阶段木马检测

这些技术在芯片制造后使用，它们可以分为破坏性和非破坏性方法，如图 5-6 所示。

破坏性方法：这些技术通常使用破坏性逆向工程来分离集成电路，并获取每层的图像，以便重建最终产品的信任验证设计。破坏性逆向工程有较强检测能力，即可以检测到集成电路中的任何恶意修改，但它具有很高的成本，对于一个具有合理复杂性的集成电路，可能需要数周或数月的时间。此外，在这个侵入过程结束时，不能使用被测电路，只能获取单个电路样本的信息。请注意，针对现代复杂单片机系统的逆向工程是一个冗长且容易出错的过程。因此，为了通过逆向工程获得整个芯片结构，我们可以使用数十个集成电路处理和封装可能会在逆向工程过程中引起的无意错误。因此，一般来说，破坏性方法似乎不适用于硬件木马检测。然而，对于获得整批系统特性而言，在有限数量的样品上进行破坏性逆向工程是有吸引力的。Bao 等人 [17] 提出了一种机器学习方法，该方法采用一类支持向量机（SVM）来识别标准模型的无木马集成电路。

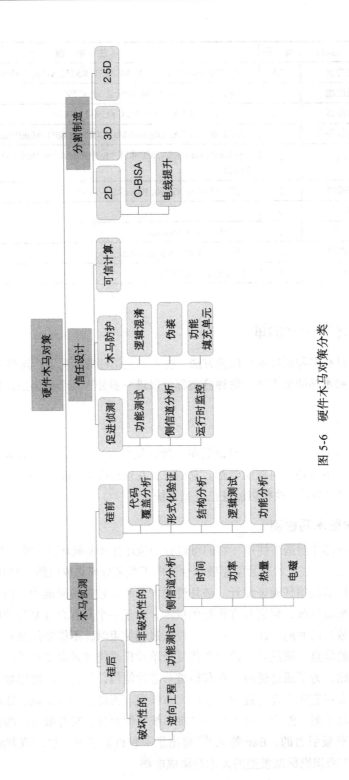

图 5-6   硬件木马对策分类

功能测试：这些技术试图通过功能测试激活木马并将响应与正确结果进行比较。为了保证有效，这些技术需要一个可用的标准响应。乍一看，这与用于检测制造缺陷的制造测试相似，但是使用功能 / 结构 / 随机模式的传统制造测试在检测硬件木马方面表现不佳[12]。攻击者可以将非常罕见的情况设计为木马的触发条件，因此在制造测试过程中，它们在结构和功能测试中难以被发现。Banga 和 Hsiao[18] 以及 Chakraborty 等人[19] 开发了测试模式生成方法来触发这种很难激活的木马，并提高了从主要输出中观察木马影响的可能性。然而，由于电路中存在许多逻辑状态，列举一个实际设计的所有状态是不切实际的。此外，通过非功能手段传输信息而不是改变原电路功能[20] 的木马，例如通过天线或者修改规范，将使得功能测试无法检测此类木马。

侧信道信号分析：此类方法通过测量电路参数来检测硬件木马，例如延迟[21, 22]、功率（瞬态[23] 和泄露功率[24]、温度[25] 和辐射[26, 27]。它们利用由木马触发 / 攻击载荷激活引起的附加电路和活动引起的副作用（即额外路径延迟、功率、热量或电磁辐射）。然而，大多数检测技术假定无木马的标准集成电路块可用于比较，以便识别受木马感染的集成电路。例如，Agrawal 等人[23] 首先演示了如何使用侧信道配置文件，如功率消耗和电子发射来检测木马电路。过程如下：作者首先从一批制造的集成电路中随机抽取少量集成电路，生成其功率特征曲线。这些集成电路作为标准电路（无木马电路）。一旦标准电路通过严格的破坏性逆向工程被绘制出来，它们将一一与原始设计进行比较。如果不含木马，那么这些电路块将被认为是正常电路，并且其配置文件将被作为正常模板。剩下的集成电路可以通过简单地应用相同的刺激并构建它们的功率曲线，以有效和无损的方式进行测试。使用统计技术（如主成分分析）与标准模板进行对比。

侧信道分析法在一定程度上可以成功检测硬件木马。然而，侧信道分析法的难点在于如何实现每个门级电路或网络的覆盖，以及在过程和环境不断变化的情况下，捕捉硬件木马细微且异常的侧信道信号。随着集成电路特征尺寸的缩小和晶体管数量的不断增加，过程变化极易掩盖由低功率消耗和条件触发的硬件木马引起的微小侧信道信号。由于他们观察到填充单元比其他功能单元更具反射性，周等人[27] 提出了一种基于放置在电路布局中的填充单元的生成图形的背面成像方法。虽然这种技术不需要标准芯片，但在制造过程中，模拟图像和测量光学图像的比较仍然存在一定的差异。其他的挑战包括以更高的分辨率拍摄清晰的图像，这需要花费大量的时间。

2. 硅前阶段木马检测

这些技术用于帮助 SoC 开发人员和设计工程师验证第三方 IP（3PIP）核心及其最终设计。现有的硅前检测技术可大致分为代码覆盖率分析、形式验证、结构分析、逻辑测试和功能分析。

代码覆盖率分析：代码覆盖率定义为在设计阶段的功能验证期间执行代码行的百分比。该指标给出了设计功能仿真完整性的定量度量。代码覆盖率分析也可用于识别可能是硬件木马的部分可疑信号，并验证 3PIP 的可靠性。Hicks 等人[13] 提出了一种称为"未使用电路识别"（UCI）的技术，用于查找模拟过程中未执行的 RTL 代码行。这些未使用的代码行可以被视为恶意电路的一部分，建议从硬件设计中删除这些可疑的 RTL 代码行，并在软件级别对其进行仿真。图 5-7 针对 UCI 技术检测流程进行了说明。然而，这种技术并不能保证 3PIP 的可靠性。文献 [28] 中的作者已经证明硬件木马可以用来绕过 UCI 技术。这种类型的木马程序的触发电路来源于不太可能发生的事件，以逃避代码覆盖率分析的检测。

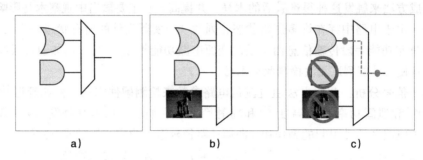

图 5-7　未使用电路识别（UCI）技术的高级概述：a）设计师开发硬件设计；b）攻击实体将硬件木马植入设计；c）UCI 技术识别和删除可疑电路

形式验证：形式验证方法，如符号执行 [29]、模型检查 [30] 和信息流 [31] 被应用于软件系统，以发现安全缺陷并提高测试覆盖率。形式验证在验证 3PIP 可信度方面也被证明是有效的 [32, 33]。这些方法基于携带证明的代码（PCC）来验证 IP 的安全属性。在这些方法中，系统集成方除了向 IP 供应商提供标准功能规范外，还提供一组安全属性。第三方供应商随后提供了这些属性的正式证明以及硬件 IP。然后，系统集成方使用 PCC 方法进行验证。对 IP 的任何恶意修改都将违反此证明，从而表明存在硬件木马。图 5-8 阐述了基于 PCC 的木马检测技术。

图 5-8　基于证据携带代码（PCC）的木马检测技术概述

Rajendran 等人 [34] 提出了一种通过检测 3PIP 中关键数据是否被恶意修改来验证硬件木马的技术。该方法基于有界模型检验（BMC）。在这里，BMC 检查属性，"关键信息是否被破坏？"，如果给定 IP 属性被破坏，则输出异常。此外，BMC 报告违反安全属性的输入模式序列，可以从报告的输入模式中提取木马的触发条件。文献 [35] 中显示了另一种类似的方法，它正式验证了 3PIP 中未经授权的信息泄露。这种技术检查属性，"设计是否泄露任何敏感信息？"。由于空间爆炸问题，这些方法的局限性在于模型检验的处理能力相对有限。尽管这些技术为木马检测提供了一种有前景的方法，但每种技术都有一定的挑战和限制 [36]。

结构分析：结构分析采用定量指标将低激活概率的信号或门电路标记为可疑。Salmani 等人 [37] 提出了一个名为"语句困难度"的度量，以评估在寄存器代码中执行语句的难度。

电路中"语句困难"值较大的区域更容易被木马植入。在门电路级别，攻击者更倾向于向难以被检测的区域植入木马。难以检测的网络被定义为具有较低转换概率的网络，并且不能通过已知的故障检测技术进行测试，例如卡顿、转换延迟、路径延迟和桥接故障[38]等。在难以检测的区域植入木马将降低木马触发概率，从而降低在验证及测试阶段被检出的概率。Tehranipoor 等人[5] 提出了评估门级网络中难以检测区域的建议标准。代码 / 结构分析技术的局限性在于它们无法保证木马检测的准确性，需要通过进一步处理来分析可疑信号或门电路并确定它们是否属于木马的一部分。

逻辑测试：逻辑测试的主要思想与硅前阶段木马检测部分描述的功能测试相同。逻辑测试是通过模拟进行的，而功能测试则必须在测试仪上进行，以使用输入模式和收集输出响应。因此，现有的功能测试技术也适用于逻辑测试。当然，逻辑测试也继承了功能测试的优缺点。

功能分析：功能分析使用随机输入模式并对 IP 进行功能模拟，以查找具有硬件木马类似特征的可疑区域。功能分析和逻辑测试之间的基本区别在于，逻辑测试旨在应用特定的模式来激活木马，而功能分析则应用随机模式，而这些模式并不用于触发木马。Waksman 等人[39] 提出了一种针对几乎未使用的电路识别功能分析（FANCI）的技术，该技术将输入输出依赖性弱的网络标记为可疑。这种方法基于观察一个硬件木马在非常罕见的情况下被触发的情况。在正常功能操作期间，实现木马触发电路的逻辑几乎未使用或处于休眠状态。在这里，作者提出了一个称为"控制值"的度量，通过量化每个输入网络对其输出函数的可控性程度来找到"几乎未使用的逻辑"。"控制值"是通过应用随机输入模式和测量输出转换的数量来计算的。如果网络的控制值低于预定义的阈值，则该网络将被标记为可疑。例如，对于 RSA-T100[16] 木马来说，其触发条件是 32'h44444444（如图 5-9 所示）。触发网络的"控制值"为 2^{-32}，预计将低于预定义的阈值。FANCI 的主要局限性是这种方法会产生大量的误报结果，并且没有指定任何方法来验证可疑信号是否正在执行任何恶意操作。此外，张等人[40] 已经演示了如何设计木马来绕过 FANCI 检测。在这里，他们设计木马电路需要经过多个时钟周期才能触发。例如，对于 RSA-T100 木马，可以在 4 个周期内导出触发序列，使触发网络的"控制值"为 2^{-8}。此外，FANCI 无法识别"始终开启"的木马，这些木马在其生命周期内保持活动状态，并且没有任何触发电路。

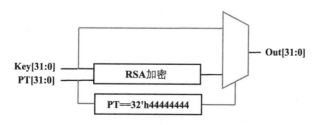

图 5-9　RSA-T100 木马。当明文数据为 32'h44444444 时，此木马会泄露私钥

文献 [41] 中的作者提出了一种称为 VeriTrust 的技术，用于识别硬件木马的潜在触发输入。该技术基于硬件木马触发电路的输入端口在正常运行时通常保持休眠并且对于电路正常逻辑功能是多余的观察现象。VeriTrust 的工作原理如下：首先，它使用随机输入模式对电路进行功能模拟，并以乘积和（SOP）以及和的乘积（POS）的形式跟踪输入端口的激活历史。然后，VeriTrust 通过分析功能模拟期间未激活的 SOP 和 POS 来识别冗余输入。这些冗余输入信号是硬件木马的潜在触发输入。然而，由于功能模拟不完全和非激活项属于正常功能等原因，该技术也会产生大量的误报结果。此外，在文献 [40] 中作者通过设计木马确保其触发电路除了触发输入外，还由功能输入的子集驱动，从而绕过 VeriTrust 的检测。VeriTrust 也有与 FANCI 同样的限制，即不能识别"始终开启"的木马。

5.7.2 信任设计

如前一节所述，检测一个静默的、低功率消耗的硬件木马仍然是现有技术的挑战。一个潜在的更有效的方法是通过信任设计在设计阶段规划木马处理方式。这些方法根据其目标分为四类。

1. 促进检测

功能测试：由于木马的隐蔽性，从输入触发木马和从输出观察木马影响是非常困难的。设计中大量低可控性和低可观测性的网络显著降低了激活木马的可能性。Salmani 等人[42]和 Zhou 等人[43] 通过将测试点插入电路，努力提高节点的控制性和观察性。另一种方法是通过一个 2 对 1 的多路复用器将一个 DFF 的两个输出 Q 和 $\overline{Q}$ 进行复用，并选择其中一个输出。这扩展了设计的状态空间，增加了将木马效应激发 / 传播到电路输出的可能性，使其可检测[18]。这些方法不仅有利于基于功能测试的检测技术，而且有利于需要部分激活木马电路的侧信道方法。

侧信道信号分析：为了提高基于侧信道检测方法的灵敏度，多种设计方法被开发出来。一个木马所能抽取的电流量可能非常小，以至于它可能被淹没在噪声和过程变化影响中，因此，传统的测量设备可能无法检测到它。然而，通过在本地测量电流和从多个电源端口 / 焊盘测量电流的方法可以大大增强木马检测能力。图 5-10 显示了检测硬件木马的当前（充电）集成方法，如文献 [44] 所示。Salmani 和 Tehranipoor[45] 建议通过将交换活动定位在一个区域内来最小化背景侧信道信号，同时通过扫描单元重新排序技术最小化其他区域内的信号。此外，电路中还采用了一些新开发的结构或传感器，与传统测量相比，具有更高的检测灵敏度。在一组选定的短路径上插入环形振荡器（RO）结构[46]、阴影寄存器[47]和延迟元件[48] 进行路径延迟测量。RO 传感器[49] 和瞬态电流传感器[50, 51] 分别能够提高木马引起的电压和电流波动的灵敏度。此外，集成过程变化传感器[52, 53] 可以校准模型或测量，并将制造变化引起的噪声降至最低。

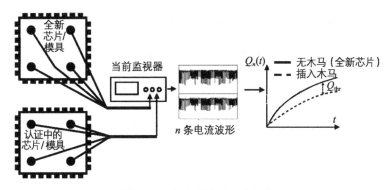

图 5-10　电流积分（充电）法

运行时监控：由于在硅前和硅后测试期间触发所有大小和类型的木马非常困难，对于关键计算过程的运行时监控可以显著提高硬件木马攻击检测结果的信任级别这些运行时监控方法可以利用现有或补充的片上结构来监控芯片行为 [10, 54] 或运行条件，如瞬态功率 [50, 55] 和温度 [25]。它们可以在检测到任何异常情况时禁用芯片，或者绕过它以允许可靠的操作，尽管存在一些性能开销。Jin 等人 [56] 提出了一种芯片内模拟神经网络的设计，该神经网络可根据通过芯片内测量采集传感器获得的测量值进行训练，以区分可信电路功能和不可信电路功能。

2. 木马植入防范

这些技术包括阻止攻击者植入硬件木马的预防机制。通常攻击者首先需要了解设计功能以达到植入木马的目的。未参与电路设计的攻击者通常通过逆向工程识别电路功能。

逻辑混淆：逻辑混淆通常是在原始设计中植入内置锁定机制来隐藏设计的真正功能和实现。锁定电路相对透明，只有当正确信号出现时才会体现对应功能。逻辑混淆加大了在正确输入向量未知情况下识别电路真正功能的复杂性，能够降低攻击者植入目标硬件木马的可能。对于组合逻辑混淆来说，可以在电路设计的某些位置引入 XOR/XNOR 逻辑门电路 [57]。在时序逻辑混淆中，可以在有限状态机中引入附加状态以隐藏其功能状态 [19]。此外，还存在一些植入可重构逻辑以进行逻辑混淆的技术 [58, 59]。当可重构电路由设计者或最终用户正确编程时，设计即具有正确功能性。

伪装：伪装技术是一种布局级模糊技术，通过添加虚拟触点和伪装逻辑门 [60, 61] 内各层之间的连接来为不同的门创建不可区分的布局（如图 5-11 所示）。伪装技术可以防止攻击者通过对不同层的成像进而从布局中提取正确的电路门级网表。这样，原始设计就可以避免被植入目标硬件木马。此外，Bi 等人 [62] 采用了类似的虚拟接触方法，并开发了一套基于极性可控 SiNW FET 的伪装电路模块。

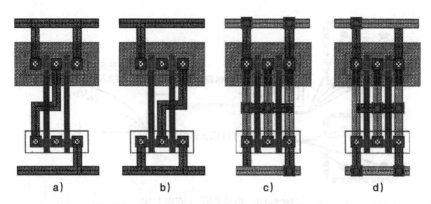

图 5-11 a) 和 b) 分别显示传统 2 输入与非门和或非门的标准单元布局。在这里，金属层
是不同的，因此很容易区分。c) 和 d) 分别显示 2 输入与非门和或非门的伪装标
准单元布局。注意，金属层是相同的，因此很难区分

功能性填充单元：由于布局设计工具在布局上通常比较保守，因此它们不能在设计中用常规的标准单元格填充 100% 的区域。未使用的空间通常填充了没有任何功能的填充单元或贴纸单元。填充单元通常在工程变更通知单（ECO）期间用于提高调试和产量，而贴花用于管理芯片中的峰值电流，特别是在瞬时功率相当大的区域。因此，攻击者在电路布局中插入木马的最隐蔽的方法是替换填充单元，并在某种程度上降低标记，因为删除这些不起作用的单元对电气参数的影响最小。内置自认证（BISA）方法在布局设计期间用功能填充单元填充所有空白区域[63]。被植入模块自动连接起来，形成一个可测试的组合电路。在以后的测试中认证失败表示功能填充模块已被木马替换。图 5-12 显示了通常的 BISA 插入流程。图 5-12 中的白色矩形是传统的 ASIC 设计流程，而黑色矩形代表 BISA 所需的额外步骤。这些步骤如下：预处理（收集有关标准单元库的详细信息），未使用空间标识，BISA 单元放置以及 BISA 单元路由。

3. 可信计算

第三类信任设计是基于不可信元件的可信计算。运行时监控和可信计算的区别在于可信计算能够承受木马攻击。木马运行时检测和系统恢复是最后一道防线，特别是对于任务关键型应用程序来说。一些方法采用分布式软件调度协议，在多核处理器中实现木

图 5-12 BISA 植入流程

马可信计算系统[64, 65]。并行错误检测（CED）技术可用于检测木马生成的恶意输出[66, 67]。此外，Reece 等人[68]和 Rajendran 等人[67]提议使用一组不同的 3PIP 供应商来减轻木马的

影响。文献 [68] 中的技术通过比较多个 3PIP 与执行类似功能的另一个不受信任的设计来验证设计的完整性。Rajendran 等人 [67] 利用从操作到供应商的分配限制来防止同一供应商 3PIP 之间的串通。

对于在前端设计阶段需要添加的可信电路设计（DFT）来说，潜在布局面积和性能开销是设计人员最为关心的问题。随着电路规模的增加，静默（低可控性 / 可观测性）网 / 门电路的数量将增加处理的复杂性，并产生较大的时间 / 区域开销。因此，用于促进检测的 DFT 技术仍然难以应用于包含数百万个门电路的大型设计。此外，预防性 DFT 技术需要插入额外的门电路（逻辑模糊）或修改原始标准单元（伪装），这可能会明显降低芯片性能，并影响其在高端电路中的可接受性。功能性填充单元也会增加功率泄露可能。

4. 分割制造

最近有人提议采用分割制造方法进行半导体制造并将集成电路设计的风险降至最低 [69]。分割制造将设计分为生产线前道工序（FEOL）和生产线后道工序（BEOL）部分，由不同工厂进行制造。不可信工厂执行 FEOL 制造（较高成本），然后将晶圆运送到可信工厂进行 BEOL 制造（较低成本，如图 5-13 所示）。不受信任的工厂无法访问 BEOL 层，因此无法识别电路中植入木马的“安全”位置。

现有分割制造工艺依赖于 2D 集成方法 [70-72]、2.5D 集成方法 [73] 或 3D 集成方法 [74]。2.5D 集成方法首先将设计分成由不可信工厂制造的两个芯片，然后在芯片和封装衬底之间插入包含芯片间连接的硅插入器 [73]。因此，互连部分可以隐藏在可信工厂制造的内插器中。从本质上说，这是 2D 一体化的一个变种。在 3D 集成过程中，设计被分成由不同工厂制造的两层。一层堆叠在另一层之上，上层通过被称为 TSV 的垂直互连方式连接。鉴于 3D 集成方法在实际工业中的难以应用，基于 2D 和 2.5D 的分割制造技术更具现实意义。Vaidyanathan 等人 [75] 在测试芯片上证明了在金属 1（M1）之后进行分割制造的可行性，并评估了芯片性能。虽然 M1 之后的分割试图隐藏所有的单元连接，并能有效地混淆设计，但它的制造成本较高。此外，当前已经提出了几种通过分割制造来增强设计安全性的设计技术。Imeson 等人 [76] 提出了一种 k-security 度量标准，用于选择要提升到可信层（BEOL）的必要线路，以确保更高层拆分时的安全性。然而，在最初设计中，拆分大量导线将引入大量的时序和功率开销，并显著影响芯片性能。混淆 BISA（OBISA）技术可以在原始设计中插入虚拟电路，以进一步混淆分割制造 [77] 的设计。

5.8　动手实践：硬件木马攻击

5.8.1　目标

本实验旨在让学生接触各种形式的硬件木马攻击。

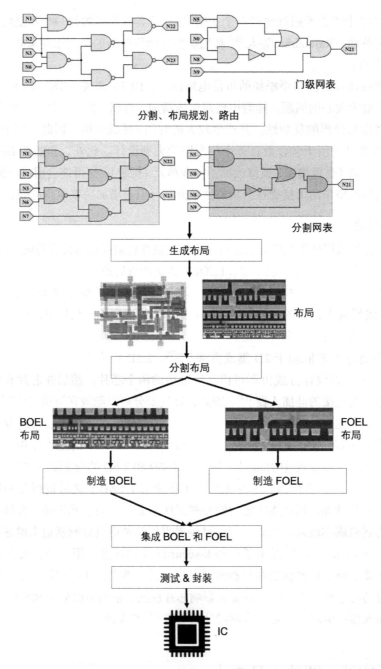

图 5-13 基于分割制造的集成电路设计流程

5.8.2 方法

实验由几个部分组成，都是在 HaHa 平台上设计的。实验的第一部分是将对称密钥分组密码模块，即数据加密标准（DES）模块，映射到现场可编程门阵列芯片中。第二部分阐述了 DES 模块中的组合木马设计。学生必须结合恶意的设计修改，根据组合触发条件触发故障。实验的第二部分涉及在同一个模块中设计一个时序木马实例。

5.8.3 学习结果

通过执行实验的特定步骤，学生将了解不同类型的木马设计、它们是如何激活的以及它们是如何造成恶意影响的。他们还将进行保护设计免受木马攻击的挑战。

5.8.4 进阶

可以通过设计更复杂的木马程序来对该主题进行进一步的探索，例如，可以由温度触发的木马程序和泄露信息的木马程序（实验中不包括保护机制）。

关于实验的更多细节见补充文件。请访问 http://hwsecuritybook.org。

5.9 习题

5.9.1 判断题

1. 100% 故障覆盖率确保木马检测。
2. 木马触发器来自低转移概率网络。
3. 所有硬件木马都有触发器。
4. 代工厂是 SoC 设计流程中值得信赖的实体。
5. 一般来说，与组合木马相比，时序木马更难触发。
6. 木马不能在芯片制造后植入。

5.9.2 详述题

1. 描述半导体行业转向横向商业模式的动机。横向业务模型如何引入硬件木马插入的风险？
2. 谁是植入硬件木马的潜在攻击者？请对每一项进行简要描述。在你看来，哪一个最难防护？
3. 请提供通用木马结构的简要描述。
4. 请描述组合木马和时序木马的区别。
5. 请提供一个密码模块中硬件木马的示例。
6. 请比较专用集成电路和现场可编程门阵列设计中的硬件木马。
7. 请说明硬件木马的分类。
8. 请描述基于"激活机制"的硬件木马分类。
9. 请描述基于"攻击载荷"的硬件木马分类。
10. 说明硬件木马对策的分类。
11. 简要描述内置自认证（BISA）技术。考虑以下场景：一个恶意代工厂想要在 BISA 保护设计中植入硬件木马，希望用相同功能的较低驱动强度门替换较高驱动强度门，例如，用 1x 缓冲区替换 8x 缓冲区，以便为木马单元植入腾出空间。如果可以发起这样的攻击，请给出你的意见。

5.9.3 计算题

1. 当应用 32 位特定明文时，会触发 RSA-T100 木马。如果使用随机模式作为明文，计算触发此木马的可能性。
2. 当应用 128 位特定明文时，会触发 AES-T1000 木马。计算如果使用随机模式作为明文，触发此木马的概率。
3. 当以特定顺序应用 4 个特定的 128 位明文时，会触发 AES-T1100 木马。如果使用随机模式作为明文，计算触发此木马的概率。

参考文献

[1] S. Adee, The hunt for the kill switch, IEEE Spectrum 45 (2008) 34–39.
[2] J. Markoff, Old trick threatens the newest weapons, The New York Times (2009), https://www.nytimes.com/2009/10/27/science/27trojan.html.
[3] A. Nahiyan, M. Tehranipoor, Code coverage analysis for IP trust verification, in: Hardware IP Security and Trust, Springer, 2017, pp. 53–72.
[4] M. Tehranipoor, F. Koushanfar, A survey of hardware Trojan taxonomy and detection, IEEE Design & Test of Computers 27 (2010).
[5] M. Tehranipoor, H. Salmani, X. Zhang, Integrated Circuit Authentication: Hardware Trojans and Counterfeit Detection, Springer Science & Business Media, 2013.
[6] K. Xiao, D. Forte, Y. Jin, R. Karri, S. Bhunia, M. Tehranipoor, Hardware Trojans: lessons learned after one decade of research, ACM Transactions on Design Automation of Electronic Systems 22 (2016) 6.
[7] R.S. Chakraborty, F.G. Wolff, S. Paul, C.A. Papachristou, S. Bhunia, MERO: a statistical approach for hardware Trojan detection, in: CHES, vol. 5747, Springer, 2009, pp. 396–410.
[8] L. Lin, W. Burleson, C. Paar, MOLES: malicious off-chip leakage enabled by side-channels, in: Proceedings of the 2009 International Conference on Computer-Aided Design, ACM, pp. 117–122.
[9] Y. Liu, Y. Jin, Y. Makris, Hardware Trojans in wireless cryptographic ICs: silicon demonstration & detection method evaluation, in: Proceedings of the International Conference on Computer-Aided Design, IEEE Press, pp. 399–404.
[10] G. Bloom, B. Narahari, R. Simha, OS support for detecting Trojan circuit attacks, in: Hardware-Oriented Security and Trust, 2009. HOST'09. IEEE International Workshop on, IEEE, pp. 100–103.
[11] S.T. King, J. Tucek, A. Cozzie, C. Grier, W. Jiang, Y. Zhou, Designing and implementing malicious hardware, in: LEET'08, 2008, pp. 1–8.
[12] S. Bhunia, M.S. Hsiao, M. Banga, S. Narasimhan, Hardware Trojan attacks: threat analysis and countermeasures, Proceedings of the IEEE 102 (2014) 1229–1247.
[13] M. Hicks, M. Finnicum, S.T. King, M.M. Martin, J.M. Smith, Overcoming an untrusted computing base: detecting and removing malicious hardware automatically, in: Security and Privacy (SP), 2010 IEEE Symposium on, IEEE, pp. 159–172.
[14] S. Mal-Sarkar, A. Krishna, A. Ghosh, S. Bhunia, Hardware Trojan attacks in FPGA devices: threat analysis and effective counter measures, in: Proceedings of the 24th edition of the Great Lakes Symposium on VLSI, ACM, pp. 287–292.
[15] R. Karri, J. Rajendran, K. Rosenfeld, M. Tehranipoor, Trustworthy hardware: identifying and classifying hardware trojans, Computer 43 (10) (2010) 39–46.
[16] B. Shakya, T. He, H. Salmani, D. Forte, S. Bhunia, M. Tehranipoor, Benchmarking of hardware Trojans and maliciously affected circuits, Journal of Hardware and Systems Security (2017) 1–18.
[17] C. Bao, D. Forte, A. Srivastava, On application of one-class SVM to reverse engineering-based hardware Trojan detection, in: Quality Electronic Design (ISQED), 2014 15th International Symposium on, IEEE, pp. 47–54.
[18] M. Banga, M.S. Hsiao, A novel sustained vector technique for the detection of hardware Trojans, in: VLSI Design, 2009 22nd International Conference on, IEEE, pp. 327–332.
[19] R.S. Chakraborty, S. Bhunia, Security against hardware Trojan through a novel application of design obfuscation, in:

Proceedings of the 2009 International Conference on Computer-Aided Design, ACM, pp. 113–116.

[20] X. Wang, M. Tehranipoor, J. Plusquellic, Detecting malicious inclusions in secure hardware: challenges and solutions, in: Hardware-Oriented Security and Trust, 2008. HOST 2008. IEEE International Workshop on, IEEE, pp. 15–19.

[21] Y. Jin, Y. Makris, Hardware Trojan detection using path delay fingerprint, in: Hardware-Oriented Security and Trust, 2008. HOST 2008. IEEE International Workshop on, IEEE, pp. 51–57.

[22] K. Xiao, X. Zhang, M. Tehranipoor, A clock sweeping technique for detecting hardware Trojans impacting circuits delay, IEEE Design & Test 30 (2013) 26–34.

[23] D. Agrawal, S. Baktir, D. Karakoyunlu, P. Rohatgi, B. Sunar, Trojan detection using IC fingerprinting, in: Security and Privacy, 2007. SP'07, IEEE Symposium on, IEEE, pp. 296–310.

[24] J. Aarestad, D. Acharyya, R. Rad, J. Plusquellic, Detecting Trojans through leakage current analysis using multiple supply pads, IEEE Transactions on Information Forensics and Security 5 (2010) 893–904.

[25] D. Forte, C. Bao, A. Srivastava, Temperature tracking: an innovative run-time approach for hardware Trojan detection, in: Computer-Aided Design (ICCAD), 2013 IEEE/ACM International Conference on, IEEE, pp. 532–539.

[26] F. Stellari, P. Song, A.J. Weger, J. Culp, A. Herbert, D. Pfeiffer, Verification of untrusted chips using trusted layout and emission measurements, in: Hardware-Oriented Security and Trust (HOST), 2014 IEEE International Symposium on, IEEE, pp. 19–24.

[27] B. Zhou, R. Adato, M. Zangeneh, T. Yang, A. Uyar, B. Goldberg, S. Unlu, A. Joshi, Detecting hardware Trojans using back-side optical imaging of embedded watermarks, in: Design Automation Conference (DAC), 2015 52nd ACM/EDAC/IEEE, IEEE, pp. 1–6.

[28] C. Sturton, M. Hicks, D. Wagner, S.T. King, Defeating UCI: building stealthy and malicious hardware, in: Security and Privacy (SP), 2011 IEEE Symposium on, IEEE, pp. 64–77.

[29] C. Cadar, D. Dunbar, D.R. Engler, et al., KLEE: Unassisted and automatic generation of high-coverage tests for complex systems programs, in: OSDI, vol. 8, pp. 209–224.

[30] A. Biere, A. Cimatti, E.M. Clarke, M. Fujita, Y. Zhu, Symbolic model checking using SAT procedures instead of BDDs, in: Proceedings of the 36th Annual ACM/IEEE Design Automation Conference, ACM, pp. 317–320.

[31] A.C. Myers, B. Liskov, A Decentralized Model for Information Flow Control, vol. 31, ACM, 1997.

[32] Y. Jin, B. Yang, Y. Makris, Cycle-accurate information assurance by proof-carrying based signal sensitivity tracing, in: Hardware-Oriented Security and Trust (HOST), 2013 IEEE International Symposium on, IEEE, pp. 99–106.

[33] X. Guo, R.G. Dutta, Y. Jin, F. Farahmandi, P. Mishra, Pre-silicon security verification and validation: a formal perspective, in: Proceedings of the 52nd Annual Design Automation Conference, ACM, p. 145.

[34] J. Rajendran, V. Vedula, R. Karri, Detecting malicious modifications of data in third-party intellectual property cores, in: Proceedings of the 52nd Annual Design Automation Conference, ACM, p. 112.

[35] J. Rajendran, A.M. Dhandayuthapany, V. Vedula, R. Karri, Formal security verification of third party intellectual property cores for information leakage, in: VLSI Design and 2016 15th International Conference on Embedded Systems (VLSID), 2016 29th International Conference on, IEEE, pp. 547–552.

[36] A. Nahiyan, M. Sadi, R. Vittal, G. Contreras, D. Forte, M. Tehranipoor, Hardware Trojan detection through information flow security verification, in: International Test Conference (DAC), 2017, IEEE, pp. 1–6.

[37] H. Salmani, M. Tehranipoor, Analyzing circuit vulnerability to hardware Trojan insertion at the behavioral level, in: Defect and Fault Tolerance in VLSI and Nanotechnology Systems (DFT), 2013 IEEE International Symposium on, IEEE, pp. 190–195.

[38] H. Salmani, M. Tehranipoor, R. Karri, On design vulnerability analysis and trust benchmarks development, in: Computer Design (ICCD), 2013 IEEE 31st International Conference on, IEEE, pp. 471–474.

[39] A. Waksman, M. Suozzo, S. Sethumadhavan, FANCI: identification of stealthy malicious logic using boolean functional analysis, in: Proceedings of the 2013 ACM SIGSAC Conference on Computer & Communications Security, ACM, pp. 697–708.

[40] J. Zhang, F. Yuan, Q. Xu, DeTrust: Defeating hardware trust verification with stealthy implicitly-triggered hardware Trojans, in: Proceedings of the 2014 ACM SIGSAC Conference on Computer and Communications Security, ACM, pp. 153–166.

[41] J. Zhang, F. Yuan, L. Wei, Y. Liu, Q. Xu, VeriTrust: verification for hardware trust, IEEE Transactions on Computer-Aided Design of Integrated Circuits and Systems 34 (2015) 1148–1161.

[42] H. Salmani, M. Tehranipoor, J. Plusquellic, A novel technique for improving hardware Trojan detection and reducing Trojan activation time, IEEE Transactions on Very Large Scale Integration (VLSI) Systems 20 (2012) 112–125.

[43] B. Zhou, W. Zhang, S. Thambipillai, J. Teo, A low cost acceleration method for hardware Trojan detection based on fan-out cone analysis, in: Hardware/Software Codesign and System Synthesis (CODES+ ISSS), 2014 International Conference on, IEEE, pp. 1–10.

[44] X. Wang, H. Salmani, M. Tehranipoor, J. Plusquellic, Hardware Trojan detection and isolation using current integration and localized current analysis, in: Defect and Fault Tolerance of VLSI Systems, 2008. DFTVS'08, IEEE International

Symposium on, IEEE, pp. 87–95.

[45] H. Salmani, M. Tehranipoor, Layout-aware switching activity localization to enhance hardware Trojan detection, IEEE Transactions on Information Forensics and Security 7 (2012) 76–87.

[46] J. Rajendran, V. Jyothi, O. Sinanoglu, R. Karri, Design and analysis of ring oscillator based design-for-trust technique, in: VLSI Test Symposium (VTS), 2011 IEEE 29th, IEEE, pp. 105–110.

[47] J. Li, J. Lach, At-speed delay characterization for IC authentication and Trojan Horse detection, in: Hardware-Oriented Security and Trust, 2008. HOST 2008, IEEE International Workshop on, IEEE, pp. 8–14.

[48] A. Ramdas, S.M. Saeed, O. Sinanoglu, Slack removal for enhanced reliability and trust, in: Design & Technology of Integrated Systems in Nanoscale Era (DTIS), 2014 9th IEEE International Conference on, IEEE, pp. 1–4.

[49] X. Zhang, M. Tehranipoor, RON: an on-chip ring oscillator network for hardware Trojan detection, in: Design, Automation & Test in Europe Conference & Exhibition (DATE), 2011, IEEE, pp. 1–6.

[50] S. Narasimhan, W. Yueh, X. Wang, S. Mukhopadhyay, S. Bhunia, Improving IC security against Trojan attacks through integration of security monitors, IEEE Design & Test of Computers 29 (2012) 37–46.

[51] Y. Cao, C.-H. Chang, S. Chen, Cluster-based distributed active current timer for hardware Trojan detection, in: Circuits and Systems (ISCAS), 2013 IEEE International Symposium on, IEEE, pp. 1010–1013.

[52] B. Cha, S.K. Gupta, Efficient Trojan detection via calibration of process variations, in: Test Symposium (ATS), 2012 IEEE 21st Asian, IEEE, pp. 355–361.

[53] Y. Liu, K. Huang, Y. Makris, Hardware Trojan detection through golden chip-free statistical side-channel fingerprinting, in: Proceedings of the 51st Annual Design Automation Conference, ACM, pp. 1–6.

[54] J. Dubeuf, D. Hély, R. Karri, Run-time detection of hardware Trojans: the processor protection unit, in: Test Symposium (ETS), 2013 18th IEEE European, IEEE, pp. 1–6.

[55] Y. Jin, D. Sullivan, Real-time trust evaluation in integrated circuits, in: Proceedings of the Conference on Design, Automation & Test in Europe, European Design and Automation Association, p. 91.

[56] Y. Jin, D. Maliuk, Y. Makris, Post-deployment trust evaluation in wireless cryptographic ICs, in: Design, Automation & Test in Europe Conference & Exhibition (DATE), 2012, IEEE, pp. 965–970.

[57] J.A. Roy, F. Koushanfar, I.L. Markov, Ending piracy of integrated circuits, Computer 43 (2010) 30–38.

[58] A. Baumgarten, A. Tyagi, J. Zambreno, Preventing IC piracy using reconfigurable logic barriers, IEEE Design & Test of Computers 27 (2010).

[59] J.B. Wendt, M. Potkonjak, Hardware obfuscation using PUF-based logic, in: Proceedings of the 2014 IEEE/ACM International Conference on Computer-Aided Design, IEEE Press, pp. 270–277.

[60] J. Rajendran, M. Sam, O. Sinanoglu, R. Karri, Security analysis of integrated circuit camouflaging, in: Proceedings of the 2013 ACM SIGSAC Conference on Computer & Communications Security, ACM, pp. 709–720.

[61] R.P. Cocchi, J.P. Baukus, L.W. Chow, B.J. Wang, Circuit camouflage integration for hardware IP protection, in: Proceedings of the 51st Annual Design Automation Conference, ACM, pp. 1–5.

[62] Y. Bi, P.-E. Gaillardon, X.S. Hu, M. Niemier, J.-S. Yuan, Y. Jin, Leveraging emerging technology for hardware security-case study on silicon nanowire FETs and graphene SymFETs, in: Test Symposium (ATS), 2014 IEEE 23rd Asian, IEEE, pp. 342–347.

[63] K. Xiao, M. Tehranipoor, BISA: Built-in self-authentication for preventing hardware Trojan insertion, in: Hardware-Oriented Security and Trust (HOST), 2013 IEEE International Symposium on, IEEE, pp. 45–50.

[64] D. McIntyre, F. Wolff, C. Papachristou, S. Bhunia, Trustworthy computing in a multi-core system using distributed scheduling, in: On-Line Testing Symposium (IOLTS), 2010 IEEE 16th International, IEEE, pp. 211–213.

[65] C. Liu, J. Rajendran, C. Yang, R. Karri, Shielding heterogeneous MPSoCs from untrustworthy 3PIPs through security-driven task scheduling, IEEE Transactions on Emerging Topics in Computing 2 (2014) 461–472.

[66] O. Keren, I. Levin, M. Karpovsky, Duplication based one-to-many coding for Trojan HW detection, in: Defect and Fault Tolerance in VLSI Systems (DFT), 2010 IEEE 25th International Symposium on, IEEE, pp. 160–166.

[67] J. Rajendran, H. Zhang, O. Sinanoglu, R. Karri, High-level synthesis for security and trust, in: On-Line Testing Symposium (IOLTS), 2013 IEEE 19th International, IEEE, pp. 232–233.

[68] T. Reece, D.B. Limbrick, W.H. Robinson, Design comparison to identify malicious hardware in external intellectual property, in: Trust, Security and Privacy in Computing and Communications (TrustCom), 2011 IEEE 10th International Conference on, IEEE, pp. 639–646.

[69] Trusted integrated circuits (TIC) program announcement, http://www.iarpa.gov/solicitations_tic.html, 2011, [Online].

[70] K. Vaidyanathan, B.P. Das, L. Pileggi, Detecting reliability attacks during split fabrication using test-only BEOL stack, in: Proceedings of the 51st Annual Design Automation Conference, ACM, pp. 1–6.

[71] M. Jagasivamani, P. Gadfort, M. Sika, M. Bajura, M. Fritze, Split-fabrication obfuscation: metrics and techniques, in: Hardware-Oriented Security and Trust (HOST), 2014 IEEE International Symposium on, IEEE, pp. 7–12.

[72] B. Hill, R. Karmazin, C.T.O. Otero, J. Tse, R. Manohar, A split-foundry asynchronous FPGA, in: Custom Integrated Circuits Conference (CICC), 2013 IEEE, IEEE, pp. 1–4.

[73] Y. Xie, C. Bao, A. Srivastava, Security-aware design flow for 2.5D IC technology, in: Proceedings of the 5th International Workshop on Trustworthy Embedded Devices, ACM, pp. 31–38.

[74] J. Valamehr, T. Sherwood, R. Kastner, D. Marangoni-Simonsen, T. Huffmire, C. Irvine, T. Levin, A 3-D split manufacturing approach to trustworthy system development, IEEE Transactions on Computer-Aided Design of Integrated Circuits and Systems 32 (2013) 611–615.

[75] K. Vaidyanathan, B.P. Das, E. Sumbul, R. Liu, L. Pileggi, Building trusted ICs using split fabrication, in: 2014 IEEE International Symposium on Hardware-Oriented Security and Trust (HOST), pp. 1–6.

[76] F. Imeson, A. Emtenan, S. Garg, M.V. Tripunitara, Securing computer hardware using 3D integrated circuit (IC) technology and split manufacturing for obfuscation, in: USENIX Security Symposium, pp. 495–510.

[77] K. Xiao, D. Forte, M.M. Tehranipoor, Efficient and secure split manufacturing via obfuscated built-in self-authentication, in: Hardware Oriented Security and Trust (HOST), 2015 IEEE International Symposium on, IEEE, pp. 14–19.

第 6 章

电子供应链

6.1 引言

晶体管体积不断缩小使设计者能够在单个芯片上部署越来越多的功能。将系统的整体功能集成到单个芯片中能够提高系统性能（例如速度和功率），同时通过最小化所需硅面积来降低成本。这种芯片被称为片上系统（SoC），大多数现代移动和手持设备都包含 SoC，许多嵌入式设备也包含 SoC。通常，SoC 包含模拟组件（例如，射频接收器、模数转换器、网络接口）、数字组件（例如，数字信号处理单元、图形处理单元、中央处理单元和密码引擎）和存储元件（例如，随机存取存储器、只读存储器和闪存）[1, 2]。

设计现代 SoC 系统的复杂性被上市时间的压力放大，一家设计公司在没有外部支持的情况下很难完成整个 SoC 的设计、制造。此外，建造和维护具有现代化先进技术的制造工厂成本巨大，因此大部分单片机系统设计公司无法拥有自己的晶圆制造工厂。在过去 20 年中，受上述因素的影响，半导体行业已转向横向业务模式，即通过外包和设计重用的方式降低制造成本并加速产品上市的进程。更具体地说，SoC 设计机构获得 3PIP 的许可，通过将各种 3PIP 与自有 IP 进行集成来设计 SoC，并将 SoC 设计外包给代工厂和装配厂进行制造和包装。尽管这种通过外包和设计重用的模式降低了上市时间和制造成本，但它也在最终产品中引入了安全性和信任问题。本章会讨论现代电子硬件供应链的组成、与之相关的安全和信任问题，以及解决这些问题的潜在对策 [3]。

6.2 现代电子供应链

图 6-1 展示了现代 SoC 的设计流程及其相应的供应链。以下各节将详细讨论这些流程和供应链。

6.2.1 设计

SoC 的设计包括多个步骤，例如，设计规范、SoC 集成、合成、测试和调试结构的植入、物理布局生成以及功能和性能验证。

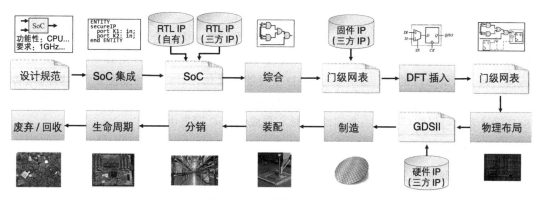

图 6-1 SoC 设计供应链

1. 设计规范

首先，SoC 集成商（通常称为设计公司）指定 SoC 的高级需求和模块。例如，SoC 集成商先确定 SoC 需要包含哪些功能，以及目标性能是什么。然后，集成商列出实现 SoC 的功能块列表。这些功能块具有知识产权价值，通常被称为 IP。这些 IP 核心要么由企业内部开发，要么从第三方处购买。这个选择主要由经济因素决定。例如，如果 SoC 集成商决定在 SoC 中加入图形处理器单元，那么他 / 她可以指导硬件设计者开发图形处理器单元。然而，通常从专门设计图形处理器的第三方供应商那里获得这种 IP 的成本更低。

2. 第三方知识产权收购

第三方知识产权（3PIP）核心可以通过以下三种形式获得：

- 软件 IP 是以硬件描述语言（如 Verilog 或 VHDL）编写的可合成寄存器传输级（RTL）代码的形式交付的。软件 IP 核心类似于高级编程语言（如 C）的代码，不同之处在于它们是为硬件实现而开发的。大多数采购均为软件 IP 采购，因为它们提供了更多的灵活性。
- 固件 IP 以门级电路为主，并通过通用库形式进行交付。固件 IP 由 RTL 代码合成，并表示为由逻辑门和线路组成的网表。与软件 IP 不同，固件 IP 无法展示 IP 的实现细节。因此，与软件 IP 相比，固件 IP 的灵活性较低。
- 硬件 IP 以完整布局和布线设计的 GDSII 表示进行交付。硬件 IP 是在设计过程的最后阶段集成的。它们灵活性最低，同时成本较低。例如，大多数内存 IP 都是作为硬件 IP 购买的。

3. SoC 一体化

在开发 / 获得所有必要的软件 IP 后，SoC 设计公司将它们集成在一起，以生成整个 SoC 的 RTL 规范。RTL 设计通过广泛的功能测试来验证 SoC 的功能正确性，并发现潜在的设计缺陷。

4. 合成

SoC 集成商基于目标技术库将 RTL 描述合成为门级网表。合成是将 RTL 码转换成由逻辑门电路组成的硬件实体的过程。合成过程是通过计算机辅助设计工具（CAD）来完成的，例如，Synopsys 的设计编译器。CAD 工具能够优化设计，目的是使面积、时间或功率等最小化。门级网表经过形式化等价检查，以验证网表等价于 RTL 表示。在这个阶段，SoC 设计者也可以将厂商的一个固件 IP 核心集成到 SoC 网表中。

5. DFT 植入

DFT 是指增加测试基础设施，并使用测试算法来生成有效的测试，以提高 SoC 的可测试性。更高的可测试性可以提升测试覆盖率、测试质量并且降低测试成本。DFT 使集成电路能够在制造、封装和现场进行彻底测试，以确保其功能正确。为了实现这些目标，SoC 集成商将 DFT 结构集成到 SoC 中。然而，在许多情况下，DFT 模块植入被外包给专门设计测试和调试结构（例如，扫描、内置自测（BIST）和压缩结构）的第三方供应商。

6. 物理布局

在这个步骤中，门级网表被转换成物理布局设计。这里，每个栅极被转换成晶体管级布局。物理布局阶段还执行晶体管布局和布线，以及时钟树和电网布局。在此阶段，可以从供应商处导入硬件 IP 核心，并将其集成到 SoC 中。在执行静态时序分析和电源关闭后，SoC 集成商以 GDSII 格式生成最终布局，并将其发送到工厂进行制造。生成的 GDSII 文件包含在硅片上制造 SoC 所需的逐层信息。

6.2.2 制造

随着集成电路和 SoC 电路尺寸缩小到亚微米级，芯片制造的复杂性和成本显著增加。因此，只有少数公司能够承担维护最先进制造设备的成本。大多数设计公司无法拥有自己的晶圆制造厂，他们的产品是由第三方工厂代为制造的。在这一过程中，SoC 设计人员享受较低的成本和先进的制造技术，但是，成本降低导致失去了对产品完整性的控制，因此降低了制造过程的可信度。代工厂还对模具进行结构 / 功能测试，以发现制造缺陷。这些缺陷是由制造过程缺陷造成的。制造过程中产生的无缺陷芯片的比率称为成品率。有缺陷的芯片会被丢弃，没有缺陷的芯片被送到装配处进行包装。

6.2.3 装配

制造完成后，工厂将测试过的晶圆送到装配线上，将晶圆切割成几个管芯，并将好的晶圆封装起来，以生产芯片。先进的装配操作还包括晶圆 / 管芯凸块、管芯放置、回流焊、底部填充、封装和衬底球附着。完成这些过程后，将执行结构测试，以发现可能在装配过程中引入的缺陷。图 6-2 显示了测试过程，其中包装测试在装配时进行，随后是保证质量的最终测试。执行这些测试后，没有缺陷的芯片将被送至分销商或系统集成商。

请注意，晶圆测试和封装测试分别由代工厂和装配厂执行，主要是结构测试，例如，基于自动测试模式生成（ATPG）的测试。执行这些测试是为了发现在制造和装配过程中引入的芯片缺陷。这些测试不一定测试芯片功能，这确保了芯片的正常功能。相反，在质量保证过程中执行的最终测试主要测试芯片功能。

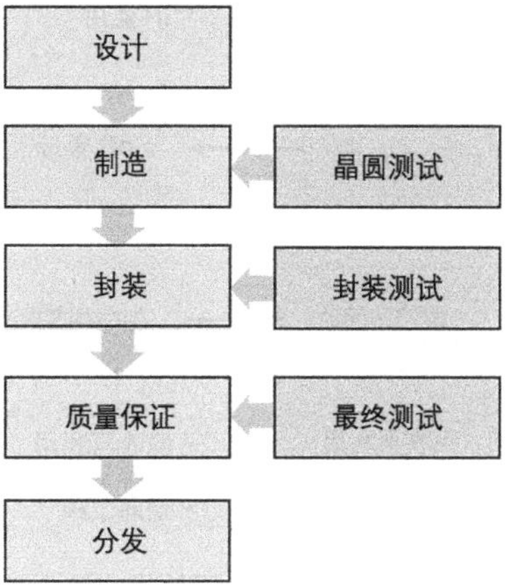

6.2.4　分销

测试后的集成电路将被发送给分销商或系统集成商。分销商在市场上销售这些集成电路。这些分销商分为 OCM 授权分销商、独立分销商、互联网独家供应商和经纪人等类型。

图 6-2　SoC 设计和测试流程

6.2.5　使用

使用过程始于将所有元件和子系统组合在一起，以生产出最终产品，例如印制电路板。这项工作通常外包给第三方公司，第三方公司将所有必要的元件安装到一个或多个印制电路板上，以制造最终产品。最终产品一旦装配好，就被发送给消费者。

6.2.6　报废处理

若电子产品老化或过时，它们通常会被淘汰，然后被替换。强烈建议采用适当的处置技术提取贵金属，防止铅、铬和汞等有害物质对环境造成损害。

6.3　电子元件供应链存在的问题

由于电子供应链的全球化，供应链中的实体可能有意或无意地引入许多安全漏洞。此外，由于这些实体中的大多数都参与了全球的设计、制造、集成和分销，原始 IP 所有者和 SoC 集成商无法控制和监控整个过程。换句话说，信任成为现代设计流程中的一个主要关注点。IP 所有者不能完全信任 SoC 设计者，而 SoC 设计者可能不信任 IP 所有者、代工厂或装配厂[1]。

这里，供应链中的安全和信任漏洞分为两类（如图 6-3 所示）。一些设计问题可能会导致集成电路和系统中的安全漏洞，而信任问题大多与一些因素相关，例如伪造者获得非法利润和攻击者通过恶意模块获得芯片控制权。

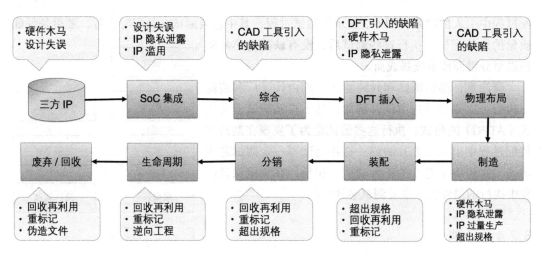

图 6-3 硬件供应链中的漏洞。深灰色和浅灰色文本分别代表安全和信任问题

6.4 安全隐患

本节讨论通过植入硬件木马引入的漏洞，以及由 CAD 设计工具、设计错误和测试 / 调试结构无意引入的漏洞。

6.4.1 硬件木马

硬件木马定义为对电路设计的恶意修改，当电路部署在现场时 [4]，会导致不良行为。第 5 章讨论硬件木马及其结构以及能够植入木马的潜在攻击者的详细信息。

6.4.2 CAD 工具

用于设计、测试和验证 SoC 的计算机辅助设计（CAD）软件可能会在无意中将漏洞引入 SoC[9]，因为它们的设计没有考虑安全性，其设计主要考虑传统指标，如面积、时间、功率、产量和可测试性。因此，过度依赖这些工具的设计者可能成为"懒惰工程"[10] 的受害者，虽然设计得到了优化，但安全性将受到影响。这可能导致敏感信息通过后门泄露（即违反保密策略），或者造成攻击者获得对安全系统的控制（违反完整性策略）。例如，有限状态机（FSM）通常包含不关心的条件，其中没有指定转换、下一个状态或输出。一个集成工具将通过用确定的状态和转换代替无关的条件来优化设计。如果受保护状态（例如内核模式）被新状态 / 转换 [11] 非法访问，将会引入漏洞。

以 AES 加密模块的控制电路为例来说明可能由 CAD 设计工具引入漏洞。图 6-4b 所示的 FSM 状态转换图在图 6-4a 所示的数据路径上实现了 AES 加密算法。FSM 由 5 个状态组成，每个状态控制 AES 加密过程中（10 轮）的特定模块。经过 10 轮，达到"Final

Round"状态，FSM 生成控制信号 finished=1，将"添加密钥"模块（即密文）的结果存储在"结果寄存器"中。对于这个 FSM，最后一轮是受保护的状态，因为如果攻击者不经过"Do Round"状态就可以访问最后一轮，那么先前程序运行的结果将存储在结果寄存器中，造成密钥泄露。现在，在合成过程中，如果引入了直接访问受保护状态的"不关心"状态，那么它可以通过允许攻击者利用该"不关心"状态访问受保护状态来在 FSM 中创建漏洞。让我们考虑图 6-4b 所示的"不关心 1"状态是由合成工具引入的，并且这种状态直接进入保护状态的最后一轮。引入"不关心 1"状态表示 CAD 工具引入的一个漏洞，因为"不关心"状态可以促进故障和基于木马的攻击。例如，攻击者可以插入一个错误，进入"不关心 1"状态，并从此状态访问受保护状态的最后一轮。攻击者还可以利用"不关心 1"状态植入木马。这种不关心状态的存在给攻击者带来机会，因为在验证和测试过程中没有考虑到这种状态，所以木马程序更容易绕过检测。

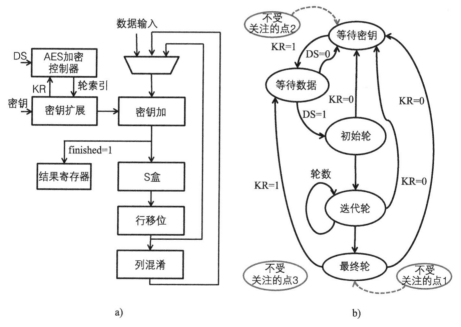

a)　　　　　　　　　　　b)

图 6-4　由计算机辅助设计工具造成的无意漏洞。a）和 b）显示了加密模块的数据路径和
　　　　有限状态机。KR 和 DS 分别代表密钥就绪和数据稳定信号；灰色标记的状态和
　　　　过渡表示不关心的状态，以及由计算机辅助设计工具引入的过渡

此外，在合成过程中，CAD 设计工具将设计的所有模块拼合在一起，并尝试优化设计的功率、时序和面积。如果安全模块（如加密模块）存在于 SoC 中，设计扁平化和多重优化过程会导致可信模块与不可信模块的合并。设计者几乎无法控制这些设计步骤，可能会引入漏洞并导致信息泄露[12]。

6.4.3　设计错误

传统上，设计目标是由成本、性能和上市时间限制决定的，而安全性在设计阶段通常被忽略。此外，设计人员也缺乏安全意识。因此，许多安全漏洞是由于设计错误或设计人员不了解安全问题而在无意中造成的 [15]。由于设计的复杂性和安全问题的多样性，设计工程师在硬件和信息安全方面可能没有足够的知识。例如，安全性经常与工程师在集成电路测试开发时的直觉相冲突。如果设计不当，为测试和调试而设计的基础结构本身就存在后门。

这可以通过一个案例 [15] 来进一步说明。图 6-5a 显示了当前加密算法的顶层描述 [13]。其 Verilog 实现的一部分如图 6-5b 所示。可以看到，该密钥直接分配给寄存器，在模块中定义为"kreg"。虽然加密算法本身是安全的，但这样做就在无意间在其硬件实现中创建了一个漏洞。当该设计实现时，"kreg"寄存器将包含在扫描链中，攻击者可以通过基于扫描链的攻击获得对密钥的访问权 [16]。

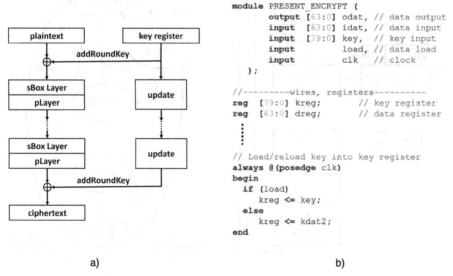

a)   b)

图 6-5　设计错误造成的无意漏洞：a) 现状的顶层描述；b) 现状的验证日志实现

同一个算法的不同实现风格可能具有不同的安全级别。在最近的一项研究 [17] 中，分析了两种 AES SBox 架构，即 PPRM1[18] 与 Boyar 和 Peralta[19]，以评估哪种设计更容易受到故障注入攻击。分析表明，P-AES 比 B-AES 架构更容易受到故障注入攻击。

6.4.4　测试 / 调试结构

高测试性对于关键系统来说非常重要，它可以确保整个生命周期内系统功能正常、可靠。可测性用于度量电路中信号（即网络）的可控性和可观测性。可控性被定义为将特定逻辑信号设置为"1"或"0"的难度。可观测性被定义为观察逻辑信号状态的难度。为了提高可测试性和调试性，在复杂的设计中集成测试设计（DFT）和调试设计（DFD）结构是非常常见的。然而，由于允许攻击者控制或观察集成电路[20]的内部状态，DFT 和 DFD 结构增加的可控性和可观测性会产生许多漏洞。

一般来说，当涉及访问电路内部时，测试和调试与安全性是对立的，如图 6-6 所示。遗憾的是，在现代设计中无法避免引入 DFT 和 DFD 结构，因为在制造亚微米器件的过程中会出现大量意想不到的缺陷和误差。此外，美国国家标准与技术研究所（NIST）要求关键应用中使用的任何设计都需要在制造前和制造后进行适当的测试。因此，DFT 和 DFD 结构必须纳入集成电路，尽管这些结构可能会造成脆弱性。所以，有必要核实 DFT 和 DFD 是否引入了任何安全漏洞。

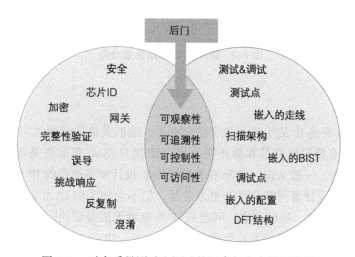

图 6-6　对高质量测试和调试的要求与安全性相矛盾

6.5　信任问题

本节讨论硬件供应链中的伪造产品以及集成电路/IP 滥用的问题。美国商务部对伪造元件的定义如下：
- 未经授权的副本。
- 不符合原始芯片制造商（OCM）的设计、型号和性能标准。
- 不是 OCM 生产的，是未经授权的承包商生产的。
- 将不合格、有缺陷或用过的 OCM 产品作为新产品或工作产品销售。
- 有不正确或错误的标记和文档。

上述定义并不包括所有可能的情况，比如元件供应链中的一个实体采购经过 OCM 认证的真实电子元件，然后通过逆向工程[21, 22]复制元件的整个设计，制造它们，再以 OCM

的身份在市场上销售。不受信任的代工厂或装配厂可以在不向 OCM[23, 24] 公司披露的情况下获得额外的元件。这些情况都会影响使用这些元件的系统的安全性和可靠性。因此，上述针对伪造的定义使用了伪造类型的综合分类法 [25] 进行了扩展。图 6-7 显示了伪造类型的分类。每种类型的描述将在下面的小节中给出。

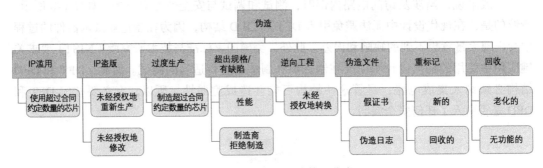

图 6-7　IP 和集成电路伪造分类

6.5.1　IP 滥用

IP 作者 / 所有者是 IP 的生产者和合法所有者，他们关注的是通过向竞争对手或 IP 用户披露 IP 来提供有价值的产品和防止损失 [26]。IP 用户 /SoC 集成商是希望在其产品中拥有和使用 IP 的一方。一般来说，IP 所有者授权 SoC 设计师将他们的 IP 集成到特定数量的芯片上。恶意 SoC 设计者可能会生产更多芯片，但不会如实向 IP 所有者报告生产的芯片数量，以降低许可成本。简而言之，问题是 IP 所有者无法验证他们的 IP 用于制造了多少个芯片。如果 IP 用于制造出的芯片数量超出许可数量，IP 所有者的利润就会损失。

6.5.2　IP 盗版

一个不诚实的 SoC 设计者可能会以合法方式从一个 IP 供应商那里购买一个 3PIP 核心，通过制造副本（即原始 IP 的非法复制），并将其出售给其他 SoC 设计者而获利。此外，SoC 设计者可以进行某些修改，并将修改后的 IP 作为新 IP 出售。例如，SoC 集成商可以从 IP 所有者那里购买加密加速器 IP，然后开发一个加密哈希引擎来计算摘要。恶意 SoC 设计者就可以向其他 SoC 设计者出售带有哈希引擎的加密加速器作为新的 IP。

SoC 设计师也可能成为 IP 盗版的潜在受害者。当 SoC 设计外包给第三方供应商进行合成或 DFT 植入时，该供应商可以获得整个设计。例如，从事 SoC 网表版本工作的恶意 DFT 供应商可以将 SoC 设计的部分内容作为固定 IP 出售给其他 SoC 设计者。类似地，不受信任的代工厂可能会出售从 SoC 设计者那里收到的 GDSII 文件非法副本。

图 6-8 显示了现代设计 / 制造流程中 3PIP 供应商和 SoC 设计者、SoC 设计者和 DFT 供应商以及 SoC 设计者和代工厂之间缺乏信任的问题；以及缺乏信任是如何导致 IP 被滥

用和盗版的。

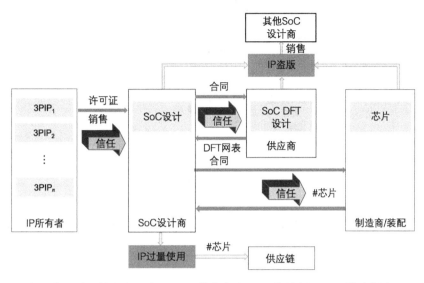

图 6-8 在现代设计／制造流程中，3PIP 供应商和 SoC 设计师、SoC 设计师和 DFT 供应
商以及 SoC 设计师和代工厂之间缺乏信任

请注意，当前半导体 IP 市场的价值为 33.06 亿美元，随着物联网设备的出现，预计到
2022 年将达到 64.5 亿美元 [27]。因此，IP 所有者有明确的经济动机来保护他们的产品，IP
滥用和 IP 盗版对他们构成了重大威胁。

6.5.3 集成电路过度生产

不受信任的代工厂和装配厂生产的芯片数量可能超过合同规定的数量 [28, 29]。由于这
些芯片不产生 R&D 成本，因此以 SoC 设计师的名义销售这些芯片将获得更大的利润。此
外，他们可以通过向 SoC 设计者或 IP 所有者报告较低的产量（即无缺陷芯片占芯片总数
的百分比较高）来几乎免费地过度生产芯片。

这种在与设计公司（即元件的 IP 所有者）的协议之外制造和销售的过程称为"过度生
产"。出现这个问题是因为设计公司不能监控制造和装配过程，也不能获得真实的产量信
息（如图 6-9 所示）。众所周知，过度生产会使设计公司不可避免地遭受利润损失。设计公
司通常在产品的研发（R&D）上投入大量的时间和精力。当一个不受信任的代工厂或装配
厂过度生产和销售这些元件时，设计公司就会损失销售这些元件可能获得的收入。元件过
度生产带来的更大的问题是可靠性。过度生产的元件可能只会做很少或根本不做可靠性和
功能性测试就投放到市场。对于许多关键应用，如军事设备和消费品，这些元件可能会重
新进入供应链，从而严重影响安全性和可靠性。此外，由于这些元件上有制造商的名字，
因此这些元件的故障会损害原始元件制造商的声誉。

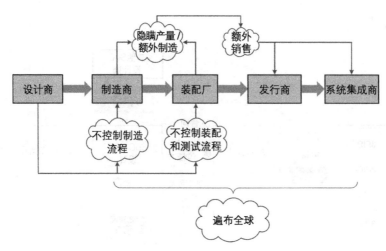

图 6-9   由于对集成电路的制造和装配缺乏控制，不受信任的代工厂 / 装配厂就可以实现过度生产

6.5.4   装运不合格 / 有缺陷的零件

如果零件在制造后进行的测试中产生不正确的响应，则被视为有缺陷。如 6.2.2 节和 6.2.3 节所述，SoC 通过晶圆测试、封装测试和最终功能测试，以确定芯片是否按照目标规范运行，如图 6-2 所示。从这些测试过程中剔除的芯片应被销毁（如果它们不起作用）、降级（如果它们被发现不符合规范），或以其他方式妥善处置。然而，如果它们在公开市场上出售，或者被不可信的实体有意出售，或者被窃取它们的第三方出售，安全风险将不可避免地增大。

6.5.5   集成电路逆向工程

逆向工程（RE）[21, 22] 是检查原始元件以充分理解其结构和功能的过程。这可以通过逐层破坏性或非破坏性地提取物理互连信息，然后进行图像处理分析以重建元件 [21, 30] 的完整结构来实现。对元件进行逆向工程的动机是制作一个副本，这通常是由 OCM 的竞争对手完成的。参与逆向工程的实体通常拥有昂贵且复杂的仪器。扫描电子显微镜（SEM）或透射电子显微镜（TEM）通常用于在分层后拍摄元件的每一层的图像。可以使用自动化软件将图像拼接在一起，形成完整的结构。例如，来自芯片工厂公司（加拿大渥太华）的 ICWorks 提取器能够通过组合来自芯片内部层的所有图像来形成 3D 结构 [21]。逆向工程也可能通过获得零件设计人员未经授权的知识转让而发生，这将导致 OCM 的利润损失。

6.5.6   文档伪造

任何元件附带的文档都包含关于其规格、测试、一致性证书（CoC）和工作说明书

（SoW）的信息。通过修改或伪造这些文档，即使一个元件是不合格的或有缺陷的，它也可能被谎称正常并被出售。由于旧设计和旧零件的存档信息在 OCM 可能不再可用，通常很难核实这些文档的真实性。合法文档也可以被复制，并与不符合合法文档的零件关联起来。对伪造者的激励和与伪造文档相关的元件的风险与下面讨论的再标记相似。

6.5.7　集成电路再标记

电子元件在其包装上包含标记，以唯一识别这些元件及其功能。标记包含零件识别号、批次识别代码或日期代码、设备制造商标识、制造国、静电放电敏感度标识、认证标记等信息。

显然，元件的标记非常重要。它们识别元件的来源，最重要的是，确定元件应该如何处理和使用。例如，空间级元件可以承受可能导致商用级元件瞬间失效的条件（如温度和辐射水平的宽范围）。元件制造商和等级等因素也决定了元件的价值。空间和军用级元件的价格远远高于商用级元件。例如，BAE 抗辐射处理器（如 RAD750）的价格在几万美元左右，而商用处理器的价格则在几百美元左右[32]。这些空间级处理器用于卫星、漫游车和航天飞机，并能承受空间中常见的各种温度和辐射水平。这就是再标记元件（即改变其原始标记）的动机。伪造者可以通过将一个元件的标记改为更高等级或更好制造商的标记来抬高该元件在市场上的价格。然而，这样的再标记元件无法承受其对应的更耐用、更高等级元件能够承受的恶劣条件。如果这些元件最终出现在关键系统中，就会带来严重的问题。这方面的一个著名的例子是 P-8A 海神号飞机事件，该事件在 2011 年美国参议院军事委员会举行的听证会上被曝光[33]。P-8A 海神号飞机上的冰探测模块采用了伪造的可编程门阵列单元，该模块运载反潜和反地导弹。冰探测模块是一个关键元件，它能够警告飞行员飞机表面已经结冰。控制模块的可编程门阵列单元被错误地再标记为由某公司生产。

通过肉眼很容易辨认出与原始标记不可区分的元件。首先通过化学或物理方法去除原始标记，然后对表面进行涂黑（表面修整），以隐藏标记去除过程中留下的任何物理标记或缺陷，从而为重新标记做好准备。然后，通过激光标记或墨水标记在元件上打印假标记，使其看起来像是由原厂生产的。图 6-10 展示了一个再标记芯片和原始芯片[31]的区别。原始芯片有两行标记，而伪造芯片再标记质量足够好，看起来几乎与原始芯片没有区别。

a)

b)

图 6-10　a）标记芯片；b）原始芯片

6.5.8 集成电路回收

"回收"是指从系统中回收或再利用电子元件，然后进行修改使其看起来像新元件。由于使用老化问题，回收零件存在性能较差、寿命较短的问题。此外，由于回收过程（在非常高的温度下移除、从板材上强力物理移除、清洗、打磨、重新包装等）可能会损坏零件、引入通过初始测试但在现场后期容易出现故障的潜在缺陷，或者由于暴露在不受控制的极端环境条件下，回收零件可能完全不起作用。回收零件是不可靠的，并且使得包含它们的系统同样不可靠。

美国参议院军事委员会就国防供应链中的伪造电子元件的调查举行过听证会，调查显示废弃电子元件产生的电子废物被用于这些回收的伪造元件[34, 35]。在美国，2009 年只有 25% 的电子垃圾被妥善地回收利用[36]。对于许多其他国家来说，这个情况更加不容乐观。这种巨大的电子垃圾资源使得造假者可以囤积大量的元件。然后，通过粗加工从电子垃圾堆中回收相关元件。典型的回收过程如下：

1）回收商收集废弃的印制电路板，从中可以回收用过的元件（如数字集成电路、模拟集成电路、电容和电阻）。

2）将印制电路板在火焰上加热。当焊接材料开始熔化时，通过回收器将印制电路板打碎，以分离和收集元件。

3）去元件的原始标记。

4）应用一种新的涂层材料到元件上。

5）新标记与原始等级标记相同，包含识别数据，如个人识别码、日期 / 批号、制造商标识和生产国，然后通过油墨印刷或激光印刷在新的黑色表面上。

6）对元件引线、球 / 柱进行返工（清洁和矫直引线、用新材料更换引线、形成新的焊球等），使其看起来像新的。

图 6-11 显示了 NASA[37] 记录的回收过程。显然，回收过程会影响回收元件的可靠性，因为它们会受到处理过程和环境的极大影响，例如：

1）元件未受静电放电（ESD）和电气应力过大（EOS）的保护。

2）湿敏元件没有进行适当烘烤和干燥包装。

3）由于高回收温度、粉碎和其他处理引起的机械冲击、用水清洗和潮湿条件下存储引起的湿度水平，以及回收过程产生的其他机械和环境压力，元件可能会损坏。

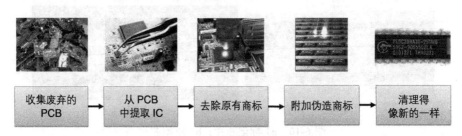

图 6-11 典型集成电路回收过程

实际上，回收的元件会被这种过程进一步降解。这会加重出于系统中元件的使用而导致的老化所带来的影响。

6.6 解决电子供应链问题的对策

本节简要讨论为解决硬件供应链问题而提出的对策。其中一些技术是基于学术研究，一些已被业界采用。此外，本节还会介绍与这些技术相关的挑战。

6.6.1 硬件木马的检测和预防

多年来，已经开发了多种木马检测和预防方法。读者可以参考本书第 5 章了解更多细节。

6.6.2 安全规则的检查

为了识别由设计错误或计算机辅助设计工具无意引入的安全漏洞，在文献 [15, 64] 中提出了设计安全规则检查（DSeRC）的概念。通过将该框架集成到传统芯片设计流程中，可以分析设计的漏洞，并在设计过程的各个阶段评估其安全性，包括寄存器传输级别（RTL）、门级网表、测试设计植入和物理设计。DSeRC 框架读取设计文件、约束和用户输入数据，并检查所有抽象级别（RTL、门级别和物理布局级别）的漏洞。每个漏洞都与一组规则和度量标准相关联，因此每个设计的安全性都可以被定量地衡量。为了成功地实现这个框架，需要进行广泛的访问验证，例如信息流安全验证、信号泄露分析和访问控制，所有这些都在芯片设计流程 [3, 11, 65] 中进行。读者可以参考本书的第 13 章，了解更多关于 DSeRC 框架的细节。

6.6.3 IP 加密

为了保护 IP 的机密性，并为 IP 设计提供一种通用的标记语法（该语法可在不同的电子设计和自动化（EDA）工具与硬件流程之间互操作），IEEE 软件标准委员会开发了 P1735 标准 [26]。该标准已被 EDA、半导体公司和 IP 供应商采用。P1735 标准提供了使用加密的推荐做法，以确保 IP 的机密性。为了支持互操作性和广泛采用，它还指定了一种通用的标记格式来表示加密的 IP。标记格式使用标准特定的变量或实用程序来识别和封装受保护的 IP 的不同部分。它还使用这些实用程序来执行功能，例如指定加密和摘要算法。

该标准还支持权限管理和许可机制。这些监管指南共同使 IP 作者能够进行细粒度的访问控制。通过权限管理功能，当电子设计自动化工具模拟 IP 时，IP 作者可以控制哪些输出信号可由 IP 用户访问。许可功能只允许授权用户访问，例如，为 IP 使用权付费的公司。

该标准的基本工作流程如图 6-12 所示。标准要求 AES-CBC（但允许其他分组密码）和 RSA（≥2048）分别用于对称和非对称加密。对于 AES，建议将密钥大小设置为 128 或 256。请注意，虽然该工具可以使用 IP 执行模拟、合成和其他过程，但它从不以明文格式向授权用户显示 IP[26]。

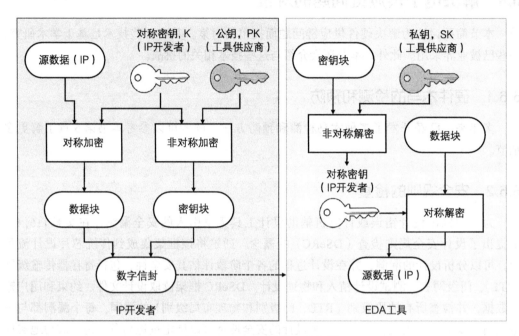

图 6-12　P1735 标准工作流程

遗憾的是，当前的标准存在一些密码学错误，在不知道密钥的情况下可利用这些错误恢复加密的 IP 的整个底层明文。文献 [2] 的作者提出了解决标准局限性的建议。即使解决了 IEEE-P1735 标准的局限性，仅靠 IP 加密方案也不能解决过度生产等供应链问题。

6.6.4　逻辑混淆

防止 IP 盗版和集成电路过度生产的另一种方法是逻辑混淆。这种技术的原理是在设计中放置额外的门（定义为钥匙门）以在功能上进行锁定设计，只能通过应用正确的钥匙[29, 66, 67] 来解锁。例如，在图 6-13b 中，设置异或门以在功能上锁定图 6-13a 所示的设计。门级电路输出值 D 或 $\overline{D}$ 由解锁模块密钥值 CUK[i] 控制。CUK[i] 的正确值生成了 D 的正确值，只有拥有最初网表的设计人员知道该值。理想情况下，逻辑混淆可以防止 IP 盗版和集成电路过度生产。然而，不同的攻击（即 SAT 攻击[68]、密钥敏感攻击[69]、移除攻击）可以攻破逻辑混淆的防御。这些攻击利用锁定的网表和未锁定芯片上的输入/输出响应来提取密钥。

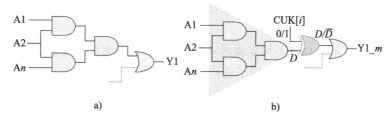

图 6-13　a）原始网表；b）用深灰色显示的关键门模糊网表。CUK[i] 表示密钥的第 i 位

6.6.5　硬件水印

水印可以用来验证 IP 的作者。水印技术通过在 IP 中创建独一无二的指纹来唯一地识别 IP[70-73]。由于水印技术是被动的，因此人们不能用它来防止 IP 滥用、IP 盗版和集成电路过度生产。相反，它只能用于验证 IP 使用。

6.6.6　集成电路测量

测量方法旨在让 SoC 设计者控制生产的集成电路数量来防止集成电路过度生产。这些方法可以是被动的，也可以是主动的。被动方法唯一识别每个集成电路，并使用"挑战 – 响应对"注册集成电路。随后，检查从市场上获得的可疑集成电路是否正确注册[70, 74-77]。对于被动测量技术来说，一个主要限制是它们不能主动防止过度生产。例如，SoC 设计人员不得不依靠代工厂 / 装配厂向他们发送所有无缺陷芯片的产量信息，并盲目信任。不受信任的工厂 / 装配厂可以隐瞒实际产量信息，并生产大量无缺陷芯片。

主动测量方法锁定每个集成电路，直到其被 SoC 设计者[1, 24, 29, 78, 79] 解锁。例如，已提出安全分割测试（SST）[24, 79] 技术来确保 SoC 制造和测试过程的安全性，并将控制权交还给 SoC 设计者，以防止伪造、有缺陷或不合格的 SoC 进入供应链。在 SST 中，每个芯片在测试过程中都被锁定。SoC 设计者是唯一能够解释锁定的测试结果并能够解锁通过测试的芯片的实体。这样，SST 可以防止过度生产，也可以防止不良芯片进入供应链。SST 还为每个芯片建立了唯一的密钥，这极大地提高了针对供应链攻击的预防能力。Guin 等人[1] 提出了一种名为 FORTIS 的主动测量方法，它结合了 IP 加密、逻辑混淆和 SST 技术，以确保硬件供应链中所有实体之间相互可信。FORTIS 技术可以有效地解决供应链问题，包括 IP 盗版、集成电路过度生产、不合格集成电路、集成电路伪造和集成电路复制。

6.6.7　ECID 和 PUF 认证

基于 ECID 和 PUF 的认证方法可以识别伪造和复制的集成电路。该方法的主要思想是使用唯一标识标记集成电路，并在整个供应链中进行跟踪。基于电子芯片身份（ECID）的方法依赖于将唯一的身份写入不可编程的存储器，例如一次性可编程（OTP）和只读存储器。这需要制造后外部编程，例如激光熔丝[80]或电熔丝[81]。由于面积小、可扩展性好，电熔丝相比激光熔丝更受欢迎[81]。

与 ECID 一样，通过硅上不可克隆的功能（PUF）进行集成电路识别和认证的方法受到了广泛关注[82, 83]。硅上 PUF 利用了现代集成电路中存在的固有物理变化（工艺变化）。这些变化是不可控制和不可预测的，这使得 PUF 方法适用于集成电路识别和认证[28, 84]。这些变化有助于为每一个集成电路生成一个独特的挑战 – 响应式签名，用于唯一性识别。

6.6.8 路径延迟指纹识别

路径延迟指纹识别方法[85]旨在不增加额外硬件的情况下筛选回收的集成电路。由于这些回收的集成电路已经在现场使用，因此集成电路的性能一定会因为老化的影响而降低。由于负 / 正偏置温度不稳定性（NBTI/PBTI）和热载流子注入（HCI），再循环集成电路中的路径延迟将变得更大。路径延迟越大，表明集成电路在现场长时间使用的可能性越大。图 6-14 显示了老化导致的路径延迟退化。通过模拟，获得了在室温下具有 NBTI 和 HCI 效应时，使用 4 年的退化情况。从图 6-14a 可以观察到，使用 1 年的路径退化大约为 10%，而如果电路使用 4 年，退化大约为 17%，这表明大多数老化发生在电路的早期使用阶段。

图 6-14b 显示了老化 2 年后不同链的延迟退化，包括 INVX1、INVX32、与门、或非门和异或门。可以看出，不同的链条老化速度略有不同，这取决于门的结构。异或门链老化率最高，这有助于选择指纹识别的路径。

在路径延迟指纹识别方法中，统计数据分析用于区分回收（老化导致延迟变化）集成电路和新集成电路（过程变化导致延迟变化）。由于路径延迟信息是在制造的测试过程中测量的，因此该技术不需要额外的硬件电路。

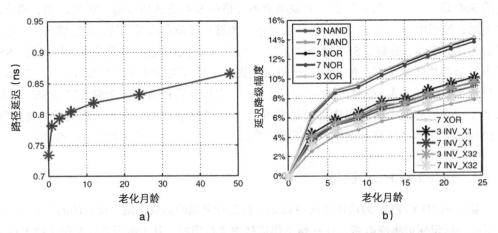

图 6-14　老化导致路径延迟退化：a) 任意路径的延迟；b) 不同栅链的延迟退化

6.6.9 时钟扫描

时钟扫描技术是在文献 [86] 中引入的, 用于识别回收的集成电路。这种技术以不同的频率多次将模式应用于路径, 以找到路径无法传播其信号的频率。通过观察路径能够或不能传播信号的频率, 可以在一定程度上精确地测量路径的延迟。路径延迟信息可用于创建唯一的二进制标识符, 以区分回收的集成电路和新集成电路。时钟扫描技术具有以下优点: 首先, 该技术可以应用于供应链中已经存在的集成电路, 包括传统设计; 其次, 其所需数据可以通过使用现有模式集和测试硬件能力获得; 最后, 不需要额外的硬件, 因为该技术没有面积、功率或时序开销。

图 6-15 显示了在多条路径上执行时钟扫描的可视化示例。假设路径 P1~P8 是电路中的路径, 以捕获触发器结束, 并具有纳秒级的延迟。八条路径中的每一条都可以在频率 f_1 至 f_5 下进行扫描 (测试)。所有路径都能够在频率 f_1 传播信号, 因为这是集成电路设计的额定频率。然而, 在频率 f_2, 路径 P3 通常无法传播其信号。在频率 f_3, 路径 P3 将总是无法传播信号。在本例中, 路径 P8 在所有五个时钟频率上都能成功传播其信号, 因为它太短, 无法用时钟扫描进行测试。所有路径都有一定数量的频率可以通过, 有些路径可能会失败, 有些路径肯定会失败。工艺变化会改变不同集成电路之间每条路径失效的频率。

6.6.10 CDIR 结构

CDIR 结构利用集成电路老化现象来鉴别集成电路是否是伪造的。基于环形振荡器的 CDIR 传感器已经在文献 [87,88] 中提出, 其中两个环形振荡器 (RO) 嵌入芯片中。第一个环形振荡器被称为参考环形振荡器, 其老化速度较慢。第二个环形振荡器被称为受压环形振荡器, 其老化速度比参考环形振荡器快得多。当集成电路在现场使用时, 受环形振荡器的快速老化降低了其振荡频率, 而参考环形振荡器的振荡频率在芯片寿命期间基本保持稳定。两个环形振荡器频率之间的巨大差异意味着芯片已经被使用。为了克服全局和局部过程变化, 两个环形振荡器在物理上非常接近, 因此它们之间的过程和环境变化可以忽略不计。

图 6-16 展示了这个简单的环形振荡器 CDIR 结构, 它由一个控制模块、一个参考环形振荡器模块、一个受力环形振荡器模块、一个多路复用器、一个定时器和一个计数器组成。计数器在定时器控制的时间段内测量两个环形振荡器的周期计数。定时器使用系统时钟来最小化因电路老化引起的测

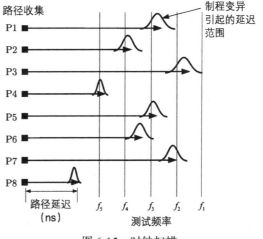

图 6-15 时钟扫描

量周期变化。多路复用器选择要测量的环形振荡器模块，并由 ROSEL 信号控制。环形振荡器中的逆变器只能由能够构成环形振荡器的门来代替，例如与非门和或非门。根据 [87] 中的分析，它不会显著改变环形振荡器 CDIR 的有效性。在 90 纳米技术中，16 位计数器的工作频率最高可达 1 千兆赫，这意味着基于逆变器的环形振荡器必须由至少 21 级 [87] 组成。读者可以参考本书第 12 章了解更多关于 CDIR 传感器的细节。

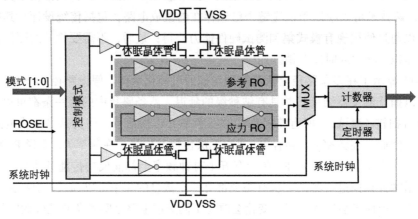

图 6-16   CDIR 传感器

6.6.11 电气测试

电气测试是检测伪造集成电路的有效、无损方法。伪造造成的大多数缺陷可以通过电气测试检测出来。此外，芯片和焊线相关的缺陷也可以通过这些测试检测出来。将电气测试引入测试计划的主要优势在于，它们可以识别克隆的、不合格 / 有缺陷的和过度生产的元件，以及回收和伪造的元件，因为这些元件中可能存在大多数电气缺陷。

6.6.12 物理检查

物理检查是进行的第一组测试，以识别潜在的伪造证据。作为物理检查程序的一部分，使用外部和内部成像技术对集成电路进行彻底检查。使用外部测试分析封装的外部部分和元件的引线。例如，元件的物理尺寸通过手持或自动测试设备来测量。测量值与规格表的任何异常偏差都表明该元件可能是伪造的。

使用材料分析验证元件的化学成分，可以检测错误的材料、污染、引线氧化和封装等缺陷。有几种测试可以进行材料分析，例如 XRF、EDS 和傅里叶变换红外光谱（FTIR）。内部结构，例如元件的管芯和接合线，可以通过剥离 / 解封装或 X 光成像来检查。图 6-17 显示了通过 X 光成像检测出的伪造缺陷。市面上有三种主流的解封装方法：化学、机械或激光解决方案。化学解封包括用酸溶液蚀刻掉包装。

机械解封装包括研磨零件，直到露出芯片。一旦器件解封，所需结构会暴露出来，就需要进行内部测试。测试工作包括观察真实芯片的存在、芯片上的严重裂纹、分层、芯片上的任何损坏、芯片标记、焊线缺失或断裂、返工焊接以及焊接拉伸强度。

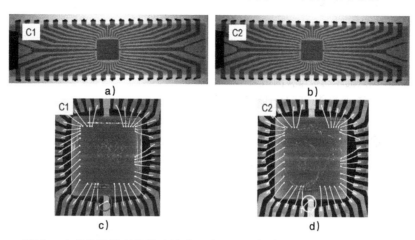

图 6-17　通过 X 光成像检测到的伪造缺陷。a) 和 b) 分别显示了耦合芯片 C1 和 C2 的 2D 引线框架视图的 X 光图像；c) 和 d) 分别显示伪造芯片 C1 和 C2 的三维模具视图的 X 射线图像。灰色和浅灰色圆圈表示 C1 和 C2 之间的连接线不同

6.7　习题

6.7.1　判断题

1. DFT 结构仅由 SoC 设计人员植入。
2. 除了制造之外，代工厂还进行测试以发现有缺陷的集成电路。
3. 所有硬件木马都有触发器。
4. 代工厂是 SoC 设计流程中值得信赖的实体。
5. 所有安全漏洞都是故意引入的。
6. DFT 不会产生安全问题。
7. SoC 开发者是 IP 盗版的潜在受害者。
8. 不合规零件存在可靠性问题。

6.7.2　详述题

1. 描述半导体行业转向横向商业模式的动机。
2. 横向商业模式如何降低成本和上市时间？
3. 为什么大多数公司没有自身完整的生产线？
4. 描述可以从第三方供应商处采购的不同类型的 IP。
5. 代工厂和装配厂对制造的芯片进行什么类型的测试？
6. 谁是有可能植入硬件木马的人？请对每一种可能进行简要描述。在你看来，哪一个最难防护？

7. 计算机辅助设计工具（CAD）如何引入漏洞？用例子解释。

8. 当测试和调试结构产生无意的安全漏洞时，为什么不能简单地将其删除？

9. 描述不同类型伪造品的分类。

10. 解释 IP 滥用和 IP 盗版是如何发生的，各提供一些例子。

11. 为什么过度生产的集成电路比原来的同类产品成本低？

12. 为什么使用不合规的芯片会构成威胁？

13. 为什么代工厂植入的木马很难检测出来？

14. 单独使用 IP 加密来解决伪造问题有哪些基本限制？

6.7.3　计算题

让我们考虑半导体设计公司 X 的以下数据：

- 实际产量，$Y = 0.9$

- 芯片面积 $A = 1.5 \text{ cm} \times 1.5 \text{ cm}$

- 芯片在直径为 $R = 200 \text{ mm}$ 的晶圆上加工，价格为每片 1500 美元

- 每个模具价值 100 000 美元（总共 10 个模具）

- 5 人开发团队，每个设计师薪水为 200 000 美元

- CAD 工具成本为 1 000 000 美元

- 这部分的市场是 2 000 000 台

1. 如果公司想在每个芯片上获得 10% 的利润，那么市场上的芯片成本是多少？为半导体设计公司 X 计算每个芯片的成本？

2. 计算每片晶圆的不合格（由于产量）芯片数量。假设一个恶意厂商想要进行再标记后出售这些不合规的芯片。那么每晶圆能赚多少钱？

3. 假设代工厂报告的产量为 0.8，低于实际产量（$Y = 0.9$），这将如何影响半导体设计公司 X 的每个芯片的成本？通过报告较低的产量，代工厂每个晶圆能赚多少利润？

4. 假设半导体设计公司 X 已经在金属 5 层中放置了水印来证明其芯片的所有权。不可信的代工厂想要消除给定的水印，并作为自己的芯片出售。为了做到这一点，代工厂需要花费 10 000 美元进行逆向工程并重新制作金属 5 布局。此外，代工厂需要为金属 5 生产新的掩模。比较代工厂和公司的每个芯片的生产成本。假设两者的产量相同。

5. 假设半导体设计公司 X 引入了一种主动测量技术来解决伪造问题。主动测量技术引入了 10% 的局部开销。计算每个芯片的新成本。如果公司想在每一块芯片上获得 10% 的利润，那么芯片在市场上的新成本是多少？

参考文献

[1] U. Guin, Q. Shi, D. Forte, M.M. Tehranipoor, FORTIS: a comprehensive solution for establishing forward trust for protecting IPs and ICs, ACM Transactions on Design Automation of Electronic Systems (TODAES) 21 (2016) 63.

[2] A. Chhotaray, A. Nahiyan, T. Shrimpton, D. Forte, M. Tehranipoor, Standardizing bad cryptographic practice, in: Proceedings of the 2017 ACM SIGSAC Conference on Computer and Communications Security (CCS), 2017, ACM, pp. 1533–1546.

[3] A. Nahiyan, M. Sadi, R. Vittal, G. Contreras, D. Forte, M. Tehranipoor, Hardware Trojan detection through information flow security verification, in: International Test Conference (DAC), 2017, IEEE, pp. 1–6.

[4] K. Xiao, D. Forte, Y. Jin, R. Karri, S. Bhunia, M. Tehranipoor, Hardware Trojans: lessons learned after one decade of research, ACM Transactions on Design Automation of Electronic Systems 22 (2016) 6.

[5] M. Tehranipoor, F. Koushanfar, A survey of hardware Trojan taxonomy and detection, IEEE Design & Test of Computers 27 (2010).

[6] J. Markoff, Old trick threatens the newest weapons, The New York Times (2009), https://www.nytimes.com/2009/10/27/science/27trojan.html.

[7] A. Nahiyan, M. Tehranipoor, Code coverage analysis for IP trust verification, in: Hardware IP Security and Trust, Springer, 2017, pp. 53–72.

[8] M. Tehranipoor, H. Salmani, X. Zhang, Integrated Circuit Authentication: Hardware Trojans and Counterfeit Detection, Springer Science & Business Media, 2013.

[9] C. Dunbar, G. Qu, Designing trusted embedded systems from finite state machines, ACM Transactions on Embedded Computing Systems (TECS) 13 (2014) 153.

[10] D.B. Roy, S. Bhasin, S. Guilley, J.-L. Danger, D. Mukhopadhyay, From theory to practice of private circuit: a cautionary note, in: Computer Design (ICCD), 2015 33rd IEEE International Conference on, IEEE, pp. 296–303.

[11] A. Nahiyan, K. Xiao, K. Yang, Y. Jin, D. Forte, M. Tehranipoor, AVFSM: a framework for identifying and mitigating vulnerabilities in FSMfs, in: Design Automation Conference (DAC), 2016 53nd ACM/EDAC/IEEE, IEEE, pp. 1–6.

[12] T. Huffmire, B. Brotherton, G. Wang, T. Sherwood, R. Kastner, T. Levin, T. Nguyen, C. Irvine, Moats and drawbridges: an isolation primitive for reconfigurable hardware based systems, in: Security and Privacy, 2007. SP'07. IEEE Symposium on, IEEE, pp. 281–295.

[13] A. Bogdanov, L.R. Knudsen, G. Leander, C. Paar, A. Poschmann, M.J. Robshaw, Y. Seurin, C. Vikkelsoe, Present: An Ultra-Lightweight Block Cipher, in: CHES, vol. 4727, Springer, 2007, pp. 450–466.

[14] OpenCores, http://opencores.org, Accessed August 2018.

[15] K. Xiao, A. Nahiyan, M. Tehranipoor, Security rule checking in IC design, Computer 49 (2016) 54–61.

[16] J. Lee, M. Tehranipoor, C. Patel, J. Plusquellic, Securing scan design using lock and key technique, in: Defect and Fault Tolerance in VLSI Systems, 2005. DFT 2005. 20th IEEE International Symposium on, IEEE, pp. 51–62.

[17] B. Yuce, N.F. Ghalaty, P. Schaumont, TVVF: estimating the vulnerability of hardware cryptosystems against timing violation attacks, in: Hardware Oriented Security and Trust (HOST), 2015 IEEE International Symposium on, IEEE, pp. 72–77.

[18] S. Morioka, A. Satoh, An optimized S-Box circuit architecture for low power AES design, in: International Workshop on Cryptographic Hardware and Embedded Systems, Springer, 2002, pp. 172–186.

[19] J. Boyar, R. Peralta, A small depth-16 circuit for the AES S-box, in: IFIP International Information Security Conference, Springer, 2012, pp. 287–298.

[20] J. Da Rolt, A. Das, G. Di Natale, M.-L. Flottes, B. Rouzeyre, I. Verbauwhede, Test versus security: past and present, IEEE Transactions on Emerging topics in Computing 2 (2014) 50–62.

[21] R. Torrance, D. James, The state-of-the-art in IC reverse engineering, in: CHES, vol. 5747, Springer, 2009, pp. 363–381.

[22] I. McLoughlin, Secure embedded systems: the threat of reverse engineering, in: Parallel and Distributed Systems, 2008. ICPADS'08. 14th IEEE International Conference on, IEEE, pp. 729–736.

[23] F. Koushanfar, G. Qu, Hardware metering, in: Proceedings of the 38th Annual Design Automation Conference, ACM, pp. 490–493.

[24] G.K. Contreras, M.T. Rahman, M. Tehranipoor, Secure split-test for preventing IC piracy by untrusted foundry and assembly, in: Defect and Fault Tolerance in VLSI and Nanotechnology Systems (DFT), 2013 IEEE International Symposium on, IEEE, pp. 196–203.

[25] U. Guin, D. DiMase, M. Tehranipoor, A comprehensive framework for counterfeit defect coverage analysis and detection assessment, Journal of Electronic Testing 30 (2014) 25–40.

[26] IEEE, 1735–2014 – IEEE recommended practice for encryption and management of electronic design intellectual property (IP), 2014.

[27] Markets Research, Global Semiconductor IP Market – Global forecast to 2022, Technical Report, https://www.marketsandmarkets.com/PressReleases/semiconductor-ip.asp. (Accessed August 2018), [Online].

[28] Y. Alkabani, F. Koushanfar, Active hardware metering for intellectual property protection and security, in: USENIX Security Symposium, pp. 291–306.

[29] R.S. Chakraborty, S. Bhunia, HARPOON: an obfuscation-based SoC design methodology for hardware protection, IEEE Transactions on Computer-Aided Design of Integrated Circuits and Systems 28 (2009) 1493–1502.

[30] R.J. Abella, J.M. Daschbach, R.J. McNichols, Reverse engineering industrial applications, Computers & Industrial Engineering 26 (1994) 381–385.

[31] S.C.I. Tester, Sentry counterfeit IC detector is your very own electronic sentry, guarding the entrance to your production

facility from the attack of counterfeit components, https://www.abielectronics.co.uk/News/News8.php. (Accessed August 2018), [Online].

[32] J. Rhea, BAE systems moves into third generation rad-hard processors, Military & Aerospace Electronics 13 (2002).

[33] Senate Hearing 112–340, The committee's investigation into counterfeit electronic parts in the department of defense supply chain, https://www.hsdl.org/?view&did=725638. (Accessed August 2018), [Online].

[34] United States Senate Armed Services Committee, Inquiry Into Counterfeit Electronic Parts in the Department of Defense Supply Chain, https://www.hsdl.org/?view&did=709240. (Accessed August 2018), [Online].

[35] United States Senate Armed Services Committee, Suspect counterfeit electronic parts can be found on internet purchasing platforms, https://www.hsdl.org/?view&did=703697. (Accessed August 2018), [Online].

[36] United States Environmental Protection Agency, Electronic waste management in the United States through 2009, https://nepis.epa.gov/Exe/ZyPURL.cgi?Dockey=P100BKKL.TXT. (Accessed August 2018), [Online].

[37] B. Hughitt, Counterfeit electronic parts, NEPP Electron. Technol. Work, NASA Headquarters, Office of Safety and Mission Assurance, 2010.

[38] H. Salmani, M. Tehranipoor, Analyzing circuit vulnerability to hardware Trojan insertion at the behavioral level, in: Defect and Fault Tolerance in VLSI and Nanotechnology Systems (DFT), 2013 IEEE International Symposium on, IEEE, pp. 190–195.

[39] H. Salmani, M. Tehranipoor, R. Karri, On design vulnerability analysis and trust benchmarks development, in: Computer Design (ICCD), 2013 IEEE 31st International Conference on, IEEE, pp. 471–474.

[40] A. Waksman, M. Suozzo, S. Sethumadhavan, FANCI: identification of stealthy malicious logic using Boolean functional analysis, in: Proceedings of the 2013 ACM SIGSAC Conference on Computer & Communications Security, ACM, pp. 697–708.

[41] J. Zhang, F. Yuan, L. Wei, Y. Liu, Q. Xu, VeriTrust: verification for hardware trust, IEEE Transactions on Computer-Aided Design of Integrated Circuits and Systems 34 (2015) 1148–1161.

[42] X. Zhang, M. Tehranipoor, Case study: detecting hardware Trojans in third-party digital IP cores, in: Hardware-Oriented Security and Trust (HOST), 2011 IEEE International Symposium on, IEEE, pp. 67–70.

[43] J. Rajendran, V. Vedula, R. Karri, Detecting malicious modifications of data in third-party intellectual property cores, in: Proceedings of the 52nd Annual Design Automation Conference, ACM, p. 112.

[44] J. Rajendran, A.M. Dhandayuthapany, V. Vedula, R. Karri, Formal security verification of third party intellectual property cores for information leakage, in: VLSI Design and 2016 15th International Conference on Embedded Systems (VLSID), 2016 29th International Conference on, IEEE, pp. 547–552.

[45] Y. Jin, B. Yang, Y. Makris, Cycle-accurate information assurance by proof-carrying based signal sensitivity tracing, in: Hardware-Oriented Security and Trust (HOST), 2013 IEEE International Symposium on, IEEE, pp. 99–106.

[46] W. Hu, B. Mao, J. Oberg, R. Kastner, Detecting hardware Trojans with gate-level information-flow tracking, Computer 49 (2016) 44–52.

[47] J.J. Rajendran, O. Sinanoglu, R. Karri, Building trustworthy systems using untrusted components: a high-level synthesis approach, IEEE Transactions on Very Large Scale Integration (VLSI) Systems 24 (2016) 2946–2959.

[48] M. Hicks, M. Finnicum, S.T. King, M.M. Martin, J.M. Smith, Overcoming an untrusted computing base: detecting and removing malicious hardware automatically, in: Security and Privacy (SP), 2010 IEEE Symposium on, IEEE, pp. 159–172.

[49] C. Sturton, M. Hicks, D. Wagner, S.T. King, Defeating UCI: building stealthy and malicious hardware, in: Security and Privacy (SP), 2011 IEEE Symposium on, IEEE, pp. 64–77.

[50] J. Zhang, F. Yuan, Q. Xu, DeTrust: defeating hardware trust verification with stealthy implicitly-triggered hardware Trojans, in: Proceedings of the 2014 ACM SIGSAC Conference on Computer and Communications Security, ACM, pp. 153–166.

[51] C. Bao, D. Forte, A. Srivastava, On application of one-class SVM to reverse engineering-based hardware Trojan detection, in: Quality Electronic Design (ISQED), 2014 15th International Symposium on, IEEE, pp. 47–54.

[52] S. Bhunia, M.S. Hsiao, M. Banga, S. Narasimhan, Hardware Trojan attacks: threat analysis and countermeasures, Proceedings of the IEEE 102 (2014) 1229–1247.

[53] M. Banga, M.S. Hsiao, A novel sustained vector technique for the detection of hardware Trojans, in: VLSI Design, 2009 22nd International Conference on, IEEE, pp. 327–332.

[54] R.S. Chakraborty, S. Bhunia, Security against hardware Trojan through a novel application of design obfuscation, in: Proceedings of the 2009 International Conference on Computer-Aided Design, ACM, pp. 113–116.

[55] X. Wang, M. Tehranipoor, J. Plusquellic, Detecting malicious inclusions in secure hardware: challenges and solutions, in: Hardware-Oriented Security and Trust, 2008. HOST 2008. IEEE International Workshop on, IEEE, pp. 15–19.

[56] Y. Jin, Y. Makris, Hardware Trojan detection using path delay fingerprint, in: Hardware-Oriented Security and Trust, 2008. HOST 2008, IEEE International Workshop on, IEEE, pp. 51–57.

[57] K. Xiao, X. Zhang, M. Tehranipoor, A clock sweeping technique for detecting hardware Trojans impacting circuits delay, IEEE Design & Test 30 (2013) 26–34.

[58] D. Agrawal, S. Baktir, D. Karakoyunlu, P. Rohatgi, B. Sunar, Trojan detection using fingerprinting, in: Security and Privacy, 2007. SP'07. IEEE Symposium on, IEEE, pp. 296–310.

[59] J. Aarestad, D. Acharyya, R. Rad, J. Plusquellic, Detecting Trojans through leakage current analysis using multiple supply pads, IEEE Transactions on Information Forensics and Security 5 (2010) 893–904.

[60] D. Forte, C. Bao, A. Srivastava, Temperature tracking: an innovative run-time approach for hardware Trojan detection, in: Computer-Aided Design (ICCAD), 2013 IEEE/ACM International Conference on, IEEE, pp. 532–539.

[61] F. Stellari, P. Song, A.J. Weger, J. Culp, A. Herbert, D. Pfeiffer, Verification of untrusted chips using trusted layout and emission measurements, in: Hardware-Oriented Security and Trust (HOST), 2014 IEEE International Symposium on, IEEE, pp. 19–24.

[62] B. Zhou, R. Adato, M. Zangeneh, T. Yang, A. Uyar, B. Goldberg, S. Unlu, A. Joshi, Detecting hardware Trojans using backside optical imaging of embedded watermarks, in: Design Automation Conference (DAC), 2015 52nd ACM/EDAC/IEEE, IEEE, pp. 1–6.

[63] K. Xiao, M. Tehranipoor, BISA: built-in self-authentication for preventing hardware Trojan insertion, in: Hardware-Oriented Security and Trust (HOST), 2013 IEEE International Symposium on, IEEE, pp. 45–50.

[64] A. Nahiyan, K. Xiao, D. Forte, M. Tehranipoor, Security rule check, in: Hardware IP Security and Trust, Springer, 2017, pp. 17–36.

[65] G.K. Contreras, A. Nahiyan, S. Bhunia, D. Forte, M. Tehranipoor, Security vulnerability analysis of design-for-test exploits for asset protection in SoCs, in: Design Automation Conference (ASP-DAC), 2017 22nd Asia and South Pacific, IEEE, pp. 617–622.

[66] X. Zhuang, T. Zhang, H.-H.S. Lee, S. Pande, Hardware assisted control flow obfuscation for embedded processors, in: Proceedings of the 2004 International Conference on Compilers, Architecture, and Synthesis for Embedded Systems, ACM, pp. 292–302.

[67] J.A. Roy, F. Koushanfar, I.L. Markov, Ending piracy of integrated circuits, Computer 43 (2010) 30–38.

[68] P. Subramanyan, S. Ray, S. Malik, Evaluating the security of logic encryption algorithms, in: Hardware Oriented Security and Trust (HOST), 2015 IEEE International Symposium on, IEEE, pp. 137–143.

[69] M. Yasin, J.J. Rajendran, O. Sinanoglu, R. Karri, On improving the security of logic locking, IEEE Transactions on Computer-Aided Design of Integrated Circuits and Systems 35 (2016) 1411–1424.

[70] F. Koushanfar, G. Qu, M. Potkonjak, Intellectual property metering, in: Information Hiding, Springer, 2001, pp. 81–95.

[71] E. Castillo, U. Meyer-Baese, A. García, L. Parrilla, A. Lloris, IPP@HDL: efficient intellectual property protection scheme for IP cores, IEEE Transactions on Very Large Scale Integration (VLSI) Systems 15 (2007) 578–591.

[72] J. Huang, J. Lach, IC activation and user authentication for security-sensitive systems, in: Hardware-Oriented Security and Trust, 2008. HOST 2008. IEEE International Workshop on, IEEE, pp. 76–80.

[73] D. Kirovski, Y.-Y. Hwang, M. Potkonjak, J. Cong, Protecting combinational logic synthesis solutions, IEEE Transactions on Computer-Aided Design of Integrated Circuits and Systems 25 (2006) 2687–2696.

[74] K. Lofstrom, W.R. Daasch, D. Taylor, IC identification circuit using device mismatch, in: Solid-State Circuits Conference, 2000. Digest of Technical Papers. ISSCC. 2000 IEEE International, IEEE, pp. 372–373.

[75] J.W. Lee, D. Lim, B. Gassend, G.E. Suh, M. Van Dijk, S. Devadas, A technique to build a secret key in integrated circuits for identification and authentication applications, in: VLSI Circuits, 2004. Digest of Technical Papers. 2004 Symposium on, IEEE, pp. 176–179.

[76] S.S. Kumar, J. Guajardo, R. Maes, G.-J. Schrijen, P. Tuyls, The butterfly PUF protecting IP on every FPGA, in: Hardware-Oriented Security and Trust, 2008. HOST 2008. IEEE International Workshop on, IEEE, pp. 67–70.

[77] G.E. Suh, S. Devadas, Physical unclonable functions for device authentication and secret key generation, in: Proceedings of the 44th Annual Design Automation Conference, ACM, pp. 9–14.

[78] Y. Alkabani, F. Koushanfar, M. Potkonjak, Remote activation of ICs for piracy prevention and digital right management, in: Proceedings of the 2007 IEEE/ACM International Conference on Computer-Aided Design, IEEE Press, pp. 674–677.

[79] M.T. Rahman, D. Forte, Q. Shi, G.K. Contreras, M. Tehranipoor, CSST: preventing distribution of unlicensed and rejected ICs by untrusted foundry and assembly, in: Defect and Fault Tolerance in VLSI and Nanotechnology Systems (DFT), 2014 IEEE International Symposium on, IEEE, pp. 46–51.

[80] K. Arndt, C. Narayan, A. Brintzinger, W. Guthrie, D. Lachtrupp, J. Mauger, D. Glimmer, S. Lawn, B. Dinkel, A. Mitwalsky, Reliability of laser activated metal fuses in drams, in: Electronics Manufacturing Technology Symposium, 1999. Twenty-Fourth IEEE/CPMT, IEEE, pp. 389–394.

[81] N. Robson, J. Safran, C. Kothandaraman, A. Cestero, X. Chen, R. Rajeevakumar, A. Leslie, D. Moy, T. Kirihata, S. Iyer, Electrically programmable fuse (EFUSE): from memory redundancy to autonomic chips, in: Custom Integrated Circuits Conference, 2007. CICC'07, IEEE, IEEE, pp. 799–804.

[82] R. Pappu, B. Recht, J. Taylor, N. Gershenfeld, Physical one-way functions, Science 297 (2002) 2026–2030.

[83] L. Bolotnyy, G. Robins, Physically unclonable function-based security and privacy in RFID systems, in: Pervasive Computing and Communications, 2007. PerCom'07. Fifth Annual IEEE International Conference on, IEEE, pp. 211–220.

[84] X. Wang, M. Tehranipoor, Novel physical unclonable function with process and environmental variations, in: Proceedings of the Conference on Design, Automation and Test in Europe, European Design and Automation Association,

pp. 1065–1070.

[85] X. Zhang, K. Xiao, M. Tehranipoor, Path-delay fingerprinting for identification of recovered ICs, in: Defect and Fault Tolerance in VLSI and Nanotechnology Systems (DFT), 2012 IEEE International Symposium on, IEEE, pp. 13–18.

[86] N. Tuzzio, K. Xiao, X. Zhang, M. Tehranipoor, A zero-overhead IC identification technique using clock sweeping and path delay analysis, in: Proceedings of the Great Lakes Symposium on VLSI, ACM, pp. 95–98.

[87] X. Zhang, N. Tuzzio, M. Tehranipoor, Identification of recovered ICs using fingerprints from a light-weight on-chip sensor, in: Proceedings of the 49th Annual Design Automation Conference, ACM, pp. 703–708.

[88] U. Guin, X. Zhang, D. Forte, M. Tehranipoor, Low-cost on-chip structures for combating die and IC recycling, in: Proceedings of the 51st Annual Design Automation Conference, ACM, pp. 1–6.

第 7 章

硬件 IP 盗版与逆向工程

7.1 引言

半导体行业越来越依赖于基于硬件 IP 的设计流程，在该流程中，可重用、预先验证的硬件模块被集成，以创建预期功能的复杂 SoC 设计。由于不断增加的设计 / 验证成本和更快的上市时间要求，单个制造公司很难设计、开发和制造完整的 SoC。因此，基于 IP 的硬件设计过程已经成为一种全球趋势，其中 IP 供应商设计、表征和验证特定功能的硬件 IP 块。大多数 SoC 设计公司从通常分布在全球的 3PIP 供应商处购买这些 IP 块，然后将其集成到 SoC 中。这种方法可以显著降低设计 / 验证成本（由于重复使用 IP），同时大幅缩短上市时间（通过减少 SoC 构建模块的设计 / 验证时间）。

硬件 IP 块可以根据它们的使用情况和它们处理的信号类型分为三大类：1）数字 IP（Digital IP），其中 IP 接收数字输入并处理它们以产生数字输出，例如处理器内核、图形处理单元（GPU）、数字信号处理块、加密 / 解密块和嵌入式存储器；2）模拟和混合信号集成电路，其中一个集成电路的部分或全部输入 / 输出是模拟信号，并且对模拟或混合（数字和模拟）信号进行信息处理，例如模数或数模转换器、放大器和积分器；3）基础设施集成电路，它是集成到 SoC 中的非功能集成电路，便于各种操作，如测试、调试、验证和安全。由于不断增长的计算需求，现代 SoC 倾向于包括许多异构处理内核，例如多处理器 SoC（MPSoC）以及可重构内核，以便结合可能随着标准和需求的发展而变化的逻辑。这些 IP 块与互连结构（例如总线或片上网络互连）集成在一起，以满足系统的目标功能和性能。

然而，将硬件集成到 SoC 设计中的普遍实践严重影响了 SoC 计算平台的安全性和可信度。统计数据显示，第三方半导体集成电路的全球市场多年来一直以稳定的速度增长，预计在 2018～2022 年间 [1] 将增长约 10%。由于集成电路和系统芯片集成过程越来越复杂，系统芯片设计者越来越倾向于将这些集成电路视为黑匣子，并依赖于这些集成电路的结构 / 功能完整性。然而，这种设计实践大大增加了 SoC 设计中不可信元件的数量，并使整个系统的安全性成为一个紧迫的问题。从不受信任的第三方供应商处获得的硬件模块可能存在各种安全和完整性问题。IP 设计机构内部的对手可以故意插入恶意的植入物或设计修改，以包含隐藏 / 不希望的功能。这种附加功能对对手来说大致有两个目的：1）它会导致集成了 IP 的 SoC 出现故障；2）它可以通过允许未授权访问的硬件后门或者通过从芯片内部直接泄露秘密信息（例如密钥或者 SoC 的内部设计细节）来造成信息泄露。

除了在设计中故意进行恶意更改外，IP 供应商还可以无意中加入公司设计功能，例如隐藏的测试 / 调试接口，这些接口可能会造成关键的安全漏洞。2012 年，剑桥一组研究人员进行的一项突破性研究显示，在一个高度安全的军事级 ProAsic3 FPGA 设备中，MicroSemi（以前叫 Actel）存在一个未经证明的硬件级后门[2]。类似地，IP 模块可能具有未经特征化的参数行为（例如功率 / 热量），攻击者可以利用这些行为对电子系统造成不可恢复的损害。在最近的一份报告中，研究人员证明了这样一种攻击：固件的恶意更新通过影响电源管理系统而破坏了它所控制的处理器。它显示了一种新的攻击模式，在这种模式下，固件 / 软件更新可能会恶意影响芯片的功率 / 性能 / 温度曲线，从而损坏系统或使用适当的侧信道攻击（如故障或时序攻击）泄露机密信息[3]。

SoC 设计人员需要解决方案来验证从不受信任的供应商处获得的 IP 的完整性。另一方面，IP 本身容易受到盗版和逆向工程攻击。拥有 IP 的厂商中的内部员工可以窃取并声称拥有 IP。他们可以复制该设计，过度生产，并非法出售[4, 5]。他们还可以对 IP 进行逆向工程，以了解设计意图或对其进行修改，从而改变其功能。修改后的 IP 可用于 SoC 设计或非法出售，而无须向原始 IP 供应商支付收入。因此，IP 供应商需要解决方案来保护这些 IP 免受盗版和逆向工程攻击。

在这一章中，我们将描述在现代电子产品的生命周期中对硬件 IP 的潜在攻击。我们主要关注两类攻击：导致 IP 信任问题的篡改攻击，以及 IP 盗版和逆向工程攻击。我们考虑了专用集成电路和现场可编程门阵列的设计流程，并描述了相应的 IP 安全问题。

7.2　硬件 IP

IP 通常被定义为由 IP 供应商设计和拥有的逻辑、单元、块或集成电路布局的可重用和模块化单元。无论是专用集成电路还是现场可编程门阵列设计流程，这些 IP 模块都是任何硬件设计的基本构建模块。由于 IP 的可重用性和可移植性，它们在当前半导体行业走向全球的趋势中扮演着重要角色[6]。单个 SoC 通常包含来自多个供应商的 IP。例如，电源管理电路可能来自美国的模拟电路 IP 供应商，而加密 IP 核心可能来自欧洲的独立供应商。这些 IP 通常可分为软件 IP、固件 IP 和硬件 IP（如图 7-1 所示）。下面提供了每个类别的简要描述：

软件 IP：以可合成寄存器传输级别（RTL）格式开发的 IP 称为软件 IP。RTL 基本上是通过寄存器之间的数据流和承载数据的信号的逻辑运算来表示数字电路。软件 IP 是使用硬件描述语言设计的，如 Verilog、System Verilog 或 VHSIC 硬件描述语言（VHDL），使用它们支持的控制 / 数据流结构。HDL 创建硬件 IP 类似于通过计算机编程语言开发软件的方式，例如 C、C++、Java 和 Python。一般来说，如果软件 IP 是从第三方供应商获得的，那么芯片设计人员的可访问性和功能级修改能力将十分有限。

固件 IP：表示为门级网表的 IP 称为固件 IP。门级网表基本上是一个基于布尔代数的抽象，它显示了 IP 的逻辑功能是如何通过门电路和标准单元实现的。固件 IP 核心也具有很高的可移植性，它们可以映射到任何过程技术。相对于软件 IP，固件 IP 更难逆向。

硬件 IP：以布局格式表示的硬件 IP，如 GDS（图形数据库系统），被称为硬件 IP。这些 IP 已经映射到特定的过程技术。硬件 IP 是在整个芯片（如片上系统）的布局被创建之前集成电路的最终形式。因此，制造商不可能为不同的工艺技术定制这些 IP。然而，由于低层次的表示，硬件 IP 在精确确定芯片的面积、时序和性能方面是有用的。模拟和混合信号 IP 通常为硬件 IP，因为它们通常在低级物理描述中定义。

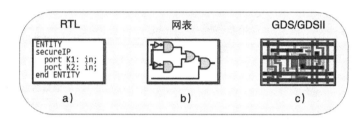

图 7-1　不同类型的硬件 IP 核心：a）软件 IP，即硬件设计的寄存器传输级（RTL）表示；
　　　　b）固件 IP，即门级网表；c）硬件 IP，布局通常表示为图形数据库系统（GDS/
　　　　GDSII）文件

7.3　基于 IP 的 SoC 设计中的安全问题

图 7-2[7] 根据攻击者和攻击意图对硬件 IP 的不同攻击类型进行了说明。以下是硬件 IP 上常见的安全威胁。

硬件木马：恶意设计公司或代工厂可以在设计中加入恶意电路。

IP 盗版和集成电路过度生产：IP 用户或不受信任代工厂的恶意攻击者有可能盗版 IP 并将其交付给未经授权的实体或市场竞争对手。代工厂可以在母公司不知道和不允许的情况下生产集成电路副本。生产过剩的集成电路可以在黑市上以更低的价格出售。

逆向工程（RE）：逆向工程是指对手试图揭示原始设计的功能以非法重用 IP 的过程。基于 IP 或集成电路以及攻击者的意图，逆向工程中的抽象级别可能会有所不同。

7.3.1　硬件木马攻击

硬件木马的功能包括控制、修改、禁用或窥探受攻击 [4, 8, 9] 设计的内容。在任何硬件 IP 中，检测隐蔽的硬件木马都非常困难。由于可伸缩性问题，当前功能和形式测试方法无法彻底验证电路。替代解决方案，如逆向工程和基于机器学习的方法，在提供高可信度方面要么不可行，要么无效。本书第 5 章详细讨论了硬件木马攻击。

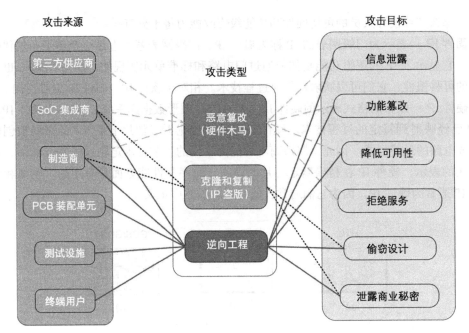

图 7-2　硬件 IP 恶意攻击分类。它显示了每次攻击的来源、类型和目标。主要攻击类型是
　　　　恶意篡改（即硬件木马）、克隆和复制以及逆向工程

攻击模型

硬件木马攻击模型 [7] 中考虑了两种不同的攻击实例。这两种攻击场景如图 7-3 所示。
在第一种场景下，代工厂的攻击者恶意篡改集成电路的光刻掩模，以植入木马。植入方
式可能包括从原始设计中添加、删除或修改功能门电路 [5, 10]。用户和第三方供应商分别
被视为可疑和不可信。在第二个攻击实例中，恶意实体存在于第三方设计机构或内部芯
片设计团队中。如果核查小组事先没有得到关于该漏洞的通知，他们很难发现这种内部
攻击 [11, 12]。在此攻击实例中，假设所有其他实体都不可信。

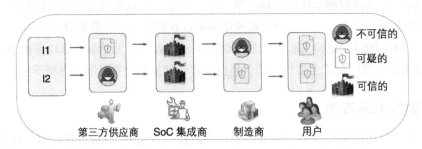

图 7-3　两种硬件木马攻击场景：（I1）代工厂的攻击者；（I2）由恶意第三方供应商提供。
　　　　每次攻击都考虑三种类型的实体：不可信的实体或攻击者、可信的实体或防御者，
　　　　以及可能是攻击者或攻击者同谋的可疑实体

7.3.2　IP 盗版和过度生产

有权访问某个 IP 的攻击者（例如，从 IP 供应商处购买 IP 核心的芯片设计公司）可以窃取并声称拥有该设计的所有权。攻击者可以非法复制或"克隆"该 IP。如果集成电路设计公司是对手，那么它可以将其出售给另一个芯片设计公司（经过小的修改后），声称该 IP 是它自己的 [13]。同样，不可信的制造公司可以制作出芯片设计公司提供的 GDS II 数据库的非法复制，然后作为硬件 IP 非法出售。不可信的代工厂可以用不同的品牌名称来制造和销售伪造的集成电路 [14]。

攻击模型

三种不同的攻击实例如图 7-4[7] 所示。实例 1 表明，位于 SoC 集成商内的攻击者可以非法窃取 3PIP 并过度生产集成电路。在这种情况下，用户和集成电路代工厂是不可信的，而 3PIP 供应商是可信的。攻击者有可能制作超过母公司许可数量的盗版。实例 2 描述了位于代工厂的攻击者如何提取设计布局并制作 3PIP 的盗版副本。SoC 集成商和用户的可信度在这次攻击中得不到保证。在这种情况下，供应商是可信的实体。在实例 3 的情况下，对手位于代工厂，能够盗版集成电路设计进行非法过量生产，随后销售给不受信任的用户。在这种情况下，3PIP 卖方被视为可疑。然而，SoC 集成商被认为是可信的 [15]。

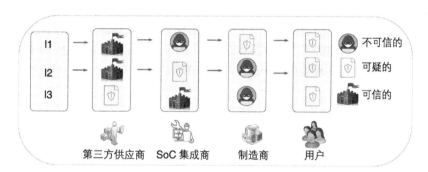

图 7-4　这里考虑三种可能的集成电路 /IP 盗版和过度生产的攻击实例。集成电路 /IP 盗版问题主要来自不可信的 SoC 设计公司和代工厂，而集成电路过度生产问题则完全来自不可信的代工厂

7.3.3　逆向工程

逆向工程是一个复杂的过程，涉及多个步骤，例如尝试推断设计的功能、提取门级网表以及识别设备技术 [16]。研究人员已经为逆向 IP 和集成电路分析了几种技术和工具 [17]。逆向工程知识可被非法用于窃取或盗版设计、识别器件技术和非法制造目标集成电路。逆向工程的主要目标是成功获得设计的预期抽象级别。一旦达到抽象级别，对手就可以利用主要的输入 / 输出来找出设计的功能。对手也可以利用通过逆向工程获得的知识来提取竞争对手 IP 的门级网表。因此，恶意实体滥用窃取的 IP 作为自己的发明、出售或制造非法

集成电路是可行的 [16]。任何对手想要获得的目标抽象级别取决于逆向工程的目的。

图 7-5 展示了逆向工程 [7] 的几个攻击实例。实例 1 说明了在 SoC 集成商中的攻击者逆向 3PIP 的可能性。在这种情况下，代工厂和用户被认为是不可信的。然而，第三方供应商被认为是可信的。这个安全问题的一个解决方案是混淆设计（如第 14 章所述），以防止攻击者直接获取原始设计。

实例 2 描绘了一个攻击场景，其中对手可以从代工厂的集成电路布局中检索 3PIP。类似于实例 1，假设 3PIP 供应商可信，但 SoC 集成商和用户可疑。向不受信任的 SoC 集成商和相关的代工厂交付混淆的设计将是抵御此类攻击的适当解决方案。

实例 3 描述了一个攻击场景，其中攻击者对代工厂的集成电路发起逆向攻击。攻击者可以从逆向工程设计中检索晶体管级布局，并最终获得门级网表。在这种情况下，SoC 集成商是可信的，但是 3PIP 供应商和用户是不可信的。在参考文献 [17–19] 的攻击场景中，混淆目标设计是一个有效的解决方案。在实例 4～8 中，攻击场景将用户描述为执行逆向工程的人。集成电路的逆向工程过程通常包括以下步骤，例如，对集成电路进行解封装、分层、获得层图像以及提取设计网表。第三方供应商的混淆设计是适用于场景 4 的解决方案，而场景 5 需要 SoC 集成商混淆布局。在攻击实例 6～8 的情况下，伪装可信代工厂的设计可以防止安全漏洞。伪装提供了混淆设计之外的额外安全保护。

文献中研究了几种方法来探索逆向工程的脆弱性并制定对策。研究人员已经提出了从布局 [19] 中提取门级网表的算法。已经表明，利用结构同构有助于揭示数据路径模块的功能 [18]。基于未知单元对已知库元件（如加法器、计数器和寄存器）的行为匹配的攻击也进行了研究 [20]。在某些情况下，布尔可满足性定理被应用于通过与已知库模块的比较来揭示未知模块的功能 [21]。

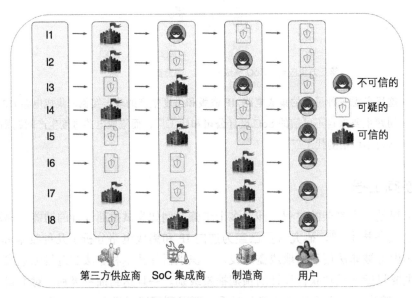

图 7-5　IP 中的逆向工程攻击。已经考虑了八种不同程度的来自多个来源的威胁的单独攻击场景。第三方供应商、SoC 集成商、芯片代工厂和最终用户被认为是攻击实例的关键实体

集成电路逆向工程的一个例证

图 7-6 展示了集成电路逆向工程的关键步骤。第一步是从封装中取出模具，而不对其物理结构和功能造成任何损坏。一旦模具被移除，芯片将在清洁和平坦化后进行扫描电子显微镜成像。扫描电子显微镜成像过程通过以迭代方式进行解封装和多阶段分层。首先拍摄孤立区域的扫描电子显微镜图像，然后将这组图像拼接在一起，用于在每个分层步骤之后提取设计信息。该过程的最终目标是从图像中提取门级网表（设计元件之间的连接列表），并从网表中检索电路功能。商用计算机辅助设计工具可用于从门级网表中获得电路功能。

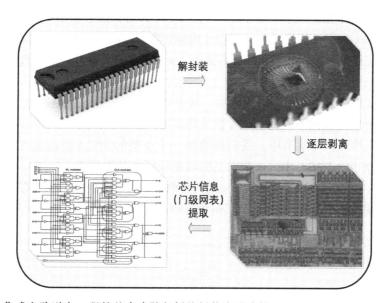

图 7-6　集成电路逆向工程的基本步骤包括从封装中移除管芯、集成电路的解封、分层的多个阶段，然后是每层的扫描电子显微镜成像，最后是门级网表提取以检索设计功能

7.4　FPGA 安全问题

FPGA 是可编程的设备，长期以来被用作硬件设计的原型平台。随着时间的推移，FPGA 已经在各个领域得到应用，包括汽车、网络、国防和消费电器。与通用处理器中的软件实现相比，映射到 FPGA 上的设计在功率消耗和执行速度方面可能表现更好。当给定任务在处理器中实现时，它必须在其通用设计固有的架构限制内执行。然而，对于FPGA，硬件设计本身可以通过针对可配置的硬件资源重新布线，对目标应用（例如，数据加密或数字信号处理）进行适当的转换和优化。因此，在许多应用中，FPGA 通常比同类产品提供更高的性能和能效。性能的提高和可重构性的结合为需要两者的应用打开了大门，例如人工智能和信号处理。FPGA 正越来越多地用于许多安全关键系统。因此，映射

到 FPGA 上的设计已经成为试图破坏系统的攻击者的一个极具吸引力的目标。此外，映射到 FPGA 的设计通常被认为是有价值的 IP，容易被窃取和盗版。在本节中，我们将详细描述这些安全问题。以下各小节简要描述了 FPGA 的内部结构、设计映射过程以及基于 FPGA 的系统的生产生命周期。我们还讨论了这个开发周期中的弱点，并详细描述了攻击模型。

7.4.1 FPGA 设计的原则

为了使硬件 IP 或设计功能化，FPGA 使用各种可重新配置的资源。设计（即 RTL 码或门级网表）必须转换成一种特定的格式，使得 FPGA 内部能够使用这些资源。如果编程正确，配置的 FPGA 硬件将提供与预期设计相同的功能。最重要的是，这种设计可以通过用不同的配置文件重新编程 FPGA 来进行更新。实际硬件设计生成配置文件（也称为位流）的过程如图 7-7a 所示。

FPGA 可以被视为一系列可编程模块，其中每个模块可以有效地服务于不同的目的。内部资源的设计和定义因不同的 FPGA 供应商而异，如 Xilinx、Altera（已被英特尔收购）和 MicroSemi。然而，在本节中，我们将遵循一个主要的 FPGA 供应商 Xilinx 所使用的命名约定。在 Xilinx FPGA 中，一些常见的可编程模块是查找表（LUT）、可配置逻辑块（CLB）、接线盒（CB）、开关盒（SB）、块随机存取存储器（BRAM）、数字信号处理（DSP）块和输入输出块（IOB）。图 7-7b 显示了包含这些不同资源的 FPGA 的简化架构。

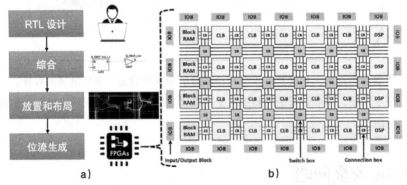

图 7-7   a）FPGA 位流产生流程，其中 RTL 设计被转换成用于编程现场可编程门阵列的配
　　　　　置位流；b）包含 CLB、BRAM、DSP 块、路由资源和 IOB 的 FPGA 结构的简化
　　　　　架构。虽然可编程资源的设计在所有供应商的 FPGA 中都很常见，但是可用资源
　　　　　和它们的组织是不同的

在位流生成过程中，设计首先被分解成布尔函数的小段，每一小段都适合于 FPGA 内部的特定可编程硬件元件。这被称为合成，输出是一个可编程门阵列映射的网表。图 7-8 显示了以门级格式表示的全加器设计及其相应的 FPGA 合成版本。几个门被合并成一个包含布尔函数作为配置位的 LUT（以十六进制显示）。然后放置并路由该网表，该网表定义

了接线盒和开关盒的配置。最后，配置位连接成一个文件，称为位流，用于配置 FPGA。位流生成和编程过程是使用 FPGA 供应商提供的软件工具完成的，例如 Xilinx FPGA 的 Vivado 设计套件。有关 FPGA 架构及其应用基础的更多详细信息，请参见文献 [22]。

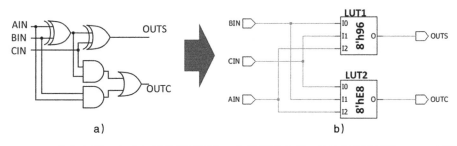

图 7-8　FPGA 综合实例：a) 全加器的门级设计；b) 使用供应商工具综合设计后的 FPGA 映射网表

7.4.2　FPGA 系统的生命周期

在系统的整个开发和运行生命周期中，FPGA 位流容易受到不同的威胁。因此，应该在发展的适当阶段解决这些脆弱性问题。根据应用程序的不同，每个步骤中涉及的实体和相应的生命周期可能会有所不同。我们讨论了各种可能的实体，并使用一个 FPGA 生命周期示例说明主要漏洞。

1. 实体

我们考虑可能直接或间接影响 FPGA IP 安全性的个人、制造商和硬件 / 软件供应商。这些实体简要介绍如下。

FPGA 供应商：供应商向最终用户或开发者提供 FPGA 或基于 FPGA 的解决方案，最终用户或开发者将 FPGA 集成到他们的产品中。Altera 和 Xilinx 是可编程逻辑市场的领先厂商。2014 年，Xilinx 占据了近 45%～50% 的市场份额，而 Altera 占据了 40%～45%[23]。就像集成电路设计公司一样，大多数 FPGA 供应商都是无工厂的，他们依赖于离岸代工厂和其他第三方制造商。

离岸代工厂：FPGA 由集成有不同外围设备和其他元件的基础阵列组成。基础阵列的设计和制造过程与标准集成电路相似。如图 7-9 所示，FPGA 供应商以 GDSII（掩模文件）的形式发送基础阵列的布局以供制造。

离岸装配厂：装配好的基础阵列被传送到另一个工厂进行封装和 FPGA 的装配。该装配厂可以离岸，以降低制造成本。[24]

FPGA 系统开发人员：FPGA 被广泛集成到系统中，包括汽车、国防、网络处理和消费电子产品。开发此类产品的公司直接从供应商处购买 FPGA，或者通过第三方经销商购买独立的 FPGA 集成电路或安装在 PCB 上的集成电路。他们还根据需要购买或开发固件、软件和各种硬件元件。所有硬件和软件元件的集成通常是通过第三方完成的。开发人员经常在系统中加入安全特性，以防止克隆、逆向工程和篡改。在设计未来的设备时，FPGA厂商经常与主要消费者讨论他们希望在未来的 FPGA 硬件中看到的安全特性。

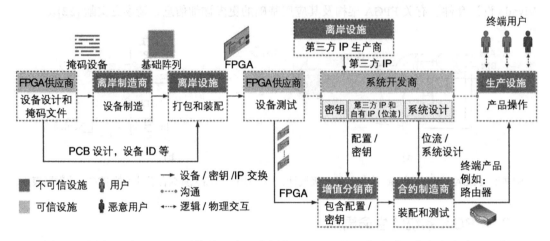

图 7-9   图中显示了 FPGA 系统的开发生命周期。FPGA 的基本阵列通常在离岸代工厂制
造。如果 FPGA 作为板级解决方案出售，后续的装配过程将在另一个第三方工厂
执行。这些 FPGA（独立集成电路或电路板）是通过实际的 FPGA 供应商提供的分
配器购买的。根据系统开发人员的要求，合同制造商装配一个完整的 FPGA 产品

增值转销商：增值转销商（VAR）通常代表系统开发人员为现有产品进行功能编程或配置（操作模式）。虽然除了主要制造商之外，增值转销商的存在似乎是多余的，但它能够针对不能与主要制造商共享的机密功能进行集成。例如，在 FPGA[25] 中存储加密密钥可能需要增值转销商，因为向同一第三方提供解密密钥和加密位流可能导致 IP 被窃取。此外，FPGA 供应商只能证明某些第三方代表他们销售或分销设备[26]。因此，增值转销商存在于许多供应链中。

合约制造商：完整产品的开发和部署可能需要装配、修理和测试大量 PCB，并将其运送给产品买方。因此，系统开发人员可以雇佣一个或多个有能力的第三方制造商。系统设计和元件被发送给合约制造商（CM）进行生产和测试。合约制造商也可以代表系统设计者购买所需的元件（硬件或软件）。

最终用户：一旦购买，系统由所有者部署为客户服务。所有者可以是政府实体、私人公司或购买产品的个人。除了授权客户之外，产品还可能与非法访问的人进行交互。所有者和用户都被认为是对系统、权限和物理访问具有一定知识水平的最终用户。虽然大多数最终用户只会与系统交互以接收预期的服务，但某些用户可能有恶意意图，例如危害系统或窃取关键信息。

2. 生命周期

图 7-9 概述了 FPGA 产品的开发生命周期。流程可以根据应用程序、最终产品或开发系统的公司，用另一组实体来实现。然而，我们试图构建一个流程，以位流的形式覆盖与

在 FPGA 上实现的硬件设计相关的所有可能的漏洞。

由于各种形式的位流漏洞可能源于底层 FPGA 硬件本身，我们从 FPGA 供应商发起的 FPGA 生产阶段开始。供应商定义了基本阵列的架构，由各种可编程单元（即 CLB、CB、BRAM）组成，作为可重新配置的平台。供应商开发基础阵列布局，以生成相应的掩模用于制造。因为大多数设计公司（和 FPGA 供应商）都是无工厂的，所以掩模被送到第三方制造工厂。这将导致潜在安全漏洞，包括恶意修改基本阵列布局，以及各种形式的 IP 盗版问题。此外，由于其已知的规则结构，在基阵列设计中植入恶意逻辑可能更为容易[24]。例如，攻击者可以在基本阵列中植入木马逻辑，该逻辑服务于 FPGA 内部开关盒的配置位，并且仅在找到某个位模式时触发。一旦触发，恶意逻辑可以修改其他资源的配置，导致拒绝服务攻击或信息泄露。文献 [24] 列出了可能的触发器和攻击载荷。

如前所述，FPGA 既可以作为独立集成电路购买，也可以作为板级解决方案购买。对于开发板级解决方案，包含基本阵列的板级设计由供应商指定。类似于基础阵列制造，板级装配过程也可以交由相同或不同的第三方，其中所制造的基础阵列放置在印制电路板上，然后根据设计与其他外围元件进行装配。不可信设备中的恶意修改可能会泄露位流、导致逻辑（设计功能）或物理（设备功能）故障。虽然 FPGA 由供应商测试，但植入电路板和芯片级硬件木马（绕过测试程序）是一个可行的威胁，因为只有一小部分测试用例可以覆盖[24, 27]检测。

需要 FPGA 来构建产品的系统开发人员通常通过第三方分销商购买，这些分销商由 FPGA 供应商认证。如果合同制造商参与了开发过程，设备将被发送到第三方装配厂，在那里 FPGA 将与其他硬件和软件元件装配在一起。对位流的各种形式的攻击，如克隆、逆向工程和篡改，都可能发生在这个阶段。然而，如前所述，系统开发人员将引入安全特性来防止此类攻击。

3. FPGA 位流攻击

随着时间的推移，目前已经存在对 FPGA 位流的各种攻击。对位流的主要攻击类别如图 7-10 所示。在任务关键型应用中，FPGA 设备的扩散涉及许多资源丰富的实体，如国家和资助组织，这些组织可能是有意破坏对手系统的攻击者。此外，FPGA 系统的分布式生命周期涉及越来越多的不受信任实体，这些实体呈现出新的问题。下面我们介绍攻击 FPGA 位流的各种恶意动机，以及相应的攻击模型。

（1）IP 窃取

FPGA 设计通常需要花费大量的时间和精力，这使得设计的配置位流成为有价值的 IP。窃取 IP 包括克隆，即非法使用或分发位流。窃取也可以以逆向工程的形式发生，在逆向工程中，通过分析位流来提取设计和功能。

1）克隆：FPGA 的本质使其容易被克隆，因为如果发现相同的位流未加密，甚至加密（如果加密密钥可用），则可以在类似的设备中使用。在 FPGA 系统的整个开发和部署生命周期中，底层位流可能容易遭受以下多种方式的克隆攻击。

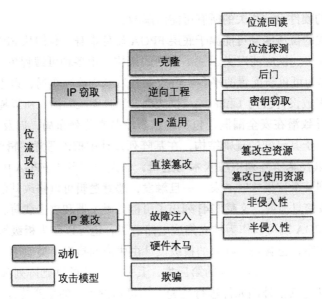

图 7-10 针对 FPGA 位流各种形式的攻击

- **位流回读**

回顾第 4 章，JTAG 是在线测试的通用标准。它也被用作大多数 FPGA 的编程接口。编程和测试操作是通过向接口发送不同的命令来启动的。甚至存在用于从 FPGA 中检索配置位以进行位流完整性验证的命令 [28]。因此，除非被停用，否则这将有助于访问位流的未加密版本。

- **位流探测**

SRAM FPGA 的易失性要求当系统通电时，位流通过编程通道（例如 JTAG）从外部存储器（即闪存）加载到可编程结构上。因此，使用电子探针拦截这种位流传输是一种可能的攻击方法，有助于克隆 [29, 30]。这种攻击不适用于非易失性（如基于闪存的）FPGA，因为配置位总是存储在可重新配置的结构中。因此，只有对非易失性可重构结构进行入侵攻击才是可能的。由于安装探测攻击需要对具有位流的设备进行物理访问，因此合约制造商的对手或具有物理访问权限的恶意最终用户可能是试图进行此操作的人。

- **窃取解密密钥**

许多 FPGA 都带有内置认证模块，例如基于键控哈希消息认证码（HMAC），该模块依据任意长度的位流产生固定长度的消息认证码。今天，许多 FPGA 还包括位流解密（例如，AES）模块，以支持加密位流。加密形式的位流通常驻留在配置闪存中。如果使用认证，认证密钥和哈希摘要将与位流一起加密。如图 7-11 所示，在上电期间，使用存储在非易失性存储器中的密钥来解密加密位流、认证密钥和哈希。使用 FPGA 的内置认证块，生成解密位流的摘要，将其与先前解密的摘要进行比较。如果位流在配置之前没有被篡改，则两个摘要必须匹配。因此，对称加密密钥是位流保证机密性和完整性的基本条件。在密钥受到成功攻击的情况下，由于认证密钥与位流一起被加密，位流不仅容易被窃取，而且可能被篡改。第 8 章中详细描述的侧信道攻击，如差分功率分析（DPA），已被证明在窃取密钥[31-33]方面是有效的。这种攻击包括测量和分析上电时的功率，此时密钥用于解密位流。该密钥也可能通过增值转销商中负责存储密钥的攻击者泄露。如果密钥存储在电熔丝内，可以通过使用扫描电子显微镜观察去盖芯片中的金属层，看到电熔丝编程引起的物理变化。这种攻击只能由高级攻击者发起，能够执行破坏性的逆向工程。最后，在远程升级期间，攻击者可以通过拦截授权人和设备之间的通信来尝试获得加密位流和加密密钥。

2）**逆向工程**：位流逆向工程（BRE）可以允许攻击者提取设计是如何实现的信息。这有助于可能是出于恶意的修改 IP。攻击者可能从市场上购买现有 FPGA 产品，通过 BRE 提取 IP，修改 IP 的功能，然后使用或转售。此外，为了绕过某些限制来进行位流篡改，可能首先需要通过 BRE 获得系统高级设计知识。成功的纯文本 BRE 已经在某些系列 FPGA[34-36]得到证明。然而，由于缺乏标准化位流格式，不同系列和供应商的 FPGA 可能需要更新的、潜在更复杂的方法。加密的存在使位流逆向过程更加复杂。除非攻击者能够访问密钥，否则理解加密位流功能的唯一方法（在一定程度上）是将映射的设计视为黑盒，并观察各种输入的功能输出。

3）**IP 滥用**：IP 滥用是 FPGA 系统生命周期中开发系统本身的实体可能是对手的少数实例之一。目前，以 RTL 或位流形式购买 3PIP 的系统开发人员可以在任何数量的 FPGA 中使用它们。但是，IP 开发人员可能希望在固定数量的设备中使用其设计，也可能希望按使用实例收费。为了促进这一点，在文献 [37] 中提出了一个激活的测量方案，使按使用付费许可模式成为可能。在当前的 FPGA 设备中，如果存在唯一不变的标识符，则 3PIP 供应商可以使用该标识符为不同设备编译单个 IP，以令其只能在固定数量的设备上使用。与软件中的节点锁定许可方法类似，FPGA 位流的节点锁定通过对基数组[38]的低开销架构修改和位流模糊技术[39]进行检查。

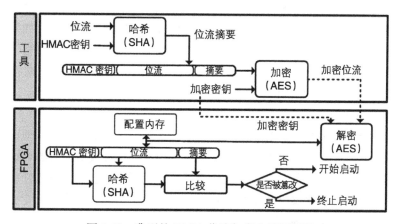

图 7-11　典型的 FPGA 位流加密和认证流程

（2）恶意篡改

恶意修改位流是 FPGA 系统面临的主要问题。攻击者可以修改位流以绕过某些限制，或者绕过位流执行的安全验证。位流篡改也可以用于在设备操作期间的特定时间触发逻辑或物理异常。如下所述，位流篡改存在几种攻击模型。

- **故障注入**

在运行时，可以通过以非侵入性和半侵入性方式注入故障来改变映射配置的各个位。虽然非侵入式攻击不需要对目标硬件进行物理更改，但半侵入式攻击需要有限的硬件更改来促进攻击。无创故障注入方法包括聚焦辐射和功率调节[40]。光学故障注入形式的半侵入式攻击已经用闪光灯和激光指示器进行了演示，以改变微控制器中静态随机存取存储器的各个位[41]。这些设备容易获得，而且相对便宜。因此，类似的攻击模式对静态随机存取存储器 FPGA 来说是一个较大的威胁。

- **直接篡改**

直接篡改未加密位流以实现硬件木马已在文献 [42] 中演示。然而，攻击的重点是修改未使用的资源，这些资源似乎是配置位中的一串零。这有助于轻松修改，而不会使位流不起作用，因为如果修改了位流的已用区域，则可能会发生这种情况。在文献 [43] 中，通过对位流映射格式进行逆向工程，篡改了 FPGA 上 AES 和 3DES 的加密实现。这是通过迭代映射已知函数、观察位流中的变化并重复，直到识别出位流的关键部分来完成的。篡改的最终目标是获取设计中处理的机密信息。在文献 [44] 中，通过执行一组固定的位流操作演示了一种提取 AES 密码模块的 FPGA 实现的密钥的技术。这些规则独立于 FPGA 系列，不需要深入了解设计。

- **硬件木马**

在不受信任的代工厂制造 FPGA 期间，硬件木马可被植入基本阵列布局，一旦被触发，可修改特定 FPGA 资源的配置位，以引发逻辑或物理故障。代工厂攻击者的动机之一可能是破坏供应商声誉，同时为其他人提供竞争优势[24]。在静态随机存取存储器阵列中实现这种木马的可行性已经在文献 [45] 中得到验证。如图 7-12 所示，静态随机存取存储器中的几个触发单元可用于启用恶意插入布局中的传输晶体管构建的路径。如果一个特定的模式被存储在这些触发单元上，该路径激活并短路受害单元。攻击载荷损害了受害单元存储特定值（0 或 1）的能力。这种木马根据攻击者的意图，在特定实例中向特定的可配置元件（即查找表）强制提供恶意值。

- **未经授权的重新编程**

对手可以用完全不同的位流对 FPGA 进行重新编程。当攻击者能够物理访问 FPGA 或者在远程升级期间拦截位流通信时，就会发生这种情况。这种攻击的目的可能是利用受损的 FPGA 感染系统的其他模块。此外，攻击者可能会试图用自己的专有软件替换原始的专有软件，以不同供应商的名义转售 FPGA 产品。如果原始位流只允许使用专有软件，那么这种恶意的重新编程是必要的。

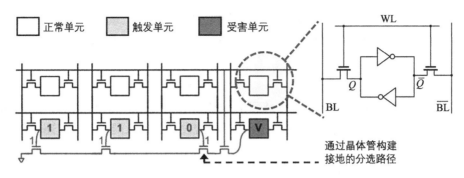

图 7-12　SRAM 中实现的硬件木马程序，当特定模式（1-1-0）存储在触发单元（以灰色标记）上时，会破坏存储在受害单元上的值（以深灰色标记）

近年来，与硬件 IP 相关的安全问题，包括盗版和逆向工程，受到了广泛关注。在这一章中，我们重点讨论了硬件 IP（在专用集成电路和 FPGA 设计流程中）在其生命周期中的主要安全问题。我们分析了威胁模型，并确定了几个与盗版、逆向工程和篡改相关的未解决问题。为了更好地理解这些漏洞，攻击方式根据敌人的位置、意图和攻击表面进行分类。图 7-13 总结了适用于专用集成电路和 FPGA 的各种形式的威胁。任何现代电子系统都依赖于基础硬件 IP 的可信和安全操作。需要充分解决系统中使用的所有硬件 IP 中的安全性问题，以构建安全可靠的系统。

威胁	ASIC 流	FPGA 流
IP 逆向工程	可能通过 IC 逆向工程	可能通过位流逆向工程
部署前植入木马	可能通过网表和布局	可能通过网表、布局或者位流
现场植入木马	通常认为不可行	可能通过操纵位流
IP 克隆	可能通过不可信的制造商或者 IP 集成	可能通过 IP 集成商或用户

图 7-13　专用集成电路和 FPGA IP 所受威胁的比较

7.5　动手实践：逆向工程和篡改

7.5.1　目标

本实验旨在为学生提供执行 FPGA 位流逆向工程攻击的机会。实验由几个部分组成。这些部分是在 HaHa 平台上设计的，该平台采用 Altera MAX10 系列 FPGA 芯片。该实验说明了一种对未加密位流进行逆向工程的方法，目的是盗版、理解设计意图或恶意修改。

7.5.2　方法

学生必须首先将一个示例设计映射到 HaHa 平台内部的 FPGA 模块中，并生成位流。

接下来，学生使用匹配工具将生成的位流与现有位流进行比较；该工具的目标是使用位流模板识别位流中的已知功能。学生们还将创造各种差异最小的设计，并比较生成的位流。

7.5.3　学习结果

通过执行实验的具体步骤，学生将了解位流是如何生成的，以及它们使用的格式。他们将使用这些知识对位流进行逆向工程，并检索设计的门级网表。他们还将探讨保护FPGA设计免受位流逆向工程攻击的方法。

7.5.4　进阶

另外，还可以通过篡改位流来实现与原始输出 50% 的汉明距离。

关于实验的更多细节见补充文件。请访问 http://hwsecuritybook.org。

7.6　习题

7.6.1　判断题

1. 现代专用集成电路设计流程涉及第三方供应商。
2. 内部设计总是值得信赖的。
3. 克隆 IP 的主要目标是盗版和生产过剩。
4. 硬件木马有助于克隆集成电路。
5. 代工厂被认为是整个集成电路设计流程中值得信赖的实体。
6. 加密的 FPGA 位流不能因为绕过设计中实现的逻辑而被篡改。
7. 如果同时使用加密和身份验证，则可以完全避免位流篡改的威胁。
8. 侧信道分析是窃取解密密钥的入侵攻击。
9. 在不知道 FPGA 中映射位流的情况下，工厂无法将木马植入 FPGA 硬件中。
10. 与专用集成电路相比，FPGA 通常消耗更多的功率和面积。

7.6.2　简答题

1. 专用集成电路生命周期的哪些阶段容易受到硬件攻击？
2. 列出在设计流程的不同阶段能够对硬件发起攻击的实体。
3. FPGA 位流篡改的不同方法有哪些？
4. 描述内置认证和加密功能在 FPGA 中是如何工作的。
5. 从攻击者的角度来看，位流逆向工程背后的动机是什么？

7.6.3　详述题

1. 描述现代电子硬件 / 专用集成电路设计的生命周期。
2. 根据攻击者的来源和意图对硬件 IP 进行分类。简要描述硬件木马和集成电路生产过剩的可能攻击实例。

3. 如何通过逆向工程开发 IP？简要解释逆向工程的潜在攻击实例。

4. 描述 FPGA 产品的典型开发生命周期。

5. 描述现场操作期间可能发生的 FPGA 位流的不同攻击。

6. 考虑具有四个查找表和一个触发器的现场可编程门阵列合成网表（如图 7-14 所示）。相应的配置位以二进制形式提供（将顶部的位视为 MSB）。逆向其设计并还原到门级版本。

7. 考虑问题 6 中提到的 FPGA 合成网表。尽可能少地修改 LUT 内容，进行位流篡改攻击，永久反转原始输出，并绘制篡改后的网表。

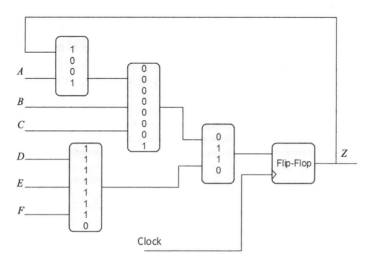

图 7-14　问题 6 和问题 7 的图

参考文献

[1] Global Semiconductor IP Market Report 2018–2022.

[2] S. Skorobogatov, C. Woods, Breakthrough Silicon Scanning Discovers Backdoor in Military Chip, in: International Workshop on Cryptographic Hardware and Embedded Systems, Springer, pp. 23–40.

[3] E. Messmer, RSA Security Attack Demo Deep-Fries Apple Mac Components, 2014.

[4] R.S. Chakraborty, S. Narasimhan, S. Bhunia, Hardware Trojan: Threats and Emerging Solutions, in: High Level Design Validation and Test Workshop, 2009. HLDVT 2009. IEEE International, IEEE, pp. 166–171.

[5] S. Bhunia, M. Abramovici, D. Agrawal, P. Bradley, M.S. Hsiao, J. Plusquellic, M. Tehranipoor, Protection against Hardware Trojan Attacks: Towards a Comprehensive Solution, IEEE Design & Test 30 (2013) 6–17.

[6] D. Forte, S. Bhunia, M.M. Tehranipoor, Hardware Protection Through Obfuscation, Springer, 2017.

[7] M. Rostami, F. Koushanfar, R. Karri, A Primer on Hardware Security: Models, Methods, and Metrics, Proceedings of the IEEE 102 (2014) 1283–1295.

[8] K. Xiao, D. Forte, Y. Jin, R. Karri, S. Bhunia, M. Tehranipoor, Hardware Trojans: Lessons Learned after One Decade of Research, ACM Transactions on Design Automation of Electronic Systems (TODAES) 22 (2016) 6.

[9] S. Bhunia, M.S. Hsiao, M. Banga, S. Narasimhan, Hardware Trojan Attacks: Threat Analysis and Countermeasures, Proceedings of the IEEE 102 (2014) 1229–1247.

[10] F. Wolff, C. Papachristou, S. Bhunia, R.S. Chakraborty, Towards Trojan-Free Trusted ICs: Problem Analysis and Detection Scheme, in: Proceedings of the Conference on Design, Automation and Test in Europe, ACM, pp. 1362–1365.

[11] R.S. Chakraborty, S. Paul, S. Bhunia, On-demand Transparency for Improving Hardware Trojan Detectability, in: Hardware-Oriented Security and Trust, 2008. HOST 2008, IEEE International Workshop on, IEEE, pp. 48–50.

[12] S. Narasimhan, S. Bhunia, Hardware Trojan detection, in: Introduction to Hardware Security and Trust, Springer, 2012, pp. 339–364.

[13] E. Castillo, U. Meyer-Baese, A. García, L. Parrilla, A. Lloris, IPP@HDL: Efficient Intellectual Property Protection Scheme for IP Cores, IEEE Transactions on Very Large Scale Integration (VLSI) Systems 15 (2007) 578–591.

[14] A.B. Kahng, J. Lach, W.H. Mangione-Smith, S. Mantik, I.L. Markov, M. Potkonjak, P. Tucker, H. Wang, G. Wolfe, Constraint-Based Watermarking Techniques for Design IP Protection, IEEE Transactions on Computer-Aided Design of Integrated Circuits and Systems 20 (2001) 1236–1252.

[15] R.S. Chakraborty, S. Bhunia, HARPOON: an Obfuscation-based SoC Design Methodology for Hardware Protection, IEEE Transactions on Computer-Aided Design of Integrated Circuits and Systems 28 (2009) 1493–1502.

[16] S.E. Quadir, J. Chen, D. Forte, N. Asadizanjani, S. Shahbazmohamadi, L. Wang, J. Chandy, M. Tehranipoor, A survey on chip to system reverse engineering, ACM Journal on Emerging Technologies in Computing Systems (JETC) 13 (2016) 6.

[17] N. Asadizanjani, S. Shahbazmohamadi, M. Tehranipoor, D. Forte, Non-destructive PCB Reverse Engineering using X-ray Micro Computed Tomography, in: 41st International Symposium for Testing and Failure Analysis, ASM, pp. 1–5.

[18] M.C. Hansen, H. Yalcin, J.P. Hayes, Unveiling the ISCAS-85 Benchmarks: a Case Study in Reverse Engineering, IEEE Design & Test of Computers 16 (1999) 72–80.

[19] W.M. Van Fleet, M.R. Dransfield, Method of Recovering a Gate-Level Netlist from a Transistor-Level, 2001, US Patent 6,190,433.

[20] W. Li, Z. Wasson, S.A. Seshia, Reverse Engineering Circuits using Behavioral Pattern Mining, in: Hardware-Oriented Security and Trust (HOST), 2012 IEEE International Symposium on, IEEE, pp. 83–88.

[21] P. Subramanyan, N. Tsiskaridze, K. Pasricha, D. Reisman, A. Susnea, S. Malik, Reverse Engineering Digital Circuits using Functional Analysis, in: Proceedings of the Conference on Design, Automation and Test in Europe, EDA Consortium, pp. 1277–1280.

[22] I. Kuon, R. Tessier, J. Rose, FPGA Architecture: Survey and Challenges, Foundations and Trends in Electronic Design Automation 2 (2008) 135–253.

[23] K. Morris, Xilinx vs. Altera, calling the action in the greatest semiconductor rivalry, EE Journal (February 25, 2014).

[24] S. Mal-Sarkar, A. Krishna, A. Ghosh, S. Bhunia, Hardware Trojan Attacks in FPGA Devices: Threat Analysis and Effective Countermeasures, in: Proceedings of the 24th Edition of the Great Lakes Symposium on VLSI, ACM, pp. 287–292.

[25] K. Wilkinson, Using Encryption to Secure a 7 Series FPGA Bitstream, Xilinx, 2015.

[26] Xilinx, Authorized Distributors, https://www.xilinx.com/about/contact/authorized-distributors.html, 2017. (Accessed 3 December 2017), [Online].

[27] S. Ghosh, A. Basak, S. Bhunia, How Secure are Printed Circuit boards Against Trojan Attacks? IEEE Design & Test 32 (2015) 7–16.

[28] Xilinx, Readback Options, 2009.

[29] R. Druyer, L. Torres, P. Benoit, P.-V. Bonzom, P. Le-Quere, A Survey on Security Features in Modern FPGAs, in: Reconfigurable Communication-Centric Systems-on-Chip (ReCoSoC), 2015 10th International Symposium on, IEEE, pp. 1–8.

[30] S.M. Trimberger, J.J. Moore, FPGA Security: Motivations, Features, and Applications, Proceedings of the IEEE 102 (2014) 1248–1265.

[31] A. Moradi, A. Barenghi, T. Kasper, C. Paar, On the Vulnerability of FPGA Bitstream Encryption against Power Analysis Attacks: Extracting Keys from Xilinx Virtex-II FPGAs, in: Proceedings of the 18th ACM Conference on Computer and Communications Security, ACM, pp. 111–124.

[32] A. Moradi, M. Kasper, C. Paar, Black-Box Side-Channel Attacks Highlight the Importance of Countermeasures, in: Topics in Cryptology–CT-RSA 2012, 2012, pp. 1–18.

[33] A. Moradi, D. Oswald, C. Paar, P. Swierczynski, Side-Channel Attacks on the Bitstream Encryption Mechanism of Altera Stratix II: facilitating black-box analysis using software reverse-engineering, in: Proceedings of the ACM/SIGDA International Symposium on Field Programmable Gate Arrays, ACM, pp. 91–100.

[34] J.-B. Note, É. Rannaud, From the bitstream to the netlist, in: FPGA, vol. 8, p. 264.

[35] Z. Ding, Q. Wu, Y. Zhang, L. Zhu, Deriving an NCD file from an FPGA bitstream: Methodology, Architecture and Evaluation, Microprocessors and Microsystems 37 (2013) 299–312.

[36] F. Benz, A. Seffrin, S.A. Huss, Bil: a Tool-Chain for Bitstream Reverse-Engineering, in: Field Programmable Logic and Applications (FPL), 2012 22nd International Conference on, IEEE, pp. 735–738.

[37] R. Maes, D. Schellekens, I. Verbauwhede, A Pay-Per-Use Licensing Scheme for Hardware IP Cores in Recent SRAM-based FPGAs, IEEE Transactions on Information Forensics and Security 7 (2012) 98–108.

[38] R. Karam, T. Hoque, S. Ray, M. Tehranipoor, S. Bhunia, MUTARCH: Architectural Diversity for FPGA Device and IP Security, in: Design Automation Conference (ASP-DAC), 2017 22nd Asia and South Pacific, IEEE, pp. 611–616.

[39] R. Karam, T. Hoque, S. Ray, M. Tehranipoor, S. Bhunia, Robust Bitstream Protection in FPGA-based Systems through Low-Overhead Obfuscation, in: ReConFigurable Computing and FPGAs (ReConFig), 2016 International Conference on, IEEE, pp. 1–8.

[40] S. Trimberger, J. Moore, FPGA Security: from Features to Capabilities to Trusted Systems, in: Proceedings of the 51st Annual Design Automation Conference, ACM, pp. 1–4.

[41] S.P. Skorobogatov, R.J. Anderson, et al., Optical Fault Induction Attacks, in: CHES, vol. 2523, Springer, 2002, pp. 2–12.

[42] R.S. Chakraborty, I. Saha, A. Palchaudhuri, G.K. Naik, Hardware Trojan Insertion by Direct Modification of FPGA Configuration Bitstream, IEEE Design & Test 30 (2013) 45–54.

[43] P. Swierczynski, M. Fyrbiak, P. Koppe, C. Paar, FPGA Trojans through Detecting and Weakening of Cryptographic Primitives, IEEE Transactions on Computer-Aided Design of Integrated Circuits and Systems 34 (2015) 1236–1249.

[44] P. Swierczynski, G.T. Becker, A. Moradi, C. Paar, Bitstream Fault Injections (BiFI)–Automated Fault Attacks against SRAM-based FPGAs, IEEE Transactions on Computers (2017).

[45] T. Hoque, X. Wang, A. Basak, R. Karam, S. Bhunia, Hardware Trojan attack in Embedded Memory, in: IEEE VLSI Test Symposium (VTS), IEEE, 2018.

第 8 章

侧信道攻击

8.1 引言

侧信道攻击（SCA）是一种非侵入性攻击，它以密码算法的实现为目标，而非分析其统计或数学弱点。这些攻击利用从各种间接来源或渠道泄露的物理信息，例如目标设备的功率消耗、电磁（EM）辐射或计算消耗时间。这些通道称为"侧信道"。侧信道参数中嵌入的信息取决于加密算法执行期间计算的中间值，并与密码的输入和密钥[1]相关。攻击者可以在很短的时间内，从几分钟到几小时内，用相对便宜的设备观察和分析侧信道参数，从而有效地提取密钥。由于这些原因，侧信道攻击对加密设备，特别是智能卡和物联网设备构成了主要威胁，攻击者可以轻松获取这些设备的敏感信息。

图 8-1 说明了设备在运行时是如何通过侧信道泄露信息的。常见的侧信道攻击（如功率攻击）监控设备的功率消耗。通常，通过在执行加密操作的芯片的 Vdd 或 Gnd 引脚上引入电流路径来实现功率消耗监控。该器件的功率消耗侧面反映相关晶体管的开关活动，这取决于密码功能的输入，如明文和密钥。当设备运行时，可以使用示波器测量功率消耗，并以各种方式分析功率消耗和密钥之间的关系。简单功率分析（SPA）是一种直接解释收集到的一组输入功率消耗痕迹的技术。它需要关于加密算法实现的详细知识，并且需要攻击者熟练通过目视检查功率来解释密钥信息。图 8-2 提供了简单功率分析过程的概述。相比之下，差分功率分析（DPA）是一种统计分析方法，不需要详细了解目标硬件实现，目标可被视为一个黑盒。已证明差分功率分析在发现功率和与密钥相关性方面是有效的。然而，为了成功执行差分功率分析，通常需要大量的功率测试。

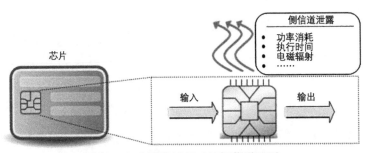

图 8-1　加密硬件运行时的侧信道泄露

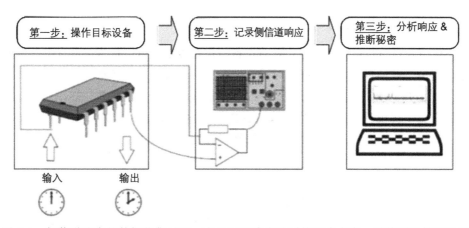

图 8-2　侧信道攻击的数据收集过程，在此过程中实施受控攻击方案，并将测量结果反馈
　　　　给处理单元，以便执行侧信道分析。该过程通常是迭代的，以确保更广泛的功能
　　　　覆盖和较优的结果

8.2　侧信道攻击的背景

第一次报告记录的侧信道攻击案例发生在 1965 年对一个政府机构的攻击。该攻击被应用到一台密码机器上，该机器每天重置密钥并生成密文 [6]。

通过记录模块的声音，攻击者能够破译密钥。他们把机器发出的咔哒声的数量和密钥联系起来。从那时起，侧信道攻击已经有了很大的发展，并依赖于其他几个参数，如功率、时序和电磁。图 8-3 中的时间线显示了过去 50 年中侧信道攻击的演变。

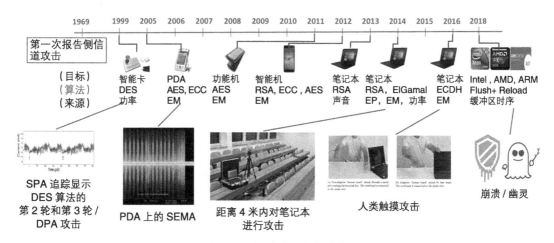

图 8-3　侧信道攻击的演变

8.2.1 侧信道攻击的分类

根据攻击者在执行侧信道攻击之前对设备的控制级别，可以将侧信道攻击分为被动攻击和主动攻击。被动攻击（如功率、时钟或电磁侧信道攻击）不需要攻击者干扰设备的功能或操作[10]。被动攻击通常允许系统正常工作，就好像攻击没有生效一样。另一方面，主动攻击通常会干扰设备的正常操作，攻击者往往会影响设备的行为方式及其执行的操作。通过主动控制设备的行为，攻击者能够获得选择性地提取侧信道信息的优势，这些信息有助于破解加密模块或提取密钥。

每个侧信道攻击都可以通过多种方式完成。通常，首先引入简单的非穷举方法，然后开发更精细和更复杂的方法来提高提取侧信道信息的数量和质量。如前所述，通过功率分析攻击，攻击者可以执行简单的分析，例如检测功率信号。在更复杂的攻击中，即差分功率分析，对多个功率轨迹进行统计分析，以获得关于密钥的更可靠信息。

图 8-4 显示了侧信道攻击的分类。根据侧信道信息来源来分，有几种形式的侧信道攻击，分别是：功率侧信道攻击、电磁侧信道攻击、故障注入攻击和时钟侧信道攻击。而根据具体的攻击方法进行分类则分为：应用分析方法，如简单观察和统计方法；侧信道信号产生方法，如电压和时钟；或者按分析粒度进行分类，例如微架构分析和系统级分析[11]。

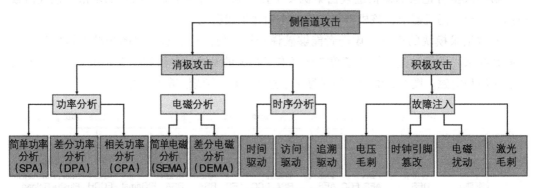

图 8-4 侧信道攻击分类

8.2.2 不常见的侧信道攻击

除了前面描述的常见信号之外，还有其他几个侧信道信号会泄露硬件中存储的敏感信息。这些信号包括声音、温度和振动。对这些信号进行分析以提取敏感信息的研究并不广泛。这些不常见的侧信道攻击的一个例子是声学侧信道分析[22]。就攻击中使用的侧信道信号而言，它类似于 1965 年首次报告的侧信道攻击[6]。攻击集中在操作时产生声音的系统（如 3D 打印机），在那里程序信息可以从泄露的声音信号中提取。捕获的声音信号经过一系列的信号处理和机器学习阶段，可以完成重建操作并产生与被攻击设备类似的输出。其他不常见的侧信道信号，如温度和振动，也可能泄露大量关于被攻击设备的关键信息。为了建立安全系统，需要将所有形式的侧信道视为对信息泄露的有效威胁，并且需要采取适当应对策略。

8.3 功率分析攻击

功率分析攻击的基本思想是通过分析设备的功率消耗来揭示设备的敏感信息[12]。该攻击是非侵入性的，并且由于需要捕获设备在操作过程中产生的信号，因此需要对设备进行物理访问。功率分析攻击主要用于提取密码系统的密钥，因为它已被用于在几分钟内成功突破高级加密标准（AES）。

功率分析攻击作为侧信道攻击的主要形式已经被学术界和工业界研究者广泛研究，并开发了各种功率分析攻击，例如简单功率分析（SPA）、差分功率分析（DPA）和相关功率分析（CPA），以揭示受攻击设备的关键信息。每个要应用的侧信道分析都需要一组功率测量值；这些集合在范围和形式上有所不同，这取决于攻击的类型、设计的复杂性以及数据收集过程的准确性。分析过程中捕获的每个功率信号称为功率跟踪。在应用功率分析攻击之前，攻击者通常需要在所有攻击模式下使用大量功率跟踪。

在本节中，我们将探讨什么导致了功率信号的存在，以及哪些因素会影响这些信号。我们还讨论了器件工作过程中产生的功率信号的类型，以及如何准确捕捉它们。我们解释可以应用的攻击类型，以及从成功的攻击中提取的信息。最后，我们讨论了对策，以及如何防止攻击者执行侧信道攻击。

8.3.1 功率消耗侧信道泄露的来源

影响设备功率消耗的两个因素：第一个因素是动态功率，由器件内晶体管的开关活动引起。第二个因素是漏功率，漏功率是晶体管不需要的行为，与关断状态下产生的漏电流相关。攻击者通常更希望捕获动态功率信号，因为它们与设备的功能行为直接相关，即设备内部的特定操作。例如，逆变器的动态功率与输入和输出的开关活动相关，如图 8-5 所示。假设 P_{ij} 为功率消耗，其中逆变器的输出值从 i 到 j，范围为 $i, j \in \{0,1\}$。P_{01} 和 P_{10} 比 P_{00} 和 P_{11} 大得多，因为输出值切换时连接到输出的电容器充电或放电；P_{00} 和 P_{11} 几乎为零，因为没有充电或放电活动。根据这一特性，对手可以通过测量逆变器的功率来估计输出或输入的状态。如果逆变器的输入源于密钥，则功率侧信道泄露会给对手提供密钥的线索。

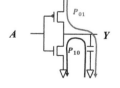

A	Y	功率
$0 \to 0$	$1 \to 1$	P_{11}
$0 \to 1$	$1 \to 0$	P_{10}
$1 \to 0$	$0 \to 1$	P_{01}
$1 \to 1$	$0 \to 0$	P_{00}

$P_{01}, P_{10} \gg P_{00}, P_{11} \approx 0$

图 8-5 逆变器的动态功率

8.3.2 功率信号采集

捕获功率信号的过程是直接的，并且容易通过具有高采样率的捕获设备来完成，例如示波器，其可以以相当小的成本获得。功率获取过程需要关于设备功能的基本知识，其中应用了输入模式，并且在这些模式的处理过程中捕获功率轨迹。

通过测量电压供应传输线中电流水平的变化来捕获功率信号。通常，示波器测量连接在电源（例如，向印制电路板供电的稳压器的输出）和目标器件的 Vdd 或 Gnd 引脚之间的精密检测电阻上的压降。图 8-6 给出了功率分析设置的概述，其中密码系统由计算机控制，该计算机应用输入模式、观察输出、测量功率并执行必要的分析以提取密钥。

采集到的功率信号包括噪声，噪声由算法噪声和自然电噪声组成。算法噪声是由其他模块的开关活动引起的，自然电噪声是由各种环境效应引起的，如电磁干扰。为了消除噪声，攻击者可以通过滤波相位来传递获取的功率跟踪。该滤波器可消除设备和其他环境引起的自然噪声。利用噪声水平和频带识别的方法，设计了噪声抑制滤波器，实现了功率跟踪的精确捕获。可以对多个功率跟踪进行平均，以消除噪声并使信号平滑。根据设备、算法的实现和攻击类型，功率跟踪的数量可以从单个跟踪到数百万个跟踪。

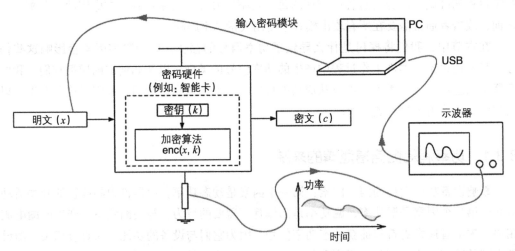

图 8-6 密码硬件上功率分析攻击的典型设置

8.3.3 功率分析的类型

我们介绍三种类型的功率侧信道分析：简单功率分析（SPA）、差分功率分析（DPA）和相关功率分析（CPA）。

1. SPA

SPA 旨在观察受攻击设备处于工作模式时获得的功率测量值。这种类型的分析不需要任何高级或统计处理阶段。SPA 攻击通常应用于只有一条或几条电源线路可用的可访问性有限的设备。SPA 可应用于单一功率跟踪，攻击者试图从该跟踪中观察关键信息或密钥。当 SPA 应用于从大量事件中捕获的多条功率信号时，这些信号通过均值处理以消除噪声。在这两种情况下，只有当记录的功率消耗能够导致有关设备的关键信息被泄露[15]时，攻击者才能成功实施攻击。

功率跟踪的目视检查被认为是 SPA 攻击的主要形式，其中功率跟踪显示一系列模式，这些模式可以帮助识别关键位、指令或功能。处理器中的每条指令都会产生一个特定的模式，可以在功率跟踪中直观地识别出来。因此，当在受攻击设备中寻找清晰的模式时，目视检查被证明是有用的。

图 8-7 显示了 RSA 解密中模块化求幂的平方和乘法运算对应的模式序列。

模板攻击是 SPA 的一种更高级的形式，在 SPA 中，功率跟踪中已知和识别的模式被描述为模板并存储。从目标设备收集的功率跟踪与模板匹配，然后识别相应的操作。SPA 还可以用作更高级方法的第一步，在这种方法中，功率跟踪用于标识管道长度、处理器负载、微架构事件（如缓存未命中和命中）以及更改输入模式时可能触发的不同功能。

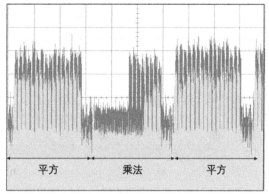

图 8-7　RSA 解密中模块化求幂跟踪的一部分[18]

2. DPA

DPA 攻击是最常见的侧信道攻击类型，因为攻击者不需要事先了解受攻击设备的硬件架构来执行分析。此外，DPA 已被证明在噪声环境中能够获得高质量信号。与 SPA 相比，DPA 通常需要更多的跟踪数据；更多的数据收集使 DPA 更强大。DPA 被广泛用于在加密或解密数据块时通过获取功率跟踪来揭示密码系统的密钥[8]。

在 DPA 中，攻击者可以成功地利用功率消耗的数据依赖性，这使他们能够观察数据内部转换，并提取密钥和关键信息。DPA 攻击的实现需要两个阶段：数据收集和数据分析。在数据收集阶段，在以高采样率记录功率跟踪的同时，对设备应用不同的输入模式。对测量的记录信号进行平均，并应用经过调整的带通滤波器来消除噪声，这有助于提高记录信号的质量。在数据分析阶段，应用统计分析，如均值差。图 8-8 显示了将 DPA 应用于 AES 模块的示例。以决策函数为基础，如图 8-8 中的替换框（SBOX）[11] 操作的 MSB，将功率跟踪分为两组，然后计算两组平均值的差，如下：

$$\Delta = \frac{\sum_{i=1}^{m} D(K, P_i) T_i}{\sum_{i=1}^{m} D(K, P_i)} - \frac{\sum_{i=1}^{m} (1 - D(K, P_i)) T_i}{\sum_{i=1}^{m} (1 - D(K, P_i))}$$

上述方程，$D(K, P_i) = \text{MSB}(\text{SBOX}(K \oplus P_i))$，$K$ 是对手的猜测密钥，P_i 是明文，T_i 是设备执行 SBOX 操作时收集的功率跟踪。如果猜测密钥正确，则 $D = X_7 = 0$ 和 $D = X_7 = 1$ 给出的条件概率密度函数完全不同，如图 8-8a 所示。否则，条件概率密度函数类似，如图 8-8b 所示。因此，在正确的猜测密钥情况下，平均差最大，在其他情况下，平均差几乎为零，如图 8-8c 所示 [9]。

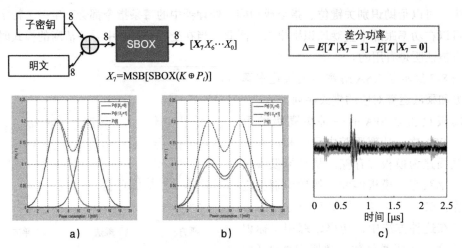

图 8-8　DPA 攻击泄露密钥：a）正确猜测的概率密度函数；b）错误猜测的概率密度函数；
　　　　c）平均值的差异

高阶 DPA 是一种在整个功率跟踪中利用一个点或多个点的高阶统计信息技术，例如第二、第三和更高时刻（即方差、偏度和峰度）。该技术可以成功地利用设备的弱点，绕过传统的功率分析对策。

DPA 针对设备功率消耗的相关区域，使攻击者能够自动进行分析，甚至可以训练自动化攻击模型使其适应设备和环境变化。信息量大、成本低、攻击的无创性使其成为最强大的侧信道分析攻击之一。值得强调的是，DPA 已成功攻击许多设备 [24]。

3. CPA

CPA 是 SCA 的一种高级形式，它利用功率消耗与目标函数的汉明距离或汉明权重之间的相关性，例如 SBOX 操作的输出。CPA 攻击的第一步是确定被攻击设备执行的加密算法的中间值，即目标函数，用 $v_i = f(d_i, k^*)$ 表示，其中 d_i 是第 i 个明文或密文，k^* 是密钥的一个组成部分的假设 [16]。

第二步是测量加密设备在加密或解密不同数据输入时的功率消耗，包括第一步的目标函数。我们将功率跟踪表示为 $\vec{t_i} = (t_{i,1}, t_{i,2}, \cdots, t_{i,t^*}, \cdots, t_{i,L})^{\text{T}}$，对应于输入 d_i，其中 L 表示跟踪的长度 t_{i,t^*} 是执行第一步目标函数时的功耗。攻击者测量每个数据输入，因此，可以写为 $D \times L : \boldsymbol{T} = (\vec{t_1}, \vec{t_2}, \cdots, \vec{t_{t^*}}, \cdots, \vec{t_L})$ 大小的矩阵 $\boldsymbol{T}$，其中 $\vec{t_j}$，$j = 1, \cdots, L$ 是 $D \times 1$ 大小的列向量。

第三步是为所有可能的 $k : v_{i,j} = f(d_i, k_j)$ 计算一个假设的中间值，其中 $k : v_{i,j} = f(d_i, k_j)$，$i=1, \cdots, D, j=1, \cdots, K$。

第四步是将假设的中间值映射到假设的功率消耗值：$h_{i,j} = g(v_{i,j}) = g(f(d_i, k_j))$，$i = 1, \cdots, D, j = 1, \cdots, K$。最常用的功率消耗模型是汉明距离和汉明权重模型。$D \times K$ 矩阵 H 在这一步中得到：$H = (\vec{h_1}, \cdots, \vec{h_k})$，其中 $\vec{h_i}(i = 1, \cdots, K)$ 是尺寸为 $D \times 1$ 的矢量。

第五步是将假设的功率消耗模型与测量的功率轨迹进行比较。为了测量 $\vec{h_i}$ 和 $\vec{t_j}$，$i=1, \cdots, K, j=1, \cdots, T$ 的线性关系，计算相关系数：

$$r_{i,j} = \frac{\sum_{d=1}^{D}(h_{d,i} - \overline{h_i})(t_{d,j} - \overline{t_j})}{\sqrt{\sum_{i=1}^{D}(h_{d,i} - \overline{h_i})^2 \sum_{i=1}^{D}(t_{d,j} - \overline{t_j})^2}}$$

其中 $\vec{h_i}$ 和 $\vec{t_j}$ 分别表示向量 $\vec{h_i}$ 和 $\vec{t_j}$ 的平均值。如果密钥 k^* 的 r_{k^*, t^*} 正确并且特定时间 t^* 具有不同的峰值，那么 CPA 攻击是成功的。

8.3.4　功率侧信道攻击的防御对策

为了消除功率消耗和所执行的加密算法的中间值之间的依赖性，加密硬件可以在设计阶段用安全的原始逻辑单元（例如基于感测放大的逻辑（SABL）[19]、波动态差分逻辑（WDDL）[20] 和 t-private 逻辑电路 [21] 来实现。这些安全逻辑样式使用不同的方法来使所执行的操作功耗独立于所处理的数据值，从而防止功率跟踪中秘密信息（即密钥）的泄露。SABL 和 WDDL 在每个时钟周期消耗等量的功率，但是 t-private 逻辑电路通过用 t 个随机位屏蔽每个位来随机化每个时钟周期的功率消耗量。换句话说，SABL 和 WDDL 实现了隐藏对策，t-private 逻辑电路实现了屏蔽对策。

尽管所有这些安全单元对 SCA 具有不同程度的鲁棒性，但只有 t-private 逻辑电路可以防止探测攻击，这使得对手在每个时钟周期只能观察到有限数量的内部节点。就其实现而言，t-private 逻辑电路和 WDDL 是用通用的 CMOS 数字单元库实现的，但是每个 SABL 单元都应该是完全定制的。在这些安全逻辑设计风格中，t-private 具有最大的电路面积，但 t-private 逻辑电路的功率消耗最小。由于 SABL 和 WDDL 具有两相（预充电阶段和评估阶段），在相位信号被切换的每个时钟周期期间，SABL 和 WDDL 的功率消耗大于 t-private 逻辑电路的功率消耗。表 8-1 显示了这些安全逻辑样式的概要。

表 8-1　安全逻辑类别

	SABL	WDDL	t-private 逻辑
抗 SCA	√	√	√
抗探针	×	×	√

（续）

	SABL	WDDL	*t*-private 逻辑
方法	隐藏	隐藏	随机掩码
设计	全定制	半定制	半定制
面积	中等	大	小
功率	中等	低	高

8.3.5　高阶侧信道攻击

高阶侧信道攻击利用多个泄露数值，对应于执行加密算法期间的几个中间值[26]。（$n+1$）阶 SCA 在 n 阶掩蔽对策中是有效的，其中中间值被 n 个随机值掩蔽。当中间值在加密设备中被随机值屏蔽时，可以执行二阶 DPA 或 CPA 攻击以揭示密钥。例如，我们假设 AES SBOX 操作的输入和输出使用相同的掩码 r 隐藏，如下所示：$v=(p \oplus k) \oplus r$，$u=SBOX(p \oplus k) \oplus r$，两个中间值存储在寄存器中。在二阶 CPA 攻击中，SBOX 输入和输出是目标。对于攻击来说，攻击者假设函数 h 定义为两个中间值之间的汉明距离：$h_{k_i}=HW(v \oplus u)=HW((p \oplus k_i \oplus SBOX(p \oplus k_i))$，当两个中间值存储在寄存器中时，收集到的功率记录的两点 l_1 和 l_2 通过绝对差分函数 $t=|l_1-l_2|$ 计算，使用绝对差分函数来组合两点的原因是绝对差分函数与假设函数有更高的相关性[26]。

如果猜测的键等于正确的键，假设函数与组合函数之间的相关性具有最大值：$k^*=\arg\max_{k_i} \in \mathcal{K}\rho(h_{k_i}, t)$，其中 k^* 正确的键。因此，可以通过比较假设的功率消耗和组合的功率跟踪来揭示正确的密钥。

8.3.6　功率 SCA 安全指标

需要使用适当的度量标准来评估设备针对 SCA 的安全性。测量受攻击设备的保护级别有不同的方法。这些方法评估成功执行 SCA 的难度，以及从设备中成功提取关键信息所需的时间。

测试向量泄露评估（TVLA）是一种常用的评估方法，用于衡量检测设备中任何数据泄露的容易程度。该评估通过应用一组预先定义的测试输入、检测泄露和评估从跟踪中提取重要信息的能力来完成。泄露评估基于 Welch's t-test，用于检验当两个样本具有不相等的方差和不相等的样本量时，两个总体具有相等平均值的假设。在侧信道评估过程中，收集 n 个侧信道测量值，同时测试设备使用一个密钥进行操作。对于 $\overline{p}^i=[p_0^i, \cdots, p_{m-1}^i](i=1, \cdots, n)$，$m$ 是采样点的数量，n 个测量根据行列式函数 D 分为两组：$S_0=\{\overline{p}^i | D=0\}$，$S_1=\{\overline{p}^i | D=1\}$。

如果 t-test 统计量

$$t = \frac{\mu_0 - \mu_1}{\sqrt{\dfrac{\sigma_0^2}{N_0} + \dfrac{\sigma_1^2}{N_1}}}$$

超出置信区间，$|t| > C$，则无效假设 $H_o : \mu_0 = \mu_1$ 被拒绝。这意味着两个组是可区分的，并且实现具有很高的信息泄露可能性。因此，不能通过泄露评估测试。假设阈值 C 选为 4.5，则置信度大于 0.999 99 以拒绝无效假设，行列式函数 D 定义为

$$D = \begin{cases} 0, & \text{如果明文是随机的} \\ 1, & \text{如果明文是固定的} \end{cases}$$

这被称为非特异性固定对随机测试。

　　另一种用于测量侧信道漏洞的方法是应用攻击成功率分析。该成功率被定义为成功攻击的次数（即密钥是通过攻击获得的）除以执行的攻击总数，其中最大 100% 表示每次应用侧信道分析时设备都被成功攻击，最小值为 0%，这意味着该设备免受所有攻击。该评估还可以反映攻击者从设备中提取关键信息所需的时间。

8.4 电磁侧信道攻击

　　电磁侧信道攻击主要测量运行中集成电路发出的电磁波。这些电磁波被定义为电场和磁场的同步振荡，它们以光速通过真空 [14] 传播。

　　在本节中，我们将讨论不同电磁信号的来源，以及捕获它们所需的设备。我们区分故意和无意的电磁信号。我们还讨论了可能通过电磁侧信道泄露的信息的数量和类型。我们描述了一个数据采集过程，可以捕获低能量但关键的电磁信号。我们解释了各种类型的基于电磁的侧信道攻击，可以应用侧信道分析，如简单电磁攻击（SEMA）和差分电磁攻击（DEMA）。最后，我们概述了保护设备免受电磁侧信道攻击的可能措施。

8.4.1 电磁信号的来源

　　电磁波是在电流流经器件时产生的，在器件中，晶体管和互连开关活动随着输入模式的变化而发生。该电流产生电磁信号。特定电流的电磁信号不仅可能受到设备的物理或功能结构的影响，还可能受到其他元件的电磁波及其电流的影响。

　　攻击者通常旨在捕获由数据处理级的当前流产生的电磁信号，在数据处理级中，由于执行数据处理操作时设备的切换活动，大多数波会产生。这些波通常被认为是无意的，它们允许关键信息在操作过程中自然泄露。当应用电磁侧信道分析时，可以很容易地捕获切换活动，并将其转换为每个时钟周期中发生的一系列事件和实例。这种类型的攻击类似于功率侧信道分析，其中使用当前活动的一维视图从设备中提取关键秘密。然而，功率分析攻击（例如 DPA）不能提取任何空间信息，例如特定当前活动的位置。另一方面，电磁侧

信道攻击也可以识别电磁信号的位置，这使得它成为强大的攻击向量。

8.4.2 电磁辐射

电磁辐射被定义为使目标设备产生电磁信号的过程。电磁辐射有两种类型：有意辐射和无意辐射。接下来，我们描述这两大类型。

1. 有意辐射

有意电磁辐射是由施加的电流产生的，该电流使器件发出电磁响应[17]。这些电流通常以短脉冲串和尖锐上升沿的形式出现，这将导致在整个频带内容易观察到的高功率辐射。通常，施加的电流以较高的频带为目标，以快速捕获由于较低频带中的噪声和其他干扰发射而产生的响应。攻击者在这种类型的发射中的目标是隔离目标关键数据路径的电磁响应。为此，需要一个微小而灵敏的电磁探头。设备的延迟也有助于改善捕获的信号质量。

2. 无意辐射

当攻击者应用电磁侧信道分析时，关注无意辐射有助于识别关键路径并获取其数据值。现代集成电路复杂性的增加和尺寸的减小导致了元件之间的电和电磁耦合，这是一种不受控制的现象，会产生有害信号。这些元件可以充当调制器；它们产生载波信号，该载波信号可以被截取和后处理以获取所携带的数据。

信号的调制可以是调幅（AM）或调频（FM）。在调幅中，载波信号和数据信号之间的耦合导致调幅辐射；可以通过使用调谐接收机解调调幅信号来提取数据信号。在调频中，耦合产生频移信号，这个信号可以用调频接收机解调。

8.4.3 电磁信号采集

电磁信号通常通过传导和辐射传播，这些信号可以用传感器截取，例如近场探头或天线。使用这些传感器可以将电磁信号转换成电流信号，对电流信号进行后处理以去除噪声，并限制频带，从而应用电磁分析。如果使用的传感器被屏蔽掉不想要的频带或其他电磁干扰，接收信号的质量通常会得到改善。

信号的后处理可以包括过滤与目标关键数据路径无关的频带，这需要预先知道保存信息的频带。为了获得这些知识，频谱分析仪通常用于识别载波和噪声，那么后处理过滤器只能被调谐以允许关键信息通过。图8-9显示了电磁攻击的测量设置。

8.4.4 电磁分析的类型

电磁分析主要有两种类型：简单电磁分析（SEMA）和差分电磁分析（DEMA）。

1. SEMA

在SEMA中，攻击者获得单个时域跟踪进行观察，并直接获得关于设备的知识。只有在事先知道应用了设备的架构或安全策略的情况下，攻击才有效。SEMA 的主要目标是通过电磁信号轨迹的目视检查获得关键信息，其中系统启动时的一系列转换可能包括用于加密/解密数据的秘密密钥的信息。SEMA 的使用通常是电磁侧信道攻击的第一步，在这里可以观察到必要的信息，以便利用 DEMA 进行更详细的分析。

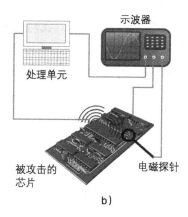

图 8-9 a）将电磁探头放在 FPGA 上的照片 FPGA；b）电磁侧信道分析设置

2. DEMA

攻击者将 DEMA 应用于该设备，以利用视觉上无法观察到的信息。DEMA 通常使用自参考方法，该方法将分析的信号与设备不同区域（空间参考）或不同时间（时间参考）的等效信号进行比较。DEMA 不需要太多关于被攻击设备的知识；当在不同的地点和时间获得不同形式的电磁信号时，可以利用大多数信息。DEMA 的分析有助于识别目标设备的功能和结构细节。它还可以跟踪过程流，并确定信号在设备内部的传播方式。DEMA 获得的这些细节可以帮助反向工程设备，或者使攻击者能够物理禁用系统的安全策略。

8.4.5 电磁侧信道攻击的防御对策

为了防范电磁侧信道攻击，许多对策可以帮助增加一层保护，同时保持设备的性能和服务质量。重新设计电路以减少耦合问题是主要对策之一。此外，为器件增加一层屏蔽层以防止电磁信号传播是另一项重要措施。引入产生电磁噪声的不起作用的模块也可以防止关键信息由于在同一频带中施加大量噪声而容易被截取。

其他功能性对策可能会隐藏关键过程而不被检测到，例如在使用密码系统时引入关键的非线性处理序列。通过在加密过程的各个阶段之间注入虚拟指令或操作，即使在成功执行电磁旁路攻击时，也可以防止对手区分密钥位和虚拟位。由于存在几种拦截不受控制的电磁信号的方法，即使在应用加密时，许多攻击在提取关键信息方面也是成功的。因此，应在设计阶段尽早引入对策，以充分保护设备免受电磁侧信道攻击的影响。

8.5   故障注入攻击

与功率分析攻击不同，故障注入攻击是主动攻击，其中加密设备被潜在地注入导致密钥泄露的故障[1,7]。注入的故障旨在设备运行期间引入临时故障。这种故障通常是一些存储器或寄存器位的干扰。随着执行的继续，干扰（即单个 / 多个内存位翻转）传播到其他内存位置，最终导致输出中断。我们称这种损坏的输出为错误的密文。如果错误被精确地注入并且具有特定的属性，攻击者可以使用错误的密文来获取密钥。图 8-10 显示了故障攻击的整个过程。一些加密方案，如 AES、RSA 和 ECC 已被证明易受此攻击。

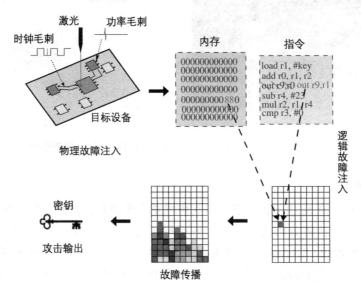

图 8-10   在故障注入攻击或故障攻击中，物理故障是在设备运行期间故意注入设备的，目的是泄露关键信息。这种故障可以通过干扰时钟或电压源来注入，或者通过使用激光束，以便修改存储器或寄存器位置，或者诱发其他故障效应（例如跳过指令）。在加密设备中，这种干扰通常会在执行过程中传播到其他位置，并最终导致错误的密文。然后可以评估有缺陷的密文来获取密钥

典型的攻击从向操作设备注入故障开始，故障可能是电压或时钟源毛刺[4,5]。其他技术，如电磁辐射、物理探测或使激光束穿过该设备，也可以用于故障注入。然后通过观察故障输出来分析设备，这些输出可能有助于提取密钥。攻击被认为是半侵入性的，因为有时需要物理修改才能正确注入故障。

攻击需要事先了解设计才能成功。当设备被视为黑盒时，无法选择故障类型、注射过程的位置和时间。对 AES 的简单故障注入攻击示例如图 8-11 所示。让 k_0 代表 AES 密钥的位 0。现在，假设在初始加键操作期间，k_0 中注入了一个卡在零位的故障，这迫使 k_0 的值为零。有两种可能的结果。首先，如果故障注入前 $k_0=0$，则故障诱导对输出没有影响；

另一方面，如果 $k_0=1$，则故障切换 $p_0 \oplus k_0$ 的值。这是一种干扰，然后随着执行的进行而传播，导致一个错误的密文。在这种情况下，故障密文将不同于无故障密文，由相同的明文生成。因此，攻击者识别 k_0 的值。

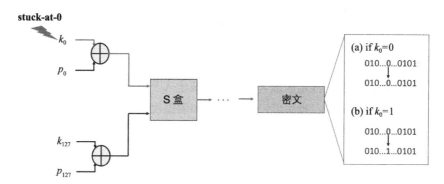

图 8-11　针对 AES 的简单故障注入攻击；目标位是 k_0

以类似的方式，通过独立地将密钥位 k_1 到 k_{127} 中的错误注入，攻击者可以检索整个 AES 密钥。这种攻击虽然容易理解，但在实践中很难执行。这是因为攻击者需要生成 128 个精确放置的时钟错误。每一个错误都应该将键的一个位强制为零。自从这种简单的攻击之后，人们提出了许多更强大的故障攻击。最强的攻击只需一次故障注入就可以恢复整个密钥。这种攻击需要在第 8 轮 AES 时注入一个错误。这种攻击也放松了故障注入的要求；故障只需要在第 8 轮中随机修改一个字节。

8.5.1　故障注入技术

故障注入技术可能因设备类型和攻击者可用信息量而异。以下小节解释了故障注入技术的主要类型。

1. 电压毛刺

电压毛刺被认为是基本的故障注入技术，在这种技术中，器件的电压水平低于正常水平。通过在这种状态下运行设备，故障将开始出现在设备的输出端。故障的精度和类型由提供的电压水平控制；随着电压供应进一步降低，获得了更有缺陷的行为。这种技术没有侵入性，也不需要特定的时序模式。当应用这种攻击时，故障将在整个设备中均匀传播，这可以在访问设备中很少激活的节点和寄存器方面给攻击者带来优势。

2. 篡改时钟引脚

另一种基本的故障注入技术是攻击者向设备发送故障时钟信号。故障可能是时钟故障，也可能是信号的电压水平。这种无创攻击迫使设备在所有计时操作中产生错误输出。攻击者需要能够访问设备的时钟信号，以便精确控制故障，这是一项相对容易的任务。

3. 电磁干扰

电磁干扰可应用于故障注入。产生电磁信号并将它们导向设备会导致系统的运行受到损害。通过控制电磁信号，可以观察到不同类型的功能行为变化，并且通过正确的输入模式和足够的迭代，设备可以泄露密码模块的密钥。由于电磁信号应用于整个设备，攻击会均匀地影响系统，因为故障可能会注入设备的任何位置。

4. 激光毛刺

将激光束应用到设备的特定区域会导致故障被注入 [3]。当有意施加强激光束时，可以修改寄存器和状态中的数据。光束可以根据强度和偏振度进行控制，这使得攻击者能够将故障注入特定区域或整个设备。注入的错误可以传播到设计的输出，并成功泄露加密模块的密钥。

8.5.2   故障注入的防御对策

故障注入攻击的对策是有限的，因为用于故障注入的工具和设备很容易获得。对设计的主要端口（如电源线和时钟线）的可访问性使得这些攻击非常难以对抗。然而，在引入故障时，可以采取一些措施来避免泄露关键信息。

最常见的故障注入攻击对策之一是基于关键操作的复制，这是容错计算的流行解决方案 [2]。这里，重复加密操作，并比较两个输出。如果发现不同，系统会假设已注入故障，并采取适当的措施。复制可以在空间或时间上完成。空间复制，尤其适用于硬件加密加速器，通过冗余电路块来重新计算特定的加密操作。时间复制在不同时间重用相同的电路块来执行重新计算。虽然空间对策不影响加密操作的执行时间（但是增加了区域开销），但是时间对策不影响区域需求（但是增加了延迟开销）。因此，前者适用于高速应用，而后者适用于小型设备。

另一种保护方法是基于错误检测方案，如奇偶校验。该方案增加了一种检测机制，当设备在故障环境中运行时，该机制会禁用设备的关键功能。与复制相比，它们通常具有更少的开销。然而，它们在检测多次故障注入方面效率不高。由于需要检测和纠正多个故障，开销会显著增加。这些保护方法也受到构建容错系统中使用的类似技术的启发。防篡改保护模块也是一个选项。这些可以用来减少故障注入攻击的影响。防篡改保护模块可以充当扫描工具，查找和报告任何物理修改尝试。这些模块仅限于物理和半入侵攻击。

8.6   时序攻击

时序分析是一种侧信道攻击，用于通过分析不同设置和输入模式下每个操作的执行时间来提取受攻击设备的关键信息 [13]。硅基器件中执行的每个操作都需要一定的时间才能完成。这一时间可能因操作类型、输入数据、用于构建设备的技术以及设备运行环境的属性而异。

在本节中，我们将展示如何应用时序攻击，用于提高分析准确性的方法，可以获得哪些信息，以及阻止攻击成功的对策。

8.6.1 加密硬件上的时序攻击

攻击者通常在密码系统上应用时序分析来提取密钥，其中时序分析可以帮助攻击者确定密钥的哪些子集是正确的，哪些子集不是。攻击者测量信号延迟的方法是在输入中施加变化，并记录输出更新前发生的延迟。其他技术包括聚焦于功率或电磁信号来分析延迟，这主要用于受攻击设备具有时序电路或使用流水线的情况。环境条件可能有助于攻击者执行有效的时序分析，不同的操作温度可能会影响数据流的速度。例如，较高的温度通常会导致较慢的数据流，这有助于区分并行操作和高速操作。

图 8-12a 给出了一种简单的模幂运算算法的概述，而图 8-12b 展示了 3 种不同模幂算法实现的 10 000 次执行总时间：简单、平方乘法和具有平方乘法实现的蒙哥马利算法。如图所示，执行时间取决于指数。在直接实现的情况下，随着指数的增加，执行时间也线性增加。在其他情况下，执行时间与二进制指数中 1 的数量有关，即指数的汉明权重。

时序攻击通常与其他侧信道攻击一起使用，因为当使用不同的分析方法时，可以提取更多的信息。功率分析是时序攻击的一个很好的例子，功率跟踪不仅显示所执行操作的相关模式，还显示操作完成所需的时间。当对功率信号应用时序分析时，也揭示了操作顺序，该顺序有助于识别设备正在运行的进程类型，甚至允许对手对设备进行逆向工程。

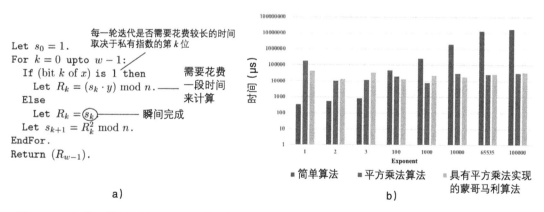

图 8-12 a）用于模幂运算的平方和乘法算法；b）3 种不同模幂软件实现的 10 000 次执行的总时间

8.6.2 处理器中的高速缓存时序攻击

另一种强大的时序分析攻击称为高速缓存时序攻击，适用于处理器的高速缓存。缓存时序攻击的主要目标是测量缓存访问时间，然后将时钟值与正在处理的信息相关联。对于以下两种情况，高速缓存访问时间是不同的：1）当处理器请求的数据在高速缓存中可用时（即高速缓存命中），2）当高速缓存不具有可用的数据并从主存储器请求它时（即高速缓存未命中）。从主存储器中检索数据，或者从处理器的存储器层次结构中更靠近主存储器的高速缓存级别中检索数据，比从更靠近处理器内核的高速缓存级别中检索数据花费更长的时间。侧信道攻击已经利用了这些时序差异。为了测量时间，攻击者可以从缓存层次结构中清除受监控的内存行（FLUSH 阶段），然后等待以允许受害程序访问内存行（WAIT阶段）。攻击者然后重新加载内存行，测量加载时间（RELOAD 阶段）。如果受害者在等待阶段访问存储器行，重新加载操作需要更短的时间。否则，需要从内存中取出请求的行，并且重新加载要花费相当长的时间。图 8-13 显示了有和没有受害者访问的攻击阶段的时序。这种攻击被称为 Flush + Reload 攻击 [23]。

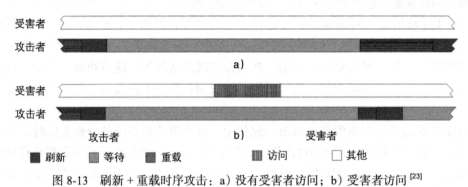

图 8-13   刷新 + 重载时序攻击：a）没有受害者访问；b）受害者访问 [23]

8.6.3   时序攻击的防御对策

为了保护设备免受时序攻击，设计人员可以执行以下操作：随机化不同操作的延迟，或者使所有操作花费相同的时间，从而防止信息通过时序通道泄露。虽然恒定时间的实现可以保证针对时序攻击的安全性，但是在实践中并不容易实现。另一方面，随机化，例如，通过给任务的执行增加随机延迟，更容易实现。虽然这使得攻击更加困难，但是它不能保证实现的安全性不受时序攻击影响。随机化是通过创建不同的执行路径和向不同的路径添加不同的延迟来完成的。将延迟应用于路径的一种方法是在电路设计期间在路径中放置一系列缓冲区，其中缓冲区的数量可以由设计者控制以保持所需的延迟。

8.6.4   时序泄露指标

为了评估密码模块中与密钥相关的时序泄露，可以使用测试向量泄露评估方法。我们定义了基于 Welch 的 t-test 的时序泄露评估。这里，需要重复的是，后一种评估方法用于检验假设，即当两个样本具有不相等的方差和不相等的样本量时，两个总体具有相等的均值。例如，两组 RSA 解密定义如下：

第 1 组：用固定密钥解密相同的 n 个随机密文时，设置 n 个时序测量值：

$X_1 = \{t_i \mid t_i = \#\text{cycle}(C_i^{K^*} \bmod N), i = 1, 2, \cdots, n\}$。

第 2 组：用 n 个随机密码解密相同的 n 个随机密文时，设置 n 个定时测量值：

$X_2 = \{t_i \mid t_i = \#\text{cycle}(C_i^{K_i} \bmod N), i = 1, 2, \cdots, n\}$，让 X_1 和 X_2 的平均值和方差为 $\overline{X}_1$、$\overline{X}_2$、S_1^2 和 S_2^2，如果 t-test 统计

$$t = \frac{\overline{X}_1 - \overline{X}_2}{\sqrt{\dfrac{S_1^2}{n} + \dfrac{S_2^2}{n}}} \tag{8.1}$$

超出置信区间 $|t| > T$，则假设，差为 $H_0 : \overline{X}_1 = \overline{X}_2$ 不成立。这意味着两个集合是可区分的，并且很有可能泄露时序信息。因此，不能通过泄露评估测试。这被称为非特异性固定与随机测试。文献中还提供了其他时序泄露测试。

8.7　隐蔽信道

与侧信道类似，隐蔽信道是信息泄露通道。然而，两者的信息泄露机制存在显著差异。隐蔽信道是允许未被授权在系统内通信的软件进程之间通信的信道[25]。这些通信信道通常不受监控，因为安全策略可能无法识别它们。图 8-14 说明了隐蔽信道的形成。现代计算系统中发现了不同类型的隐蔽信道。最常见的隐蔽信道类型是存储隐蔽信道，它利用数据包的报头来传输数据。另一种类型是时钟隐蔽信道，通过调制分配的资源来进行通信。

隐蔽信道也可以存在于硬件实现中，在硬件实现中，具有非常罕见触发条件的隐蔽恶意电路在设计阶段被注入系统。触发时，该电路会将敏感信息泄露到系统的主要输出端，只有攻击者知道如何触发该电路。

图 8-14　绕过系统安全策略并与不受信任的进程形成未经授权的通信信道的隐蔽信道概述

与侧信道攻击相比，隐蔽信道的利用通常更加困难，因为攻击者需要知道要泄露的敏感信息的类型和位置。这可以通过攻击者获取关于实现的详细知识或在开发阶段修改设计以创建隐蔽信道的能力来实现。另一方面，侧信道攻击通常不需要获取这些知识。此外，它们不需要任何设计修改，因为侧信道信号是自然产生的。尽管隐蔽信道更难实现，但它们通常会比侧信道分析泄露更敏感的信息。

隐蔽信道的检测过程非常具有挑战性，因为可能的通信方法非常多。但是，有一些缓解方法可以减少隐蔽信道的数量。常用的方法是检测和消除系统中所有恶意功能的验证过

程。另一种方法是一次将对存储数据的访问限制在一个进程中，这样其他进程就不能形成信道并接收泄露的数据。

侧信道攻击对半导体行业构成了重大威胁。许多侧信道攻击无法防止，因为这些侧信道信号的来源是自然的。在过去的 10 年里，随着攻击者能力的大幅提高，许多技术都在不断发展。表 8-2 显示了本章中讨论的侧信道攻击的摘要。

表 8-2 侧信道攻击摘要

侧信道攻击	测 量 参 数	分 析 方 法	对　　策
功率分析	当前签名和功率消耗模式	简单功率分析（SPA） 差分功率分析（DPA） 相关功率分析（CPA）	功率消耗屏蔽 功率消耗隐藏
电磁分析	有意和无意电磁发射	简单电磁分析（SEMA） 差分电磁分析（DEMA）	电磁发射屏蔽 电磁噪声产生模块
故障分析	无效输出、功率不足行为和激光/紫外线毛刺响应	故障插入前后响应分析的比较方法	错误检测方案 防篡改保护模块
时序分析	操作延迟，应用不同输入模式时经过的时间	分析操作延迟与功能性质的关系	随机操作延迟 固定操作延迟

越来越低的攻击成本和测量仪器成本，使利用侧信道漏洞变得容易，并易于攻破传统的加密系统。许多防御 SCA 的对策已经被提出。这些对策的有效性和成本也随着时间的流逝而发展，并且越来越多地应用于新设备中，以防御各种形式的 SCA。

8.8 动手实践：侧信道攻击

8.8.1 目标

本实验旨在帮助学生探索密码模块的不同类型的侧信道攻击。该实验允许学生使用 HaHa 平台进行非侵入性侧信道攻击。

8.8.2 方法

实验的第一部分说明了功率侧信道攻击，其中 SPA 和 DPA 被应用于映射到 FPGA 的 AES 设计（简化版本）。学生将在加密过程运行时应用功率分析。接下来，学生将捕获足够的功率轨迹来提取 AES 的加密密钥。实验的第二部分集中在故障注入攻击上，在这种攻击下，学生会故意将故障注入模块，以便泄露加密密钥。

8.8.3 学习结果

通过执行实验的具体步骤，学生将了解秘密信息是如何通过不同模式的侧信道攻击从芯片内部泄露的。他们会理解侧信道信号测量和分析步骤，以及故障注入的物理机制。他们还将探索可以通过侧信道分析提取的信息水平。

8.8.4 进阶

可以通过调查不同的对策（例如，功率平衡或掩蔽）如何有助于减轻这些攻击来进一步探讨这个主题。

关于实验的更多细节见补充文件。请访问 http://hwsecuritybook.org。

8.9 习题

8.9.1 判断题

1. 受攻击的设备不需要在物理上对攻击者可用，就可以应用侧信道分析。
2. 由于分析设备的高成本，攻击者通常无法执行侧信道攻击。
3. 执行功率分析攻击不需要事先了解设备的功能。
4. SPA 将始终提供比 DPA 更多的设备信息。
5. 后处理是一个旨在去除噪声和功率信号中不需要的部分的步骤。
6. 电磁发射总是有意进行的，以执行电磁分析攻击。
7. 如果操作得当，电磁分析可以提供比功率分析更多的设备信息。
8. 故障分析是侵入性攻击，通常在执行时会破坏设备。
9. 时序分析仅适用于纯时序设计。
10. 侧信道对策可在器件寿命的任何阶段应用于设备。

8.9.2 简答题

1. 描述侧信道分析的主要思想。
2. 成功应用侧信道攻击可以获得什么信息？
3. 解释一次侵入性和非侵入性攻击。
4. 解释 SPA 和 DPA。它们之间有什么不同？
5. 描述执行功率分析攻击需要哪些工具和设备。
6. 描述保护芯片免受功率消耗分析攻击的方法。
7. 什么是电磁辐射？它是如何应用电磁分析攻击的？
8. 解释故障分析攻击的主要目标及其执行方式。
9. 描述时序攻击的主要思想以及执行攻击需要什么工具。
10. 侧信道攻击对策如何保护设备？这些对策将如何影响系统性能？

8.9.3 详述题

1. 侧信道攻击适用于任何硅基系统，在这些系统中，各种系统架构可能会用于受攻击的设备。与基于顺序的操作相比，攻击者如何在执行基于并行的操作的系统上执行侧信道分析？

2. 假设攻击者试图使用侧信道攻击对设备进行逆向工程。攻击者应该采取什么过程来准确获取有关设备的内部信息，以及应该使用哪些侧信道分析技术？

3. 应用电磁分析捕捉关键信息可能很棘手，许多因素会影响信号质量。攻击者应该采取什么措施在嘈杂的环境中成功执行攻击，在这种情况下，将电磁分析应用于功率分析有哪些优缺点？

4. 攻击者可以使用高级技术强迫设备更改特定的内部值，例如激光注射过程。当将这些技术应用于大型复杂设计时，攻击者在应用故障攻击之前应该采取什么措施？在设计中，攻击者应该从哪里开始注入故障，以及攻击者可以使用这种类型的攻击泄露哪些信息？

5. 分析设备输出的延迟可以用来获得有关设计的知识。使用的一种对策是在每次操作时随机化延迟。如何实现这种随机延迟？在应用此对策时，设计师可能面临哪些挑战？

参考文献

[1] A. Barenghi, L. Breveglieri, I. Koren, D. Naccache, Fault Injection Attacks on Cryptographic Devices: Theory, Practice, and Countermeasures, Proceedings of the IEEE 100 (11) (2012) 3056–3076.

[2] C. Giraud, DFA on AES, in: International Conference on Advanced Encryption Standard, Springer Berlin Heidelberg, 2004.

[3] S. Skorobogatov, R. Anderson, Optical Fault Induction Attacks, in: International Workshop on Cryptographic Hardware and Embedded Systems, Springer Berlin Heidelberg, 2002.

[4] A. Barenghi, G. Bertonit, L. Breveglieri, M. Pellicioli, G. Pelosi, Fault Attack on AES with Single-Bit Induced Faults, in: Information Assurance and Security (IAS), 2010 Sixth International Conference on, IEEE, 2010.

[5] M. Agoyan, J. Dutertre, D. Naccache, B. Robisson, A. Tria, When Clocks Fail: On Critical Paths and Clock Faults, in: International Conference on Smart Card Research and Advanced Applications, Springer Berlin Heidelberg, 2010.

[6] F. Standaert, Introduction to Side-Channel Attacks, in: Secure Integrated Circuits and Systems, Springer, Boston, MA, 2010, pp. 27–42.

[7] Y. Zhou, D. Feng, Side-Channel Attacks: Ten Years After Its Publication and the Impacts on Cryptographic Module Security Testing, IACR Cryptology ePrint Archive 2005 (2005) 388.

[8] P. Kocher, J. Jaffe, B. Jun, Differential Power Analysis, in: Annual International Cryptology Conference, Springer Berlin Heidelberg, 1999.

[9] E. Prouff, DPA Attacks and S-Boxes, in: International Workshop on Fast Software Encryption, Springer Berlin Heidelberg, 2005.

[10] S. Guilley, L. Sauvage, J. Danger, D. Selmane, R. Pacalet, Silicon-level Solutions to Counteract Passive and Active Attacks, in: Fault Diagnosis and Tolerance in Cryptography, 2008. FDTC'08. 5th Workshop on, IEEE, 2008.

[11] S. Guilley, P. Hoogvorst, R. Pacalet, J. Schmidt, Improving Side-Channel Attacks by Exploiting Substitution Boxes Properties, in: International Conference on Boolean Functions: Cryptography and Applications (BFCA), 2007.

[12] W. Hnath, Differential Power Analysis Side-Channel Attacks in Cryptography, Diss., Worcester Polytechnic Institute, 2010.

[13] P. Kocher, Timing Attacks on Implementations of Diffie–Hellman, RSA, DSS, and Other Systems, in: Advances in Cryptology CRYPTO96, Springer, 1996, pp. 104–113.

[14] J. Quisquater, D. Samyde, ElectroMagnetic Analysis (EMA): Measures and Counter-measures for Smart Cards, in: Smart Card Programming and Security, 2001, pp. 200–210.

[15] C. Clavier, D. Marion, A. Wurcker, Simple Power Analysis on AES Key Expansion Revisited, in: International Workshop on Cryptographic Hardware and Embedded Systems, Springer, 2014, pp. 279–297.

[16] E. Brier, C. Clavier, F. Olivier, Correlation Power Analysis with a Leakage Model, in: International Workshop on Cryptographic Hardware and Embedded Systems, Springer, 2004, pp. 16–29.

[17] D. Strobel, F. Bache, D. Oswald, F. Schellenberg, C. Paar, SCANDALee: A Side-ChANnel-based DisAssembLer using Local Electromagnetic Emanations, in: Proc. Design, Automation, and Test in Europe Conf. and Exhibition (DATE), Mar. 2015, pp. 139–144.

[18] J. Courrege, B. Feix, M. Roussellet, Simple Power Analysis on Exponentiation Revisited, in: CARDIS, 2010.

[19] K. Tiri, M. Akmal, I. Verbauwhede, A Dynamic and Differential CMOS Logic with Signal Independent Power Consumption to Withstand Differential Power Analysis on Smart Cards, in: Solid-State Circuits Conference, 2002. ESSCIRC 2002. Proceedings of the 28th European, 2002, pp. 403–406.

[20] K. Tiri, I. Verbauwhede, A VLSI Design Flow for Secure Side-Channel Attack Resistant ICs, in: Proceedings of the Conference on Design, Automation and Test in Europe – Volume 3, DATE '05, IEEE Computer Society, Washington, DC, USA, 2005, pp. 58–63.

[21] Y. Ishai, A. Sahai, D. Wagner, Private Circuits: Securing Hardware against Probing Attacks, in: Advances in Cryptology – CRYPTO 2003, 23rd Annual International Cryptology Conference, Santa Barbara, California, USA, August 17–21, 2003, Proceedings, in: Lecture Notes in Computer Science, vol. 2729, Springer, 2003, pp. 463–481.

[22] M. Faruque, S. Chhetri, A. Canedo, J. Wan, Acoustic Side-Channel Attacks on Additive Manufacturing Systems, in: Cyber-Physical Systems (ICCPS), 2016 ACM/IEEE 7th International Conference, Vienna, Austria, 2016, 2016.

[23] Y. Yarom, K. Falkner, FLUSH+RELOAD: A High Resolution, Low Noise, L3 Cache Side, in: Proceedings of the 23rd USENIX Conference on Security Symposium (SEC'14), USENIX Association, Berkeley, CA, USA, 2014, pp. 719–732.

[24] S. Mangard, E. Oswald, T. Popp, Power Analysis Attacks: Revealing the Secrets of Smart Cards, 1st ed., Springer Publishing Company, Incorporated, 2010.

[25] B. Lampson, A Note on the Confinement Problem, Communications of the ACM (1973) 613–615.

[26] M. Rivain, E. Prouff, Provably Secure Higher-Order Masking of AES, in: Cryptographic Hardware and Embedded Systems, CHES 2010, Springer Berlin Heidelberg, 2010, pp. 413–427.

第 9 章

面向测试的攻击

9.1 引言

可测试性和安全性本质上是相互矛盾的 [1]。芯片的可测试性可以由测试工程师授予的可控性和可观测性来定义。可控性和可观察性越高，测试被测电路就越容易。测试不仅更容易执行，而且由于更高的故障覆盖率，测试结果变得更加可靠。

另一方面，安全性确保电路中的任何东西都被安全地存储在自身中。提供安全性的最常见方式是将信息隐藏在某种形式的识别之后，这种识别能够区分授权用户和攻击者。所有领域的现代安全都使用这种方法来保护重要资产，无论是家庭的安全代码、实验室的视网膜扫描仪还是信息的加密密钥。简而言之，安全性依赖于使信息变得模糊和难以理解。

当试图在芯片中将可测试性和安全性联系在一起时，安全性显然与可测试性相矛盾。通过设计可测试性，设计者本质上是通过使用扫描测试来揭示芯片的重要信息。如果设计芯片的目的是安全性，由于测试相关的泄露，很难证明可测试性旨在提供的可控性和可观测性。然而，也有必要通过快速可靠的测试来确保芯片正常工作。唯一防止泄露的系统是没有任何可控输入和可观察输出的系统，但是从可测试性和可用性的角度来看，这是荒谬的。

芯片安全性越来越受到关注，主要是为了保护 IP 免受恶意用户和黑客的攻击。世界上有许多黑客有许多不同的动机。从高尚的（试图让他们的开发伙伴意识到他们的陷阱），到恶意的（窃取信息），再到好奇的 [2]。黑客的技能和他们的意图一样多。

可测试性和安全性似乎是相互对立。很难同时满足两种规格的需求。必须在完全可控和可观察的电路和黑盒之间找到一个中间点。如果在设计过程中考虑黑客，就更容易得出可测试性和安全性之间更清晰的关系。如果设计者能够明确地针对想要阻止访问的特性，那么在可测试性和安全性之间做出设计妥协可能会更容易。

9.2 基于扫描的攻击

随着芯片设计复杂性的不断增加，被测电路的可控性和可观测性显著降低。这个问题极大地影响了测试工程师仅使用主输入和主输出执行快速可靠测试的能力，这对上市时间和交付产生了负面影响。可测性设计（DFT）通过在设计过程中考虑制造测试来解决这个问题。

基于扫描的可测性设计是一种常用的技术，通过将触发器修改为长链，实质上创建了移位寄存器，极大地提高了可控性和可观测性。这使得测试工程师能够将扫描链中的每个触发器视为可控输入和可观察输出。

不幸的是，扫描在测试中改进的相同属性也会造成严重的安全隐患。由于可以将电路置于任何状态（可控性），并将芯片停止在任何中间状态进行分析（可观测性），扫描链成为密码分析容易利用的侧信道 [3,4]。由于扫描测试的广泛使用，这种侧信道已成为工业中的一个主要问题 [5]。

这些问题加剧了已经日益严重的硬件安全问题。其他侧信道攻击，如差分功率分析 [6]、时序分析 [7] 和故障注入攻击 [8,9]，也被证明是安全故障的潜在严重来源。防篡改设计 [10,11] 建议修补这些漏洞。然而，扫描链对于暴露芯片中可能存在的任何缺陷是必要的。尽管在制造测试之后禁用扫描链（例如通过熔断熔丝）已经成为诸如智能卡 [12] 等应用的常见做法，但是也有需要现场测试的应用，这使得不可能故意破坏对测试端口的访问。

由于基于扫描的攻击需要最低限度的侵入性技术来执行攻击 [12]，具有广泛知识和资源的攻击者可以利用这一漏洞 [1]。防止基于扫描的攻击的安全措施需要能够扩展应用程序所需的安全级别。这种措施还必须最小限度地影响测试工程师在制造后有效测试芯片的能力。

必须敏锐地考虑后一点，因为使用扫描的目的是测试。尽管安全性和测试的目标看起来是矛盾的，但是如果测试不当，芯片的安全性保障很容易失败。

9.2.1　基于扫描的攻击分类

开发安全扫描设计取决于攻击目标类型 [1]，以及它们如何进行攻击。作者将基于扫描的攻击分为两类：基于扫描的可观测性和基于扫描的可控性/可观测性攻击。每个都要求黑客能够访问测试控制（TC）引脚。攻击的类型取决于黑客决定如何施加刺激。低成本安全扫描设计通过在未经授权的用户尝试访问时创建随机响应来消除黑客关联测试响应数据的能力，从而防止黑客利用本节剩余部分描述的两种攻击。

1. 基于扫描的可观测性攻击

基于扫描的可观测性攻击依赖于黑客随时使用扫描链获取系统快照的能力，这是基于扫描测试的可观测性的结果。图 9-1a 显示了执行基于扫描的可观测性攻击的必要步骤。

黑客通过观察扫描链中关键寄存器的位置开始攻击。首先，在芯片的主输入端（PI）放置一个已知的向量，并允许芯片以功能模式运行，直到目标寄存器中有数据为止。此时，使用测试控制引脚将芯片置于测试模式，扫描链中的响应被扫描出来。芯片被重置，一个只在目标寄存器中引起新响应的新向量被放置在 PI 上。芯片再次以功能模式运行特定的循环次数，然后设置为测试模式。将扫描出新的响应，并使用以前的响应进行分析。这个过程一直持续到有足够的响应来分析扫描链中目标寄存器的位置为止。

一旦确定了目标寄存器，可以使用类似的过程来确定密码芯片情况下的秘密密钥，或者确定特定创新芯片的设计秘密（或 IP）。

2. 基于扫描的可控性 / 可观测性攻击

基于扫描的可控性 / 可观测性攻击采用不同的方法来施加刺激，如图 9-1b 所示。基于扫描的可控性 / 可观测性攻击从将刺激直接施加到扫描链中开始，而不是施加到 PI 上。为了发起有效的攻击，黑客必须首先确定关键寄存器的位置，就像基于扫描的可观测性攻击一样。一旦被定位，黑客就可以在测试模式下用任何想要的数据加载寄存器。接下来，可以使用黑客扫描的向量将芯片切换到功能模式，从而有可能绕过任何信息安全措施。最后，芯片可以切换回测试模式，以允许黑客有一定程度的可观测性，否则系统的主要输出（PO）不会提供这种可观测性。

与使用已知向量扫描到链中不同，黑客也有机会选择一个随机向量来引发系统故障。基于故障注入侧信道攻击 [8,9]，通过诱发故障，芯片可能会发生故障，从而可能揭示关键数据。扫描链成为引发故障的一个容易访问的入口点，使得攻击很容易重复。为了防止此类侧信道攻击，必须在设计中包括额外的硬件安全措施。

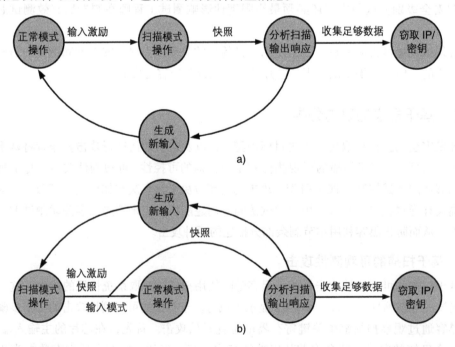

图 9-1 成功执行基于扫描的攻击所需的步骤总结：a) 基于扫描的可观测性攻击；b) 基于扫描的可控性 / 可观测性攻击

9.2.2 威胁模型

供应链中的攻击者试图利用扫描链（有时通过 JTAG 调试接口 [13]）到达 [14]：

- 从 SoC（例如加密 IP）中窃取关键信息 [15,16]。
- 违反保密和诚信政策 [17]。
- 盗版知识产权设计，解锁一个模糊的知识产权 [9,18]。
- 非法控制芯片 [19]。

使这种恶意行为成为可能的基于扫描的无创攻击方法是 [14]：

扫描辅助差分攻击：差分攻击已在文献 [9,20] 中提出。通过应用挑战对、运行加密算法和比较响应，可以获得密钥。由于增加了可控性和可观测性，扫描有助于这种攻击。通过从功能模式切换到测试模式，攻击者可以从扫描链中识别密钥触发器，然后可以通过输入对、密钥触发器和密钥 [21] 之间已经构建的相关性来恢复密钥。虽然一些测试模式保护技术试图在芯片切换到测试模式时重置数据寄存器，但文献 [22] 中讨论了仅测试模式的差分攻击。此外，甚至在存在高级 DFT 结构的情况下，也报告了差分攻击，即片内压缩、Xmasking 和 X-tolerance [22,23]。

针对特定对策而设计的攻击：除了在 DFT 结构中使用的片上压缩之外，扫描链重新排序和混淆也被开发为对策，可以被以下攻击绕过：

- 重置和刷新攻击：通过重置扫描单元或用已知模式刷新扫描链，可以识别模糊扫描链中的固定反转位 [24] 和修改位 [25]，从而可以解密纯文本。
- 位角色识别攻击：对于使用密钥和锁定方案 [1,26–29] 的对策，扫描出的响应由测试认证状态决定。认证密钥位翻转会使扫描向量不同，而非密钥位不会。这将显著降低识别密钥位的难度（尤其是对于 fab 或 assembly 中的恶意用户）。
- 组合功能恢复攻击：由于扫描链将时序逻辑展开为组合，并直接显示电路的内部状态，因此从其中提取设计信息变得更加容易。因此，该设备的功能可以逆向工程 [18]。

9.2.3 适用于供应链不同阶段的面向测试的威胁模型

在供应链中，设计要经过 SoC 集成商（或 SoC 设计公司）、代工厂、装配/测试厂商、原始设备制造商（OEM）、电子制造服务供应商（EMS）、经销商和最终客户 [30]。因此，在每个阶段，分析基于扫描的攻击造成的安全风险是值得的 [31]。

- 集成电路集成商：这里，集成电路或片上系统集成商指的是属于集成电路设计公司（或 IP 所有者）的成员，他们集成定制逻辑、3PIP 和外设宏，形成整个集成电路。换句话说，集成电路集成商可以是设计、验证、DFT，甚至是集成电路设计公司内的固件工程师。因此，威胁模型是，在集成过程中，恶意集成电路集成商可能违反机密性和完整性策略。例如，一个有资格访问 RTL 代码的恶意前端 RTL 设计者可能会泄露 IP 核心的功能。
- 代工厂：在晶圆切片之前，通过应用基于扫描的测试模式，并扫描出自动测试设备的测试响应，在晶圆上测试所有单个芯片。同样，恶意的代工厂可以利用清晰的全扫描盗版 IP 设计。此外，一些现有的安全扫描解决方案已被证明是不安全的。因此，安全扫描的敏感信息（如密钥等）可能成为恶意代工厂的目标。

- 装配 / 测试厂商：如文献 [32] 所述，在许多情况下，代工厂对晶圆进行的结构测试足以保证质量。然而，对于一些制造工业（即汽车）和军事应用芯片的集成电路设计公司来说，封装后的集成电路需要经过全面测试，这将扫描可访问性扩展到装配 / 测试厂商，甚至 OEM/EMS。因此，装配 / 测试过程中基于扫描的攻击风险与代工厂相似。

- OEM/EMS：OEM 或 EMS 开发印制电路板（携带集成电路的设备）；同时，集成电路被编程 / 配置为与系统一起工作。为了保持现场故障分析能力，通常通过 JTAG 接口 [3] 访问扫描链。在这些阶段加载到集成电路中的加密 IP（如 AES、DES 或 RSA）的密钥和种子可能会泄露。此外，在此阶段，非法利用扫描链控制集成电路的程序也可以加载到设备中。

- 经销商：经销商根据需要将定制程序加载到不同客户的集成电路中，这一阶段的风险类似于 OEM/EMS。

- 最终客户：恶意最终客户（或黑客）可能对存储在集成电路中的敏感信息（即设备配置位）感兴趣。扫描链可访问性使加密 IP（如 AES、DES 或 RSA）易受攻击。扫描链也可能被攻击者用来非法控制集成电路。

总之，供应链中的恶意实体有很多机会利用扫描链。图 9-2 显示了供应链中每个恶意实体可能实施的攻击。因此，在整个供应链中保护 IP 系统免受基于扫描的攻击是必要的。

图 9-2　攻击者的目标贯穿整个 IC 供应链

9.2.4　动态模糊扫描

文献 [31] 的作者提出了针对整个供应链中基于扫描的攻击的设计和测试方法，其中包括动态模糊扫描（DOS）。通过干扰测试模式 / 响应并保护模糊密钥，证明了所提出的架构对现有的基于非侵入性扫描的攻击具有鲁棒性，并且可以保护所有扫描数据免受制造、装配和系统开发中的攻击者的攻击，而不会影响测试性。

SoC 中提议的安全扫描的概述如图 9-3 所示。DOS 架构从安全区的非易失性直接存储器访问中读取控制向量，并为扫描链提供保护。DOS 架构有能力和灵活性为 IP 所有者和集成电路集成商提供保护。根据图 9-3，IP 所有者可以将一个操作系统集成到 IP 中，作为 IP 核心，或者共享属于定制逻辑的中央操作系统，作为 IP 核心。

1. DOS 架构

如图 9-4 所示，DOS 架构由一个线性反馈移位寄存器（LFSR）、一个带异或门的影子链和一个控制单元组成。

线性反馈移位寄存器：采用线性反馈移位寄存器生成 λ 位模糊密钥（λ 是扫描链的长度），用于打乱扫描输入 / 输出向量，如图 9-4 所示。模糊密钥通过阴影链的与门来保护。LFSR 由控制单元驱动，并且仅当需要模糊密钥更新时才改变其输出。应当注意，对于线性反馈移位寄存器，当使用异或反馈时，全零信号是非法的；LFSR 将保持锁定状态，并继续提供所有零混淆密钥。因此，扫描链不能混淆。为了避免上述情况，建议用 XNOR 门代替线性反馈移位寄存器中的一些 XOR 门。

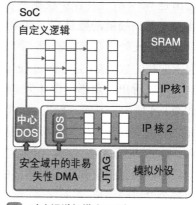

图 9-3 受 DOS 架构保护的 SoC 概述

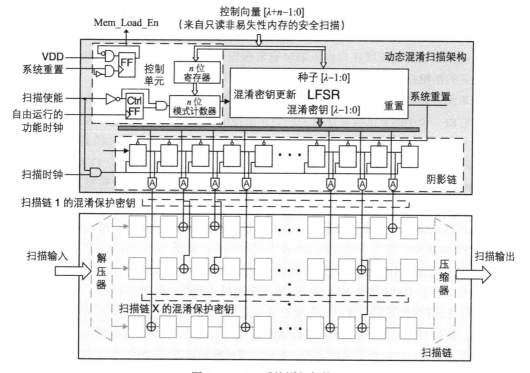

图 9-4 DOS 系统详细架构

阴影链和 XOR 门：如图 9-4 所示，阴影链的输入是 LFSR 生成的 λ 比特模糊密钥，而输出是 $k[\lambda \times \alpha]$ 比特保护模糊密钥，其中 α 是置换率（每个 DFT 扫描链内置换的比特百分比），k 是扫描链的数目 [31]。阴影链设计用于当第 i 个扫描时钟到来时，沿着扫描链在第 i 个扫描单元处传播模糊密钥。因此，阴影链能够保护模糊密钥不被重置攻击泄露，防止任何未屏蔽的数据被扫描出来，防止对手有意扫描值，同时不会对结构和链测试造成影响。

可以看出，阴影链设计为 λ 触发器的级联，并由扫描使能信号控制的扫描时钟驱动。如图 9-4 所示，其第一触发器的数据输入端连接到 Vdd。插入在扫描链 X 的第 i 个扫描单元之后的"异或"门由阴影链的第 i 个触发器通过 A 型"与"门的输出控制。如图 9-4 所示，DOS 系统 A 型"与"门是连接阴影链内扫描单元的"与"门、线性反馈移位寄存器生成的混淆密钥位和插入扫描链中的"异或"门，它们实际上被阴影链的扫描单元用来选通各个混淆密钥位。

复位后，当扫描时钟迫使触发器沿着阴影链一个接一个地变为逻辑"1"时，只有当阴影链中的最后一个触发器在第 λ 个扫描时钟变为逻辑"1"时，扰动响应才开始在扫描输出端出现。同时，阴影链的第 i 个触发器开始在第 i 个扫描时钟混淆扫描链 X 的第 i 个触发器，这防止攻击者通过任何预期值进行扫描。因此，如果攻击者不断刷新扫描链，则在 λ 比特为零之后，扫描输出端会依次显示原始扫描或反向扫描。此外，由于受保护的混淆密钥在整个链被扫描之后已经稳定下来，所以阴影链不影响 DFT 启动或捕获过程，例如当应用停滞或转换延迟故障时。然后使用打乱的测试响应进行扫描。在任何复位事件中，阴影链都应与线性反馈移位寄存器复位同步复位。由于所有的 DFT 扫描链都是同步扫描的，并且扫描链的长度在片内压缩时通常很短，所以该架构只需要一个短的阴影链，这具有较低的面积损失。此外，由于阴影链插入扫描链中，因此不可旁路。

控制单元：如图 9-4 所示，控制单元设计用于控制内存加载和线性反馈移位寄存器请求活动。它由一个小的 n 比特寄存器、一个 n 比特模式计数器和一个控制触发器组成。在系统初始化期间，从安全扫描只读非易失性 DMA 加载控制向量，其包括 LFSR λ 位的种子、n 位频率值 p（确定混淆密钥更新频率）和最大混淆密钥更新计数。DOS 的控制单元产生 Mem_Load_En 信号。一旦系统复位，该信号允许直接存储器存取装载操作系统的控制向量。控制向量由集成电路设计者决定。作为系统固件的一部分，控制向量被存储在位于安全区域的只读非易失性存储器中，满足：1）即时控制向量访问：控制向量在上电时自动加载到 DOS 中，这可以通过在 DMA 中硬编码控制向量地址来保证；2）有限的可读性：控制向量只能由 DOS 读取，这可以通过使用由 DOS 生成的握手信号 Mem_Load_En（在图 9-4 中）作为 DMA 地址访问授权的输入来满足。此外，如图 9-4 所示，在扫描期间，Mem_Load_En 还确保控制向量只能在复位事件之后读取。此外，推荐但不是必需的存储器加密技术，例如 [45]，其允许控制向量以加密的方式存储到非易失性存储器中。当模式计数器值达到频率值 p 时，混淆密钥被更新。否则，混淆密钥被锁定。由于有时测试模式集不能立即交付，该特性为 IP 所有者提供了使用更新的混淆密钥动态添加新模式的灵活性。

2. DOS 架构的混淆流程

基于上面讨论的三个主要元件，下面总结了所提出设计的混淆流程。在步骤 1 中，在系统初始化期间，控制向量被加载到 LFSR 和控制单元中，该控制单元由 LFSR 的种子和用于确定混淆密钥更新频率的向量组成。在步骤 2 中，模糊密钥由控制单元驱动的线性反馈移位寄存器的输出端生成。在步骤 3 中，在重置后的第一个 λ 扫描时钟期间，基于阴影链和模糊密钥逐位生成受保护的模糊密钥。在步骤 4 中，在第 λ 个扫描时钟，受保护的模糊密钥稳定下来。然后，所有测试模式和响应都会因为受保护的混淆密钥而混乱。

图 9-5 显示了 DOS 架构的时序图。可以看出，当混淆密钥更新被控制单元（波形 C 和 F）启用和生成时，混淆密钥在波形 C 中的线性反馈移位寄存器的输出处生成，并且每 p 个模式动态地改变（p 可由 IP 所有者配置）。如前所述，复位后，由阴影链生成的扫描链 X 的受保护模糊密钥用扫描时钟逐位更新，并在第 λ 个扫描时钟（波形 G）处建立。在第一个 λ 扫描时钟周期内，扫描输出被锁定为 "0"。一旦第 λ 个扫描时钟到来，扫描输出开始输出模糊响应（波形 H）。

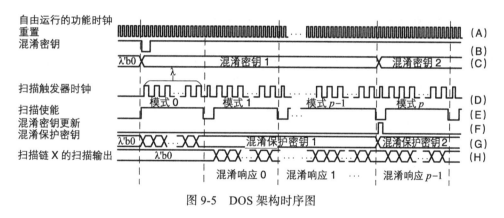

图 9-5　DOS 架构时序图

9.2.5　低成本安全扫描

图 9-6 展示了低成本安全扫描（LCSS）解决方案。通过在扫描链中插入虚拟触发器来实现低成本安全扫描。它相对链中虚拟触发器的位置将密钥插入测试模式。通过这样做，它可以验证所有扫描输入的向量都来自授权用户，并且在功能模式操作后可以安全地扫描输出正确的响应。如果正确的密钥没有集成到向量中，将不可预测的响应扫描出去，使得攻击者很难进行分析。通过使用不可预测的响应，黑客将不能立即意识到他们的入侵已经被检测到，如果 CUT 立即重置[33]，就可以识别出这一点。

1. LCSS 结构

扫描链的状态取决于集成到所有测试向量中的测试密钥。该链有两种可能的状态：安全和不安全。通过集成密钥，可以验证所有被扫描的向量来自可信任的来源（安全）。如果测试向量中没有集成正确的密钥，当扫描新向量并扫描出响应时，响应将被随机更改，以防止存储在寄存器中的敏感数据被逆向工程（不安全）。通过改变链外扫描的响应，防止基于扫描的可观测性和基于扫描的可控制性/可观测性攻击，因为由于数据的随机改变，将来自各种输入的响应相关联的任何尝试都将不成功的。

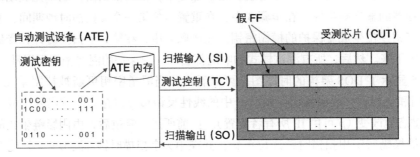

图 9-6　存储在自动测试设备中的样本测试模式，测试密钥位位于相对于 CUT 中虚拟触发器位置的模式中

LCSS 结构如图 9-7 所示，图 9-8 提供了更详细的安全扫描链展示。为了对每个测试向量使用相同的密钥，插入了虚拟触发器（dFF）并将其用作测试密钥寄存器。每个 dFF 的设计与扫描单元类似，只是没有与组合块的连接。扫描链中包含的 dFF 的数量取决于设计者希望包含的安全级别，因为 dFF 的数量决定了测试密钥的大小。在实现多扫描设计的 LCSS 时，测试密钥在被分解成多个扫描链之前被插入扫描链中。这样可以确保密钥可以随机分布在多个扫描链中，而无须在每个链中有固定数量的密钥寄存器。

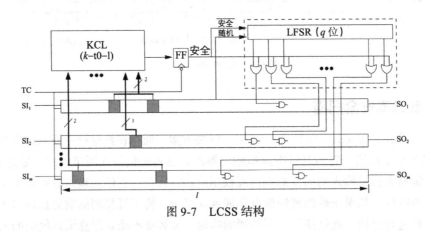

图 9-7　LCSS 结构

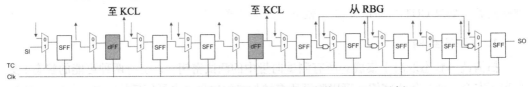

图 9-8　集成虚拟触发器和随机响应网络的 LCSS 示例

所有 dFF 都由密钥检查逻辑（KCL）并发检查，KCL 由一个组合逻辑块组成。k 输入块，其中 k 是扫描设计中的 dFF 总数（测试密钥的长度），具有单个 FF（KCL-FF）的扇出，该 FF 对测试控制（TC）是负边缘敏感的。TC 有时被称为测试启用（TE）；它启用测试模式（TC = 1 启用测试模式，而 TC = 0 将扫描触发器切换到功能模式）。当 CUT 从测试模式切换到功能模式（TC 下降）时，FF 在密钥检查逻辑的输出中计时。然后使用 KCL-FF 将扫描链中向量的当前安全或不安全状态告知剩余的安全设计。

KCL 有可能使用各种更安全的选项来实现，因为 KCL 基本上对于使用相同设计制造的所有芯片都是相同的。一种选择是实施制造后可配置的 KCL。这种 KCL 实现将允许不同芯片之间使用不同测试密钥，并且将防止确定单个密钥危及相同设计的所有芯片的可能性。然而，由于每个器件具有不同的测试密钥，本质上需要为每个单独的芯片生成新的测试模式集。这将导致测试时间显著增加，或者需要一个新的安全测试协议，该协议需要测试人员将测试密钥动态地插入模式中。

LCSS 架构的第三个元件确保了当 KCL 无法验证测试密钥时，扫描链中的响应随机。KCL-FF 输出到一个 2 输入或门阵列。每个或门的第二个输入来自使用各种选项之一随机的 q 比特 LFSR，这些选项包括但不限于在复位时已经存在的值、来自如图 9-7 所示的扫描链中的 FF 的随机信号或来自分离随机数生成器输出的随机信号[34]。前者提供的开销最少，但安全性最低，而后者安全性最高，但开销也最大。通过对 LFSR 使用一个安全的信号，LFSR 种子可以被一个额外的随机源不断地改变。LFSR 和或门阵列一起构成了随机位发生器（RBG）。RBG 输出用作随机响应网络（RRN）的输入，该网络也已插入扫描链中。RRN 可以由与门和或门组成，以均衡随机跃迁，并防止随机响应为全零或全一。随机性的最佳选择是使用异或门，但是随着异或门增加将产生更多延迟，设计选择是使用与门和或门。由于 dFF 用于检查测试密钥，因此 dFF 必须放在扫描链中 RRN 的任何门之前，如图 9-8 所示。如果不应用此原则，则试图通过扫描链中 RRN 门的任何密钥信息都可能被更改，这可能会阻止测试密钥被验证，甚至会随机将值更改为正确的密钥。

CUT 的正常模式操作不受 LCSS 设计的影响，因为 dFF 仅用于测试和安全目的，不与原始设计相连。

2. LCSS 测试流程

低成本安全扫描设计与当前扫描测试流程的偏差非常小。由于扫描链的安全性是通过将测试密钥集成到测试向量本身中来确保的，因此不需要额外的引脚来使用 LCSS。

系统复位后，并且首次启用 TC，安全扫描设计从不安全状态开始，导致扫描链中的任何数据在通过链中的每个 RRN 门时被修改。为了开始测试过程，必须用测试密钥初始化安全扫描链，以便将 KCL-FF 的输出设置为 1。这个初始化向量中只需要测试密钥，因为第一个 RRN 门以外的任何其他数据都很可能被修改。在此期间，KCL 将不断检查 dFF 是否有正确的密钥。在初始化向量被扫描后，CUT 必须切换到一个时钟的功能模式，以允许 KCL-FF 从 KCL 获取结果。如果 KCL 验证存储在 dFF 中的密钥，KCL-FF 被设置为 1，并将信号传播到 RRN，这对下一轮测试是透明的，允许新向量被扫描而不被改变。

一旦初始化过程完成，测试可以照常继续。然而，在扫描测试期间，如果正确的测试密钥没有出现在所有后续测试向量中，则链可以在任何时候返回到不安全模式，这要求 k 位密钥出现在所有测试模式中。如果发生这种情况，RRN 将再次影响扫描链中的响应，并且必须再次执行初始化过程，以便恢复可预测的测试过程。

9.2.6 锁和密钥

开发锁和密钥解决方案是为了消除基于扫描的侧信道攻击的可能性[1]。锁和密钥技术为现代设计提供了一种灵活的安全策略，而对实际使用的扫描结构没有重大改变。使用这种技术，片上系统（SoC）中的扫描链被分成更小的子链。由于包含了测试安全控制器，当未经授权的用户访问子链时，子链的访问是随机的。随机访问降低了可重复性和可预测性，使得逆向工程更加困难。如果没有适当的授权，攻击者需要在获得对扫描链的适当访问之前暴露几个安全层才能利用它。提议的锁和密钥技术独立于设计，同时保持相对较低的面积开销。

1. 锁和密钥架构

锁和密钥技术可用于保护单次和多次扫描设计。对于这两种情况，扫描链被分成相等长度的较小子链。测试向量不会顺序地移动到每个子链中，而是通过线性反馈移位寄存器对要填充的子链执行伪随机选择。图 9-9 显示了单扫描设计的锁和密钥技术的架构。该技术提供了可测试性和安全性之间的平衡，因为在不安全模式下，LFSR 将保护扫描链，但当用户被验证时，也需要非顺序扫描链访问。

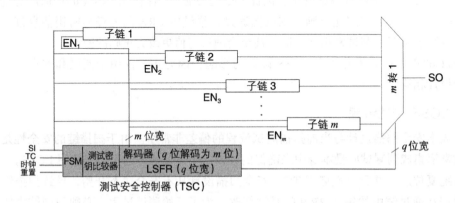

图 9-9 锁和密钥安全措施的架构

这种方法可以防止在没有有效测试密钥的情况下进行扫描链操作。这由测试安全控制器（TSC）来保证，该控制器由四个主要元件组成：有限状态机（FSM）、测试密钥比较器、线性反馈移位寄存器和解码器。TSC 可以处于两种状态，即安全和不安全模式。安全模式表示可信用户正在访问扫描链，因此 TSC 将以可预测的非顺序选择子链。不安全模式表示这样一种状态，在这种状态下，试图访问扫描链的用户被认为是不可信的，直到使用正确的测试密钥被认为是不可信的。除非输入测试密钥并确认其正确，否则测试控制中心将使用线性反馈移位寄存器不可预测地选择子链进行扫描输入（SI）和扫描输出（SO），从而为用户提供关于扫描链的错误信息。

测试工程师必须在第一次将测试向量发送到扫描链之前执行两个步骤。在系统复位后第一次启用测试控制后，TSC 控制子链的所有功能，直到检测到授权或未授权方。测试密钥必须是输入 TSC 的第一个模式。在 TC 使能后的前 k 个周期内，施加到 SI 的前 k 位将串行传递到测试密钥比较器，并进行检查。k 个周期后，FSM 将接收结果。如果密钥与存储在防篡改非易失性存储器中的测试密钥相匹配，安全信号将被发出，允许 TSC 以安全模式开始操作，在安全模式下，它将一直保持到 CUT 复位。如果安全信号保持低水平，不安全模式下的操作将恢复。如果测试密钥通过，并且 TSC 进入安全模式，那么测试工程师就能够用已知的种子给线性反馈移位寄存器播种，以便预测线性反馈移位寄存器选择子链的顺序。否则，系统复位后，LFSR 将使用不可预测的随机种子。

随着 LFSR 工作，扫描链的形成可以开始。使用解码器连接 LFSR 和子链，TSC 使用一个热输出方法来一次启用一个子链以从 SI 读取。LFSR 的输出还直接连接到要传递给 SO 的来自子链的数据的多路选择器位的容限。假设每个子链的长度为 1 位长，在 1 时钟周期之后，LFSR 将转换为一个新值，解码器将禁用当前活动的子链，并选择一个新的子链从 SI 中读取。$n_{\text{diff}} = l \times m$ 次循环后，其中 m 为子链数，l 为子链长度，n_{diff} 为扫描链长度，扫描链全长用第一测试向量初始化。TC 可以再次设置为零，使 CUT 进入正常模式一个周期，以允许模式传播并将响应捕获回扫描链。当 CUT 返回到测试模式时，将扫描一个新的测试向量到子链中，同时扫描出响应。

由于测试密钥验证是一次性启动检查，失败的测试密钥会导致 TSC 保持在不安全模式，直到 CUT 复位。这基本上锁定了扫描链在测试过程中的正确使用。这种锁定机制对黑客来说也是相当透明的，因为如果事先不知道安全方案，芯片看起来会正常工作，同时仍然给黑客提供虚假数据。

2. 锁和密钥设计

锁和密钥技术取决于由四个元件组成的 TSC 的设计。有限状态机（FSM）控制 TSC 的当前模式；测试密钥比较器仅在首次启用 TC 时使用，返回安全或不安全的结果；LFSR 在扫描操作期间选择单个子链，并控制输出多路复用器；解码器将 LFSR 的输出转换为 one-hot 使能方案。图 9-10 显示了 TSC 的每个元件之间传递的信号。每个元件之间的通信保持在最低限度，以减少路由和总规模。

FSM 模块由简单的状态逻辑和两个计数器组成。状态逻辑控制测试密钥比较器和 LFSR。状态机模块还根据测试密钥比较器的响应，确定是使用来自 SI 的向量为 LFSR 生成随机种子，还是使用通过系统复位在 LFSR 中创建的随机种子。随机种子可以通过多种方式创建，包括使用真随机数生成器（TRNG）。状态机模块中使用的第一个计数器是 $\log_2(q)$ 计数器，它仅用于 LFSR，其中 q 是 LFSR 的长度。第二个计数器是一个 $\log_2(l)$ 计数器，用于在 l 个循环后对 LFSR 进行计时，移动 LFSR 的内容以启用新的子链。

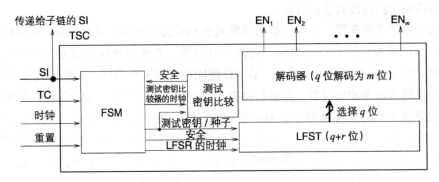

图 9-10   TSC 设计方案

只有在系统首次复位并进入测试模式后，测试密钥比较器才会使用一次。为了保持比较器较小，并且由于串行读取来自串行接口的测试密钥，所以每个位都与存储在芯片上的安全存储器中的密钥进行串行检查。当比较每一位时，FF 存储运行结果，最终由 FSM 读取。k 个周期后，最终结果由状态机读取，确定 TSC 是以安全模式运行，还是以不安全模式继续运行。

在设计锁和密钥技术时，目标是在保持简单性和设计独立性的同时，确保扫描链的安全性。为了防止解码器变得过于复杂，带有原始多项式配置的 LFSR 允许选择 $m=2q-1$ 子链，其中 q 是安全模式下 LFSR 的大小。使用本原多项式允许在测试回合中选择所有子链一次且仅一次。如果使用非主多项式配置，除非包含附加逻辑，否则可以多次选择某些子链，或根本不选择。使用来自 LFSR 的 q 位，解码器使 m 个输出中的一个保持为零。由于对于 q 的所有值至少有一个本原多项式，因此在对 LFSR 的任何长度重复之前 [35]，LFSR 被保证选择每个子链一次。

扫描插入前设计中的 FF 数不一定要被 m 整除，有两种可能解决这个问题。第一种是加入虚拟的 FF（以测试点的形式：控制测试点和观察测试点），这已成为处理延迟测试时的常见做法 [35]。需要的 FF、n 和虚拟 FF 总数 n_{dFF} 如下所示：

$$n_{\text{dFF}} = \begin{cases} 0 & \text{当}(n \bmod m)=0\text{时} \\ m-(n \bmod m) & \text{其他} \end{cases} \qquad (9.1)$$

第二种选择是填充测试模式中与较短子链相关的部分。这将在模式开始时立即移出任何虚拟值，并且对 CUT 的功能操作没有影响。这个选项需要较少的设计工作，因为它不使用额外的逻辑，但是确实增加了测试模式的开销。然而，由于测试压缩技术，开销将是最小的，因为虚拟值可以被设置为最大化压缩的值。

原始多项式的选择大大简化了解码器的设计。解码器可以直接将 LFSR 的输出转换成一连串零，并选择一个来直接控制每个子链。这种方法不仅缩短了设计时间，而且从整体上减少了总开关电容的面积开销，因为不需要额外的逻辑来确保在一轮测试中选择所有子电路一次。

使用本原多项式配置的 LFSR 的问题是其行为的可预测性。如果 LFSR 对于不安全模式操作保持不变，确定顺序不会花费很长时间，因为顺序总是相同的，只有起点和终点会不同。为了避免这种可预测性，当设置为不安全模式时，必须更改 LFSR 配置。通过修改 LFSR，为不安全模式操作加入额外的 r 位，本原多项式 LFSR 成为非主多项式 LFSR。从图 9-11 中可以看出，附加位隐藏在多路复用器后面，并且仅对不安全模式操作变得有效。LFSR 和解码器之间的接口不受影响。由于原始的 LFSR 只占不安全模式 LFSR 的一小部分，因此在一个测试周期内重复选择相同的子链成为可能，从而导致更复杂的输出。较短的周期性并不是一个问题，因为它处于安全模式，因为所有子链都不需要访问，但是完全功能扫描链的外观仍然存在。

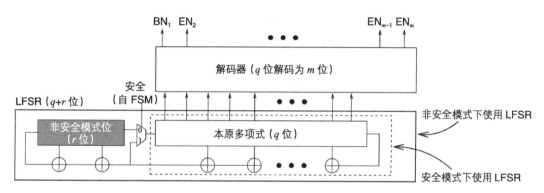

图 9-11　由 TSC 的安全模式决定的可修改 LFSR

9.2.7　扫描接口加密

可以通过对扫描链内容[36]进行加密来对抗基于扫描的侧信道攻击。这些攻击使用放置在每个扫描端口的高效和安全的分组密码来分别解密/加密每个扫描输入/输出处的扫描模式/响应。

如图 9-12 所示，电路中插入了两个分组密码。输入扫描密码解密自动测试设备提供的测试模式，而输出扫描密码在发送回自动测试设备之前加密测试响应。基于此方案，测试流程如下[36]：

- 为 CUT 生成测试模式，并计算预期的测试响应。
- 基于预选（例如，AES）加密算法和密钥的测试模式片外加密。
- 使用输入分组密码对测试模式进行即时解密，然后 CUT 模式扫描。
- 响应提取前，使用输出分组密码对测试响应进行动态加密。

● 测试响应的片外解密，以获得原始响应，并将它们与预期的响应进行比较。

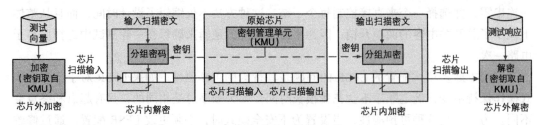

图 9-12　扫描接口加密结构

9.2.8　模糊扫描

使用测试密钥随机化（SSTKR）的安全扫描架构是为了解决安全和可测试性问题而开发的[37]。具体来说，SSTKR 是一种基于密钥的技术，用于防止攻击者在使用扫描基础架构时非法获取关键信息。认证密钥通过线性反馈移位寄存器生成，并插入测试向量。

此外，测试密钥以两种不同的方式嵌入测试向量中，即使用虚拟触发器和不使用虚拟触发器。在第一种情况下，将持有密钥的虚拟触发器插入扫描链，以随机化扫描输出。应该注意的是，所有虚拟触发器不应该连接到组合逻辑。在第二种情况下，认证密钥被插入无关位的位置，由 ATPG 生成以减少区域开销和测试时间。图 9-13 和图 9-14 分别说明了上述两种情况下的 SSTKR 结构。

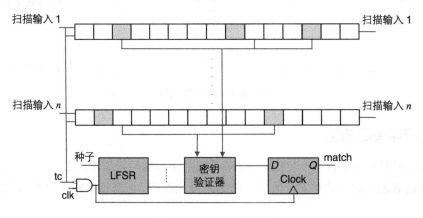

图 9-13　SSTKR 结构

9.2.9　扫描链重新排序

一种安全的扫描树结构被开发出来保护密码系统免受基于扫描的攻击[38]。与传统的扫描树架构相比，这种架构提供了较低的面积开销，传统的扫描树架构后面是压缩、锁定和测试访问端口（TAP）架构。与正常的扫描树结构相反，如图 9-15 所示，该结构基于翻转扫描树（F 扫描树）。确切地说，它们采用特殊的触发器（即翻转 FF），在扫描触发器的扫描输入引脚添加逆变器门。翻转扫描树架构是通过正常的 SDFF 和翻转 FF 构建的。由于攻击者不能识别逆变器的位置，因此他既不能控制输入，也不能观察触发器的输出。

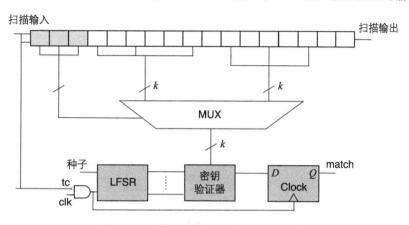

图 9-14　不使用虚拟 FF 的 SSTKR 架构

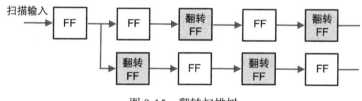

图 9-15　翻转扫描树

9.3　基于 JTAG 的攻击

最初，IEEE 标准 1149.1，也称为 JTAG 或边界扫描，于 1990 年推出[39]，该标准旨在满足对可在印制电路板或其他基板上执行的标准化互连测试的需求。近年来，1149.1 标准的可访问性已经从芯片外围扩展到片内调试[40,41]。基于 JTAG 协议，测试信号包括测试时钟输入（TCK）、测试模式选择输入（TMS）、测试数据输入（TDI）、测试数据输出（TDO）和测试复位输入（TRST）。

图 9-16 所示的 JTAG 架构由以下部分组成：1）TAP 控制器，一个由 TCK、TMS 和 TRST 信号驱动的 16 态有限状态机，它为指令寄存器（IR）产生内部时钟和控制信号；2）用户自定义寄存器（UDR）；3）强制寄存器（如旁路寄存器（BR）、边界扫描寄存器（BSR）和识别码（IDCODE）寄存器）。IR 用于加载和更新从时分双工（TDI）终端转移的指令，该指令决定要执行的动作和要访问的 TDR。指令解码器（IDEC）负责将指令解码为选择信号，以实现 TDI 和 TDO 之间的 TDR。引入用户定义的寄存器来访问芯片的内部逻辑。

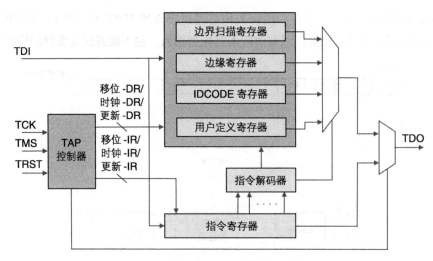

图 9-16　JTAG 结构

在私有指令集中引入了几个对应于 UDR 的用户定义指令。每次只有一条公共或私有指令被加载到 IR 中时，相应的数据寄存器被使能并放置在 TDI 和 TDO 之间。

从图 9-17 所示的状态图中可以看出，有两个相似的分支：指令寄存器（IR）扫描和数据寄存器（DR）扫描。IR 分支用于对 IR 进行操作，而 DR 分支用于对当前 TDR 进行操作。

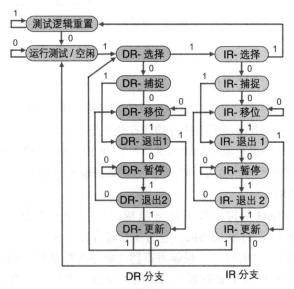

图 9-17　JTAG TAP 控制器状态图

9.3.1　JTAG 攻击

IEEE 1149.1 标准最初开发时没有考虑安全性。具体来说，JTAG 设计使用基于扫描的测试来访问芯片内部逻辑和芯片间布线。由于 JTAG 不知道芯片对外部命令的反应，所以从技术上讲，利用 JTAG 入侵设备是可能的。因此，在过去 10 年里，基于 JTAG 的攻击变得可行。例如，当调试软件，如片上开放调试器（OpenOCD）被赋予对 JTAG 接口的控制时，它可以操纵目标设备上的 JTAG，并向其发送向量，芯片将其解释为有效命令[43]。此外，JTAG 还被用来攻击 Xbox 360，绕过设备的数字版权管理策略[44]。此外，JTAG 最初用于 ARM11 处理器，以提供广泛的测试和调试能力。然而，JTAG 被利用来解锁手机服务（例如，入侵 iphone[45]）。

在文献 [13] 中，作者分析了基于 JTAG 的各种攻击。这些漏洞来自 JTAG 布线的菊花链拓扑，如图 9-18 所示。他们在以下场景中检查潜在威胁：1）通过监听 JTAG 数据路径获取秘密数据；2）通过将测试模式放置在 JTAG 布线上来获取嵌入式资产；3）获取菊花链中的测试模式和测试响应；4）截取发送到其他芯片的测试模式，并向测试人员发送虚假响应。

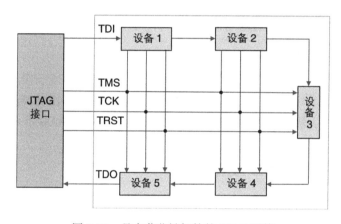

图 9-18　具有菊花链拓扑的 JTAG 系统

9.3.2　JTAG 防御

在过去 20 年里，工业界和学术界的研究人员一直致力于制定针对 JTAG 黑客的对策。开发的方法包括使用后销毁 JTAG、JTAG 密码保护、将 JTAG 藏在系统控制器后面以及用嵌入式密钥加密 JTAG。下面将详细解释这些方法。

1. 使用后销毁 JTAG

在某些情况下，JTAG 只在调试过程和制造测试中需要。一旦芯片被制造、测试并运送给客户，JTAG 元件就成了漏洞的来源。因此，在这些情况下，工程师可以在批量装运前禁用 JTAG 元件。出于安全考虑，JTAG 保险丝通常会熔断。然而，由于熔断物理熔丝的过程是不可逆的，因此开发了一些技术[46]来实现对测试基础设施的更好控制；因此，可以保证一些测试能力。这种设计通常是用一个以上的保险丝开发的。

2. JTAG 密码保护

在文献 [47] 中，作者提出了一种被称为"受保护的 JTAG"的方法，以防止未经认证和未经授权的用户访问私人和机密信息。然而，它仍然允许调试和测试功能由授权用户执行。具体而言，该方案提供不同的保护级别和访问模式。保护级别定义设备的实际保护，而访问模式是定义默认保护级别和保护功能可用性的配置属性。该方法使用安全服务器，该服务器利用短暂的椭圆曲线密钥对来验证和授权用户的 JTAG 访问请求。一旦认证和授权成功，设备在调试和测试过程中保持认证和授权状态。

3. 将 JTAG 藏在系统控制器后面

解决 JTAG 安全问题的另一种方法是将 JTAG 藏在系统控制器后面[48]。确切地说，系统控制器通常在印制电路板上实现，并充当与待测试芯片通信的代理。该方法在不修改设计的情况下提高了系统安全性。通过系统控制器实现的安全协议验证所有访问。此外，授权用户只能访问授权元件。系统控制器不仅可以充当测试器和芯片之间的代理，还可以存储测试模式，并在调用测试例程时自动测试芯片[48]。

4. 用嵌入式密钥加密 JTAG

保护 JTAG 的方法依赖于用密码引擎嵌入密钥。这种方法包括三个安全元件，即哈希函数、流密码和消息验证码[13]。它们用于验证要测试的设备、加密测试向量和响应，并防止不真实的 JTAG 消息。此外，协议是基于这些安全元件构建的，以应对 JTAG 带来的潜在安全威胁。

9.4 动手实践：JTAG 攻击

9.4.1 目标

本实验旨在向学生介绍 JTAG 攻击。实验是在 HaHa 平台上设计的，利用 JTAG 基础设施（即 JTAG 链中的 FPGA 和微控制器芯片的端口和连接），将符合 JTAG 标准的芯片连接在一个链中的一个 PCB 中，用于测试、调试和制造后的探测。由于采用 JTAG 对 FPGA 和 CPLD 器件进行编程的趋势越来越大，因此它们的安全性至关重要。

9.4.2 方法

实验的第一部分将允许学生建立一个黑客工具，充当 JTAG 程序员。学生需要首先学习如何使用被黑客攻击的 JTAG 程序员发送的指令来定位芯片的身份。接下来，学生将使用被黑客攻击的模块攻击 HaHa 平台中的其他模块。

9.4.3 学习结果

通过执行实验的具体步骤，学生们将了解被黑客攻击的 JTAG 能够提供的可访问性水平，以及修改目标芯片并恶意控制它的最佳技术。他们还将获得关于保护硬件免受 JTAG 攻击的挑战和机遇的经验。

9.4.4　进阶

可以通过配置 JTAG 来获取 JTAG 路径的延迟来创建签名，从而对这个主题进行更多的探索。

关于实验的更多细节见补充文件。请访问 http://hwsecuritybook.org。

9.5　习题

9.5.1　判断题

1. 整个供应链中的恶意实体可以通过利用扫描链来执行攻击。
2. 可测试性和安全性并不矛盾。
3. 测试工程师使用的基于扫描的 DFT 对安全性没有影响。
4. 使用后销毁 JTAG 是为了提高安全性，对测试性没有影响。
5. TAP 控制器是由 TCK、TMS 和 TRST 信号驱动的有限状态机。

9.5.2　简答题

1. 列出供应链中的攻击者执行基于扫描的攻击时的潜在威胁。
2. 列出三种基于扫描的非侵入性攻击。
3. 解释将阴影链放入动态模糊扫描（DOS）架构的目的。
4. 如何选择扫描链中插入的 dFF 数量？请解释。
5. 介绍一些本章讨论之外的基于扫描的攻击对策。

9.5.3　详述题

1. 解释测试性和安全性之间的关系。
2. 列出几个针对 JTAG 攻击的对策，并详细解释其中任何一个。

参考文献

[1] J. Lee, M. Tehranipoor, C. Patel, J. Plusquellic, Securing scan design using lock and key technique, in: Defect and Fault Tolerance in VLSI Systems, 2005. DFT 2005. 20th IEEE International Symposium on, IEEE, pp. 51–62.

[2] P. Ludlow, High Noon on the Electronic Frontier: Conceptual Issues in Cyberspace, MIT Press, 1996.

[3] B. Yang, K. Wu, R. Karri, Scan-based side channel attack on dedicated hardware implementations of data encryption standard, in: Test Conference, 2004. Proceedings. ITC 2004, International, IEEE, pp. 339–344.

[4] B. Yang, K. Wu, R. Karri, Secure scan: a design-for-test architecture for crypto chips, IEEE Transactions on Computer-Aided Design of Integrated Circuits and Systems 25 (2006) 2287–2293.

[5] R. Goering, Scan design called portal for hackers, EE Times (Oct 2004), https://www.eetimes.com/document.asp?doc_id= 1151658.

[6] P. Kocher, J. Jaffe, B. Jun, Differential power analysis, in: Annual International Cryptology Conference, Springer, 1999, pp. 388–397.

[7] P.C. Kocher, Timing attacks on implementations of Diffie–Hellman, RSA, DSS, and other systems, in: Annual International Cryptology Conference, Springer, 1996, pp. 104–113.

[8] D. Boneh, R.A. DeMillo, R.J. Lipton, On the importance of checking cryptographic protocols for faults, in: International Conference on the Theory and Applications of Cryptographic Techniques, Springer, 1997, pp. 37–51.

[9] E. Biham, A. Shamir, Differential fault analysis of secret key cryptosystems, in: Annual International Cryptology Conference, Springer, 1997, pp. 513–525.

[10] O. Kömmerling, M.G. Kuhn, Design principles for tamper-resistant smartcard processors, Smartcard 99 (1999) 9–20.

[11] M. Renaudin, F. Bouesse, P. Proust, J. Tual, L. Sourgen, F. Germain, High security smartcards, in: Design, Automation and Test in Europe Conference and Exhibition, 2004. Proceedings, vol. 1, IEEE, pp. 228–232.

[12] S.P. Skorobogatov, Semi-invasive attacks: a new approach to hardware security analysis, Technical Report UCAM-CL-TR-630, University of Cambridge Computer Laboratory, 2005.

[13] K. Rosenfeld, R. Karri, Attacks and defenses for JTAG, IEEE Design & Test of Computers 27 (2010).

[14] D. Zhang, M. He, X. Wang, M. Tehranipoor, Dynamically obfuscated scan for protecting IPs against scan-based attacks throughout supply chain, in: VLSI Test Symposium (VTS), 2017 IEEE 35th, IEEE, pp. 1–6.

[15] D. Mukhopadhyay, S. Banerjee, D. RoyChowdhury, B.B. Bhattacharya, Cryptoscan: a secured scan chain architecture, in: Test Symposium, 2005. Proceedings. 14th Asian, IEEE, pp. 348–353.

[16] R. Nara, K. Satoh, M. Yanagisawa, T. Ohtsuki, N. Togawa, Scan-based side-channel attack against RSA cryptosystems using scan signatures, IEICE Transactions on Fundamentals of Electronics Communications and Computer Sciences 93 (2010) 2481–2489.

[17] G.K. Contreras, A. Nahiyan, S. Bhunia, D. Forte, M. Tehranipoor, Security vulnerability analysis of design-for-test exploits for asset protection in SoCs, in: Design Automation Conference (ASP-DAC), 2017 22nd Asia and South Pacific, IEEE, pp. 617–622.

[18] L. Azriel, R. Ginosar, A. Mendelson, Exploiting the scan side channel for reverse engineering of a VLSI device, Technion, Israel Institute of Technology, 2016, Tech. Rep. CCIT Report 897.

[19] D. Hely, M.-L. Flottes, F. Bancel, B. Rouzeyre, N. Berard, M. Renovell, Scan design and secure chip, in: IOLTS, vol. 4, pp. 219–224.

[20] S.P. Skorobogatov, R.J. Anderson, Optical fault induction attacks, in: International Workshop on Cryptographic Hardware and Embedded Systems, Springer, 2002, pp. 2–12.

[21] J.D. Rolt, G.D. Natale, M.-L. Flottes, B. Rouzeyre, A novel differential scan attack on advanced DFT structures, ACM Transactions on Design Automation of Electronic Systems (TODAES) 18 (2013) 58.

[22] S.M. Saeed, S.S. Ali, O. Sinanoglu, R. Karri, Test-mode-only scan attack and countermeasure for contemporary scan architectures, in: Test Conference (ITC), 2014 IEEE International, IEEE, pp. 1–8.

[23] A. Das, B. Ege, S. Ghosh, L. Batina, I. Verbauwhede, Security analysis of industrial test compression schemes, IEEE Transactions on Computer-Aided Design of Integrated Circuits and Systems 32 (2013) 1966–1977.

[24] G. Sengar, D. Mukhopadhyay, D.R. Chowdhury, Secured flipped scan-chain model for crypto-architecture, IEEE Transactions on Computer-Aided Design of Integrated Circuits and Systems 26 (11) (2007) 2080–2084.

[25] Y. Atobe, Y. Shi, M. Yanagisawa, N. Togawa, Dynamically changeable secure scan architecture against scan-based side channel attack, in: SoC Des. Conf. ISOCC Int., 2012, pp. 155–158.

[26] J. Lee, M. Tebranipoor, J. Plusquellic, A low-cost solution for protecting IPs against scan-based side-channel attacks, in: Proc. VLSI Test Symposium (VTS), 2006, pp. 42–47.

[27] M.A. Razzaq, V. Singh, A. Singh, SSTKR: secure and testable scan design through test key randomization, in: Proc. of Asian Test Symposium (ATS), 2011, pp. 60–65.

[28] S. Paul, R.S. Chakraborty, S. Bhunia, Vim-scan: a low overhead scan design approach for protection of secret key in scan-based secure chips, in: Proc. VLSI Test Symposium (VTS), 2007.

[29] J. Lee, M. Tehranipoor, C. Patel, J. Plusquellic, Securing designs against scan-based side-channel attacks, IEEE transactions on dependable and secure computing 4 (4) (2007) 325–336.

[30] J.P. Skudlarek, T. Katsioulas, M. Chen, A platform solution for secure supply-chain and chip life-cycle management, Computer 49 (2016) 28–34.

[31] X. Wang, D. Zhang, M. He, D. Su, M. Tehranipoor, Secure scan and test using obfuscation throughout supply chain, IEEE Transactions on Computer-Aided Design of Integrated Circuits and Systems 37 (9) (2017) 1867–1880.

[32] M. Tehranipoor, C. Wang, Introduction to Hardware Security and Trust, Springer Science & Business Media, 2011.

[33] D. Hely, F. Bancel, M.-L. Flottes, B. Rouzeyre, Test control for secure scan designs, in: Test Symposium, 2005. European,

IEEE, pp. 190–195.

[34] B. Jun, P. Kocher, The Intel random number generator, Cryptography Research Inc., 1999, white paper.

[35] M. Bushnell, V. Agrawal, Essentials of Electronic Testing for Digital, Memory and Mixed-Signal VLSI Circuits, vol. 17, Springer Science & Business Media, 2004.

[36] M. Da Silva, M.-l. Flottes, G. Di Natale, B. Rouzeyre, P. Prinetto, M. Restifo, Scan chain encryption for the test, diagnosis and debug of secure circuits, in: Test Symposium (ETS), 2017 22nd IEEE, IEEE, pp. 1–6.

[37] M.A. Razzaq, V. Singh, A. Singh, SSTKR: secure and testable scan design through test key randomization, in: Test Symposium (ATS), 2011 20th Asian, IEEE, pp. 60–65.

[38] G. Sengar, D. Mukhopadhyay, D.R. Chowdhury, An efficient approach to develop secure scan tree for crypto-hardware, in: Advanced Computing and Communications, 2007. ADCOM 2007. International Conference on, IEEE, pp. 21–26.

[39] C. Maunder, Standard test access port and boundary-scan architecture, IEEE Std 1149.1-1993a, 1993.

[40] J. Rearick, B. Eklow, K. Posse, A. Crouch, B. Bennetts, IJTAG (Internal JTAG): A step toward a DFT standard, in: Test Conference, 2005. Proceedings. ITC 2005, IEEE International, IEEE, 8 pp.

[41] M.T. He, M. Tehranipoor, An access mechanism for embedded sensors in modern SoCs, Journal of Electronic Testing 33 (2017) 397–413.

[42] IEEE standard test access port and boundary-scan architecture: Approved February 15, 1990, IEEE Standards Board; Approved June 17, 1990, American National Standards Institute, IEEE, 1990.

[43] JTAG explained (finally!): Why "IoT", software security engineers, and manufacturers should care, http://blog.senr.io/blog/jtag-explained, Sept. 2016.

[44] Free60 SMC Hack, http://www.free60.org/SMC_Hack, Jan. 2014.

[45] L. Greenemeier, iPhone hacks annoy AT&T but are unlikely to bruise apple, Scientific American (2007).

[46] L. Sourgen, Security locks for integrated circuit, US Patent 5,101,121, 1992.

[47] R.F. Buskey, B.B. Frosik, Protected JTAG, in: Parallel Processing Workshops, 2006. ICPP 2006 Workshops. 2006 International Conference on, IEEE, 8 pp.

[48] C. Clark, M. Ricchetti, A code-less BIST processor for embedded test and in-system configuration of boards and systems, in: Test Conference, 2004. Proceedings. ITC 2004. International, IEEE, pp. 857–866.

[49] D. Hely, F. Bancel, M.-L. Flottes, B. Rouzeyre, Secure scan techniques: a comparison, in: On-Line Testing Symposium, 2006. IOLTS 2006. 12th IEEE International, IEEE, 6 pp.

[50] J. Da Rolt, G. Di Natale, M.-L. Flottes, B. Rouzeyre, A smart test controller for scan chains in secure circuits, in: On-Line Testing Symposium (IOLTS), 2013 IEEE 19th International, IEEE, pp. 228–229.

第 10 章

物理攻击和对策

10.1　引言

　　物理攻击分为三类：非侵入性、半侵入性和侵入性。非侵入性攻击不需要对被测设备进行任何初始准备，并且在攻击过程中不会对设备造成物理伤害。攻击者可以将电线接入设备，或者将其插入测试电路进行分析。侵入性攻击需要直接访问设备的内部元件，这通常需要装备精良、知识渊博的攻击者才能成功。与此同时，随着特征尺寸的缩小和设备复杂性的增加，侵入性攻击变得越来越苛刻和昂贵。非侵入性攻击和侵入性攻击之间有很大不同。许多攻击处在非侵入性攻击和侵入性攻击之间，称为半侵入性攻击。它们并不像经典的穿透侵入性攻击那样昂贵，但是像非侵入性攻击一样容易重复。像侵入性攻击一样，它们需要将芯片解包才能接触到它的表面。然而，芯片的钝化层保持完整，因为半侵入性方法不需要与内部导线形成接触。本章主要关注侵入性物理攻击。逆向工程、定位微探针和侵入性故障注入攻击是最常见的物理攻击，将在本章的其余部分分别介绍。

10.2　逆向工程

　　逆向工程是指对一个目标进行彻底的检查，以达到对其结构或功能的全面理解的过程以及攻击者用来发动攻击的一种方法。逆向工程广泛用于克隆、复制各种安全关键应用中的系统和设备，如智能卡、智能手机、军事、金融和医疗系统 [1]。本节讨论了电子系统的逆向工程，这可以通过破坏性或非破坏性方法提取系统的基本物理信息 [2,3]。

　　逆向工程的动机可以是"诚实"或"不诚实"，如表 10-1 所示 [4-6]。具有诚实动机的人倾向于对现有产品进行再验证、故障分析、研究和教育。在许多国家，只要不侵犯专利权和设计版权，逆向工程是合法的 [7]。然而，逆向工程可用于克隆、盗版或伪造设计、开发攻击或插入硬件木马。这种行为被认为是不诚实的。如果克隆系统的功能与原始系统的功能足够接近，那么不诚实的实体或个人可以销售大量伪造产品，而不必支付 IP 所有者要求的高昂研发成本 [8]。一个不诚实的例子在第二次世界大战期间再次发生。一架美国

B-29 轰炸机被苏联（Tupolev Tu-4 轰炸机）[9] 捕获、逆向工程并克隆。原轰炸机和克隆轰炸机如图 10-1 所示。两架轰炸机的配置几乎相同，除了发动机和大炮。

除了大型系统的逆向工程之外，还可以从电子芯片和印制电路板（PCB）中提取或克隆敏感数据，如关键设计参数和个人机密信息。例如，逆向工程 PCB 非常容易，因为它的结构简单，并且越来越依赖于商业现成的元件。PCB 和 IC 的逆向工程也可能为今后对它们的攻击提供机会。例如，现在许多智能卡都包含存储个人信息和执行交易的电路。不诚实的一方可以对这些电路进行逆向工程，以获取持卡人的机密信息，实施金融犯罪，等等。

表 10-1 逆向工程的动机

"诚实"的动机	"不诚实"的动机
故障分析和缺陷识别	错误注入攻击
检测伪造产品 [5,8]	伪造
电路分析恢复制造缺陷	篡改
IP 确认	IP 盗版和盗窃
硬件木马检测 [6]	硬件木马植入
竞争对手 / 过时产品的分析	非法克隆产品
教育和研究	开发攻击方式

a) b)

图 10-1　第二次世界大战中逆向工程的一个例子：a）一架美国空军 B-29 轰炸机；b）一架
苏联 Tupolev Tu-4 轰炸机，一架 B-29 的反向工程复制品

电子行业的另一个担忧是通过逆向工程盗版集成电路[10]。2010 年，半导体设备与材料国际（SEMI）公布了一项关于 IP 侵权的调查。调查显示，90% 的半导体公司遭遇 IP 侵权，其中 54% 的公司面临严重的产品侵权问题[11]。许多不诚实的公司可以非法克隆电路和技术进行大规模生产，并未经授权在公开市场上出售这些盗版产品。后者给 IP 所有者造成不可挽回的损失。伪造的集成电路和系统也可能被篡改，导致安全漏洞和危及生命的问题。

总而言之，逆向工程是一个长期存在的问题，是当今政府、军队、各行各业和个人非常关注的问题，原因是：1）通过逆向工程对机密系统（如军事和金融机构的机密系统）进行攻击和安全破坏；2）在关键系统和基础设施中意外使用伪造产品导致的安全问题和成本；3）IP 所有者的利润和声誉损失；4）逆向工程对新产品创新和研发的负面影响。

由于这些担忧，许多国家的研究人员、公司和国防部一直在寻求反逆向工程技术，以防止对手访问他们受保护的产品和系统。例如，美国国防部目前正在进行反逆向工程技术的研究，这些技术可以防止机密数据、武器和 IP 被外国对手获得[12]。国防部反逆向工程计划的目标是阻止未经批准的技术转让，最大限度地提高逆向工程的成本，增强美国联盟的军事能力，培训国防部，并对国防部进行反逆向工程技术教育[13]。不幸的是，这一任务大部分是机密的，因此不适用于工业部门或更广泛的研究团体。

反逆向工程技术应具有监控、检测、抵抗和应对侵入和非侵入攻击的能力。几种技术可以用作对抗逆向工程。例如，防篡改材料和传感器已被用于防盗或反逆向工程[14]。像陶瓷、钢铁和砖块这样的硬屏障已经被用来分隔电子设备的顶层，因此破坏保护设备可能会挫败篡改或逆向企图。为了防止微探针的尝试，也应用了单芯片涂层。许多不同的包装技术也可以用来保护一个设备：易碎包装、铝包装、抛光包装、渗色油漆、全息和其他篡改响应胶带，以及标签[14]。传感器包括电压传感器、探针传感器、线传感器、印制电路板传感器、运动传感器、辐射传感器和顶层传感器网格。环氧树脂、灌封、涂层和绝缘等材料已经被用来阻挡 X 射线成像。

此外，混淆软件和硬件安全原语已被用于保护系统和软件。这些反逆向工程技术有助于保护机密信息免受不同类型的逆向工程。保护这些系统的其他一些方法如下：总线加密、安全密钥存储、侧信道攻击保护和篡改响应技术[14,15]。

以下是从芯片到系统级电子设备的逆向工程演示。

1）芯片级逆向工程：芯片是由使用半导体材料制造的电子器件组成的集成电路。芯片具有封装材料、接合线、引线框架和管芯。每个管芯具有几个金属层、通孔、互连、钝化和有源层[16]。在图 10-2 中，分别示出了 NMOS 和 PMOS 的简化截面图。如图所示，NMOS 和 PMOS 晶体管的多晶硅栅极（G）在页面外的某处连接在一起，形成逆变器的输入端。逆变器的 PMOS 源极（S）连接到金属 Vdd 线，NMOS 源极连接到金属地线（GND线）。PMOS 的漏极（D）和 NMOS 通过金属线连接在一起，用于 CMOS 逆变器的输出。芯片可以是模拟、数字或混合信号。数字芯片包括专用集成电路、现场可编程门阵列和存

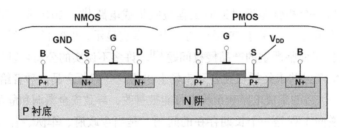

图 10-2 CMOS 晶体管的简化截面图

储器。芯片的逆向工程可以是非破坏性的，也可以是破坏性的。X 光断层扫描是一种无损的逆向工程方法，可以提供芯片的逐层图像，通常用于分析内部通孔、迹线、引线接合、电容、触点或电阻。另一方面，破坏性分析可能包括蚀刻和研磨每一层进行分析。在分层过程中，图片由扫描电子显微镜或透射电子显微镜拍摄。

2）PCB 板级逆向工程：电子芯片和元件安装在 PCB 板上[17]，并使用导电铜迹线和通孔电互连。根据电子系统的复杂性，电路板可以是单层或多层的。PCB 板的逆向工程始于对安装在电路板上的元件、其在顶层和底层（可见）的迹线、其端口等的识别。之后，可以使用分层或 X 光成像来识别内部印制电路板层的连接、迹线和通孔。

3）系统级逆向工程：电子系统由芯片、印制电路板和固件组成。系统固件包括关于系统操作和时序的信息，通常嵌入在非易失性存储器（NVM）中，如只读存储器、可编程只读存储器和闪存。对于更高级的 FPGA 设计（例如 Xilinx FPGA），固件类网表也存储在NVM 存储器中（也称为位流）。通过读取和分析内存中的内容，逆向工程可以更深入地了解被攻击的系统。

基于前面的讨论，逆向工程的综合分类如图 10-3 所示。首先，执行逆向工程来分解产品或系统，以识别子系统、包和其他元件。子系统可以是电气或机械的。在这一章中，只有电气子系统是重点。分析中的电气子系统包括硬件和固件。逆向工程师可以分析FPGA、电路板、芯片、存储器和软件来提取所有信息。这种努力涉及逆向工程，当它是以恶意的意图进行时，反逆向工程作为对这种逆向工程形式的补救。对每一级的逆向工程和反逆向工程，包括设备、技术和材料进行了检验。

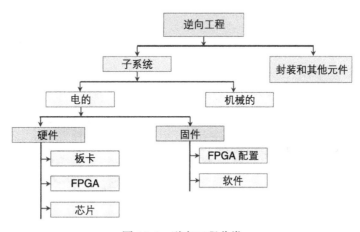

图 10-3　逆向工程分类

10.2.1　设备

高级逆向工程需要一套专用设备。下面的图 10-4、图 10-5 和图 10-6 给出了逆向工程中常用设备的简述。

图 10-4　a）光学显微镜；b）扫描电子显微镜（SEM）；c）透射电子显微镜（TEM）

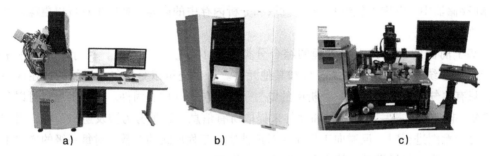

图 10-5　a）聚焦离子束（FIB）；b）高分辨率 X 光显微镜；c）探测站

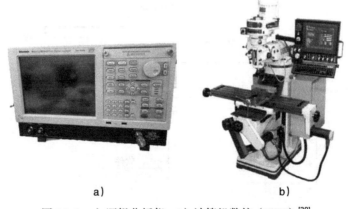

图 10-6　a）逻辑分析仪；b）计算机数控（CNC）[30]

光学高 / 超分辨率显微镜（数字）。传统数字显微镜的局限性包括有限的景深、非常薄的聚焦场，以及使物体上的所有部分同时聚焦[18]。为了克服这些局限性，现在正在使用光学高分辨率显微镜。光学超分辨率显微镜拍摄一系列图像，并将它们组合在一起，形成一个反映不同高度的三维图像。然而，光学显微镜只能用于分析 PCB 板和芯片外部，因为对于当前芯片特征尺寸（≪100 nm）来说，分辨率太低。

扫描电子显微镜。 在扫描电子显微镜中，聚焦的电子束被用来产生图像[22]。对于一个样品，电子与原子相互作用，这是一个产生检测信号的过程。预计逆向工程师将从未知芯片的横截面开始。扫描电子显微镜可以用来分析模具的横截面、各层的成分和厚度。这个物体可以放大 10 倍，达到大约 30 000 倍。与传统显微镜相比，扫描电子显微镜具有以下优点：

- 高分辨率：扫描电子显微镜具有更高的分辨率，放大倍数高，可以在亚微米级上分辨特征。
- 大景深：当样本（例如芯片的内部元件）聚焦于图像时，样本的高度称为景深。扫描电子显微镜的景深比光学显微镜的景深大 300 倍以上，这意味着可以用扫描电子显微镜获得样品无法获得的细节。

透射电子显微镜。 利用透射电子显微镜，电子束通过样品并与之相互作用[21,23]。与扫描电子显微镜一样，透射电子显微镜具有非常高的空间分辨率，可以提供有关样本内部结构的详细信息[24]。此外，透射电子显微镜还可以用来观察芯片的横截面和内部层。

聚焦离子束。 聚焦离子束的工作原理与扫描电子显微镜相同，但使用离子束代替电子束。离子束使人们能够以纳米分辨率进行材料沉积和去除，这可用于透射电子显微镜样品制备和电路编辑。离子束有不同类型的离子源，但最受欢迎的是镓（Ga）液态金属。这些工具的新一代被称为双束电浆离子束（PFIB），它以更高的功率工作，并能缩短材料加工时间。

扫描电容显微镜。 为了说明半导体器件 10 nm 尺度上的掺杂分布，使用扫描电容显微镜（SCM），因为它具有很高的空间分辨率[3]。在样品表面顶部施加一个探针电极，然后该电极扫描整个样品。表面和探针之间的静电电容变化用于获取有关样品的信息[28]。

高分辨率 X 射线显微镜。 X 光显微镜用于无损检测样品，如芯片或印制电路板。用这种方法，X 射线被用来产生样品的射线照片，它显示样品的厚度、装配细节、孔、通孔、连接器、迹线和可能存在的任何缺陷[28]。

探测站。 探测站支持各种各样的电气测量、器件和晶圆表征、故障分析、亚微米探测、光电工程测试等。在这类系统中，多达 16 个定位器位于振动隔离框架上，用于稳定压板。这些特性使高可靠性和可重复的测试过程达到亚微米水平。一个拉出式真空卡盘平台可以容纳测试样品和电动压板，而卡盘和定位器提供了足够的灵活性来对许多不同的样品进行测试。

逻辑分析仪。 逻辑分析仪是一种可以同时在数字系统或数字电路上观察和记录多个信号的电子仪器。逻辑分析仪的使用可以促进芯片、电路板和系统级的逆向工程。在 FPGA 位流逆向工程的情况下，可以采用逻辑分析仪来测量 FPGA 和外部存储器之间的 JTAG 通信信号。

计算机数控。 对使用自动化加工工具代替传统人工控制的需求，推动了计算机数控（CNC），即计算机控制加工过程的诞生[30]。CNC 可以运行铣床、车床、磨床、等离子切割机、激光切割机等。运动沿着所有三个主轴控制，这使得 3D 过程成为可能。

10.2.2　芯片级逆向工程

集成电路通常由裸片、引线框架、引线接合和成型封装材料组成，如图10-7所示。芯片的封装方式可以根据不同方法进行分类。使用的材料可以是陶瓷或塑料[31]。考虑到陶瓷价格昂贵，塑料通常被用作包装材料。包装也可以是引线接合或倒装芯片[32]。在引线接合包装中，电线连接到引线框架。有几种类型的引线接合：同心接合环、双接合和球接合。相比之下，倒装芯片封装是一种允许电子元件、基板、电路板或载体之间正面朝下（使其顶部朝下）直接电气连接的技术。这种电气连接是由导电的溶胶而不是电线形成的。倒装芯片比引线接合封装有几个优点：优越的电性能和热性能，更高的输入输出能力，以及基板的灵活性。然而，倒装芯片通常被认为比引线接合更昂贵[32]。

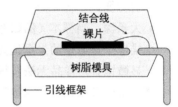

图10-7　集成电路元件的横截面图

在芯片级，逆向工程的目标是找到封装材料、引线接合、不同的金属层、触点、通孔和有源层以及金属层之间的互连。逆向工程有几个不同的步骤：

- **解封装**　解封装步骤暴露芯片的内部元件，允许检查裸片、互连和其他特性。
- **分层**　对裸片进行逐层破坏性分析，以查看每个金属、钝化层、聚合层和有源层。
- **成像**　使用SEM、TEM或SCM对分层过程中的每一层进行成像。
- **后处理**　分析前一步的图像，为功能分析创建原理图和高级网表，并识别芯片。以下各节将更详细地讨论这些步骤。

1. 解封装

首先，逆向工程师识别封装材料并移除芯片的封装。Depot是使用酸性溶液移除包装的传统方法[3]。包装可以由不同种类的材料制成，所以选择酸时必须精确。这些酸性溶液用于蚀刻掉封装材料，而不会损坏裸片和互连。机械和热方法用于从陶瓷封装中移除裸片。这些方法既适用于抛光陶瓷材料，也适用于去除盖子[3]。

要移除裸片封装，可以使用选择性或非选择性方法。湿化学蚀刻和等离子蚀刻可以用作选择性技术，而非选择性技术可以是热冲击、研磨、切割和激光烧蚀。不同类型的解封装方法及其优缺点见表10-2。

表10-2　使用不同方法解封裸片及其优缺点

解封方法		优点	缺点
化学法	湿式	使用硫酸或硝酸，具有高蚀刻速率 当裸片尺寸比封装小时工作良好	不适用于陶瓷封装 酸会损坏引线框，并对焊线进行各向同性蚀刻
	干式	去除选择性好的材料 可以去除任何材料	陶瓷封装速度慢 蚀刻机的污染可能导致材料的不均匀去除

（续）

解 封 方 法		优　点	缺　点
机械法	研磨和抛光	易于使用的材料的均匀去除 更适合倒装芯片	当引线框高于裸片背面时工作 在某些领域不起作用
	铣削	去除特定区域中的材料 三轴材料去除	需要专业技能才能配合数控加工 材料去除的精度受刀具精度的限制
	热冲击	快速廉价 易于执行	损坏裸片的风险较高 在特定区域不可控
纳米制造技术	大电流 FIB	可以在受控区域执行 材料去除的高精度（nm）	昂贵，需要高操作技能 慢速铣削速度（30 nm^3/s）
	等离子 FIB	材料去除的高精度（nm）可在受控 区域执行 更快的铣削速度（2000 nm^3/s）	昂贵 要求高操作技能
激光烧蚀		材料去除的精度（μm） 可在受控区域执行 更快的铣削速度（10^6 μm^3/s）	昂贵 要求高操作技能

解封后，需要在执行分层和成像之前清洁裸片，因为可能存在灰尘，导致伪影[33]。接下来概述了不同的除尘方法：

- **喷雾清洗**　一个装有丙酮的注射器连接到一个非常细的钝头针头上。然后使用注射器将颗粒从裸片中喷出。
- **酸洗**　为了去除有机残留物，可在开封后使用新鲜酸。
- **超声波清洗**　裸片解封后，水、清洁剂（实验室级）或溶剂可用于超声波清洗。
- **机械擦拭**　应使用浸有丙酮的实验室抹布轻轻擦拭裸片，抹布应为无绒布，以免污染裸片。小心刮擦样品，以免松开焊线。

2. 分层

现代芯片由几个金属层、钝化层、通孔、触点、多晶硅和有源层组成。逆向工程师必须对芯片进行横截面成像，使用 SEM 或 TEM 来识别层数、金属材料、层厚、通孔和触点。横截面成像的知识非常关键（即层的厚度），因为它决定了分层必须如何进行。

当芯片被分层时，可以同时使用几种方法，例如湿法/等离子蚀刻、研磨和抛光。逆向工程师应该确定所需的蚀刻剂以及去除每一层所需的时间，因为布局可能取决于具体的技术，可以是 CMOS，也可以是双极型。例如，存储器件通孔比其他通孔高得多，因此蚀刻很有挑战性，因为必须去除大量材料。表 10-3 中显示了几种类型的金属和所需的湿蚀刻剂[34]。

表 10-3　不同类型金属的湿法蚀刻配方和蚀刻工艺[34]

要蚀刻的材料	化 学 药 品	比　例	蚀 刻 工 艺
铝（Al）	H$_3$PO$_4$：水：醋酸：HNO$_3$	16:2:1:1	PAN Etch，25℃的温度下蚀刻速率 200 nm/min，40℃的温度下蚀刻速率 600 nm/min

（续）

要蚀刻的材料	化学药品	比　例	蚀刻工艺
铝（Al）	NaOH:水	1:1	可以在25℃的温度下使用，但在更高的温度下蚀刻速度更快
硅（Si）	HF:HNO$_3$:水	2:2:1	—
铜（Cu）	HNO$_3$:水	5:1	—
钨（W）	HF:HNO$_3$	1:1	—
多晶硅（Si）	HNO$_3$:水:HF	50:20:1	先除去氧化膜，25℃的温度下蚀刻速率 540 nm/min
多晶硅（Si）	HNO$_3$:HF	3:1	先除去氧化膜，高蚀刻速率：4.2 μm/min
二氧化硅（SiO$_2$），热生长	HF:水	1:100	非常低的蚀刻速率：25℃的温度下蚀刻速率 1.8 nm/min
二氧化硅（SiO$_2$），热生长	HF	—	非常快的蚀刻速率：25℃的温度下蚀刻速率 1.8 nm/min
氮化硅（Si$_3$N$_4$）	磷酸	—	180℃的温度下使用，25℃的温度下蚀刻速率为 6.5 nm/min，等离子体蚀刻是去除 Si$_3$N$_4$ 的首选方法

　　一旦确定蚀刻剂用于对特定层和金属进行分层，逆向工程将从蚀刻钝化层开始；然后，逆向工程师将拍摄最高金属层的图像；之后，逆向工程将蚀刻金属层。对每一层重复相同的过程，包括聚合层和有源层。当对芯片进行分层时，层表面必须保持平坦，并且一次一个，每一层都应该仔细而精确地蚀刻[3,4]。此外，芯片的层厚度可能因制造工艺的变化而变化。最好的方法是每层延迟一个裸片。例如，当对四层芯片进行分层时，逆向工程可以对芯片的每个金属层使用四个裸片。

　　为了精确地延迟芯片，先进的实验室应该拥有以下一个或多个机械设备[4]：半自动抛光机、半自动铣床、激光器、凝胶刻蚀机、数控铣床和离子束铣床。当芯片被延迟时，人们可能会面临以下挑战[4]：

- 层的平面度　层的平面度可以是保形的或平坦的。在保形层中，不同层和通孔的某些部分可能出现在同一平面上。然而，在平坦化层中，一次仅出现一层。保形层更具挑战性。
- 材料去除率　设备可能缓慢或快速，可能蚀刻不足或过度。
- 裸片尺寸　厚度、长度和宽度存在变化。
- 样本数量　可能没有足够的部分来分别对每个层进行成像（也就是说，如果分层不准确，可能会丢失层的信息）。
- 材料的选择性　必须小心去除一种材料，但不要去除另一种材料（例如，去除金属层而不影响通孔）。

3. 成像

在分层过程中，会拍摄成千上万的高分辨率图像来捕获每一层中包含的所有信息。随后，这些图像可以拼接在一起，然后进行研究以重建芯片。为了成像，可以使用许多高分辨率显微镜和 X 光机，如 10.2.1 节所述。

4. 后处理

分层后的后处理或电路提取包括以下步骤：1）图像处理，2）注释，3）门级原理图提取，4）原理图分析和组织，5）从门级原理图中提取高级网表。这些步骤的详细描述如下：

图像处理。手动拍摄图像变得越来越困难，因为集成电路的尺寸正在缩小，同时它们的许多特性也在缩小 [3]。先进的电气实验室现在使用自动仪器（X 光、SEM、数字显微镜），这些仪器可以拍摄集成电路和印制电路板的整层图像。然后，自动化软件可以用于以最小的误差将图像缝合在一起，并且在没有错位的情况下同步多个层。此外，在提取之前建立层的接触和通孔的排列也很重要。

注释。在完成对齐的层和缝合的图像之后，开始提取电路。该过程的这一阶段包括记录晶体管、电感器、电容器、电阻器、二极管、其他元件、各层的互连、通孔和触点。电路提取可以是自动的或手动的过程。例如，Chipworks 有一个 ICWorks 提取工具，可以查看芯片的所有成像层，并将它们对齐，以便提取 [3]。该工具可用于在多个窗口中同时查看芯片的多个层。ICWorks 提取器工具也可以用于导线和设备的注释。图像识别软件（2D 或 3D）用于识别数字逻辑中的标准单元。自动图像识别软件有助于快速提取大块数字单元。

门级原理图提取。有时图像是不完美的，因为图像可能是手动拍摄的。另外，数字单元的注释过程和图像识别可能是错误的。因此，在创建原理图之前需要进行验证。设计规则检查可用于检测与最小尺寸特征或空间、引线接合、通孔和连接相关的任何问题 [3]。在此阶段之后，ICWorks 等工具可以提取互连网表，从中可以创建平面示意图。可以检查原理图中是否有任何浮动节点、输入或输出短路，或者没有输入或输出的电源和网络。注释、网表和原理图相互依赖，因此更改其中一个可能会影响其他的。

原理图分析和组织。原理图分析应该经过深思熟虑，小心翼翼地完成，并具有适当的层次和设计连贯性。为了分析和组织原理图，逆向工程师可以使用设备上的公共信息，如数据表、技术报告、营销信息和专利。这有助于架构和电路设计的分析。一些结构，如差分对和带隙基准电压源，可以很容易地识别。

从门级原理图中提取高级网表。在剥离的集成电路上执行电路提取（电路原理图的推导）后，可以使用多种技术 [35-37] 来获得芯片功能分析和验证的高级描述。文献 [35] 从 ISCAS-85 组合电路的门级示意图中提出了逆向工程，通过计算小块真值表、寻找公共库元件、寻找重复结构以及识别总线和控制信号来获得电路功能。文献 [38] 提出了门级网表的逆向工程，以基于行为模式挖掘导出电路元件的高级函数。该方法基于从门级网表的模拟轨迹中挖掘模式，并将其解释为模式图的组合。文献 [38] 提出了一种自动导出字级结构的方法，该结构可以从数字电路的门级网表中指定操作。逻辑块的功能通过提取网表的字级信息流来隔离，同时考虑门共享的影响。文献 [37] 使用各种算法来识别具有模块边界的高级网表。这些算法用于验证，以确定寄存器文件、计数器、加法器和减法器等元件的功能。

10.2.3　芯片级反逆向工程

集成电路的反逆向工程有几种方法，包括伪装、模糊和其他技术。以下是对这些方法的描述。

1. 伪装

布局层次的技术，例如单元伪装 [39,40] 和虚拟触点，可以用来阻碍那些想要在芯片上执行逆向工程的对手。在伪装技术中，具有不同功能的标准单元的布局看起来是相同的。如图 10-8 所示，可以通过使用真实和虚拟触点将伪装引入标准门，这可以实现不同的功能。在图 10-8a 和图 10-8b 中，展示了双输入与非门和或非门的布局。这些门的功能可以很容易地通过它们的布局来识别。相反，图 10-8c 和图 10-8d 展示了伪装的两输入与非门和或非门，其布局看起来是相同的。如果标准门使用常规布局，自动图像处理技术可以容易地识别门的功能（见图 10-8a 和图 10-8b）。伪装（见图 10-8c 和图 10-8d）会使自动化工具执行逆向工程变得更加困难。如果设计中伪装门的功能没有被正确提取，对手将会得到错误的网表。

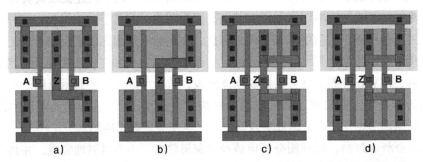

图 10-8　a) 标准与非门，b) 标准或非门。通过观察顶部金属层，这些门很容易区分。c) 伪装的与非门，d) 伪装的或非门。这些门具有相同的顶部金属层，因此更难识别

2. 混淆

混淆技术需要使设计或系统更加复杂，以防止逆向工程，同时也允许设计或系统具有与原始系统相同的功能。文献 [41,42] 中有几种不同的混淆方法。通过模糊网表的硬件保护可以用于防止盗版和篡改，并且该技术可以在硬件设计和制造过程的每个级别提供保护 [42]。该方法是通过系统地修改门级 IP 核心的状态转换功能和内部逻辑结构来混淆功能而实现的。电路将仅针对特定的输入向量穿过模糊模式到达正常模式，这些向量被称为电路的"密钥"。

在文献 [41] 中，在寄存器传输级（RTL）设计中提出了一种互锁混淆技术，它可以针

对特定的动态路径遍历解锁。该电路有两种模式：进入模式（模糊）和功能模式。当形成特定的互锁码字时，功能模式是可操作的。码字是从电路的输入端编码的，在进入模式下应用，以达到功能模式。这个码字被互锁到转换功能中，并且通过增加与状态机的交互来保护它免受逆向工程。额外的好处是，对手对电路所做的任何微小改变或改动都会由于互锁混淆而被放大。该技术有很大的区域开销，因此在区域开销和保护级别之间存在权衡。更高的保护级别需要更大的过载。

3. 其他技术

如今，大多数公司的芯片制造都已外包给代工厂。半导体代工厂被赋予制造芯片的设计图 [43]。为了完成在这些工厂生产的集成电路的制造后控制，集成电路硬件测量协议已经到位，以防止集成电路盗版 [10,44]。集成电路可以通过主动测量来识别，主动测量是一个过程，通过这个过程，芯片的部分可以被设计者用来锁定和解锁。物理不可克隆函数（PUF）可用于生成密钥，以防止克隆 [44,45]。PUF 很难复制。因此，逆向工程和克隆整个芯片是可能的，但是逆向工程将不能激活克隆的芯片。

文献 [11] 提出了一种可重构的逻辑屏障方案，将信息流从输入端分离到输出端。该技术用于集成电路预制造阶段，以防止集成电路盗版。信息可以用正确的密钥流动，但是屏障会因为不正确的密钥而中断流动。10.2.3 节第 2 点中描述的逻辑屏障方案和混淆技术之间的主要区别在于，逻辑屏障方案基于设计中屏障的正确锁定位置，而不是随机锁定位置。该技术通过使用更好定义的度量、节点定位和增强从异或门到查找表（LUT）的粒度，以最小的开销有效地最大化屏障。

每个芯片上都可以放置一个外部密钥，以防止集成电路盗版。这种方法被称为集成电路终端盗版（EPIC）[15]。该密钥由 IP 持有者生产，并且是唯一的。制造商必须将标识发送到芯片的 IP 持有者，芯片才能正常工作，然后 IP 持有者必须发送激活密钥，以激活具有该标识的芯片。随机标识由几种技术生成。该标识是在集成电路测试之前生成的。该密钥防止从逆向工程克隆集成电路，并控制应制造多少芯片。EPIC 技术的局限性包括与 IP 持有者的复杂通信，这可能会影响测试时间和上市时间。此外，这种技术需要更高的功率消耗水平。

文献 [46] 提出了一种基于总线的集成电路锁定和激活方案，用于防止未经授权的制造。该技术涉及中央总线的混淆，因此设计可以在制造现场锁定，作为保证芯片唯一性的一种手段。中央总线由可逆位置换和替换控制。一个实数发生器被用来建立芯片的代码，在激活过程中使用 Diffie-Hellman 密钥交换协议。

文献 [47] 提出了一种称为安全分离测试（SST）的方法，用于确保 SoC 的制造和测试过程的安全，并将控制权交还给 SoC 设计者，以防止伪造、有缺陷和不合格的 SoC 进入供应链。在 SST 中，每个芯片在测试过程中都被锁定。SoC 设计者是唯一能够解释锁定的测试结果和解锁通过的芯片的实体。这样，SST 可以防止生产过剩，也可以防止芯片到达供应链。此外，SST 为每个芯片建立唯一的密钥，这极大地提高了针对供应链攻击的安全性。

SST 由以下元件组成：真随机数发生器（TRNG）、基于熔丝的真随机数（TRN）存储、公钥加密/解密单元、扫描锁定模块、功能锁定块。图 10-9 显示了 SST 的概况。可以假设，在使用任务 1 中开发的模块方法开始测试之前，已经安全地生成了 ECID。代工厂的测试过程从初始化步骤开始，TRNG 生成一个 TRN（类似于任务 1 中的协议），并将其存储在非易失性存储器中。这个 TRN 既用于唯一干扰测试响应，也用于锁定每个集成电路。TRN 通过用硬编码到集成电路设计中的公钥 PK_1C 与 IP 所有者共享。通过了解 TRN，IP 所有者可以确定集成电路是否通过测试，以及如何生成解锁集成电路的密钥（称为 FKEY）。IP 所有者将识别哪个裸片通过，并将相应的电子证书发送到代工厂。代工厂只将通过的裸片送到元件进行包装。IP 所有者为每个集成电路向元件发送一个随机数 R_IP。如果代工厂/装配厂在测试过程中串通，R_IP 会增加过程的随机性。装配厂和 IP 所有者之间也会发生类似的一轮通信。IP 所有者只为通过测试的集成电路生成 FKEY，并将它们与相关的集成电路代码一起发送到元件。FKEY 被烧录到相应集成电路的非易失性存储器中，从而将其解锁。

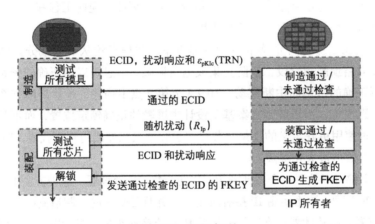

图 10-9　SST 概况

10.2.4　板级逆向工程

板级逆向的目标是识别电路板上的所有元件及其之间的连接。设计中使用的所有元件都称为材料清单（BOM）[1]。印制电路板的元件和部件可以是以下任何一种：微处理器、微控制器、去耦电容、差分对、动态随机存取存储器（DRAM）、与非门闪存、串行 EEPROM、串行或非门闪存和晶体/振荡器。可能有丝网印刷标记、高速串行/并行端口、程序/调试端口、JTAG、DVI、HDMI、SATA、PCI、以太网、程序/调试端口和显示端口 [3,48]。为了识别印制电路板的元件、测试点和零件，丝网印刷标记经常被使用 [1]。例如，D101 可以是二极管，Z12 可以是齐纳二极管。

通过芯片和芯片标记进行集成电路识别。安装在印制电路板上的一些电子元件可以通过使用集成电路标记容易地识别，但是完全定制和半定制集成电路很难识别。使用带有丝网注解的标准现成零件将有助于逆向工程过程。如果集成电路没有标记，那么制造商的标志可以给出芯片功能的概念。内部开发的自定义设备很难识别[1]，因为自定义设备可能没有文档记录，或者只能根据保密协议提供文档记录。

集成电路标记可分为以下四个部分[49]：

- 第一部分是前缀，这是用于识别制造商的代码。它可能是一个 1～3 个字母的代码，尽管制造商可能有几个前缀。
- 第二部分是器件代码，用于识别特定的集成电路类型。
- 下一部分是后缀，用于标识封装类型和温度范围。制造商经常修改他们的后缀。
- 日期使用四位数代码，其中前两位数字表示年份，后两位数字表示星期几。此外，制造商可以将日期加密成他们唯一知道的形式。

图 10-10 显示了德州仪器（TI）芯片在第一行和第二行的标记惯例。TI 芯片可以有一个可选的第三行和第四行与商标和版权相关的信息。在确定制造商和集成电路标记后，逆向工程师可以从数据表中找到芯片的详细功能，这些数据表可在互联网上找到[50,51]。

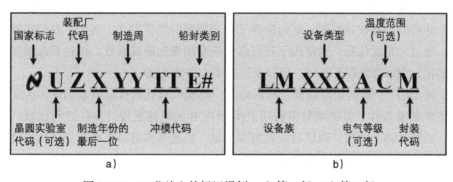

图 10-10　TI 芯片上的标记惯例，a）第一行，b）第二行

如果集成电路标记不可读，因为它已经由于先前在现场的使用而褪色，或者制造商没有出于安全目的放置标记，逆向工程师可以剥离封装，并读取裸片标记以识别制造商和芯片的功能[49]。裸片标记有助于识别掩模号、零件号、裸片掩模完成日期或版权注册日期、公司徽标和商标符号。裸片标记可能与包装标记匹配，具体取决于制造商。然后，数据表信息可用于评估裸片。在同一制造商生产的芯片系列中，裸片标记相似[52]。因此，如果有人能找到一个芯片的功能，那么这个人也能识别芯片家族的功能，因为这个家族的芯片共享的几乎相似的裸片标记。例如，高通 MSM8255 处理器在功能和设计上都与 MSM7230 相同，而且这两种芯片都来自 Snapdragon 系列 IC[52]。这两个芯片的唯一区别是它们的时钟速度。在识别了 PCB 的元件之后，逆向工程师需要识别 PCB 的类型，可以是以下任何一种：单面（一个铜层）、双面（两个铜层）或多层。在多层 PCB 中，芯片在前面和后面相互连接，并通过内层连接。一些内部层用作电源层和接地层。不同层的导体与通孔连接，需要延迟识别这些连接。

PCB 破坏性分析。在 PCB 分层之前，所有外层元件的位置和方向的图像被捕获到[1]。然后可以移除元件，可以观察钻孔位置，并且可以确定是否存在任何掩埋或盲孔。PCB 分层工艺类似于针对芯片描述的工艺，因此不再进一步讨论。PCB 分层后，每一层的图像都可以拍摄[48]。那么应该注意层的组成和厚度。跟踪高速信号的阻抗控制和 PCB 的特性非常重要。介电常数、预浸织物厚度和树脂类型也应被确定[1]。

用 X 射线断层成像对 PCB 进行无损三维成像。X 射线断层成像是一种非侵入性成像技术，它可以使物体的内部结构可视化，而不受上下层结构的干扰。该方法的原理是获取一组二维图像，然后利用直接傅里叶变换和中心切片理论[53]等数学算法进行三维重建。这些二维投影是从许多不同的角度收集的，这取决于最终图像所需的质量。在选择断层成像工艺参数时，必须考虑目标的尺寸和材料密度、源/探测器与目标的距离、源功率、探测器目标、滤波器、曝光时间、投影数、中心偏移和光束硬化等特性。当重建三维图像时，内部和外部结构将准备好进行分析[48]。关于如何为这些参数选择正确的值的讨论超出了本文的范围。关于断层参数的更多信息见文献[54]。

例如，使用 Zeiss Versa 510 X 光机对四层定制 PCB 的迹线和通孔进行分析[55]。为了确保板上的特征能够被观察到，他们选择了一个精细的像素尺寸，这给了我们足够高的图像质量。经过几轮优化后，选择用于获得最佳质量图像的断层参数。该过程在设定参数后完全自动化，无须监督即可完成，应广泛适用于大多数 PCB。

对于图 10-11 中的四层定制板，所有迹线、连接和通孔都被清晰地捕获。为了验证断层成像方法的有效性，将结果与以前用于生产 PCB 的电路板设计文件进行比较。该板包括前侧、后侧和两个内层。内层对应电源和接地。通孔连接电路板两侧的迹线，并且还连接到电源层或接地层。内部电源层如图 10-12 所示。

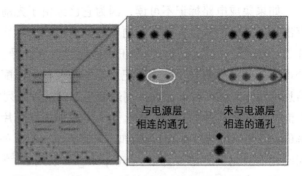

与电源层相连的通孔　　未与电源层相连的通孔

图 10-11　安装在样品架上的 PCB 板　　　　图 10-12　内部电源层的布局设计

使用成千上万个虚拟二维切片的组合来重建电路板的三维图像。这些切片可以单独查看和分析。每个切片的厚度与像素大小相同（即 50 μm）。在图 10-13 中，提供了一个切片，其示出了内部功率层的信息。

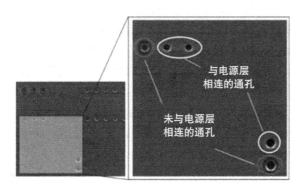

图 10-13　虚拟切片呈现电源层

通过比较断层成像结果和电路板的设计布局，可以看到连接的通孔和未连接到内层的通孔之间的明显差异。焊接点构成高 X 射线吸收材料，并导致相关像素的白色对比度。然而，塑料的密度更低，X 射线更透明，这导致了较暗的对比度。因此，可以容易地确定哪些通孔连接到内层。由于迹线上存在铜，同样的原理将允许我们检测电路板侧面层上的迹线，如图 10-14 所示。

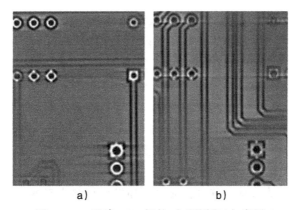

图 10-14　重建 PCB 板的 a）顶层和 b）底层

成像后网表提取。通过分层或 X 射线断层成像捕捉 PCB 的图像后，可以发现所有元件之间的连接，这将产生 PCB 布局网表。那么商业工具可以用于将布局转换回示意性的[56]。要根据收集的图像创建网表，应验证以下内容：

- 原始电路板元件之间的连接（数据表可能有助于找到原始功能的连接）。
- 意外短路和悬挂 Vdd。
- 元件之间的引脚连接。

先前的工作[57,60]中已经使用了几种技术来分析 X 射线图像。Wu 等人[57]对 PCB 使用视觉检查系统。采用消除减法，从检测图像中分割出理想的 PCB 图像（模板），并定位 PCB 中的缺陷。Mat 等人[58] 使用形态学操作将结构化技术应用于原始 PCB 图像（输入）。之后，应用膨胀和侵蚀功能，从而可以实现 PCB 迹线的精细分割图像。Koutsougeras 等人[59] 应用了一个自动的 Verilog HDL 模型生成器，其中包括用于识别组件及其连接的图像处理技术。之后，获得电路图，其对应于电路板的原始示意电路。最后，从电路图中生成 Verilog HDL。Verilog XL 模拟器用于测试性能。电路卡组件 /PCB 的层使用 X 射线立体成像进行分离[60]。重点是识别多层 PCB 上不同层的焊点和迹线。在自动化加工技术中，照片是从一层或两层 PCB 上拍摄的。然后，使用 C++ 程序自动对网表进行逆向工程。

10.2.5　板级反逆向工程

确保对 PCB 级逆向工程的完全保护是一项困难的任务，因此反逆向工程方法的目标是简单地使逆向工程价格昂贵且耗时。PCB 反逆向工程技术概述如下[1]：

1）防篡改配件、定制螺钉形状、黏接外壳和完全封装 PCB 周围的空间可用于保护免受物理攻击。

2）定制硅，不对集成电路进行标记，减少丝网屏幕无源元件，以及减少来自互联网的信息可能会使逆向工程复杂化。此外，从硅中消除 JTAG 和调试端口会使逆向工程更加困难。

3）采用球栅阵列（BGA）设备，因为这样的设备没有暴露的引脚。背对背 BGA 在 PCB 板中的放置可能是最安全的，因为未布线的 JTAG 管脚在 PCB 的任何一侧都无法进行深度控制钻孔。对于背对背的 BGA 布局，PCB 需要多层，这将增加逐层分析的逆向工程成本。问题是背对背的 BGA 封装是复杂和昂贵的。

4）如果设备以不寻常的方式运行（例如，如果存在混乱的地址和数据总线），则很难找到设备的功能。混淆（即使用过的管脚与未使用的管脚之间的接线连接、处理器的备用输入和输出以路由信号、动态混淆总线和混淆 PCB 批注）可能会使逆向工程复杂化。然而，这种技术也需要使用更复杂的芯片和复杂的设计方法。

前面的许多方法很难实施，并且会显著增加设计和制造成本。表 10-4 显示了板级反逆向工程技术的有效性[1]。根据确定的设计成本、制造影响和逆向工程成本，总共有 5 个级别用于扩展。

表 10-4　板级反逆向工程技术的实现挑战

反逆向工程技术	设计成本	制造影响	逆向工程成本
防篡改配件，例如梅花或定制螺丝形状	中	低	非常低
充分灌封 PCB 板周围的空间	低	中	低
缺少最小无源元件的丝印	低	低	低
定制硅和未标记的 IC	低	中	低

（续）

反逆向工程技术	设计成本	制造影响	逆向工程成本
BGA 设备	低	高	高
仅在内部层路由信号	中	高	中
多层 PCB	高	中	非常高
使用盲孔和埋孔	中	非常高	中
动态跳跃的总线	低	非常低	低
通过 ASIC 路由	非常高	中	高
通过 FPGA 路由	中	中	中
取消 JTAG 和调试端口	低	中	低

10.2.6　系统级逆向工程

利用芯片级和 PCB 级的逆向工程，目的是获得嵌入式系统中芯片和电路板的网表，该网表代表设计的功能和互连。为了使设计充分发挥作用，还应检索由固件定义的系统操作代码和控制指令。这被称为系统级逆向工程。

与嵌入式系统设计并行的是基于 FPGA 的设计，涉及 ASIC 和 MCU/DSP，在现代产品设计中，FPGA 的市场份额越来越大。考虑到硬件功能和互连（称为网表）被封装在二进制配置文件（称为位流）中的事实，FPGA 的逆向工程过程与主要基于芯片布局几何特征的专用集成电路芯片级逆向工程过程完全不同（参见 10.2.2 节）。这里，FPGA 逆向也分为系统级逆向过程，因为 MCU、DSP 等中的固件和网表信息都存储在 NVM 设备中。

在本节中，首先介绍了各种 NVM，然后讨论了用于提取固件 / 网表的逆向工程方法。

1. 固件 / 网表信息表示

固件和网表信息可以通过只读存储器（ROM）、电可擦可编程只读存储器（EEPROM）或闪存存储。ROM 是一种存储器，其二进制位是在制造过程中编程的。目前，ROM 仍然是最流行的存储介质之一，因为它的每单元成本低、密度高、访问速度快。从 ROM 物理实现的角度来看，ROM 设备通常可以分为 4 种类型 [61]，如图 10-15 所示。

- 有源层可编程 ROM：逻辑状态由晶体管的存在或不存在来表示。如图 10-15a 所示，晶体管是通过简单地在扩散区域上桥接多晶硅来制造的。
- 接触层可编程 ROM：一个位由通孔的存在或不存在来编码，该通孔连接垂直金属位线和扩散区，如图 10-15b 所示。
- 金属层可编程 ROM：二进制信息通过短路晶体管来编码，如图 10-15c 所示。
- 注入可编程 ROM：不同的逻辑状态是通过扩散区的不同掺杂水平实现的（见图 10-15d）。通常，较高的掺杂水平会提高开 / 关电压阈值，这将使晶体管失效。

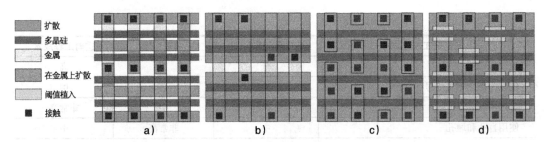

图 10-15   a) 有源层可编程 ROM；b) 接触层可编程 ROM；c) 金属层可编程 ROM；d) 注
入可编程 ROM

与 ROM 相比，EEPROM 为用户提供了对其内容重新编程的能力。如图 10-16a 所示，EEPROM 的一位单元由两个晶体管组成：浮栅晶体管（FGT）和选择晶体管（ST）。FGT 有两个堆叠的栅极：一个控制栅极（CG）和一个浮动栅极（FG）。位单元的逻辑状态在 FGT 通过存储在 FG 中电子的存在或不存在来编码。由于是电绝缘的，FG 在断电时可以保留电子。Flash（见图 10-16b）的结构几乎与 EEPROM 相同，除了不存在与逻辑状态无关的 ST，并且只允许 EEPROM 可字节寻址。

FPGA 位流本质上是编码 FPGA 中网表信息的位向量，它在最低抽象层定义硬件资源使用、互连和初始状态。逻辑块被配置为表示基本数字电路原语，例如组合逻辑门和寄存器。连接块和开关块被配置为不同逻辑块之间的相互连接。其他硬件资源，如 I/O 缓冲器、嵌入式 RAM 和乘法器，可以根据不同的要求进行编程。因此，可以从位流文件中获得关于网表的所有信息。

2. ROM 逆向

要对 ROM 内容进行逆向工程，可以利用现代光学和电子显微镜观察每个单元的二进制状态，如下所示：

- 有源层可编程 ROM   需要使用 10.4 节中讨论的分层方法去除金属层和聚合层，因为它们会遮蔽下面的有源层。

- 接触层可编程 ROM   逆向工程这种 ROM 要容易得多，因为通常不需要拆分金属层和聚合层。在相对较旧的 ROM 技术中，接触层是清晰可见的，但是在更现代的技术中，在观察之前仍然需要一些拆分来暴露接触层。

- 金属层可编程 ROM   这种类型的 ROM 可以在显微镜下直接观察，而无须执行任何分层过程。

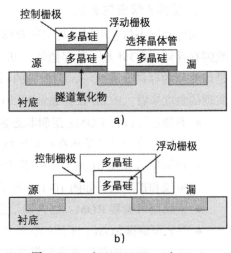

图 10-16   a) EEPROM；b) Flash

- 注入可编程 ROM 这种类型的 ROM 固有地抵抗光学显微镜检查，因为不同的逻辑状态看起来是相同的。为了观察不同掺杂水平的影响，应该使用额外的掺杂剂选择性晶体蚀刻技术 [62] 来分离这两种逻辑状态。

一般来说，ROM 只能提供有限的保护。在所有类型的 ROM 中，金属层可编程 ROM 提供了最差的安全性，因为金属层很容易用很少的努力获得，而注入可编程 ROM 提供了最高级别的可用保护。

3. EEPROM/Flash 逆向工程

由于 EEPROM 和 Flash 具有相似的结构和相同的逻辑存储机制（如前所述），它们通常可以通过相同的过程进行逆向工程。考虑到 EEPROM/Flash 通过电子而不是几何差异来代表不同的状态，X 射线技术不能用于检测内容物。此外，任何拆分和测量 FG 中电子的尝试，如 SEM 和 TEM，都会改变电子分布，从而干扰 FG 中的电子含量。

长期以来，EEPROM/Flash 技术一直被认为是最强大的存储防御。文献 [63–65] 提出了几种方法来正确提取 EEPROM/Flash 中的内容，尽管这些方法非常昂贵并且需要特殊的设备。请注意，以下两种方法都是从存储器背面应用的，因为传统的正面拆分和成像将导致 FG 中的电荷消失 [63]。

扫描开尔文探针显微术程序：扫描开尔文探针显微术（SKPM）程序 [66] 通过厚度为 10 nm 的隧道氧化层直接探测 FG 电位，该氧化层将 FG 与晶体管通道隔离，如图 10-16a 所示。因此，第一步是从背面除去硅存储器，并保持隧道氧化层未损坏，以避免 FG 的充电 / 放电。然后，在 SKPM 扫描下，通过向探针尖端施加直流电压，可以读取位值。如图 10-17a 所示，来自 SKPM 的扫描数据显示了尖端和存储单元之间的电位差的二维分布。带电的 FG（与 "0" 相关）和尖端之间的电位差远高于未带电的 FG（与 "1" 相关）和尖端之间的电位差，这导致位 "0" 的区域更亮（在图 10-17a 中用黑色圈出）。

扫描电容显微术（SCM）程序：与 SKPM 程序不同，SCM 程序测量尖端（样品处于接触模式）和高灵敏度电容 SCM 传感器 [67] 之间的电容变化。假设载流子将在晶体管沟道中与 FG 中的现有电子耦合，SCM 传感器将通过探测载流子（空穴）浓度来检测逻辑状态。因此，背面拆分应该保持 50~300 nm 的硅厚度，以保持晶体管沟道不受损坏。然后，如图 10-17b 所示，可以读取位信息。SCM 信号显示，带电的 FG（与 "0" 相关联）具有较暗的信号（以黑色圈出），这与高密度的载流子一致。

表 10-5 总结了 SKPM 程序和 SCM 程序之间的比较。注意，随着技术的扩展，存储在 FG 中的电子对于 90 nm 节点 NAND Flash 已经减少到小于 1000 个电子 [64]。在这种情况下，SKPM 程序不再能够准确地识别两种逻辑状态，而 SCM 仍然表现良好。

表 10-5　SKPM 和 SCM 对比

维　　度	SKPM	SCM
分层位置	背面	背面
分层深度	全硅	50~300 nm 厚

（续）

维　　度	SKPM	SCM
灵敏度测量	低	高
载流子	电子	载流子
测量参数	电位	电容
操作模式	非接触式	接触式
应用	所有 EEPROM 和部分 Flash	所有 EEPROM 和 Flash

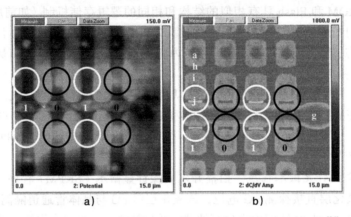

图 10-17　a）SKPM 扫描；b）从 Flash 背面进行 SCM 扫描 [64]

4. FPGA 逆向工程

FPGA 逆向工程涉及分析配置位流文件，并将位流文件转换成硬件网表，硬件网表由 RTL 的所有元件和互连组成。为了实现这个目标，黑客需要经过以下步骤：从 Flash 获得位流文件的访问权，解密位流（如果加密），最后建立位流文件和网表之间的映射关系。

位流访问。基于 SRAM 的 FPGA 将逻辑单元状态存储在 SRAM 中，在掉电后不能保留数据。因此，采用外部 NVM 设备（通常为 Flash）来保存配置位流文件，并在系统启动时传输位流文件，以在 FPGA 中启动 SRAM。位流文件和 FPGA 之间的分离使得转储位流文件的内容变得容易。通过使用逻辑分析仪，人们可以很容易地窃听 JTAG 数据和命令行，以捕捉启动期间 FPGA 和 Flash 之间的通信。

位流解密。为了提高 FPGA 的安全级别，大多数 FPGA 制造商在将位流文件存储在 Flash 中之前，先用加密标准对其进行加密，例如三重数据加密标准（DES）和高级加密标准（AES）[68]。现在，只要加密密钥仍然隐藏在 FPGA 内部，窃听加密位流就不会产生任何逆向工程信息。

FPGA 逆向工程中的位流解密过程完全取决于攻击者发现密钥的能力。通常，在将加密位流加载到 FPGA 之前，通过对 FPGA 进行编程，将密钥存储在嵌入式 NVM 中。寻找密钥的入侵性和破坏性攻击通常是不可行的，因为它们将触发 FPGA 中的篡改检测来将密钥归零。到目前为止，还没有关于对基于 SRAM 的 FPGA 进行成功入侵攻击的公开报告。

最近，有报道称几种主流的 FPGA 系列 [69-71] 的位流加密容易受到侧信道攻击（SCA）[72]。基本上，SCA 是一种利用物理信息（功率、时钟和电磁辐射）与 FPGA 实现中的某些硬件操作之间关系的无创攻击。SCA 在文献 [69] 中首次成功破解了 Xilinx VirtexII Pro FPGA 中的三重 DES 加密位流文件。当加密的位流被 FPGA 内部的专用硬件引擎解密时，将收集泄露的时钟和功率消耗信息。通过分析收集到的功率消耗和时序行为，可以验证内部三重 DES 模块的假设结构。最后，采用分而治之的方法来猜测和验证密钥的一小部分（例如，三重 DES 为 6 位），从而降低了计算的复杂度。重复此过程，直到获得整个密钥。最近的 Xilinx FPGA（Virtex-4 和 Virtex-5）采用了更先进的加密模块（AES-256），在文献 [70] 中通过更复杂的相关功率分析被破解 [73]。

以类似的方式，当解密块在 FPGA 中工作时，测量 FPGA 功率消耗或电磁辐射。最近，Altera 的 Stratix II 和 Stratix III FPGA 中的加密密钥也已被同一个 SCA[71] 揭露出来。所有前面的攻击都可以在几个小时内进行，这一事实揭示了位流加密的脆弱性。

位流反转。在将位流文件转换成相应的硬件网表之前，需要了解位流结构，该结构通常由 FPGA 供应商记录，并且可以在线访问。通常，位流文件由四部分组成 [74]：命令头、配置攻击载荷、命令尾和启动序列。对于 Xilinx FPGA，配置攻击载荷决定配置点（如 LUT、存储器、寄存器和多路复用器）和可编程互连点（开关盒）。位流反转的目标是找出配置攻击载荷与配置点和可编程互连点之间的映射关系。然而，这种映射关系是专有的和不可更改的，这使得位流文件本身作为模糊设计来保护硬件网表。在过去 10 年中，已经有几次尝试来实现位流反转。

- 部分位流反转。这种位流反转只关注于从位流文件中提取一些特定的可配置块，例如 LUT、可配置逻辑块和乘法器。文献 [75] 展示了通过在 Xilinx Virtex-II FPGA 中提取 LUT 的内容来识别嵌入式 IP 核心的可能性。

- 完全位流反转。文献 [76] 首次公开尝试将位流文件转换成网表。集合论算法和互相关算法 [76] 被用来在 FPGA 中建立将位流比特链接到相关资源（配置点和可编程互连点）的数据库。然后，该数据库被用于基于 Xilinx Virtex-II、Virtex-4 LXT 和 Virtex-5 LXT FPGA 中的任何给定位流文件产生期望的网表。然而，这种方法不能完全创建网表，因为它仅依赖于可访问的 Xilinx 设计语言（XDL）文件中的信息，该文件是从 Xilinx EDA 工具生成的，该工具仅提供关于活动的可配置资源的信息。FPGA 中静态的、未使用的可配置资源的缺失信息，使其离完整位流转换有一段距离。在文献 [77] 中，XDLRC（Xilinx 设计语言报告），一个由 Xilinx EDA 工具生成的更详细的文件，用于增强映射数据库的创建。与 XDL 不同，XDLRC 文件可以提供关于活动和静态可配置资源的所有可用信息。然而，文献 [77] 中的测试结果表明新的问题，即互相关算法无法将 FPGA 中的所有资源与位流文件中的位完美地关联起来。因此，由于缺乏成熟的位流反转技术，与 ASIC 设计和微控制器设计相比，FPGA 嵌入式系统对逆向工程具有更强的鲁棒性。

10.2.7 系统级反逆向工程

在本节中，我们将分析和讨论增加固件和 FPGA 位流上逆向工程成本的解决方案。

1. ROM 反逆向工程

增加逆向 ROM 复杂性和难度的最有效的方法是使用伪装方法。简单地说，设计者在光学检查下使所有的存储单元完全相同，不管内容是什么。这种解决方案虽然会增加制造成本，但会迫使攻击者花费更多的时间、金钱和精力来访问 ROM 的内容。回想一下，对于 10.2.6 节第 1 点中的注入可编程 ROM，使用不同的掺杂水平来编码信息构成了一种伪装技术。接下来提供了其他几种伪装技术。

伪装接触。不同于接触层可编程 ROM（见图 10-15b），在接触层可编程只读存储器中，接触的不存在或存在将暴露逻辑状态，伪装接触充当金属层和有源层之间的假连接，以使真接触和假接触在光学显微镜下无法区分 [78]。要解码内容，必须使用仔细的化学蚀刻来找到真正的接触点，这很费时。从时间 / 成本的角度来看，这种技术也将增加生产周期，并降低生产产量。

伪装晶体管。为了提高有源层可编程 ROM 的安全性（见图 10-15a），可以制造假晶体管来混淆逆向工程，而不是使用晶体管 [79]。基本上没有电功能的假晶体管与光学显微镜下的真晶体管具有相同的自上而下的视角。为了破解这些信息，攻击者必须使用更先进的电子显微镜来分析 ROM 的俯视图，甚至横截面图，这在经济上通常是不可行的。这种设计肯定会大规模增加逆向工程的难度，并且在制造过程中只需要付出很少的努力。

伪装纳米线。通过使用纳米材料，在 ROM 阵列 [80] 的位线和字线之间的垂直连接中制造 ROM 单元。位线和字线之间的真实连接充当晶体管，而非电气虚拟连接仅起到设计伪装的作用。由于纳米线的尺寸很小，即使在先进的电子显微镜下，虚拟连接和真实连接之间的微小差异也是不可分辨的。然而，伪装纳米线的主要挑战是以足够高的体积和产量制造 ROM。

几乎所有前述伪装技术只需要在整个 ROM 的一部分上采用。为了开发更强的反逆向 ROM，可以同时使用一种以上的反逆向技术。

反熔丝一次性编程。诚然，传统 ROM 天生容易受到逆向工程的影响。即使配有辅助反逆向工程设计的 ROM 也只能提供有限的保护，防止破坏性和侵入性逆向工程，尽管它们使设计和制造过程更加复杂。目前，ROM 的替代（例如，反熔丝一次性编程（AF-OTP）存储器件）正获得相当大的关注。

无论栅极氧化层是处于崩溃状态还是完好状态，AF-OTP 存储器都会利用这一点来指示两种逻辑状态。栅极氧化层击穿是在晶体管的栅极上施加高压后实现的。在一些提议的结构中 [81-83]，在单元面积、存取速度和对逆向工程的抗干扰性方面，分裂沟道 1T 晶体管

抗熔丝 [83] 比传统 ROM 存在许多优点。如图 10-18a 所示，反熔丝晶体管在未编程时像电容器一样工作，但一旦编程操作后氧化物破裂，就会形成导电路径。由于已编程和未编程反熔丝之间的埃级差异，现有的逆向工程技术（例如，从正面或背面拆分、基于 FIB 的电压对比度 [84] 和电子显微镜的自顶向下视图或横截面视图）不会暴露任何所包含的信息，更不用说很难找到氧化物分解的位置。此外，反熔丝存储器与标准 CMOS 技术兼容，因此制造不需要额外的掩模或处理步骤。考虑到安全性、性能和成本，反熔丝存储器最终可能会取代当前的 ROM 设备，其特征尺寸会不断缩小 [82]。

2. EEPROM/Flash 反逆向工程

为了对 EEPROM/Flash 进行逆向工程，攻击者更喜欢从背面开始，以避免干扰浮动电荷。因此，最有效的对策是防止背后攻击。在这里，简要介绍了一些后端攻击检测方法，然后回顾了一种替代 EEPROM/Flash 的方法，它可以固有地容忍背面攻击。

电路参数感测。从背面执行拆分工艺将使硅体变薄。通过将两个平行的板埋在硅体中以形成电容器，电容感测 [85] 可以在攻击者从背面抛光时检测到电容减小。当电容达到某个阈值以下时，它将触发 EEPROM/Flash 来激活擦除操作。垂直于硅体的电容器以前是一个挑战。幸运的是，硅通孔技术 [86] 的出现使得制造更加容易。类似地，可以测量其他参数，例如电阻 [87]，并将其与预定义的参考电阻阈值进行比较。

光感测。通过光学监控芯片的背面，光感测方法将在芯片的正面装备至少一对发光和光感测装置，并且在硅体 [88] 的底部装备光反射模块。发光器件被配置为发射能够穿透主体、被光反射模块反射然后被光感测器件收集的光。一旦进行了分层，光感测设备处的光分布的变化会触发存储器中包含的数据的自我破坏。这种方法肯定会使逆向过程更加耗时。然而，与制造相关的成本以及连续发光和感测的功率消耗使其在实践中不太有吸引力。

值得一提的是，一旦由前述感测方法产生的检测信号被激活，存储器将自动擦除其全部或部分内容。然而，该策略不会给逆向工程攻击者造成太多麻烦。例如，攻击可以隔离提供擦除功率的电荷泵，或者通过使用 FIB 使检测信号接地，最终使所有检测擦除方法都无用。此外，即使存储器成功擦除了所有内容，由于数据残留 [89]，攻击者仍然有机会根据 FG 上的剩余电子来确定实际值。

ferroelectric RAM（FeRAM）存储器。如前所述，在 FG 上使用电子来表示逻辑状态使得 EEPROM/Flash 易受逆向工程的影响。最近，FeRAM 存储器被证明是替代 EEPROM/Flash 的候选对象。FeRAM 开发的动机是大幅缩短写入时间，降低写入功率消耗。最近，据报道 FeRAM 存储器仍然可以对所包含的状态进行非常强的保护 [90]。

与 EEPROM/Flash 存储机制不同，FeRAM 通过分子的极化状态存储数据。这些种类的分子位于 FeRAM 单元的中间层，是充满铁电晶体材料的电容器，通常是铅锆钛酸盐（PZT 或 Pb（ZrTi）O_3）化合物。如图 10-18b 所示，两种极化状态，即锆钛原子在压电陶瓷中的上 / 下位移，代表两种不同的逻辑状态。由于 PZT 的高介电常数，状态保持不变，并且仅在外部电场下翻转。

由于特殊的状态表示，光学和电学检查下的两种状态之间的差异是不可见的。这是因为向上 / 向下移动的距离（见图 10-18b）是纳米尺度，因此从上到下看不到任何东西。揭示内容的一种可能的攻击，尽管在经济上是禁止的，是仔细地逐单元切片和分析 SKPM/SCM 下的横截面视图，以检查两种状态之间的差异。

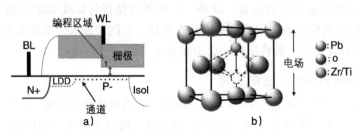

图 10-18　a）AF-OTP 和 b）ferroelectric RAM（FeRAM）

3. FPGA 反逆向工程

与 ASIC 设计相比，加密 SRAM FPGA 可提供足够的逆向工程可恢复性这一事实为反逆向技术的研究和发展留下了更少的空间。然而，现有的 FPGA 反逆向工程技术可分为三类（位流隐藏、侧信道阻拦和位流抗反转）。以下是对这些技术的描述：

位流隐藏。通过将位流存储存储器与 FPGA 集成，闪存 FPGA 和反熔丝 FPGA[91] 不需要外部配置存储器，使得直接窃听不再有效。与 SRAM FPGA 不同，由于闪存的非易失性，闪存 FPGA 不需要在上电期间下载位流。反熔丝 FPGA 因其较高的逆向工程可恢复性而被广泛应用于军事领域。如 10.2.6 节第 3 点和 10.2.7 节第 1 点所讨论的，试图分离闪存和反熔丝存储器，更不用说闪存 FPGA 和反熔丝 FPGA，以读出存储器内容，是相当具有挑战性的，并且还需要专门的设备。尽管这些 FPGA 比 SRAM FPGA 需要更多的制造步骤，并且由于闪存 / 反熔丝存储器的写入时间有限而缺乏足够的可编程性，但它们正成为关键应用中的主要选择。

侧信道阻拦。SCA 在 FPGA 上的最新成功证明了信息泄露对 FPGA 的安全构成了巨大威胁。因此，有必要开发侧信道阻拦设计来保护密钥。直观地说，最有效的侧信道阻拦设计是消除解密操作与功率消耗之间的依赖关系。Tiris 等人 [92] 提出了一种动态差分 CMOS 逻辑实现方法。这种技术使用恒定的功率消耗和电路延迟，而不考虑不同的电路操作。吴等人 [93] 建议采用异步逻辑设计，以获得独立于计算和数据的功率消耗。这些方法虽然对 SCA 有效，但与标准 CMOS 逻辑相比，会导致更大的面积和功率消耗。

另一组侧信道阻拦设计可以在噪声添加组中找到。通过引入随机功率噪声使解密的功率消耗不确定，攻击者很难确定功率消耗的哪一部分来自解密密钥。同样，这种方法将引入新的功率消耗。在文献 [94] 中，提出了功率降低技术来降低噪声产生的功率消耗开销。

位流抗反转。迄今为止，完全位流反转仅在理论上是可能的。可以想象，未来的侵入性攻击可能会成功地发现位流文件中的编码比特与 FPGA 中的硬件资源之间的整个映射。

FPGA 供应商应该研究潜在的对策，以阻止非侵入性攻击下的位流反转。目前，位流反转很大程度上取决于公开可用信息（例如，用户指南）和未记录信息（例如，EDA 工具生成的文件）的数量。对于 FPGA 供应商来说，在发布新信息以阻止潜在的位流反转尝试时，考虑到逆向工程攻击的可能性将是很好的。

另一个考虑是部分配置。位流文件中的关键配置位（如 IP 核）存储在 FPGA 内的闪存中，而其他非关键部分仍然从外部存储器加载。这种部分配置仅留下关于整个 FPGA 映射信息的窃听者部分信息，从而从根本上消除位流反转的可能性。

4. 系统级反逆向工程技术概述

表 10-6 说明了下一步讨论的系统级反逆向工程技术的成本和相关产量损失。为了评估反逆向工程技术的可行性，根据之前的讨论将逆向工程 / 反逆向工程成本分为 5 个级别：非常低、低、中、高和非常高。值得一提的是，反逆向工程技术的成本主要由设计和制造成本构成，而产量损失则是从制造角度估算的。其他因素，如功率、面积和可靠性，由于缺乏公开的文献而没有包括在内。另请注意，表 10-6 仅反映了目前的逆向工程 / 反逆向工程成本。随着未来出现更有效的逆向工程 / 反逆向工程技术，成本将相应变化。在实践中，表 10-6 中反逆向工程成本较低，但逆向工程成本较高的技术将更容易被接受。对于 ROM，最好的选择显然是 AF-OTP，它具有低反逆向工程成本，但使逆向工程非常具有挑战性。对于 EEPROM/Flash，选项是有限的，但是 FeRAM 似乎是最有前途的。最后，对于 FPGA 来说，位流隐藏是最好的选择。

表 10-6　系统级逆向工程和反逆向工程技术成本

反逆向工程技术		反逆向工程成本	逆向工程成本	产量损失
ROM	伪装触点	高	中	低
	伪装晶体管	低	高	中
	伪装纳米线	高	高	高
	AF-OTP	低	非常高	非常低
EEPROM/Flash	电路参数检测	中	低	中
	光感测	高	低	中
	FeRAM 存储	中	非常高	非常低
FPGA	位流隐藏	非常低	高	–
	侧信道阻拦	中	高	–
	位流反转	低	高	–

10.3　探测攻击

通过观察芯片的硅实现，物理攻击能够绕过现代密码技术提供的保密性和完整性。这种攻击尤其威胁到智能卡、智能手机、军事系统和金融系统中处理敏感信息的集成电路。

与非侵入性侧信道分析（例如，功率或时序分析）不同，探测直接访问安全关键模块的内部线路，并以电子格式提取敏感信息。探测与逆向工程和电路编辑相结合，对任务关键型应用构成了严重威胁，因此需要研究团体制定有效的对策[95]。

探测攻击已经成为当前攻击的一部分。最近的一个例子是，联邦调查局请求破解恐怖分子嫌疑人拥有的苹果手机 5c 的密码重试计数器。研究人员对手机与非门闪存使用的专有协议进行逆向工程，镜像（复制）内容，然后在不到一天的时间内强行破解密码[96]。虽然在这种情况下，攻击是由研究人员进行的，但通过探测方法危及军事技术可能会造成灾难性后果，造成生命损失。在这种情况下，高级集成电路故障分析和调试工具用于内部探测集成电路。在这些工具中，聚焦离子束是最危险的。

FIB 使用离子束流进行特定位置的铣削和材料去除。同样的离子也可以注入靠近材料沉积表面的地方。这些功能允许 FIB 在芯片内的衬底上切割或添加迹线，从而使它们能够重定向信号、修改迹线路径以及添加 / 移除电路。尽管 FIB 最初是为故障分析而设计的，但是熟练的攻击者可以使用它来获取片上密钥、建立对内存的特权访问、获取设备配置和注入故障。这可以通过将它们重新路由到现有的输出引脚、创建新的探测触点或重新启用集成电路测试模式来实现。如果没有 FIB，这些技术中的大多数都是不可能的。虽然已经提出了对抗探测的对策，例如有源网格、光学传感器和模拟传感器，但是它们笨拙、昂贵且特别。一次又一次地表明，经验丰富的 FIB 操作员可以通过电路编辑轻松绕过它们。在文献 [97] 中，黑客从正面（即顶层金属层）通过重新布线其活动网格，并使用光纤与总线接触，探查英飞凌 SLE 66CX680P/PE 安全 / 智能芯片的固件。

由于各种原因，FIB 辅助探测攻击预计会增加。FIB 正变得比以往任何时候都更便宜、更容易访问（例如，FIB 可以以每小时几百美元的价格购买）。此外，随着故障分析的 FIB 能力不断提高，将启用更强大的攻击。与此相反，非侵入性和半侵入性攻击要么不能根据摩尔定律扩展到现代半导体，要么可以通过廉价的对策减轻。随着非侵入性和半侵入性攻击继续变得不那么有效，可以预期攻击者会迁移到 FIB。基于这些原因，保持领先于攻击者并开发更有效的对抗基于 FIB 的探测的对策至关重要。由于 FIB 的能力几乎是无限的，最好的方法应该使探测尽可能的昂贵、耗时和令人沮丧。这样做的一个重大挑战在于，设计抗 FIB 芯片的时间、精力和成本必须保持合理，特别是对于通常不是安全专家的设计工程师来说。在即将到来的物联网（IoT）时代，这一点可能尤其重要，物联网时代可能包括大量易于物理访问的低端芯片。

本节介绍了电路编辑和反探测领域的最新研究成果，强调了面临的挑战，并提出了计算机辅助设计和测试领域的未来研究方向。本章的其余部分组织如下：10.3.1 节回顾了与探测攻击相关的技术背景，10.3.2 节介绍了针对探测攻击的现有对策及其局限性。

10.3.1   探测攻击基础

理解对手的目标和成功进行调查的技术是克服这一重大威胁的第一步。在本节中，将回顾探测过程的技术细节，并对技术要求、决策和感知到的最新技术的局限性进行关联。

1. 探测攻击目标

攻击者和对策设计者都必须确定哪些信号更有可能成为探测攻击的目标。这种信号被称为资产。资产是一种有价值的资源，值得保护，免受对手的攻击[98]。不幸的是，还没有提出或商定一个更明确的资产定义。为了帮助说明可能是资产的各种可能信息，这里列举了几个最有可能成为探测攻击目标的典型例子。

密钥：加密模块的密钥（例如，公钥算法的私钥）是典型的资产。它们通常存储在芯片的非易失性存储器中。如果密钥泄露，它所提供的信任根将会受到损害，并可能成为更严重攻击的通道。一个例子是原始设备制造商（OEM）密钥，用于授予对产品或芯片的合法访问权。泄露这些密钥将导致产品所有者收入的巨大损失、拒绝服务或信息泄露。

固件和配置位流：电子 IP，例如低级程序指令集、制造商固件和 FPGA 配置位流通常是敏感的、任务关键的和包含 IP 所有者的商业秘密。一旦受到威胁，伪造、克隆或利用系统漏洞将变得更加容易。

设备上受保护的数据：敏感数据，如健康和个人身份信息，应保密。泄露此类信息可能会导致欺诈、尴尬或对数据所有者的财产 / 品牌造成损害。

设备配置：设备配置数据控制对设备的访问权限。它们指定每个用户可以访问哪些服务或资源。如果配置被篡改，攻击者就可以非法访问他无法访问的资源。

加密随机数：硬件生成的随机数，如密钥、随机数、一次性填充和加密原语的初始化向量也需要保护。包含这种类型的资产将削弱设备上数字服务的加密强度。

2. 探测攻击的基本技术

成功的探测攻击需要耗费时间并且过程复杂。对策设计者通常对误导探测攻击的方法感兴趣。为此，我们将在下面几节中研究公开攻击中使用的主要方法和技术。

前端与后端：探测攻击目标是那些携带资产的金属线，此后称为目标线。最常见的到达目标线的方法是从线的后端（BEOL）暴露它们，即从顶部金属层朝向硅衬底（如图 10-19a 所示）。这被称为前端探测攻击。首先通过 FIB 铣削来促进目标线的暴露。然后，可以通过 FIB 的导体沉积能力建立到目标线的电连接，然后进行敏感信息提取。

在文献 [99] 中提出了一种后端探测攻击，即通过硅衬底进行探测。后端探测攻击目标不限于电线。通过利用晶体管活动期间的一种现象，即光子发射，还可以探测晶体管以提取信息。

电探测与光探测：图 10-19a 所示访问资产的方法是电探测的典型方法，即通过电连接访问资产承载信号。另一种不同的方法是光学探测，如图 10-19b 所示。光学探测技术通常用于后端探测，以捕捉晶体管开关期间的光子发射现象。当晶体管切换时，它们在没有外部刺激的情况下自发发射光子。通过被动接收和分析特定晶体管发射的光子，可以推断出该晶体管处理的信号。与电探测相比，光学方法具有纯粹被动观察的优点，但这使得探测非常困难。除了光子发射分析，激光电压技术（LVX）或电光频率调制（EOFM）也用于后端攻击。这些技术主动点亮开关晶体管，然后通过观察反射光推断资产信号值。

光学探测的主要缺陷在于这些技术中发射的光子是红外的，这是由于硅能带隙，其波长为 900 nm 或更高[99]。因此，由于 Rayleigh 准则，晶体管之间的光学分辨率被限制在波长的一个数量级内。

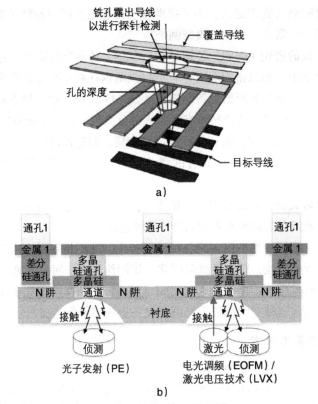

a)

b)

图 10-19　a) 通过覆盖线（中灰色和浅灰色）从 BEOL 铣削到目标线（深灰色）；b) 光学探测：光子发射（PE）和电光频率调制（EOFM）或激光电压技术（LVX）分别用于被动和主动测量

3. 探测攻击的基本步骤

在本小节中，通过概述探测攻击的基本步骤，继续阐述探测攻击的基本原理。

解封： 大多数侵入性物理攻击的第一阶段是部分或完全移除芯片包装，以便暴露硅裸片。这需要在处理有害化学品方面有足够的实践和专门知识。酸性溶液，例如在 60℃ 下与丙酮混合的发烟硝酸，通常用于去除塑料包装[100]。也可以从芯片背面通过机械方式移除铜板，而无须化学蚀刻，来完成解封。

逆向工程： 逆向工程[55] 是从某物中提取设计信息的过程，通常是为了重现设计。在探测情况下，逆向工程被用来理解芯片是如何工作的，这需要提取布局和网表。通过研究网表，攻击者可以识别资产。然后，网表和布局之间的一一对应关系可以确定目标导线和总线的位置，并且在不可避免地切断导线的情况下，确定切断是否会影响资产提取。最先进的工具，例如芯片厂的 ICWorks，可以从用光学显微镜或扫描电子显微镜（图 10-20a 中的 SEM）拍摄的每一层图像中自动提取网表，这有效减少了工作量。

定位目标线：一旦探测线目标被逆向工程识别，下一步就是在被攻击的集成电路上定位与目标相关的线。问题的关键在于，虽然攻击者在逆向工程过程中已经在设备上找到了目标线，但他必须找到要磨平的点的绝对坐标。这需要足够精确的运动装置和基准标记（即设备上的视觉参考点）。

找到目标线并提取信息：借助像 FIB 这样的现代电路编辑工具（见图 10-20b），可以铣出一个孔来暴露目标线。最先进的 FIB 能够以纳米分辨率移除和沉积材料，这使得带有 FIB 的攻击者能够编辑出阻挡电路，或者沉积可能用作电探针触点的导电路径。该特性表明，只需断开几根导线就可以禁用许多对策，并且配备 FIB 的攻击者可以在逻辑分析仪允许的范围内设置尽可能多的并发探针。一旦目标线暴露——假设它被接触而没有触发任何来自主动或模拟屏蔽的探测报警信号——资产信号需要被提取，例如，利用探测站。这一步的难度取决于几个因素。首先，软件和硬件过程可能需要在资产可用之前完成。此外，敏感信息可能不在同一时钟周期内。如果芯片有内部时钟源来防止外部操作，攻击者需要禁用它，或者使自己的时钟与之同步。

a)　　　　　　　　　　　　b)

图 10-20　a）扫描电子显微镜（SEM）；b）聚焦离子束（FIB）。请注意，攻击者不需要全部
　　　　　购买这些工具，因为按时间租用成本相当低

10.3.2　现有对策和限制

在过去 10 年中，研究人员提出了各种技术来保护关键电路免受探测攻击。本节回顾了一些有代表性的对策，并强调了它们的局限性。不幸的是，迄今为止，它们都没有提供令人满意的解决方案。此外，目前还没有任何方法来充分解决后端探测攻击问题。

1. 主动屏蔽

到目前为止，主动屏蔽是研究最多的探测对策。在这种方法中，在最上面的金属层上放置一个携带信号的屏蔽，以检测 FIB 铣削的孔。屏蔽被称为"主动的"，因为这些顶层导线上的信号被持续监控，以检测铣削是否已经切割它们[101]。图 10-21 显示了一个示例。如图所示，数字图案由图案生成器生成，通过最顶层金属层上的屏蔽线传输，然后与从较低层传输的自身副本进行比较。如果攻击者磨穿顶层的屏蔽线到达目标线，该孔预计会切开一条或多条屏蔽线，从而导致比较器不匹配，并触发警报信号以擦除或停止生成敏感信息。尽管它很受欢迎，但主动屏蔽并非没有缺点。最大的问题是它们给设计带来了巨大的开销，但同时也很容易受到高级 FIB 的攻击，例如电路编辑攻击。

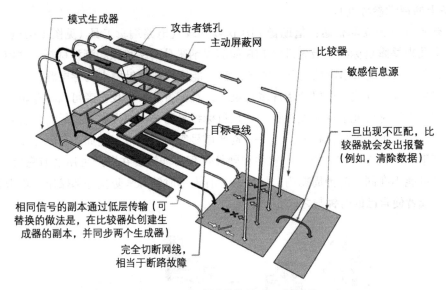

图 10-21   主动屏蔽的基本工作原理

2. 模拟屏蔽和传感器

主动屏蔽的另一种方法是构建模拟屏蔽。模拟屏蔽不是产生、传输和比较数字模式，而是用它的网线监测参数扰动。

除了屏蔽设计外，探针尝试检测器（PAD）[102]（如图 10-22 所示）还使用选定的安全关键线上的电容测量来检测金属探针引入的附加电容。与主动屏蔽相比，模拟屏蔽在没有测试模式的情况下检测探测，并且需要较少的区域开销。PAD 技术在防止背面电探测方面也很独特。模拟传感器或屏蔽的问题是，由于过程变化，模拟测量不太可靠，这一问题因特征缩放而进一步加剧。

3. *t*-private 电路

t-private 电路技术是在文献 [103] 中提出的，基于攻击者可以使用的并发探测通道数量有限的假设，耗尽该资源可以阻止攻击。该技术通过对安全关键块的电路进行变换，从而在 $t+1$ 探针需要在一个时钟周期内提取一位信息。首先，掩蔽将计算分成多个单独的变量，其中重要的二进制信号 x 通过与 t 独立生成的随机信号（$r_{t+1}=x \oplus r_1 \oplus \cdots \oplus r_t$）异或而

被编码成 $t+1$ 个二进制信号,如图 10-23 所示。然后,x 的计算以其编码形式在变换电路中执行。x 可以通过公式 $x = r_1 \oplus \cdots \oplus r_t \oplus r_{t+1}$ 来恢复(解码)。t-private 电路的主要问题是转换所涉及的区域开销非常昂贵。

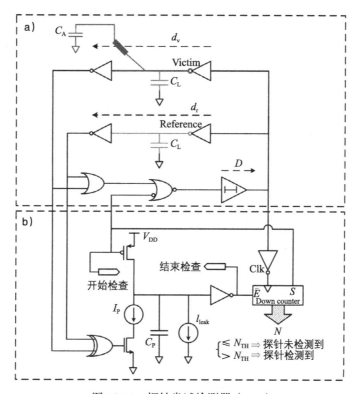

图 10-22　探针尝试检测器(PAD)

4. 其他对策设计

其他一些对策在实际集成电路中实施,但较少被报道,因为它们或多或少过时了。一种已知的阻止探测攻击解封装阶段的对策是光传感器,它有时包含在防篡改设计中。其他一些技术包括扰线和避免屏蔽网中的重复图案,以阻止探测攻击的定位目标线阶段。它们不是特别有效,对它们的攻击已经在文献 [97] 中详述了。

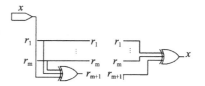

图 10-23　t-private 电路中用于屏蔽的输入编码器(左)和输出解码器(右)

10.4　侵入性故障注入攻击

另一种被证明对危及密码设备和处理器控制流非常有效的物理攻击是侵入性故障注入

攻击，这是通过将激光或聚焦离子束将故障注入密码设备中并观察相应的输出[104-106]来实现的。使用差分故障分析（DFA）[107]方法，可以提取密钥。这种攻击中涉及的故障注入技术依赖于直接访问硅裸片，以及以非常精确的方式瞄准单个晶体管的能力。这些技术非常强大，已经被证明是非常成功的攻击方法[108,109]。

光学故障注入技术的一个例子是可以影响电路中一个或多个逻辑门行为的强而精确聚焦的光束。晶体管的强辐射可能在电介质中形成临时导电沟道，这又可能导致状态的切换。例如，以 SRAM 单元中的晶体管之一为目标，存储在该单元中的值可以随意上下翻转[61,110]。

标准 SRAM 单元由 6 个晶体管组成，如图 10-24 所示。两对 P 和 N 通道晶体管构成触发器，而另外两个 N 通道晶体管用于读写。如果晶体管 VT1 可以在很短的时间内打开，那么触发器的状态就可以改变。通过将晶体管 VT4 曝光，单元的状态将切换到相反的值。预期的主要困难是：将电离辐射聚焦到几个微米的点上并选择合适的强度。使用微芯片 PIC16F84 微控制器和 68 字节的片上 SRAM 存储器[110]。用显微镜光学对闪光灯发出的光进行聚焦。通过用铝箔制成的光圈遮住闪光灯，只能改变一个单元的状态。将灯上的光斑聚焦在白色圆圈所示的区域上，使单元的状态从"1"更改为"0"。通过将该点聚焦在黑色圆圈所示的区域，该单元将其状态从"0"更改为"1"，或保持在"1"状态。

因为在浮动门单元内流动的电流比在 SRAM 单元、EPROM、EEPROM 和 Flash 内流动的电流小得多，所以易受故障注入攻击的影响。EEPROM 和 Flash 设备可能会受到使用激光进行修改的局部加热技术[111]的攻击。该攻击通过安装在显微镜上的廉价激光二极管模块实现。存储器的内容可以通过局部加热存储器阵列内的存储单元来改变，这可能危及半导体芯片的安全性。

如今，常见的光学故障注入设备包括激光发射器、聚焦透镜和带有步进电机的放置表面，以实现光束的精确聚焦。然而，对于这种或类似的故障注入技术，几乎不可能实现亚波长精度，这意味着被辐射击中的门数量受到蚀刻技术和激光波长的限制。

聚焦离子束是最精确和最强大的故障注入技术之一，它使攻击者能够编辑电路、重建丢失的总线、切断现有的导线，并通过在电路裸片上沉积或移除材料来研磨各层。例如，Torrance 和 James[112]在不损坏存储器内容的情况下成功重建包含加密密钥的存储器的整个读取总线。最先进的 FIB 能够以 1 nm 的精度工作，也就是说，小于最小可蚀刻晶体管门宽度的十分之一。FIB 工作站需要非常昂贵的耗材和强大的技术背景来充分发挥其能力。

防止基于 FIB 的故障注入攻击的对策与 10.3.2 节中说明的探测攻击几乎相同。防止故障

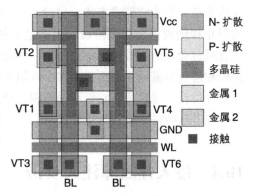

图 10-24   SRAM 单元布局

注入攻击的基本策略是入侵检测、算法抵抗和错误检测。针对故障注入攻击的常见对策已在前几章中进行了说明。这些对策中的大多数也可用于防止侵入性故障注入攻击。

10.5　习题

10.5.1　判断题

1. 光学显微镜可用于在最新技术节点中产生晶体管图像。
2. 如果每个金属层具有相同的线宽和间距，内层比顶层更好地构建主动屏蔽，以防止旁路攻击。
3. 晶体管的不同掺杂分布不容易通过光学显微镜检测到。
4. 闪存可以使用 X 射线技术进行逆向工程。
5. 如果没有特定的机制来保护芯片免受探测攻击，建议在较低的金属层（如金属 1 或金属 2）上隐藏敏感网络，以实现较高金属层的更多覆盖。

10.5.2　简答题

1. 具有诚实和不诚实动机的逆向工程有什么区别？
2. 列举三类逆向工程及其区别。
3. 识别电路板上的元件是电路板级逆向工程的重要步骤。然而，仅仅读取包装上的标签和标记就足以识别真正的元件了吗？
4. 如果密钥位是加密模块中的唯一资产，并且这些密钥位已被适当地保护以防探测攻击，那么可以认为该加密硬件是抗探测设计吗？解释一下。
5. 假设资产导线位于金属 2 上，并且计划在金属 7 或金属 8 上构建屏蔽层，以防止探测攻击。在你看来，哪一层更好？解释原因。还假设在探测攻击期间将铣削锥形孔，并且层 7 和层 8 上的金属具有相同的宽度和空间。提示：只考虑资产和屏蔽线的几何关系。
6. 说明执行前端电探测攻击的基本步骤。
7. 与基于时钟毛刺的故障注入攻击相比，基于激光的光学故障注入攻击有哪些优缺点？
8. 攻击者能利用现代光学或电子显微镜逆向 EEPROM 吗？

10.5.3　计算题

1. 考虑图 10-25，至少需要多少图像来计算出该芯片的互连？
2. 假设一个屏蔽层放置在芯片的顶层，屏蔽宽度为 150 nm，屏蔽空间为 500 nm，屏蔽线厚度为 200 nm，目标线位于金属 2 上，屏蔽层与目标层的深度为 5000 nm，那么这个屏蔽层能够保护的最大 FIB 长宽比是多少？（提示：考虑到可以检测到屏蔽线的完整切割，仅考虑垂直铣削。）
3. 假设屏蔽层水平放置在芯片的顶层，屏蔽层宽度为 150 nm，屏蔽线厚度为 200 nm，垂直目标线位于金属 2 上，该目标线的长

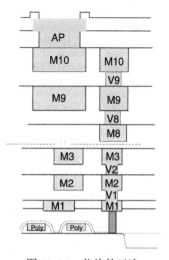

图 10-25　芯片的互连

度为 3000 nm，屏蔽层至目标层的深度为 5000 nm，那么屏蔽层的最大宽度是多少？最大长宽比为 6 的 FIB 探测攻击防护速度？至少需要多少屏蔽线来保护目标线？提示：考虑到可以检测到屏蔽线的完整切割，仅考虑垂直铣削。

4. 对于图 10-26，假设屏蔽垂直放置在芯片的顶层，屏蔽宽度为 150 nm，屏蔽厚度为 200 nm，屏蔽间距为 1 μm，目标探测点位于 M2（两条屏蔽线的四分之一）上，屏蔽层到目标点的深度为 5 μm，可检测到屏蔽线的完整切割，允许部分切割屏蔽线。回答下列问题：

1）如果只允许垂直铣削（β=90°），长宽比为 5 的 FIB 是否可以在不完全切割屏蔽线的情况下探测目标点？

2）如果允许斜角铣削（$\beta \leqslant$90°），长宽比为 5 的 FIB 是否可以在不完全切割屏蔽线的情况下探测目标点？

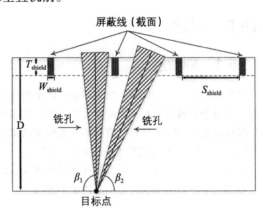

图 10-26   探测攻击场景

参考文献

[1] I. McLoughlin, Secure embedded systems: the threat of reverse engineering, in: 2008 14th IEEE International Conference on Parallel and Distributed Systems, pp. 729–736.

[2] R.J. Abella, J.M. Daschbach, R.J. McNichols, Reverse engineering industrial applications, Computers and Industrial Engineering 26 (1994) 381–385.

[3] R. Torrance, D. James, The state-of-the-art in IC reverse engineering, in: C. Clavier, K. Gaj (Eds.), Cryptographic Hardware and Embedded Systems – CHES 2009, Springer Berlin Heidelberg, Berlin, Heidelberg, 2009, pp. 363–381.

[4] INSA, Interconnect design rules, Available at https://moodle.insa-toulouse.fr/pluginfile.php/2632/mod_resource/content/0/content/interconnect_design_rules.html.

[5] U. Guin, D. DiMase, M. Tehranipoor, Counterfeit integrated circuits: detection, avoidance, and the challenges ahead, Journal of Electronic Testing 30 (2014) 9–23.

[6] C. Bao, D. Forte, A. Srivastava, On application of one-class SVM to reverse engineering-based hardware Trojan detection, in: Fifteenth International Symposium on Quality Electronic Design, pp. 47–54.

[7] T.J. Biggerstaff, Design recovery for maintenance and reuse, Computer 22 (1989) 36–49.

[8] U. Guin, D. DiMase, M. Tehranipoor, A comprehensive framework for counterfeit defect coverage analysis and detection assessment, Journal of Electronic Testing 30 (2014) 25–40.

[9] S.K. Curtis, S.P. Harston, C.A. Mattson, The fundamentals of barriers to reverse engineering and their implementation into mechanical components, Research in Engineering Design 22 (2011) 245–261.

[10] M.T. Rahman, D. Forte, Q. Shi, G.K. Contreras, M. Tehranipoor, CSST: preventing distribution of unlicensed and rejected ICs by untrusted foundry and assembly, in: 2014 IEEE International Symposium on Defect and Fault Tolerance in VLSI and Nanotechnology Systems (DFT), pp. 46–51.

[11] A. Baumgarten, A. Tyagi, J. Zambreno, Preventing IC piracy using reconfigurable logic barriers, IEEE Design Test of Computers 27 (2010) 66–75.

[12] SpacePhotonics, Anti-tamper technology, Available at http://www.spacephotonics.com/Anti_Tamper_Systems_Materials.php, 2013.

[13] DoD, Anti-tamper executive agent, Available at https://at.dod.mil/content/short-course, 2014.

[14] S.H. Weingart, Physical security devices for computer subsystems: a survey of attacks and defenses, in: Ç.K. Koç, C. Paar (Eds.), Cryptographic Hardware and Embedded Systems — CHES 2000, Springer Berlin Heidelberg, Berlin, Heidelberg, 2000, pp. 302–317.

[15] J.A. Roy, F. Koushanfar, I.L. Markov, EPIC: ending piracy of integrated circuits, in: 2008 Design, Automation and Test in Europe, pp. 1069–1074.

[16] Britannica.com, Integrated circuit (IC), Available at http://www.britannica.com/EBchecked/topic/289645/integrated-circuit-IC, 2014.

[17] MaximIntegrated, Glossary term: printed-circuit-board, Available at http://www.maximintegrated.com/en/glossary/definitions.mvp/term/Printed-Circuit-Board/gpk/973, 2014.

[18] Nikon, Microscopy, Available at http://www.microscopyu.com/, 2013.

[19] Nikon, Optical microscopy, Available at https://www.microscopyu.com/museum/model-smz1500-stereomicroscope.

[20] JEOL, Scanning electron microscope (SEM), Available at https://www.jeol.co.jp/en/products/list_sem.html.

[21] ZEISS, Transmission electron microscope (TEM), Available at http://jiam.utk.edu/facilities/microscopy/tem/index.php.

[22] Purdue.edu, Scanning electron microscope, Available at http://www.purdue.edu/ehps/rem/rs/sem.htm, 2014.

[23] SharedResources, Transmission electron microscope (TEM), Available at http://sharedresources.fhcrc.org/services/transmission-electron-microscopy-tem, 2014.

[24] Stanford.edu, Stanford microscopy facility, Available at https://microscopy.stanford.edu/, 2014.

[25] ThermoFisher, Focused ion beam (FIB), Available at https://www.fei.com/products/fib/.

[26] ZEISS, X-ray microscope, Available at https://www.zeiss.com/microscopy/int/products/x-ray-microscopy.html.

[27] FormFactor, Probe station, Available at https://www.formfactor.com/products/probe-systems/.

[28] GE, Inspection and NDT, Available at https://www.gemeasurement.com/inspection-and-nondestructive-testing, 2014.

[29] Tektronix, Logic analyzer, Available at https://www.tek.com/logic-analyzer.

[30] Grizzly, Computer numerical control (CNC), Available at http://users.dsic.upv.es/~jsilva/cnc/index.htm.

[31] R. Joshi, B.J. Shanker, Plastic chip carrier package, in: 1996 Proceedings 46th Electronic Components and Technology Conference, pp. 772–776.

[32] G. Phipps, Wire bond vs. flip chip packaging, Advanced Packaging Magazine 14, 7, 28, 2005.

[33] C. Tarnovsky, Deconstructing a 'secure' processor, in: Black hat federal, Available at http://www.blackhat.com/presentations/bh-dc-10/Tarnovsky_Chris/BlackHat-DC-2010-Tarnovsky-DASP-slides.pdf, 2010.

[34] SharedResources, Wet etching recipes, Available at http://www.eesemi.com/etch_recipes.htm, 2013.

[35] M.C. Hansen, H. Yalcin, J.P. Hayes, Unveiling the ISCAS-85 benchmarks: a case study in reverse engineering, IEEE Design Test of Computers 16 (1999) 72–80.

[36] W. Li, Z. Wasson, S.A. Seshia, Reverse engineering circuits using behavioral pattern mining, in: 2012 IEEE International Symposium on Hardware-Oriented Security and Trust, pp. 83–88.

[37] P. Subramanyan, N. Tsiskaridze, K. Pasricha, D. Reisman, A. Susnea, S. Malik, Reverse engineering digital circuits using functional analysis, in: 2013 Design, Automation Test in Europe Conference Exhibition (DATE), pp. 1277–1280.

[38] W. Li, A. Gascón, P. Subramanyan, W. Yang Tan, A. Tiwari, S. Malik, N. Shankar, S.A. Seshia, WordRev: finding word-level structures in a sea of bit-level gates, 2013, pp. 67–74.

[39] J. Rajendran, M. Sam, O. Sinanoglu, R. Karri, Security analysis of integrated circuit camouflaging, in: Proceedings of the 2013 ACM SIGSAC Conference on Computer & Communications Security, CCS '13, ACM, New York, NY, USA, 2013, pp. 709–720.

[40] SypherMedia, Circuit camouflage technology, Available at http://www.smi.tv/SMI_SypherMedia_Library_Intro.pdf, 2012.

[41] A.R. Desai, M.S. Hsiao, C. Wang, L. Nazhandali, S. Hall, Interlocking obfuscation for anti-tamper hardware, in: Proceedings of the Eighth Annual Cyber Security and Information Intelligence Research Workshop, CSIIRW '13, ACM, New York, NY, USA, 2013, 8.

[42] R.S. Chakraborty, S. Bhunia, Harpoon: an obfuscation-based SoC design methodology for hardware protection, IEEE Transactions on Computer-Aided Design of Integrated Circuits and Systems 28 (2009) 1493–1502.

[43] R. Maes, D. Schellekens, P. Tuyls, I. Verbauwhede, Analysis and design of active IC metering schemes, in: 2009 IEEE International Workshop on Hardware-Oriented Security and Trust, pp. 74–81.

[44] F. Koushanfar, Integrated circuits metering for piracy protection and digital rights management: an overview, in: Proceedings of the 21st Edition of the Great Lakes Symposium on Great Lakes Symposium on VLSI, GLSVLSI '11, ACM, New York, NY, USA, 2011, pp. 449–454.

[45] B. Gassend, D. Clarke, M. van Dijk, S. Devadas, Silicon physical random functions, in: Proceedings of the 9th ACM Conference on Computer and Communications Security, CCS '02, ACM, New York, NY, USA, 2002, pp. 148–160.

[46] J.A. Roy, F. Koushanfar, I.L. Markov, Protecting bus-based hardware IP by secret sharing, in: 2008 45th ACM/IEEE Design Automation Conference, pp. 846–851.

[47] G.K. Contreras, M.T. Rahman, M. Tehranipoor, Secure split-test for preventing IC piracy by untrusted foundry and assembly, in: 2013 IEEE International Symposium on Defect and Fault Tolerance in VLSI and Nanotechnology Systems (DFTS), pp. 196–203.

[48] J. Grand, Printed circuit board deconstruction techniques, in: 8th USENIX Workshop on Offensive Technologies (WOOT 14), USENIX Association, San Diego, CA, 2014.

[49] CTI, Counterfeit components avoidance program, Available at http://www.cti-us.com/CCAP.htm, 2013.

[50] DatasheetCatalog2013, Datasheet, Available at http://www.datasheetcatalog.com/, 2013.

[51] Alldatasheet, Electronic components datasheet search, Available at http://www.alldatasheet.com/, 2014.

[52] TechInsights, Sony Xperia play teardown and analysis, Available at http://www.techinsights.com/teardowns/sony-xperia-play-teardown/, 2014.

[53] X. Pan, Unified reconstruction theory for diffraction tomography, with consideration of noise control, Journal of the Optical Society of America A 15 (1998) 2312–2326.

[54] N. Asadizanjani, S. Shahbazmohamadi, E. Jordan, Investigation of Surface Geometry Thermal Barrier Coatings Using Computed X-Ray Tomography, vol. 35, 2015, pp. 175–187.

[55] S.E. Quadir, J. Chen, D. Forte, N. Asadizanjani, S. Shahbazmohamadi, L. Wang, J. Chandy, M. Tehranipoor, A survey on chip to system reverse engineering, ACM Journal on Emerging Technologies in Computing Systems 13 (2016) 6.

[56] B. Naveen, K.S. Raghunathan, An automatic netlist-to-schematic generator, IEEE Design Test of Computers 10 (1993) 36–41.

[57] W.-Y. Wu, M.-J.J. Wang, C.-M. Liu, Automated inspection of printed circuit boards through machine vision, Computers in Industry 28 (1996) 103–111.

[58] Ruzinoor Che Mat, Shahrul Azmi, Ruslizam Daud, Abdul Nasir Zulkifli, Farzana Kabir Ahmad, Morphological operation on printed circuit board (PCB) reverse engineering using MATLAB, Proc. Knowl. Manage. Int. Conf. Exhibit. (KMICE) (2006) 529–533.

[59] C. Koutsougeras, N. Bourbakis, V. Gallardo, Reverse engineering of real PCB level design using VERILOG HDL, International Journal of Engineering Intelligent Systems for Electrical Engineering and Communications 10 (2) (2002) 63–68.

[60] H.G. Longbotham, P. Yan, H.N. Kothari, J. Zhou, Nondestructive reverse engineering of trace maps in multilayered PCBs, in: AUTOTESTCON '95. Systems Readiness: Test Technology for the 21st Century. Conference Record, pp. 390–397.

[61] S.P. Skorobogatov, Semi-invasive attacks – a new approach to hardware security analysis, Technical Report UCAM–CL–TR–630, University of Cambridge Computer Laboratory, April 2005.

[62] F. Beck, Integrated Circuit Failure Analysis: A Guide to Preparation Techniques, John Wiley & Sons, 1998.

[63] C.D. Nardi, R. Desplats, P. Perdu, F. Beaudoin, J.-L. Gauffier, Oxide charge measurements in EEPROM devices, in: Proceedings of the 16th European Symposium on Reliability of Electron Devices, Failure Physics and Analysis, Microelectronics Reliability 45 (2005) 1514–1519.

[64] C. DeNardi, R. Desplats, P. Perdu, J.-L. Gauffier, C. Guérin, Descrambling and data reading techniques for flash-EEPROM memories. Application to smart cards, in: Proceedings of the 17th European Symposium on Reliability of Electron Devices, Failure Physics and Analysis. Wuppertal, Germany 3rd–6th October 2006, Microelectronics Reliability 46 (2006) 1569–1574.

[65] C. De Nardi, R. Desplats, P. Perdu, C. Guérin, J. Luc Gauffier, T.B. Amundsen, Direct measurements of charge in floating gate transistor channels of flash memories using scanning capacitance microscopy 2006, 2006.

[66] NREL, Scanning Kelvin probe microscopy, Available at http://www.nrel.gov/pv/measurements/scanning_kelvin.html, 2014.

[67] B. Bhushan, H. Fuchs, M. Tomitori, Applied Scanning Probe Methods X: Biomimetics and Industrial Applications, vol. 9, Springer, 2008.

[68] T. Wollinger, J. Guajardo, C. Paar, Security on FPGAs: state-of-the-art implementations and attacks, ACM Transactions on Embedded Computing Systems (TECS) 3 (2004) 534–574.

[69] A. Moradi, A. Barenghi, T. Kasper, C. Paar, On the vulnerability of FPGA bitstream encryption against power analysis attacks: extracting keys from Xilinx Virtex-II FPGAs, in: Proceedings of the 18th ACM Conference on Computer and Communications Security, CCS '11, ACM, New York, NY, USA, 2011, pp. 111–124.

[70] A. Moradi, M. Kasper, C. Paar, Black-box side-channel attacks highlight the importance of countermeasures: an analysis of the Xilinx Virtex-4 and Virtex-5 bitstream encryption mechanism, in: Proceedings of the 12th Conference on Topics in Cryptology, CT-RSA'12, Springer-Verlag, Berlin, Heidelberg, 2012, pp. 1–18.

[71] P. Swierczynski, A. Moradi, D. Oswald, C. Paar, Physical security evaluation of the bitstream encryption mechanism of Altera Stratix II and Stratix III FPGAs, ACM Transactions on Reconfigurable Technology and Systems 7 (2014) 34.

[72] S. Drimer, Volatile FPGA design security – a survey, in: IEEE Computer Society Annual Volume, IEEE, Los Alamitos, CA, 2008, pp. 292–297.

[73] E. Brier, C. Clavier, F. Olivier, Correlation power analysis with a leakage model, in: M. Joye, J.-J. Quisquater (Eds.), Cryptographic Hardware and Embedded Systems – CHES 2004, Springer Berlin Heidelberg, Berlin, Heidelberg, 2004, pp. 16–29.

[74] S. Drimer, Security for volatile FPGAs, Technical report UCAM-CL-TR-763, University of Cambridge, Computer Laboratory, 2009.

[75] D. Ziener, S. Assmus, J. Teich, Identifying FPGA IP-cores based on lookup table content analysis, in: 2006 International Conference on Field Programmable Logic and Applications, pp. 1–6.

[76] J.-B. Note, E. Rannaud, From the bitstream to the netlist, in: Proceedings of the 16th International ACM/SIGDA Symposium on Field Programmable Gate Arrays, FPGA '08, ACM, New York, NY, USA, 2008, pp. 264–271.

[77] F. Benz, A. Seffrin, S.A. Huss, Bil: a tool-chain for bitstream reverse-engineering, in: 22nd International Conference on Field Programmable Logic and Applications (FPL), pp. 735–738.

[78] B. Vajana, M. Patelmo, Mask programmed ROM inviolable by reverse engineering inspections and method of fabrication, 2002, US Patent App. 10/056,564.

[79] L. Chow, W. Clark, G. Harbison, J. Baukus, Use of silicon block process step to camouflage a false transistor, 2007, US Patent App. 11/208,470.

[80] H. Mio, F. Kreupl, IC chip with nanowires, 2008, US Patent 7,339,186.

[81] H.K. Cha, I. Yun, J. Kim, B.C. So, K. Chun, I. Nam, K. Lee, A 32-KB standard CMOS antifuse one-time programmable ROM embedded in a 16-bit microcontroller, IEEE Journal of Solid-State Circuits 41 (2006) 2115–2124.

[82] B. Stamme, Anti-fuse memory provides robust, secure NVM option, Available at http://www.eetimes.com/document.asp?doc_id=1279746, 2014.

[83] J. Lipman, Why replacing ROM with 1T-OTP makes sense, Available at http://www.chipestimate.com/tech-talks/2008/03/11/Sidense-Why-Replacing-ROM-with-1T-OTP-Makes-Sense, 2014.

[84] VirageLogic, Design security in nonvolatile Flash and antifuse FPGAs (NVM), Available at http://www.flashmemorysummit.com/English/Collaterals/Proceedings/2009/20090811_F1A_Zajac.pdf, 2014.

[85] G. Bartley, T. Christensen, P. Dahlen, E. John, Implementing tamper evident and resistant detection through modulation of capacitance, 2010, US Patent App. 12/359,484.

[86] D.H. Kim, K. Athikulwongse, S.K. Lim, A study of through-silicon-via impact on the 3d stacked IC layout, in: 2009 IEEE/ACM International Conference on Computer-Aided Design – Digest of Technical Papers, pp. 674–680.

[87] J. Van Geloven, P. Tuyls, R. Wolters, N. Verhaegh, Tamper-resistant semiconductor device and methods of manufacturing thereof, 2012, US Patent 8,143,705.

[88] F. Zachariasse, Semiconductor device with backside tamper protection, 2012, US Patent 8,198,641.

[89] S. Skorobogatov, Data remanence in flash memory devices, in: J.R. Rao, B. Sunar (Eds.), Cryptographic Hardware and Embedded Systems – CHES 2005, Springer Berlin Heidelberg, Berlin, Heidelberg, 2005, pp. 339–353.

[90] P. Thanigai, Introducing advanced security to low-power applications with FRAM-based MCUs, Available at http://www.ecnmag.com/articles/2014/03/introducing-advancedsecurity-low-power-applications-fram-mcus, 2014.

[91] Actel, Design security in nonvolatile Flash and antifuse FPGAs, Available at http://www.actel.com/documents/DesignSecurity_WP.pdf, 2002.

[92] K. Tiri, I. Verbauwhede, A dynamic and differential CMOS logic style to resist power and timing attacks on security IC's, Cryptology ePrint Archive, Report 2004/066, 2004.

[93] J. Wu, Y.-B. Kim, M. Choi, Low-power side-channel attack-resistant asynchronous S-box design for AES cryptosystems, in: Proceedings of the 20th Symposium on Great Lakes Symposium on VLSI, GLSVLSI '10, ACM, New York, NY, USA, 2010, pp. 459–464.

[94] L. Benini, E. Omerbegovic, A. Macii, M. Poncino, E. Macii, F. Pro, Energy-aware design techniques for differential power analysis protection, in: Proceedings 2003. Design Automation Conference (IEEE Cat. No. 03CH37451), pp. 36–41.

[95] H. Wang, D. Forte, M.M. Tehranipoor, Q. Shi, Probing attacks on integrated circuits: challenges and research opportunities, IEEE Design Test 34 (2017) 63–71.

[96] S. Skorobogatov, The bumpy road toward iPhone 5c NAND mirroring, ArXiv preprint arXiv:1609.04327, 2016, Available at https://arxiv.org/ftp/arxiv/papers/1609/1609.04327.pdf.

[97] C. Tarnovsky, Security failures in secure devices, in: Proc. Black Hat DC Presentation, 74, Feb. 2008, Available at http://www.blackhat.com/presentations/bh-dc-08/Tarnovsky/Presentation/bh-dc-08-tarnovsky.pdf, 2008.

[98] ARMInc., Building a secure system using TrustZone technology, Available at http://infocenter.arm.com/help/topic/com.arm.doc.prd29-genc-009492c/PRD29-GENC-009492C_trustzone_security_whitepaper.pdf, 2017.

[99] C. Boit, C. Helfmeier, U. Kerst, Security risks posed by modern IC debug and diagnosis tools, in: 2013 Workshop on Fault Diagnosis and Tolerance in Cryptography, pp. 3–11.

[100] S. Skorobogatov, Physical attacks on tamper resistance: progress and lessons, in: Proc. 2nd ARO Special Workshop Hardware Assurance, Washington, DC, USA, 2011, Available at http://www.cl.cam.ac.uk/sps32/ARO_2011.pdf.

[101] J.M. Cioranesco, J.L. Danger, T. Graba, S. Guilley, Y. Mathieu, D. Naccache, X.T. Ngo, Cryptographically secure shields, in: 2014 IEEE International Symposium on Hardware-Oriented Security and Trust (HOST), pp. 25–31.

[102] S. Manich, M.S. Wamser, G. Sigl, Detection of probing attempts in secure ICs, in: 2012 IEEE International Symposium on Hardware-Oriented Security and Trust, pp. 134–139.

[103] Y. Ishai, A. Sahai, D. Wagner, Private circuits: securing hardware against probing attacks, in: D. Boneh (Ed.), Advances in Cryptology – CRYPTO 2003, Springer Berlin Heidelberg, Berlin, Heidelberg, 2003, pp. 463–481.

[104] A. Barenghi, L. Breveglieri, I. Koren, D. Naccache, Fault injection attacks on cryptographic devices: theory, practice, and countermeasures, Proceedings of the IEEE 100 (2012) 3056–3076.

[105] R. Anderson, M. Kuhn, Low cost attacks on tamper resistant devices, in: B. Christianson, B. Crispo, M. Lomas, M. Roe (Eds.), Security Protocols, Springer Berlin Heidelberg, Berlin, Heidelberg, 1998, pp. 125–136.

[106] D. Boneh, R.A. DeMillo, R.J. Lipton, On the importance of eliminating errors in cryptographic computations, Journal of Cryptology 14 (2001) 101–119.

[107] E. Biham, A. Shamir, Differential fault analysis of secret key cryptosystems, in: B.S. Kaliski (Ed.), Advances in Cryptology — CRYPTO '97, Springer Berlin Heidelberg, Berlin, Heidelberg, 1997, pp. 513–525.

[108] D. Boneh, R.A. DeMillo, R.J. Lipton, On the importance of checking cryptographic protocols for faults, in: W. Fumy (Ed.), Advances in Cryptology — EUROCRYPT '97, Springer Berlin Heidelberg, Berlin, Heidelberg, 1997, pp. 37–51.

[109] F. Bao, R.H. Deng, Y. Han, A. Jeng, A.D. Narasimhalu, T. Ngair, Breaking public key cryptosystems on tamper resistant devices in the presence of transient faults, in: B. Christianson, B. Crispo, M. Lomas, M. Roe (Eds.), Security Protocols, Springer Berlin Heidelberg, Berlin, Heidelberg, 1998, pp. 115–124.

[110] S.P. Skorobogatov, R.J. Anderson, Optical fault induction attacks, in: B.S. Kaliski, ç.K. Koç, C. Paar (Eds.), Cryptographic Hardware and Embedded Systems – CHES 2002, Springer Berlin Heidelberg, Berlin, Heidelberg, 2003, pp. 2–12.

[111] S. Skorobogatov, Local heating attacks on flash memory devices, in: 2009 IEEE International Workshop on Hardware-Oriented Security and Trust, July 2009, pp. 1–6.

[112] R. Torrance, D. James, The state-of-the-art in IC reverse engineering, in: Proceedings of the 11th International Workshop on Cryptographic Hardware and Embedded Systems, CHES '09, Springer-Verlag, Berlin, Heidelberg, 2009, pp. 363–381.

第 11 章

PCB 攻击：安全挑战和脆弱性

11.1 引言

现代 PCB 通常将大量引脚复杂的集成电路和大量元件集成到一个小型布局中 [1]。调查结果显示，目前有 14% 的 PCB 工作在 1～10 GHz 的频率范围内，以支持高速数据通信 [2]。

PCB 设计的复杂性和成本快速上升。随着 PCB（包括高密度互连、隐藏通孔、内层无源元件和多层（6～20 层））日益复杂，系统集成商越来越依赖第三方 PCB 制造商。此外，长而分散的 PCB 供应链正变得非常容易受到各种攻击，这些攻击损害了 PCB 的完整性和可信度。对手可以通过插入恶意元件或有针对性的设计更改故意篡改 PCB，从而在部署后触发故障或泄露机密信息。否则，这些受损的 PCB 可能会面临重大的性能和可靠性问题 [3]。另一方面，伪造已成为 PCB 行业的一个主要问题。伪造的 PCB 在任务关键型系统中构成重大威胁，在实地作业期间会产生严重的潜在后果。图 11-1 显示了现代 PCB 的一些显著特性，源于 PCB 设计、制造和分布的当前趋势，以及相应的安全漏洞。它还显示了在 PCB 生命周期（设计和测试）的不同阶段可以用来应对这些威胁的一系列对策。如图所示，这些 PCB 特性中的一些可用于构建对策，例如，JTAG 基础设施可用于信任验证和 PCB 认证。

近年来，电路级的硬件木马攻击得到了广泛的研究。研究人员分析了这些攻击的影响，并探索了可能的对策。然而，对于更高级别的硬件木马攻击，特别是 PCB 级的攻击，还没有得到广泛的研究。先前的研究已经涵盖了 PCB 的安全性，以防盗版和各种后期制造的篡改攻击。JTAG 和 PCB 中的其他现场可编程特性，例如探针管脚、未使用的插座和 USB 被黑客广泛利用，以获取设计的内部特性、snoop 密钥、收集测试响应和操作 JTAG 测试管脚。此类攻击的一个实例表明，使用 JTAG 禁用 DRM 保护可以对 Xbox 游戏机进行黑客攻击。在不受信任的设计或制造设施中，现代 PCB 越来越容易在设计或制造过程中被恶意修改。这种脆弱性为 PCB 造成了新的威胁。PCB 设计和制造的新兴商业模式，有利于 PCB 生命周期中不可信元件 / 实体的广泛外包和集成，以降低制造成本 [4-6]，使得 PCB 中的硬件木马攻击非常可行。

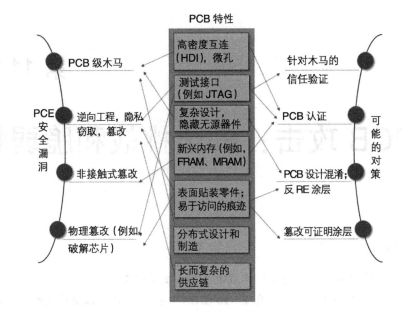

图 11-1　现代 PCB 特性如何造成新漏洞图示。它还显示了可能的对策，其中一些受益于这些特性

　　仔细观察几个主要的电子产品及其 PCB 制造商可以发现，PCB 通常是在不同的国家设计的。此外，对第三方制造设施的依赖使得 PCB 制造过程不可信，因此容易受到恶意修改。此外，设计公司内部可能存在对手，他们可以在 PCB 设计中植入木马。当今复杂而高度集成的设计中，PCB 包含多达 20～30 层隐藏通孔和嵌入式元件[7]，以将外形尺寸降至最低。这为攻击者通过篡改内层的互连线或更改元件来故意修改 PCB 设计提供了一个绝佳的机会。

　　由于 PCB 设计流程的高度分布性，在整个供应链系统中保持高水平的安全标准已成为一项具有挑战性的任务。因此，PCB 生命周期的薄弱环节更容易受到攻击实体的安全破坏和恶意攻击。全球范围内不受信任的供应商的加入加剧了这种情况，给 PCB 生命周期和供应链系统带来了新的威胁。尽管存在相关风险，但制造公司正被迫采用现有的 PCB 生产横向商业模式，以应对半导体行业不断变化的环境，并降低设计和制造成本。

　　文献中还阐述了使用基于家庭的解决方案对 PCB（与 IC 相比）进行逆向工程相对容易。攻击者可以窃取 PCB 设计或逆向 PCB 以获取设计信息。之后，攻击者可以进行盗版，或转售逆向后的 PCB 设计。此外，还可以提取脆弱点，并对 PCB 发起精心构造的攻击。PCB 上的攻击方式分类如图 11-2 所示。分类法中的主要类别包括盗版和伪造问题、硬件木马攻击和现场更改。在本章中，我们将详细讨论每一个攻击类别。我们提出了相关的案例研究，以进一步说明攻击和漏洞，并讨论传统 PCB 测试在验证 PCB 安全性和可靠性方面的局限性。最后，通过在商用 Xbox 游戏机上发起的示例攻击[10-12]来解释称为"破解芯片"的现场变更攻击。

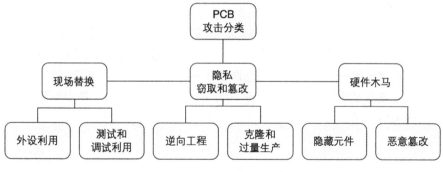

图 11-2　PCB 攻击分类

11.2　PCB 安全挑战：PCB 攻击

在本节中，我们将详细描述针对 PCB 的一些攻击。

11.2.1　PCB 硬件木马

图 11-3 显示了 PCB 上硬件木马攻击的一般模型。在 PCB 级别，硬件木马程序可能有两种攻击载荷。首先，木马可以中断或恶意更改 PCB 的功能，使其现场操作失败。例如，在 PCB 信号线上添加电容可能会导致电路板中元件之间常规电路操作和通信中断。这种改变会导致现场故障。其次，木马可以从 PCB 设计中获取敏感信息。这种攻击的一个例子是插入基于电容器的泄露电路，以提取关键的系统信息，例如密码模块的密钥。

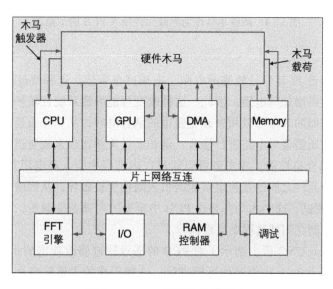

图 11-3　PCB 级硬件木马概述

1. 隐藏元件

在多层 PCB 中，攻击者可以在其中一层中插入额外的电子元件，通过各种方式泄露秘密信息。同样，攻击者可以通过在原始设计中插入恶意元件来导致功能失常或超出正常规格操作。这种攻击的一个例子是，用包含硬件木马的篡改、伪造或定制的集成电路替换原始集成电路。新集成电路可能具有几乎同等的功能和性能规格，使得使用传统 PCB 测试很难检测到木马。图 11-4 提供了这种木马在 PCB 板级设计中的示例。

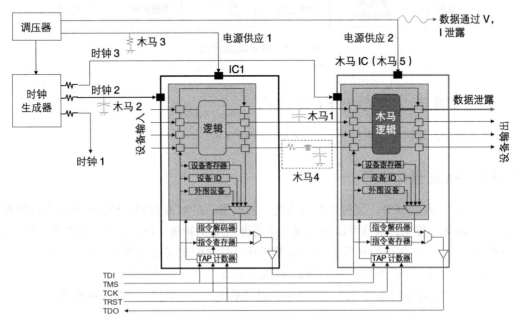

图 11-4   硬件木马作为隐藏元件插入 PCB 的示意图

2. 恶意修改

对手还可以修改 PCB 信号轨迹的电阻、电感或电容值。这种修改的一个例子是减小内部层轨迹的宽度以增加其电阻。因此，这种改变可能导致系统在较长的运行时间内由于过热发生故障。类似的攻击可以用来改变磁道的耦合电容，从而导致延迟失效。在电路中引入额外的耦合电压需要对电路进行修改，例如通过重新布线来改变道间距离，并有选择地改变道的尺寸和介电性能。攻击者可以通过在内部层中引入高电阻路径来降低 PCB 中的工作电压。两个元件之间的互连也可能因引入阻抗而被破坏，从而破坏设计功能。为了逃避传统的 PCB 测试，这些木马需要由 PCB 中罕见的内部条件触发，或者通过外部触发机制触发，这些机制在测试过程中很难执行。

在商用 Arduino UNO 板上演示了对 PCB 的恶意轨迹修改攻击的示例（图 11-5）。该攻击显示了一种篡改 PCB 中轨迹的可能方法。这种干扰的主要影响是：输出电压的降低和延迟引起的电路故障，或附加的耦合电压。它包括将轨迹厚度和轨迹间距离更改为原始设计的 2 倍，并重新路由单个轨迹。请注意，虽然修改被合并到相对简单的两层 PCB 上，但是通过传统的测试方法很难发现。增加附加层的设计复杂性将增加更改的机会，以避免基于目视检查的测试，如光学或 X 射线成像。此外，通常很难通过 PCB 的功能和参数测试来检测这些恶意修改，因为这些测试用于验证电路板的有限功能。由于时间和资源的限制，采用详尽的测试方法是不可行的。图 11-5 描述了修改的轨迹线和修改影响。请注意，在现场操作期间，引脚 4 处的电压降低预计会导致电路板故障。

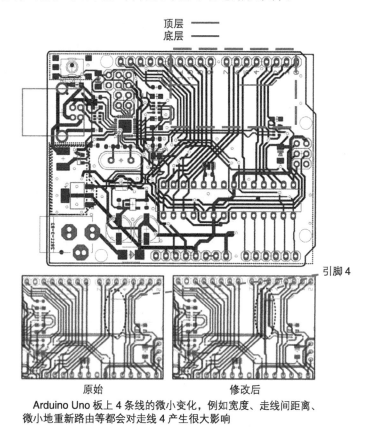

Arduino Uno 板上 4 条线的微小变化，例如宽度、走线间距离、
微小地重新路由等都会对走线 4 产生很大影响

图 11-5　对 Arduino UNO PCB 布局进行微小修改，以插入硬件木马，而无须添加任何新元件

11.2.2　现场变更

1. 外围攻击

外围设备攻击可定义为攻击者试图利用 IC 和其他电气元件（有源和无源）发动攻击。外围设备利用的常见实例包括在原始设计上安装恶意 IC、通过焊接更改电线连接、重新路由电路数据路径以避开或替换安全块，或访问 PCB 上的受限块。这种攻击的一个例子是破解芯片攻击[11]。破解芯片代表一类独特的元件，能够恶意改变 PCB 的功能。它们还用

于限制对设计中受限制部分的访问。破解芯片通常安装在机顶盒和游戏机上，用于操作这些设备中的内置保护 [13]。

2. 测试与调试攻击

PCB 的设计特性，如 JTAG、USB、测试引脚和测试 / 调试结构，可能会被攻击者作为切入点。攻击者可以利用这些特性来理解设计的意图，并以最小的改动更有效地发起攻击。

- **JTAG 接口**。如第 4 章所述，JTAG 是一个工业标准，旨在制造后测试和调试 PCB。JTAG 集成了电路板的几个测试功能，便于测试和调试。例如，JTAG 可以访问板载芯片的数据和地址总线，以测试功能和性能。然而，攻击者可以利用这种可访问性来检索敏感信息或存储在 PCB 中的秘密。攻击者可以试图通过利用 JTAG 来控制电路板的芯片数据和地址总线，从而对数据总线发起攻击。攻击通过试错法获取指令寄存器的信息，如寄存器的大小和功能。一旦获得相关信息，就可以执行特定的指令来访问系统数据，并向总线发送恶意损坏的数据。JTAG 攻击的另一个例子是通过元件连通性检查对设计进行逆向工程。
- **测试引脚或探针垫**。大多数集成电路设计有探针焊盘和测试引脚，用于观察和控制测试和调试目标的重要信号。攻击者可以接入这些引脚并监控关键信号，以获取设计功能信息，或将恶意数据输入设计。测试引脚也可以用于逆向工程，测试输入可以触发某些数据、地址和控制信号，帮助识别电路板功能。表 11-1 列出了源自常见 PCB 设计特性的其他漏洞。

表 11-1　PCB 设计特性产生的各种攻击面

PCB 安全漏洞	硬件 / 物理攻击的可能利用
JTAG	控制扫描链 / 数据总线实现非法访问内存 / 逻辑
RS232、USB、固件、以太网	访问 IC 内部的存储空间，泄露隐私数据
测试引脚	访问 IC 内部的扫描链，泄露数据
未使用的引脚、多层、隐藏通孔	使用内层 / 隐藏通孔改变连接

11.2.3　盗版和伪造

1. 逆向工程

PCB 极易受到逆向工程的影响。攻击者可以从市场上购买 PCB 或包含 PCB 的系统，并尝试对其进行逆向工程。先前的工作已经证明，即使是复杂的多层 PCB，也可以用相对简单的方式，用低成本的家用解决方案进行逆向工程。然后，可以克隆逆向后的 PCB 以生成未经授权的副本。PCB 逆向工程也可以帮助攻击者更好地理解设计，然后有效地篡改它。攻击者可以在逆向设计后，伪造 PCB 板的副本。装配伪造 PCB 通常很容易，因为大多数 PCB 使用市场上现成的有源/无源元件。如前所述，这些 PCB 可以是低质量的伪造品，也可以包含恶意电路，即硬件木马 [8]。最后，逆向工程的过程可能使攻击者能够提取设计的关键安全信息；识别其中的任何漏洞；然后对系统进行强大的攻击 [9]。

2. 克隆

攻击者可以恶意克隆原始 PCB。对 PCB 的目视检查可以揭示设计的关键信息，并有助于 PCB 的克隆过程。图 11-6 描述了这种场景的说明性例子。每种类型的漏洞描述如下：

- **特殊信号的不同属性** 攻击者可以通过不同信号的不同属性来猜测它们的功能。例如，数据总线的迹线厚度和迹线组提供了关于功能的线索。类似地，用相同的上拉/下拉电阻连接的引脚表示它们属于总线。
- **测试或调试的残余标记** 当通过端口访问测试和调试引脚时，焊接残余提供了关于这些引脚功能的直观线索。对手也可以利用 PCB 板上的空引脚发动攻击
- **各种各样的提示** 除了元件级钩子提供的攻击面之外，PCB 设计本身还向攻击者提供了大量信息，这些信息可以导致强大的木马攻击。图 11-6 描述了攻击者如何利用传统设计功能和各种各样的提示来理解设计功能。

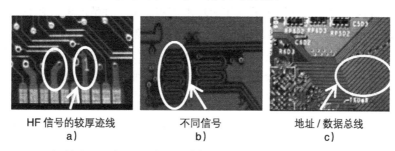

HF 信号的较厚迹线　　　　不同信号　　　　　　地址/数据总线
a)　　　　　　　　　　　b)　　　　　　　　　c)

图 11-6　PCB 目视检查可以揭示的关键设计信息：a) 高频信号的较厚迹线；b) 差分信号的信号对；c) 指示总线的迹线组

11.3　攻击模型

PCB 中的木马攻击可分为两大类，如下所述。

案例 1：PCB 设计可信。 在这种攻击场景中，假设设计是从可信方获得的。制造厂被认为不可信，并被标记为可能的攻击源。此外，假设攻击者能够避开传统的制造后测试。攻击者的目标是在罕见情况下（即涉及很少的输入组合）触发攻击，这种情况很难通过常规的函数或参数测试进行检查。

案例 2：PCB 设计不可信。 这种情况下的威胁模型认为电路板设计和制造厂都是不可信的。只有功能和参数规格是可信的。在这种情况下，攻击者具有更高的灵活性，可以恶意更改设计或选择虚假或不可信（以及潜在的恶意）元件。同样，攻击者会试图隐藏修改，以避免在功能和参数测试过程中被检测到。

请注意，在这两种情况下，攻击者都有两个可能目标：故障和信息泄露。PCB上不同形式的潜在木马攻击将在以下章节中描述。

11.3.1 攻击实例

1. 设计公司可信

当PCB由可信的设计者设计并外包制造时，就会出现这种攻击。在制造过程中，攻击者有可能智能地插入恶意修改，以便最终设计在结构上与原始设计相匹配。这种情况没有集成额外的元件（如逻辑和迹线），但在某些条件下，设计会产生非预期的功能特性。改变现有迹线的目的可以是：通过改变内层布线和插入小泄露路径来增加互耦电容、特性阻抗或环路电感。具有超低面积和功率需求的附加元件也可以插入内层。小的改变可以局限于多层PCB的内层。因此，利用目视检查、光学成像和基于X射线的成像技术进行检测的成功率很低。此外，用大量的测试节点执行详尽的功能测试是不可行的。因此，在基于边界扫描的在线功能测试期间，恶意功能不太可能被触发。具有超低面积和功率消耗要求的其他元件也可以插入内部层。

本节我们将提供两个木马程序示例作为攻击实例。第一种情况考虑在高速通信和视频流系统中可能应用的多层PCB（10 cm长）。在这个电路板中，有两个高频（HF）PCB迹线在一个内部层中平行运行。通常，高频迹线在内层布线，由电源和接地平面屏蔽以避免干扰（图11-7a）。但是，该过程会使内部层测试和调试变得非常复杂，并为攻击者创建一个攻击面。仔细选择迹线的尺寸以携带正常的高频信号，即宽度和厚度分别为6密耳和1.4密耳（1密耳$=\dfrac{1}{1000}$寸）的1盎司铜迹线。电介质为FR-4，相对介电常数为4.5。为避免互感和电容耦合的负面影响，选择内部迹线距离为30~40密耳。这些高频迹线是用集总参数形式建模的。功能模拟结果显示，其中一个迹线上的最大耦合近端和远端电压为300 mVpp。另一条迹线在10~500 MHz的脉冲电压为3 Vpp下扫描，占空比为50%。脉冲通过活动迹线的最大传播延迟为0.4 ns。

以下是我们在使用上述设置制作过程中观察到的各种迹线级别修改的影响：内层的迹线间距减少了2倍；两根线的宽度都增加了2倍，厚度增加了1.5倍。由于内层小目标区域的变化极小，这些操作在结构测试中大多无法检测到。将绝缘子的介电常数提高到5.5，以模拟某些绝缘区域的保湿性，在环氧树脂基体中添加杂质，从而促进老化效果。由于介电常数在小范围内被攻击者选择性地改变，加速老化试验成功检测这种变化的概率较低。然而，这些变化对相关电路参数的影响可能是显著的。在220 MHz时，对于输入脉冲电压为3 Vpp的迹线（1），迹线（2）中的近端峰值至峰值电压为1.4 V（图11-7b）。这是一种外来干扰，可能导致错误的电路激活或反馈方面的意外行为。传播延迟增加2倍，超过1 ns（图11-7c），这可能导致更高的开关频率和更长的迹线长度的功能故障。攻击者可以通过插入和利用泄露路径，漏出目标信号。因此，存在电压退化，如图11-7d所示，通过绘制迹线（1）远端畸变波形。攻击者的最终目标是通过严重的电压下降引起电路故障。这种攻击可以很容易地逃避传统 PCB 测试，因为这些测试由于成本和上市时间的要求而不是很详尽。

增强相互耦合的一种策略是有意地重路由多个 HF 迹线。如果该过程适用于不同的平面，耦合效应就会更加突出。这种现象可以通过最小化位于同一平面上的迹线之间的距离，增加迹线的厚度和宽度来观察。在结构和功能测试期间，这些细微的变化不太可能被注意到。然而，这些改变的结果可能对电路性能产生显著影响，如图 11-7e～图 11-7f 所示。在目标迹线的近端和远端测得的耦合电压分别为 3.1 V 和 1.3 V。需要注意的是，这是三个相邻的迹线（一个平面内，一个平面上，一个平面下）上的峰值到峰值电压值，具有同相上升/下降过渡（图 11-7e）。这是活动迹线在相反方向切换时的 3～4 倍。这种干扰肯定会导致故障情况，如错误的激活、反馈和电路性能下降。迹线远端电压分布存在一定的畸变，平均传播延迟为 1 ns，其他迹线不活跃（图 11-7f）。传播延迟随相邻迹线数量和迹线长度增加而增大。这可能导致在高开关速度的操作中出现延迟故障。图 11-7f 描绘了 3 和 4 迹线的外来耦合电压。从结果中得到的主要观察是，这些通过更改迹线而进行的木马攻击非常难以检测，因为它们是在一组非常罕见的条件下敏感化的。在多线情况下，只有在三个相邻 PCB 迹线的 8 种可能的过渡极性组合（即所有上升/下降脉冲）中的两种，性能下降才显著。利用系统的运行频率和 PCB 制造过程中选择性迹线特性和路由变化提供的输入矢量模式作为木马的触发条件。

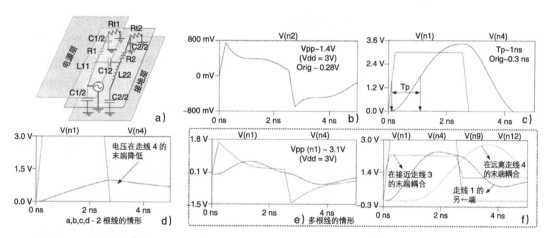

图 11-7 这组图显示了 PCB 级木马攻击的结果。在此攻击场景中，更改了 PCB 的特定迹线和属性，而没有在原始设计中引入任何新元件。图形描述如下：a）一个集总二路 PCB 系统与相关元件，即电阻、电容和电感；b）迹线 2 的近端和远端电压；c）输入电压从峰值到峰值为 3 V、220 MHz 时，迹线 1（节点 n1 和 n4）的传播延迟；d）将漏电电阻路径从迹线 1 插入到地面，改变各自迹线的远端电压；e）和 f）说明了迹线属性在四线场景中的变化。其中，描述了近端和远端受害者迹线耦合电压的影响，所有攻击者都在以 220 MHz 的频率和 3 V 的峰值到峰值电压进行相位切换；f）为节点 9 处，即迹线 3 的近端，节点 12 处，即迹线 4 的远端电压分布图

2. 设计公司不可信

不可信设计公司与代工厂相结合，大大增加了系统对于木马攻击的脆弱性。这个实例假定系统设计者是一个受信任的实体。系统设计人员的首要任务是通过 PCB 制造后测试来验证设计的功能和性能。在此攻击场景中，攻击者的能力不限于迹线级别的修改。对不受信任代工厂的访问为攻击者提供了从结构上修改设计的机会，并集成了额外的恶意元件，这些元件可以由一组预先确定的条件触发。木马可以通过光学检测，并将触发条件设置为罕见的内部信号状态，从而达到隐身的目的。为了进一步说明攻击场景，通过一个微控制风扇速度控制器演示一个木马攻击。该控制器与一个 12 V 无刷直流电风扇工作，依赖于温度传感器的输入。根据温度读数，传感器的输出电压在 0~5 V 之间变化。电压值由 ADC（模数转换器）进行数字化，并发送给微控制器，以相应地调整风扇转速。调整是通过线性调节风扇输入电压实现。

硬件木马的攻击目的是故意改变系统功能，可以通过微妙的 PCB 结构修改实现。这种情况下，通过启动木马攻击可能妨碍微控制器的正确功能。图 11-8a 和图 11-9 引用了这样一个攻击实例。在这种攻击场景中，微控制器包含三个电子元件，即 PMOS 晶体管、电阻和电容。该系统的设计方式是，电容器通过一个特定的电压调节器（即连接到风扇电路的 LM317）的输出来充电。攻击者的目标是通过从电阻和电容获得的特定值集合触发木马。木马激活的时间也可以通过操作电容值和电阻值进行微调。一旦木马被触发，它使位于 ADC 和温度传感器之间的 PMOS 晶体管的功能失效。因此，微控制器会将零输入视为非常低的温度值，从而显著降低风扇转速。在关键任务设备中不准确的温度检测，可能会导致灾难性的后果。此外，上述木马可以通过应用一个大的时间常数值规避功能测试阶段。目标设计为微控制器风扇系统的 2 层 PCB，如图 11-8b 所示。图中描述了预制阶段的设计。图 11-9 演示了 PCB 中的木马、攻击的触发和攻击载荷的释放。

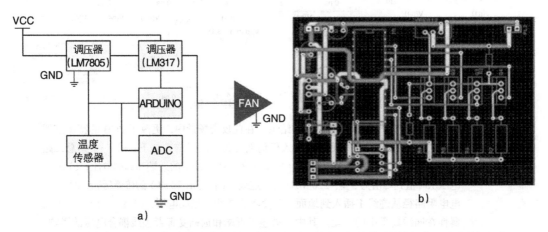

图 11-8   设计公司不可信时的攻击场景示例：a) 木马插入风扇控制器电路；b) 原始电路的 2 层 PCB 布局

11.3.2　现场变更

无论 PCB 的来源如何，攻击者都有可能对其发起攻击；如果系统允许未经授权的访问，则可信或不可信的设计公司可以现场更改设置。

破解芯片攻击

一个主要但讨论最少的 PCB 安全威胁是现场更改。这种改变可以通过安装集成电路、焊丝、改道来避免或替换现有的块、添加或替换元件、利用迹线、端口或测试接口，以及许多其他巧妙的方法来实现。通过篡改游戏机控制台的 PCB 来绕过 DRM 保护是 PCB 篡改的一个实例。物理更改以禁用内置限制，允许用户在被黑的游戏机上玩盗版、刻录或未经授权版本的游戏。破解芯片是用来改变系统功能或禁用系统限制的设备，例如计算机或视频游戏系统。为了攻击主机系统，破

图 11-9　一个制作好的 PCB，演示木马的触发和攻击载荷

解芯片通常包含一个单片机、FPGA 或 CPLD（复杂可编程逻辑器件）。它们焊接到主机系统的安全关键迹线上，如图 11-10 所示。由 Intel 函数通过 low-pin-count（LPC）数据总线设计的行业标准接口，如图 11-10 所示。在生产阶段，LPC 总线用于测试和调试 Xbox。一旦这些设备被安装，它们往往被用于非法目的，如玩非法复制的游戏和其他形式的数字版权侵犯。例如，Xbox 破解芯片可以修改或禁用整合到 Xbox 控制台中的内置限制，从而允许用户在被篡改的控制台上玩盗版游戏。盗版会导致游戏开发商的收入减少，并导致未来游戏的预算减少。

对手可以在 PCB 上进行篡改，以绕过各种系统中基于 DRM 密钥的保护。图 11-11 给出了 PCB 篡改攻击的示例。图中显示了一个攻击实例，其中电视机顶盒的通道访问授权信号依赖于存储在非易失性内存中的 DRM 密钥。采用标准比较器，根据信道号和相应的 DRM 密钥分配访问信号。比较器在键匹配时提供高信号，反之亦然。但是，可以通过篡改访问授权信号线来访问通道，而不管 DRM 密钥是什么。攻击者可以通过将迹线连接到电压调节器发出的 Vdd 信号来篡改迹线。因此，访问授予线总是向信道控制电路发送一个高信号，攻击者将被授予访问受保护的信道的权限，而不需要正确的密钥。被篡改的 PCB 迹线以加粗线突出显示，以描述攻击机制。针对这种攻击的一种保护方案将是对 PCB 上的关键迹线集成额外的篡改检测和保护电路。PCB 图（图 11-11）中的"防篡改电路"显示了 PCB 中关键迹线的电阻传感电路的高级表示。物理篡改检测和保护电路由一个微控制器和一个电子保险丝组成，当检测到关键迹线的电阻出现异常时，电子保险丝断开电路。像破解芯片改变这样的硬件攻击可能会损害公司的利润率。2010 年，通过被篡改的控制台进行的视频游戏盗版

导致英国销售额损失约 14.5 亿英镑。在此期间，这导致电子游戏行业的工作岗位减少了约 1000 个 [11,14]。当控制台或计算系统被篡改后在市场上转售时，这些攻击也会伤害消费者。这些仿冒品不能被认为是安全可靠的。移动设备、嵌入式系统和物联网设备也容易受到破解芯片攻击的威胁。此类攻击的一个例子是通过破解芯片干扰 DRAM、NAND Flash 和 SoC 之间的数据。还可以利用破解芯片来检索和修改从内存写入 SoC 的数据和系统代码。

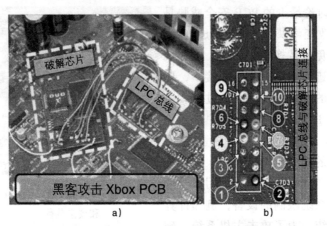

图 11-10   破解芯片攻击的说明。对 Xbox 控制台 PCB 的物理篡改如图所示：a）通过 LPC 总线连接到 Xbox PCB 的破解芯片；b）LPC 总线与破解芯片相关引脚的说明

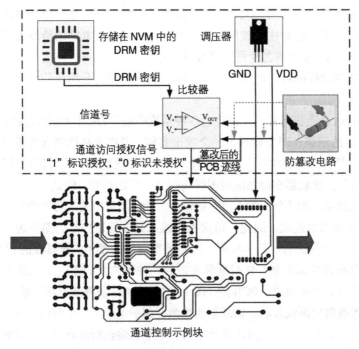

图 11-11   一个通过现场 PCB 篡改绕过数字版权管理（DRM）保护的例子

11.4　动手实践：总线嗅探攻击

11.4.1　目标

该实验旨在让学生在一个系统中进行非侵入性总线嗅探攻击。该攻击应用于 HaHa 平台。本实验的目标是给学生提供窥探物理 PCB 探测技术的实践经验。

11.4.2　方法

学生必须首先将一个示例设计映射到 HaHa 平台上的微控制器和加速度计中。接下来，学生将在微控制器和加速度计之间的不同导线上放置测试探针，以捕捉和观察数据流。示例设计允许学生控制映射操作的类型，同时分析每个操作的行为。

11.4.3　学习结果

通过执行实验的特定步骤，学生将了解总线嗅探攻击是如何进行的、相关的挑战以及攻击者可以用来从受攻击的 PCB 中提取关键信息的工具和技术。他们还将体验这些机会，并探索保护硬件免受窥探攻击的可能解决方案。

11.4.4　进阶

通过定位窥探攻击并将其应用于其他元件和接口（例如，处理器 – 内存总线、蓝牙通信和接口），可以对该主题进行更多探索。

关于实验的更多细节见补充文件。请访问 http://hwsecuritybook.org。

11.5　习题

11.5.1　判断题

1. PCB 中的硬件木马可以帮助克隆设计。
2. 现代 PCB 设计为单层。
3. JTAG 可以用来攻击扫描链。
4. 不可能通过 PCB 测试引脚泄露信息。
5. 破解芯片攻击是一种现场修改的例子。
6. 只有不可信的设计公司才容易受到 PCB 攻击。
7. 受信任的设计公司不容易受到恶意攻击。
8. 破解芯片攻击在游戏机控制台中十分普遍。
9. PCB 逆向工程需要工业级设备和专业知识。
10. 在多层 PCB 中发现木马相对容易。

11.5.2　简答题

1. 硬件木马定义。
2. 破解芯片的定义是什么？
3. JTAG 是什么？
4. PCB 在电子硬件系统中的主要用途是什么？
5. 描述 PCB 可能受到的攻击。
6. 在电视机顶盒使用 PCB 的高层框图（图 11-12）中，数字权限管理（DRM）密钥存储在非易失性存储器（NVM）中，NVM 存储在生成信道授予访问信号的比较器中。描述一种可以绕过此保护的可能篡改攻击。你可以通过更新绘图来说明你的攻击。你需要将你的攻击合并到虚线框中。

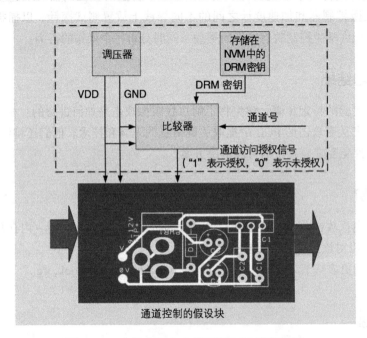

图 11-12　电视机顶盒中使用的 PCB 高级框图

7. 有什么可能的解决方案来防止上述篡改攻击？
8. 什么是 PCB 逆向工程？

11.5.3　详述题

1. 描述一个潜在攻击实例，当设计公司在 PCB 制造过程中被信任。用适当的案例研究说明该场景。
2. 在不受信任的设计公司生产的 PCB 会受到什么样的攻击？用一个相关的案例研究来描述。
3. 对 PCB 可能的攻击有哪些？解释攻击的分类，并简要描述每种攻击类型。
4. 描述一个不安全 PCB 上的硬件木马攻击实例。
5. 如何将破解芯片攻击安装在 PCB 上？详细解释。

参考文献

[1] S. Bhunia, M.S. Hsiao, M. Banga, S. Narasimhan, Hardware Trojan attacks: threat analysis and countermeasures, Proceedings of the IEEE 102 (2014) 1229–1247.

[2] R.S. Chakraborty, S. Narasimhan, S. Bhunia, Hardware Trojan: threats and emerging solutions, in: High Level Design Validation and Test Workshop, 2009. HLDVT 2009. IEEE International, IEEE, pp. 166–171.

[3] Y. Alkabani, F. Koushanfar, Consistency-based characterization for IC Trojan detection, in: Proceedings of the 2009 International Conference on Computer-Aided Design, ACM, pp. 123–127.

[4] H. Salmani, M. Tehranipoor, J. Plusquellic, A layout-aware approach for improving localized switching to detect hardware Trojans in integrated 386 circuits, in: Information Forensics and Security (WIFS), 2010 IEEE International Workshop on, IEEE, pp. 1–6.

[5] S. Ghosh, A. Basak, S. Bhunia, How secure are printed circuit boards against Trojan attacks? IEEE Design & Test 32 (2015) 7–16.

[6] W. Jillek, W. Yung, Embedded components in printed circuit boards: a processing technology review, The International Journal of Advanced Manufacturing Technology 25 (2005) 350–360.

[7] S. Paley, T. Hoque, S. Bhunia, Active protection against PCB physical tampering, in: Quality Electronic Design (ISQED), 2016 17th International Symposium on, IEEE, pp. 356–361.

[8] J. Carlsson, Crosstalk on printed circuit boards, SP Rapport, 1994, 14.

[9] B. Sood, M. Pecht, Controlling moisture in printed circuit boards, in: IPC Apex EXPO Proceedings, 2010.

[10] O. Solsjö, Secure key management in a trusted domain on mobile devices, 2015.

[11] Modchip.net, https://www.mod-chip.net/, 2011. (Accessed 10 September 2018).

[12] D. Whitworth, Gaming industry lose 'billions' to chipped consoles – BBC newsbeat, 2011.

[13] S. Chhabra, B. Rogers, Y. Solihin, SHIELDSTRAP: Making secure processors truly secure, in: IEEE International Conference on Computer Design, 2009.

[14] J. Grand, K.D. Mitnick, R. Russell, Hardware Hacking: Have Fun While Voiding Your Warranty, Syngress, 2004.

第三部分

硬件攻击防范对策

第 12 章　硬件安全原语

第 13 章　安全评估与安全设计

第 14 章　硬件混淆

第 12 章

硬件安全原语

12.1 引言

20 世纪初，人们对计算机系统安全的关注点局限于软件层面。随着硬件攻击强度的不断提高，计算机系统的硬件安全逐渐受到人们的关注。新的安全威胁，如硬件木马、仿制电子产品和各种硬件攻击手段层出不穷，颠覆了过去将硬件视为信任根的固有观念。与硬件变得不再那么安全相对应的是，低成本和资源受限的电子设备（如物联网设备、移动设备和嵌入式设备等）却比以往任何时候更需要安全可靠的硬件环境。可信通信、隐私保护以及各种软件和硬件层面的威胁防御等无不依赖于底层硬件环境的安全可靠。

硬件安全原语作为安全环境的硬件级构建模块，在确保电子芯片和系统可信、真实、完整等方面扮演着极其重要的角色。当前，在常见的硬件安全原语中，物理不可克隆函数（Physical Unclonable Function，PUF）和真随机数发生器（True Random Number Generator，TRNG）最受人关注。这类硬件安全原语利用设备内部的制程变异和噪声来提取熵[1-3]，提取的熵可用于生成唯一的 ID 和密钥，能够应用于设备和系统认证、会话密钥生成和随机数生成等诸多方面。使用硬件安全原语代替密钥存储、数字指纹或软件生成的位流能够抵抗欺骗、克隆等常见的安全威胁。此外，利用设备内在的固有特征，研究人员还提出了多种应对 IC 仿制、篡改和逆向工程等硬件攻击的防范对策。例如，废旧裸片和 IC 防回收（Combating Die and IC Recycling，CDIR）传感器利用 CMOS 器件的老化和磨损机制防止 IC 仿制和重复使用[4]。尽管硬件抵御安全威胁的能力越来越强，但新型的安全威胁和漏洞仍然不断出现，早先爆出的攻击方式也存在诸多威胁，因此，研究人员必须不断挖掘设备内在的固有特征，更加充分地利用这些特征，提出新的硬件安全原语或者增强原有硬件安全原语的安全性，从而增强硬件安全性。

12.2 预备知识

12.2.1 常见的硬件安全原语

硬件安全原语（例如上文提到的 PUF 和 TRNG）以及其他各种应对硬件攻击的防范对

策，例如硬件安全防伪设计（Design for Anti-Counterfeit，DfAC），能够为 IC 生命周期内和设备操作过程中可能出现的各种潜在威胁和漏洞提供全方位的安全防护。PUF 能够生成特定于设备、与设备内在的固有特征紧密相关的数字输出。设备的 PUF 类似于人类的指纹、虹膜，每个设备的 PUF 都是独一无二的。因此，设备的 PUF 可以视为设备的数字指纹。这种数字指纹通常是由设备内部大量微小的制程变异累积而来的。制程变异静态且随机，由制程变异累积而成的数字指纹在不同设备之间无法克隆，对于攻击者而言也是不可预测的。这种数字指纹可用于包括密钥生成、设备认证和设备防克隆在内的诸多方面。

另一方面，TRNG 能够生成随机位流，这些位流是真正完全随机的，没有任何可预测性。TRNG 利用系统的随机瞬态变化（例如电源电压波动和设备内部噪声）来生成随机位流。因此，TRNG 的熵源[5] 和 PUF 的熵源是不相同的。由 TRNG 生成的随机位流可以用作会话密钥和随机数。

DfAC（例如 CDIR 模块）通过监视芯片的使用寿命来提供一定的特征信息。在大多数情况下，一片回收的废旧 IC 在重新投入生产前就已经使用过很长时间。CMOS 晶体管之类的电子元件在使用过程中会逐渐老化，而老化电子元件的速度和功率消耗等指标都会偏离标称值。因此，CDIR 模块可以通过比较芯片的速度和功率消耗等指标的实际值与标称值的差异，判断芯片之前是否被长期使用过。

12.2.2　CMOS 器件的性能

得益于改良的光刻技术、易于制造和高性价比，CMOS 器件在半导体产业中仍然占据着主导地位，这种主导地位已经保持了几十年。CMOS 器件在技术升级的过程中诞生了许多架构：从常规平面晶体管到高 K/ 金属栅极晶体管和三栅极鳍式场效应晶体管（FinFET）。研发新型晶体管的目的是在提供更高性能的同时减小尺寸、加快速度和降低电量泄露，以及提升可靠性。然而，在向更小的特征尺寸迈进的过程中，半导体工业面临着重大的可靠性问题。由于老化和实时波动，CMOS 设备正面临着更显著的制程变异和性能降级[6]。图 12-1 列出了一些可能显著影响 IC 性能和可靠性的因素[7]。这些因素在设计前述硬件安全原语中会起到非常重要的作用（如图 12-1 右列所示，在 12.2.3 节中将进一步讨论）。

- 制程变异：CMOS 器件的制造工艺中存在大量系统误差和随机误差，误差对 CMOS 器件的产量和性能有着重大影响。CMOS 前道工艺（Front-End Of the Line，FEOL）中的误差来源主要有：最显著图案（邻近）效应、线边缘粗糙度（LER，line-edge roughness）、非均匀的 PN 结掺杂、栅极电介质（例如氧化层）的厚度差异、瑕疵和陷阱等。由随机掺杂波动和栅极材料粒度（多晶硅或金属）引起的误差在高级节点中更为显著[6]。这些现象会直接影响通道的静电完整性，从而影响 CMOS 器件的强度。而后道工序（Back-End Of the Line，BEOL）中，金属互连和电介质差异等也会对 CMOS 器件产生重大影响[8]。这些误差都会导致 CMOS 器件内在固有特征的差异，使晶体管的性能偏离标称值，且每个晶体管都和其他晶体管略有不同。CMOS晶体管内在固有特征的差异会对使用CMOS晶体管生产的逻辑或存储设备的性能产生不利影响，然而这类差异是不可避免的。尤其是在高级技术节点的CMOS晶体管中，这类差异对性能的不利影响尤为显著。

现　象		电气特性（性能）	安全应用	
制程变异	• 几何误差（模式——W, L） • 随机掺杂波动（RDF） • 线边缘粗糙度（LER） • 氧化物厚度（T_{ox}）差异 • 表面缺陷和陷阱（ITC） • 多晶硅/金属栅极材料粒度（MGG）	• 阈值电压偏差（ΔV_{TH}） • 载流子迁移率下降（$\Delta \mu_n$） • 漏极电流波动（ΔI_{ON}） • 漏电流波动（ΔI_{Leak}） • 漏致势垒降低效应（DIBL）	PUF	• 仲裁者 • RO • 漏极电流 • 双稳态环 • 混合延迟/交叉耦合PUF
老化和磨损机制	• 偏压温度不稳定性（NBTI/PBTI） • 热载流子注入（HCI） • 时间依赖性介电击穿（TDDB） • 电迁移（EM）		TRNG	• 温度/电源噪声 • 时钟抖动 • 亚稳态 • 氧化物软击穿
实时波动	• 电源噪声 • 温度波动		DfAC	• 回收——老化（CDIR） • 克隆——制程变异

图 12-1　对安全应用程序使用固有设备属性的可能性

- **实时波动/环境波动**：与制造工艺中存在的误差类似，各种实时波动/环境波动（如温度波动和电源噪声）也会直接影响晶体管的电气特性。例如，工作温度升高会降低传统晶体管的载流子迁移率（μ）和阈值电压（V_{th}），从而影响器件的速度（延迟），因为它们与漏极饱和电流（I_{DS}）和漏电电流（I_{Leak}）负相关。但是，技术节点在对性能的影响上也起着至关重要的作用。例如 45 nm 及以下技术节点的 CMOS 器件的速度随温度的升高而增加，但在 45 nm 以上技术的 CMOS 器件中现象却恰恰相反[9]。另一方面，全局或局部的电源噪声对性能也有不利影响，因为电源电压波动会导致 V_{TH} 和 I_{DS} 偏离标称值。因此，对于上述两种情形，实时波动会在一定程度上削弱系统的健壮性，从而提高产生错误结果的可能性。然而，与制程变异或老化引起的性能永久性地偏离标称值不同，实时波动引起的性能偏离标称值通常是暂时的，因为实时波动并没有引起 CMOS 器件的永久性损坏或磨损。一旦器件返回其标称运行状态，性能通常也就恢复至标称值。

- **老化和磨损机制**：老化和磨损机制，例如偏压温度不稳定性（Bias Temperature Instability, BTI）、热载流子注入（Hot Carrier Injection, HCI）、电迁移（ElectroMigration, EM）和时间依赖性介电击穿（Time-Dependent Dielectric Breakdown, TDDB）等，都会导致 CMOS 器件的性能下降，这种性能下降很大程度上与器件的工作负载、有源偏置、固有随机缺陷和技术节点有关。其中，BTI 和 HCI 被认为是直接影响 CMOS 器件速度的关键老化机制。BTI 会在二氧化硅和硅的表面产生陷阱，导致阈值电压

（|V_{TH}|）随着时间的推移逐步上升，引起晶体管速度不断下降。在 PMOS 晶体管中，负 BTI（Negetive BTI，NBTI）是主要的，而在超过 65 nm 的技术节点的 NMOS 晶体管中，正 BTI（Positive BTI，PBTI）是主要的。另外，在高 K 金属栅极晶体管中，PBIT 也扮演着越来越重要的角色[10]。另一方面，HCI 会使栅极氧化物产生带电缺陷，使 V_{TH} 逐步上升，进而导致晶体管的速度下降。不仅如此，HCI 还会使器件的移动性下降，这也会导致晶体管的速度下降。HCI 在特征尺寸更小的 NMOS 晶体管中表现更为突出。但是，HCI 引起的晶体管性能下降可以在一定程度上恢复，恢复程度受电压、温度和工作负载的影响[11]。上述两种老化机制都会大大降低器件的可靠性，增加芯片的故障率，同时缩短芯片的使用寿命。虽然这类老化机制进展非常缓慢，降级程度也难以准确预测，只能通过统计资料获得，但是加速老化（即在比标称工作条件更高的电压或温度下运行芯片）在大多数情况下能够使我们确定老化对 IC 性能和寿命的可能影响，帮助我们应用补偿机制。

12.2.3　性能和可靠性与安全性

很明显，由于制程变异、环境条件和老化机制，CMOS 器件的性能会逐渐偏离标称值。因此，尽可能避免制程变异以及其他能够导致器件性能下降的现象对于实现高性能电路至关重要。但是，人们也应该看到，制程变异以及其他导致性能下降的机制不一定会对硬件安全原语和应用产生不利影响。实际上，部分制程变异和性能下降机制可以应用于硬件安全原语中，有效保护硬件安全（参见图 12-1）。例如，PUF 依赖于制造工艺的误差，放大误差能够提高 PUF 输出的质量，尽管较大的误差会对芯片的性能和产量产生不利影响。另一方面，芯片的老化和磨损机制有助于检测仿制电子产品，即可以通过芯片的使用痕迹检测电子产品中的 IC 是否为回收的废旧 IC。

需要强调的是，并非每种引起器件性能下降的现象都对安全应用有益。我们使用术语——好的、坏的和丑的——来定性描述制程变异、可靠性下降和基于硬件的安全机制之间的关系，如表 12-1 所示。表 12-1 的第一列列出了硬件安全应用和原语，每一行分别说明制程变异、温度、电源噪声以及老化和磨损机制对第一列列出的硬件安全应用和原语的影响。这里，好的代表制程变异或者其他性能降级机制对硬件安全有益，是实现硬件安全所必需的；坏的代表应当避免制程变异或者其他性能下降机制；而危险的则代表制程变异或者其他性能下降机制会产生非常不利的影响，应当极力避免。例如，在常规逻辑和存储器应用中，为了获得更好的性能，制程变异是希望极力避免的（即危险的），但是制程变异又是 PUF 和 TRNG 应用的关键需求之一（即好的）。再如，老化和磨损机制对于常规逻辑 / 存储应用以及 PUF 都是有害的，然而，这一机制能用于检测回收的废旧 IC（即好的）[12]。

表 12-1 性能和可靠性与安全性的权衡

应用 / 原语	制程变异	温　度	电源噪声	老化（BTI/HCI）	磨损（EM）
常规逻辑 / 存储应用	危险的	坏的	坏的	坏的	坏的
PUF	好的	坏的	坏的	坏的	坏的
TRNG	好的	坏的	好的	坏的	坏的
回收的废旧 IC 检测	危险的	坏的	坏的	好的	好的

因此，在性能、可靠性和安全性之间进行权衡至关重要。要实现这一点，构建安全原语不能完全依赖面向常规逻辑 / 存储应用的设计，而应该根据目标应用在性能、可靠性和安全性之间取得最佳平衡。

12.3 PUF

12.3.1 PUF 的预备知识

如 12.2.1 节所述，PUF 能够利用设备内在的固有特征生成数字指纹。理想情况下，它是一种密码学安全的单向函数，可以根据给定的输入（挑战）生成唯一对应的输出（响应），其中挑战和响应之间没有任何可预测的映射关系 [1,2,13]。PUF 利用器件制造过程中的固有误差来生成响应（ID 或密钥）。因此，即使设计、光刻和掩模都相同，且由相同制造设施和工艺生产的 IC 也可以产生不同的挑战 - 响应对（或密钥），因为制造过程中总是存在大量微小但不确定的误差，这些误差会影响 PUF 生成的响应。通常，PUF 的输入或挑战会引发某些电特性，例如延迟或者漏电电流的波动，PUF 利用电特性的波动来提取最大熵。

PUF 相对基于非易失性存储器的传统密钥存储机制而言是一个重大进步。考虑到硬件实现方式、密钥传播机制和物理攻击方式等因素，在传统的密钥机制里，密钥总是以数字的方式存储在非易失性存储器中，例如闪存或电可擦除可编程只读存储器。这种密码存储机制很容易受到攻击，具体取决于硬件实现、密钥传播机制和物理攻击方式。如存储密钥的 NVM 可能遭受篡改、探针和成像攻击。因此，除了协议级的安全防护措施之外，NVM 还必须有物理上的安全防护措施。由于 PUF 也可以产生密钥或者数字指纹，并且 PUF 生成的密钥或者数字指纹在不同设备之间是唯一的，因此，PUF 消除了将密钥"存储"在存储器中的要求，密钥可以通过输入触发器按需生成。通过更换输入的挑战，PUF 可以生成多个密钥。此外，针对 PUF 的任何物理攻击，例如探针攻击，都会影响 PUF 的内在固有特征并彻底改变 PUF 的响应。因此，PUF 提供了一种有吸引力的易变且防篡改的安全技术，能够替代传统的密钥存储技术 [14,15]。

12.3.2 PUF 的分类

根据挑战 - 响应对（Challenge-Response Pair，CRP）空间的大小，PUF 大致可分为

弱 PUF 和强 PUF。弱 PUF，亦称为物理混淆密钥（Physically Obfuscated Key，POK），能够接受的挑战数量十分有限[16,17]。换言之，它的 CRP 空间非常小，甚至只有一个。这种 PUF 可用于生成密钥。SRAM-PUF（将在 12.3.4 节中讨论）是弱 PUF 的一个典型例子。

相比之下，强 PUF 可以接受大量挑战来生成大量响应[18]。理想情况下，它的 CRP 空间随挑战长度的增加呈指数增长。强 PUF 可支持每次输入不同的挑战从而产生不同的响应，响应的数量能够抵抗任何碰撞和重放攻击。仲裁器 PUF 和 RO PUF（将在 12.3.4 节中讨论）是强 PUF 的两个典型例子。

可以在强 PUF 之外再封装一层算法逻辑，通过应用编程接口调用 PUF，为 PUF 提供安全和受控的访问方式。这样的 PUF 设计称为受控 PUF，它能够增强 PUF 抵抗欺骗和建模攻击的能力。所谓欺骗和建模攻击是指攻击者试图利用某种模型来预测 PUF 生成的响应，达到欺骗系统的目的（将在 12.6.1 节中进一步讨论）[14]。

12.3.3　PUF 的质量特性

通常来说，理想的 PUF 应该仅利用设备内在的物理特征（例如制程变异）来生成响应，而不是依赖于存储在 PUF 中的数据。PUF 的不可克隆性表明它不能被软件模型替换而产生相同的响应，并且 PUF 本身必须难以被物理复制。为了实现 PUF 的不可克隆性，PUF 应当利用微小且随机的内在固有差异，令攻击者无法准确预测 PUF 的响应。而且，由挑战生成响应的过程应当是单向的，不能由响应推断出挑战。此外，PUF 的制造成本应当低廉，以适用于各种低成本应用。PUF 应当具有攻击弹性，即当 PUF 被攻击者控制时，不能按照攻击者的意愿生成响应。

尽管文献中提出的大多数 PUF 都满足某些属性，但其实很多属性都是不重要的，这些 PUF 产生的响应也并不一定适用于目标应用，例如密钥生成和身份认证。评估 PUF 响应质量的重要指标有唯一性、随机性（或均匀性）和再现性（或可靠性）。PUF 的定性评估很重要，因为不好的 PUF 可能导致密码应用和身份认证协议出错，并无法抵抗各种建模和机器学习攻击[15,19]。

唯一性衡量的是 PUF 生成唯一 CRP 的质量，即不同 PUF 生成的 CRP 之间可辨识度的强弱。这是弱 PUF 和强 PUF 质量评估的第一步。通常评估唯一性的方式是计算多个 PUF 之间的汉明距离，公式如下[19]：

$$\mathrm{HD}_{\mathrm{inter}} = \frac{2}{n(n-1)} \sum_{I=1}^{n-1} \sum_{j=i+1}^{n} \frac{\mathrm{HD}(R_i, R_j)}{k} \times 100\% \tag{12.1}$$

其中 n 代表参与评估的 PUF 总数，k 为响应长度，$\mathrm{HD}(R_i, R_j)$ 是 PUF_i 生成的响应 R_i 与 PUF_j 生成的响应 R_j 之间的汉明距离，其中 i 不等于 j。理想情况下，PUF 间的汉明距离应为 50%。这意味着，任意两个 PUF 生成的响应都具有最大的差异。此时 PUF 的唯一性最理想。

随机性或均匀性衡量的是 PUF 生成响应的不可预测性。对于强 PUF 而言，随机性或均匀性显示其生成的 PUF 响应之间是否存在可测量的趋势，因为理想情况下，强 PUF 生成响应应当没有任何倾向性，不同的响应之间也应当没有任何相关性。为了评估多个挑战生成的响应之间的随机性，通常使用统计测试套件，例如 NIST 测试套件[20]、DieHARD[21]。此外，强 PUF 应当具有良好的扩散性，即输入挑战的微小变化应当引起输出响应的巨大变化（也称为雪崩效应）。

再现性或可靠性衡量的是 PUF 在不同环境条件下以及随着时间推移产生相同 CRP 的能力。再现性或可靠性通常使用 PUF 内汉明距离衡量，如下[19]：

$$\mathrm{HD}_{\mathrm{intra}} = \frac{1}{m} \sum_{y=1}^{m} \frac{\mathrm{HD}(R_i, R'_{i,y})}{k} \times 100\% \tag{12.2}$$

其中 m 代表样本数或运行次数，k 是响应长度，$\mathrm{HD}(R_i, R'_{i,y})$ 是响应 R_i 与被测 PUF 的第 y 次采样 $R'_{i,y}$ 之间的汉明距离。理想情况下，在不同的操作条件和时间上，PUF 应当始终产生相同的 CRP，此时 PUF 的错误率应为 0，即 PUF 内汉明距离为 0%。

12.3.4 常见的 PUF 架构

1. 仲裁器 PUF

仲裁器 PUF 是最值得关注的基于 CMOS 逻辑的 PUF 架构之一，它利用不可控制的制程变异引起的路径延迟的随机性[2]。图 12-2 显示了仲裁器 PUF 的通用设计。每个构建块都是独立的延迟单元，构建块内路径的切换由挑战的特定比特（c_i）控制。在级联的延迟单元的输入端输入一个脉冲，它可以经过两条不同的路径（由挑战控制）到达最终仲裁器元件。如果沿着上面路径的信号首先到达仲裁器，则输出"1"，否则输出"0"。理想情况下，即在没有任何制程变异的情况下，两条路径的延迟应当是完全相同的，信号将在完全相同的时间点到达仲裁器。然而，由于制程变异，这两条路径的延迟存在一定的差异，使得信号沿着其中一条路径会比沿着另一条路径更快地到达仲裁器。路径延迟仅取决于各个晶体管的强度和连接方式，不受任何系统或外在因素的影响，因而最短/最长路径是无法人为决定的。如 12.2.2 节所示，任何物理或电气特性的随机偏差都会导致这种不确定性的变化。随着延迟级数的增加（一个接一个地串联），可能的路径数量呈指数级增长，因此仲裁器 PUF 能够生成大量的 CRP。换言之，仲裁器 PUF 属于强 PUF。仲裁器 PUF 的另一个优点是，只需 1 个时钟周期即可产生 1 比特的响应，尽管延迟单元数量的增加会使路径（延迟）变长。

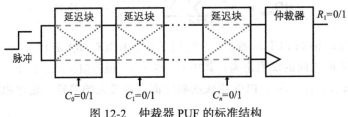

图 12-2 仲裁器 PUF 的标准结构

然而，仲裁器 PUF 也存在明显的缺点，其中之一是在电路建立和保持阶段，因为有限时滞差分分辨率（finite delay-difference resolution）引起的仲裁器自身的偏差。此外，仲裁器 PUF 要求布线必须对称，这可能不适用于轻量级应用和 FPGA 应用。此外，仲裁器 PUF 已被证明易受建模攻击，它可以表示为线性延迟模型。

2. RO PUF

典型的 RO（Ring Oscillator，环形振荡器）PUF 的原理如图 12-3 所示。RO PUF 对硬件设计没有很严苛的要求，并且能够在 ASIC 和可重构平台（例如 FPGA[22]）上轻松实现。RO PUF 通常由 N 个相同的 RO、两个多路复用器、两个计数器和一个比较器组成。使能后，由于制程变异，每个 RO 都以略微不同的频率振荡。根据挑战选定一对 RO，计算选中 RO 对中的每个 RO 的振荡次数，根据两个 RO 振荡快慢的相互关系来生成"0"或"1"。

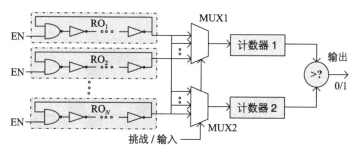

图 12-3　RO PUF 的标准架构

与仲裁器 PUF 相比，RO PUF 占用面积更大并且生成相同数量的响应比特的速度更慢。仲裁器 PUF 可以在一个时钟周期内生成一个响应比特，但是 RO PUF 需要计数很多个振荡周期以获得可靠的振荡频率。而且，频繁地切换振荡器使得 RO PUF 非常耗电。由于 RO 的所有元件都需要高负荷运转，它容易受到功率和温度波动的影响，也容易老化和磨损。这使得 RO PUF 很容易产生错误的响应。

3. SRAM PUF

与专门设计的仲裁器 PUF 和 RO PUF 不同，SRAM PUF 利用在微处理器、微控制器、现场可编程门阵列（Field Programmable Gate Array，FPGA）和嵌入式独立芯片系统中广泛使用的 SRAM 矩阵设计 PUF。通常，一个 SRAM 比特由 6 个对称设计的静态管组成的单元实现，如图 12-4a 所示，其中节点 A 或 B 中的任何一个的电压被拉高，另一个节点的电压在该单元写入完毕后会被拉低。由于交叉耦合逆变器结构的反馈作用，单元内所有晶体管始终保持稳定状态，即该单元表示的比特值保持稳定状态，直到该单元被重写或者电源被关闭。

但是，在 SRAM 上电的瞬间，且没有任何"写入"命令的情况下，SRAM 单元中的两个节点都倾向于上拉到高电压。然而，只有一个节点能够在竞争中获胜并成功上拉到高电压（逻辑 1），而将另一个节点下拉至低电压（逻辑 0）。初始化过程通常取决于 SRAM 单元内各个晶体管（特别是两个试图上拉的 PMOS 晶体管）之间的制程变异引起的强度失配，这对外部观察者而言是完全不可预测的。初始化结果与制程变异紧密相关并且是静态的，即在多次上电时给定的 SRAM 单元总是产生相同的结果。因此，SRAM 单元的初始化结果可以用于生成 CMOS 器件的数字指纹，作为弱 PUF[17,23]。

需要强调的是，SRAM 单元中的制程变异可能因为不够显著而无法克服环境噪声，因此，并非所有 SRAM 单元都能随时间和使用次数的推移一直产生可靠的响应。例如，图 12-4b 显示了 SRAM 矩阵中某些 SRAM 单元的初始启动值。在这些 SRAM 中，应当选择具有最高再现性的 SRAM 单元来生成数字指纹。此外，不同 SRAM 的初始化和内存访问过程可能不同，某些高级的包含 SRAM 的商业产品可能无法提供合适的 SRAM PUF。例如，在 Altera 和 Xilinx FPGA 模型中，RAM 块在启动时始终初始化为特定的比特值，因此不能用于实现基于随机初始化的 SRAM PUF[24]。

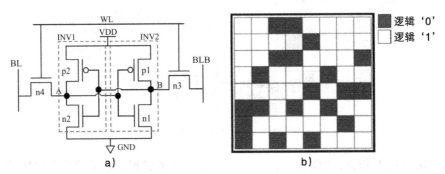

图 12-4　a）典型的 6 晶体管的 SRAM 单元结构；b）SRAM 阵列启动时状态的例子

4. 蝴蝶 PUF

蝴蝶 PUF 的设计灵感来源于在 FPGA 矩阵中创建具有亚稳特性的电路结构的想法[25]。与 SRAM PUF 类似，蝴蝶 PUF 利用 FPGA 中一对交叉耦合锁存器的不确定状态来获得一个随机状态。如图 12-5 所示，锁存器形成一个组合回路，可以通过适当的信号将其激发到不稳定状态。蝴蝶 PUF 虽然最初设计利用 FPGA 来实现，但是可以利用任何基于锁存器或触发器的架构的亚稳态来完成类似实现。

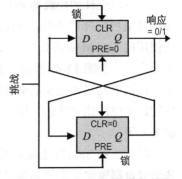

5. 轻量级 PUF

轻量级 PUF（如图 12-6 所示[26]）利用传统仲裁器 PUF，但是在仲裁阶段采用不一样的布线方式。轻量级 PUF 不直接向 PUF 发送挑战，而是创建了一种网络化的方案，即将挑战分割成若干个区块，并在若干个独立的 PUF 上使用它们。然后，输出网络将所有独立 PUF 的响应组合在一起，

图 12-5　蝴蝶 PUF 的典型架构

以产生全局响应，使其增强抵御机器学习攻击 [27] 的能力。

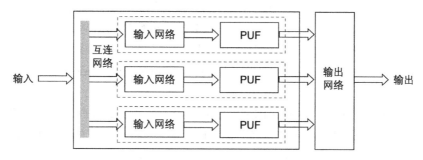

图 12-6　轻量级 PUF 的一般架构

6. 双稳态环 PUF

双稳态环包含偶数个逆变器，它只有两种可能的稳定结果。然而，由于制程变异和噪声，双稳态环在收敛到稳定状态之前会经历一连串复杂的过渡状态（或亚稳态）。

如图 12-7 所示，双稳态环 PUF 可以利用在收敛到稳定状态之前经历的亚稳态产生指数级的 CRP[28]。与仲裁器 PUF 类似，它需要对称布线。但是，由于其复杂和非线性的特性，这种强 PUF 提供了较强的抵抗建模攻击的能力，因此可以结合到新兴的 PUF 应用中，例如虚拟现实证明 [29]。

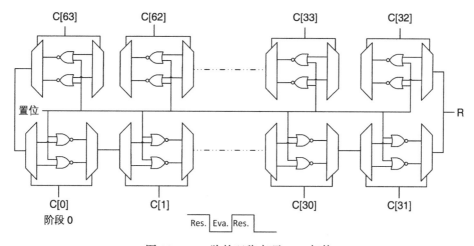

图 12-7　64 阶的双稳态环 PUF 架构

12.3.5　PUF 的应用

1. 密钥生成

如 12.3.1 节所述，PUF 可用于为密码应用生成密钥。由于弱 PUF 具有非常有限的 CRP 空间，因此弱 PUF 生成的响应可以作为每次使用后不需要丢弃的密钥，即长期密钥；而强 PUF 生成的响应可以作为每次使用都需要重新生成的临时密钥，例如会话密钥。需要强调的是，PUF 的"可再现性"对于密码应用尤为重要。任何噪声导致两次生成的密钥存在非常细微的不匹配（错误）都可能会破坏密码应用，导致被保护的消息无法恢复。因此生成的密钥必须没有任何错误，即 0% 的 PUF 内汉明距离。如果无法做到，PUF（和相关模块）应该使用有效的纠错码（Error-Correcting Code，ECC）机制来确保零位翻转。

图 12-8 显示了文献 [22] 中提出的密钥生成方案。方案中使用 ECC 机制来消除密钥初次生成和重新生成过程中可能出现的各种运行时错误。此外，生成的密钥可能缺乏某些必要的性质，不能作为某些加密协议的理想密钥。例如，RSA 密钥需要满足特定的数学性质，而 PUF 生成的密钥通常是任意的，取决于不确定的制程变异。这样的性质可以通过将 PUF 响应作文输入的加密哈希算法获得。另外，加密哈希算法还有助于防止 PUF 生成的原始密钥的任何侧信道泄露。这对于只能生成单个密钥的弱 PUF 而言尤其重要，必须充分保护弱 PUF 生成的密钥，防止其被攻击者获得。为了进一步实现密钥的数学特性（例如在 RSA 中），可以将 PUF 响应经过加密哈希算法后的输出作为种子输入到适当的密钥生成算法中去。需要强调的是，上述步骤都不需要将密钥存储到非易失性存储器中或将密钥泄露到外部世界，确保整个密钥生成过程都足够安全。

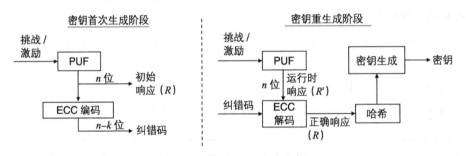

图 12-8　使用 PUF 生成密钥

2. 设备认证

强 PUF 是利用硬件内部固有特征进行设备认证的优秀候选方案。图 12-9 显示了一种简单的基于 PUF 的设备认证技术。该技术不需要高昂的成本，可以在资源受限平台（如 RFID）或在内部加密模块无法获得的 FPGA 商业现货中轻松实现 [22]。

因为强 PUF 能够为单个设备提供唯一且不可预测的输出，所以 PUF 响应作为设备的识别特征 / 指纹。这可以用于认证（识别）单个设备，前提是受信任的认证方已经记录了 CRP 的副本。因此，受信任的认证方需要事先向 PUF 发送随机挑战，获得不可预测的响应，从而为需要认证的 IC 构建 CRP 数据库。认证时，受信任的认证方选择记录在数据库中（但以前未使用）的挑战，使用记录在数据库中的响应验证从 PUF 中获得的响应。为了防止中间人攻击和重放攻击，使用过的 CRP 将从 CRP 数据库中删除。

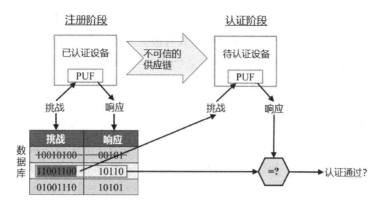

图 12-9 基于强 PUF 的设备认证

还需要强调的是,实际认证协议在比对记录在数据库中的响应和从 PUF 中获得的响应时通常需要留有可容忍的误差边际,容忍认证过程中可能出现噪声。然而,即使在存在非常微小的误差的情况下,用于认证的 PUF 也应当具有足够强的唯一性以便可靠地识别不同设备(即降低 ID 冲突的可能性)。

3. 软件和 IP 许可

PUF 的另一个应用是软件和 IP 的许可和认证。目前已经有多种与设备绑定的认证方案[14]。例如,PUF 响应可以作为生成公钥/私钥对的种子,使用 PUF 响应作为种子生成公钥/私钥对,公钥经证书颁发机构认证并为其颁发证书。这样,程序就可以使用 PUF 响应来保护自身免受非法复制和执行,因为程序不会在没有与该程序绑定的密钥的任何其他芯片上运行。

4. 硬件测量

研究人员还提出了用于有源和无源 IC 测量的 PUF。在无源 IC 测量中,IP 权利人能够识别和监控设备,而在有源 IC 测量中,IP 权利人则可以主动控制、启用/禁用和认证设备。这可以保护硬件免受代工厂盗版(过量生产)的威胁。Alkabani 和 Koushanfar[30] 提出了一种基于有限状态机(Finite State Machine,FSM)的方法,其中设计的功能规范经过修改使其与 PUF 响应相关联。修改后的 FSM 架构将一个特定的状态隐藏(混淆)在 FSM 的海量状态空间中。PUF 生成的密钥会将设计转入隐藏(混淆)状态,使得 FSM 产生没有正确功能的/错误的结果。只有 IP 权利人提供的“解锁密钥”才能使芯片进入原始功能状态,产生正确的结果。

12.4 TRNG

12.4.1 TRNG 的预备知识

TRNG(真随机数生成器)是一种广泛应用于安全和密码应用的硬件安全原语,用于生成会话密钥、一次性口令、随机数种子、随机数、PUF 挑战等，并且此类应用的数量随着时间的推移而不断增长 [3,31,32]。它通常生成具有极大不确定性（或者说熵）的随机位流，位流中出现"1"和"0"的概率完全相等，完全独立于先前生成的位以及任何其他外部控制。为了产生真正随机的输出，TRNG 必须依赖于设备内部固有的不确定且不可控制的电和热噪声。

典型的 TRNG 由熵源和熵提取或采样单元组成，并且在大多数情况下，还包括后处理或密码调节单元。熵源是 TRNG 的关注焦点，因为 TRNG 系统的质量高度依赖于熵源输出的原始熵。对于 TRNG，熵源输出的都是模拟信号，包括在大规模集成电路中发现的随机电报噪声（Random Telegraph Noise，RTN）、电源噪声、放射性衰减、锁存器亚稳态、环形振荡器中的抖动等 [32]。TRNG 的吞吐量（速度）和功率消耗在很大程度上取决于用作熵源的物理元件（模拟或数字）和被利用的噪声的分辨率。

提取或采样单元将来自熵源的熵（模拟形式）提取为有用的数字形式。但是，它不应该影响噪声产生的原始物理过程。提取或采样单元的目标是在设计约束（例如面积和功率消耗）下提取出最大熵。在很多情况下，提取和采样单元并不关注所生成的随机位流的质量。

后处理单元侧重于提高采样单元提取的随机位流的质量，以确保输出的真正随机性。一个好的后处理器能够消除原始输出中的任何潜在偏差 [33]。常见的后处理技术包括冯·诺依曼提取器 [34] 和加密哈希算法 [35]。而在很多新近提出的设计中，TRNG 还可能包含额外的调节单元，这些调节单元能够不确定地增加噪声和增强 TRNG 对实时波动 / 环境波动以及故障和侧信道攻击等的健壮性 [36-38]。

与基于硬件的 TRNG 相比，基于软件的"看似"随机的随机数生成器（通常称为伪随机数生成器（PRNG））依赖于生成算法。PRNG 具有相对轻量级的实现方式，同时具有较高的吞吐率。然而 PRNG 的输出具有统计确定性，因此 PRNG 并不足够安全。如果攻击者知道随机数的生成方式并且知道随机种子，那么他就可以从当前状态预测其下一状态。在通信和密码应用中，可预测的 RNG 会将敏感数据暴露给攻击者，因为在这种情况下，这些随机数不再是"真正随机的"。

12.4.2   TRNG 的质量特性

与 PUF 的质量指标不同，TRNG 的质量主要取决于随机性。为了评估 TRNG 产生的位流的随机性，通常使用统计测试套件，如 NIST Test Suite[20] 和 DieHARD[21]，这也通常是测试 TRNG 随机性的第一个步骤。

TRNG 熵源的一个问题是尽管它们看上去可能是随机的，但是对 TRNG 输出进行的统计测试仍然可能显示出一定程度的偏差和可预测性，尤其是在环境波动和制程变异等条件下。为了解决这个问题，TRNG 需要使用加密哈希算法、冯·诺依曼校正器和流密码来处理其原始输出以确保其最终输出的均匀性和统计随机性。此外，可以使用额外的调谐器和处理单元来控制 TRNG 的质量和吞吐量[36]。

需要强调的是，TRNG 的工作条件也是产生"真"随机数的关键因素，因为电源波动、温度偏差、时钟频率、附加噪声或外部信号等都会影响固有熵源，进而影响提取出来的熵。因此，TRNG 的可靠性在某种意义上也是至关重要的，即 TRNG 需要在其整个生命周期内保持随机性，并且还应当能够抵抗依赖运行环境波动而实现的攻击。

12.4.3 常见的 TRNG 架构

通常，基于 CMOS 的随机数发生器是通过比较两个拥有制程变异和足够量内部随机噪声的对称系统（或设备）来设计的，制程变异和内部随机噪声作为系统（设备）的内部熵源。根据随机性来源和系统架构，TRNG 可以分为：基于设备内部噪声的 TRNG、基于抖动和亚稳态的 TRNG（即基于自激振荡器的 TRNG）、混沌 TRNG 和量子 TRNG[32]。然而，并非文献中提出的所有 TRNG 都是完全基于 CMOS 的 TRNG，某些 TRNG 可能需要外部光源/激光源来激发熵源。本节仅讨论基于 CMOS 的 TRNG。

1. 基于噪声的 TRNG

设备内部噪声通常是随机的，可以用于生成真正的随机数。常见的噪声源包括 TRNG 熵源（随机电报噪声（Random Telegraph Noise，RTN））、齐纳噪声（在半导体齐纳二极管中）、闪烁噪声（亦称 1/f 噪声）和约翰逊噪声[32]。基于噪声的 TRNG 的基本思想是：由噪声源引起的模拟形式的随机电压被周期性地采样并与某个预定阈值进行比较以产生"1"或"0"，如图 12-10 所示。理论上讲，可以通过微调阈值来产生等概率的"1"和"0"。但是实际上，设置适当的阈值可能是一个极其严苛的过程，而且可能需要根据运行时环境进行重新调整和微调。

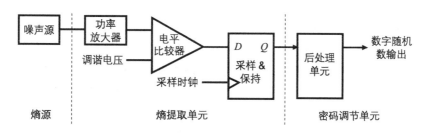

图 12-10　基于噪声的 TRNG 的典型架构

英特尔 TRNG 的早期版本是利用约翰逊的噪声开发的，其中随机源是载流子的随机热运动[39]。然而，在 2011 年有人设计了一种更高效、更快速且极其简单的 TRNG（见图 12-11）[3]。这种 TRNG 使用一对交叉耦合的逆变器（或经过修改的 RS 型触发器）。因为没有任何模拟元件，所以这种 TRNG 非常适合与逻辑芯片集成。理想情况下，这种 TRNG 是完全对称的，"设置"和"复位"连接在一起并同时驱动。对于任何由噪声引起的随机不匹配，节点都将被迫稳定输出"1"或"0"。然而，这种 TRNG 仍然不是完全没有误差，任何系统波动都会导致产生有极大误差的输出。因此，额外的电流注入机制和后处理技术，例如原始位调节器和 PRNG 是必须的 [3,32]。

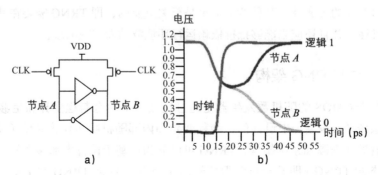

图 12-11　英特尔 TRNG：a）原理图；b）晶体管行为

设备内在噪声源的主要问题在于，并非所有噪声源都可以在制造阶段被测量、表征或控制以用于实际应用。此外，随着工艺技术的成熟，对噪声的控制能力逐步加强，很多原先可以被视为熵源的噪声机制目前无法再通过准确的测量（电压或电流）来提取足够的熵。因此，噪声提取单元就需要复杂的设计实现从微弱的噪声中提取足够的熵。一方面，噪声提取单元必须能够放大噪声；另一方面，噪声提取单元必须能够采样噪声，并将模拟形式的噪声转换为数字形式。在放大噪声的过程中，放大器的带宽限制和非线性增益使得生成数据偏离"真"随机。此外，快速地开关 RNG 电路会产生强电磁干扰，使得邻近的多个RNG 产生同步行为，导致这些 RNG 产生的整体熵减小。因此，基于噪声的 TRNG 的随机性无法在理论上得到证明。由于噪声提取单元以及其他必要的确定性后处理过程的影响，不能确保利用噪声源产生的随机数是真正随机的。

2. 基于振荡器的 TRNG

在数字系统中产生随机数的另一种常见方法是利用振荡器的抖动和亚稳态特性。奇数个逆变器首尾相接，并且输出端又和输入端相接就构成一个环形自激振荡器。不需要外部输入，只要开启电源，振荡器就能自动启动并输出振荡信号 [40]。图 12-12 显示了基于振荡器的 TRNG（RO TRNG）的通用设计。反馈环路中的随机电噪声会导致振荡的频率和相位产生抖动，也就是说，信号到达采样点的确切时间是不确定的 [37]。每一个振荡器输出的熵都需要进行适当的采样和异或来提高熵的质量。

基于振荡器抖动的 TRNG 架构存在的一个问题是半导体工业一直致力于最小化抖动和噪声。因此，在电路设计过程中可以在 TRNG 附近放置额外的噪声增强环形振荡器来增强电源噪声 [36]。这种噪声增强环形振荡器的长度相对较小（因此更快），并且可以通过线性反馈移位寄存器任意激活。此外，在输出的随机性与其驱动的负载相比太弱的情况下，振荡器采样的效果可能会被抑制。对于这种情况，可以在输入中增加施密特动作以增加可靠性（尽管会降低速度）。这种设计的一个主要问题是随机性是不可证明的。作为可能的解决方案，研究人员提出了不同的环形振荡器结构，如斐波那契环形振荡器和伽罗华环形振荡器，它们可以使用不同器件（和延迟线）提供任意长度（频率）的环形振荡器[32]。

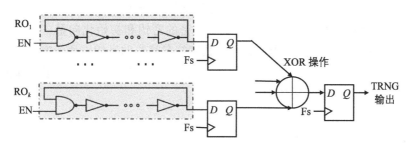

图 12-12　环形自激振荡器的典型架构

另外，异或多个振荡器的输出能够进一步提高生成的随机数中包含的熵，代价是吞吐量会有一定程度的下降。对于这种情形，可以采用不同的后处理技术，例如冯·诺依曼校正器和加密哈希算法[41]。Sunar 等人[31]提出了一种具有内置容差特性的可证明的真随机数发生器。Amaki 等人[38]提出了一种基于随机行为建模的技术来检测确定性噪声的最坏情况，其中基于振荡器的 TRNG 设计能够容忍一定程度的噪声以确保生成的随机位流的质量。

3. 基于存储器的 TRNG

回顾 12.3.4 节第 3 点，SRAM 模块的上电状态是不确定的，并且在很大程度上取决于制程变异和运行时环境波动与噪声。这可以作为 TRNG 的熵源[23]。与 SRAM PUF 相比，基于 SRAM 的 TRNG 利用 SRAM 单元上电时的不确定状态，即每次芯片上电时，SRAM 单元会产生统计上等概率"0"和"1"。这为后续生成随机数提供了足够的熵。但是，基于 SRAM 的 TRNG 的吞吐量和随机性高度依赖于技术和抵抗运行时环境波动的能力。此外，每次需要新的随机数时，断电并重新启动 SRAM 块并不总是切实可行。

基于亚稳态的 TRNG 利用类似技术，它们使用交叉耦合元件来放大噪声并生成随机位。在基于亚稳态的 TRNG 中，重复地对单个交叉耦合元件施加偏压于亚稳态点来生成随机位，其中亚稳态恢复为稳态的过程由噪声决定。

12.4.4　TRNG 的应用

根据柯克霍夫原则[42]，密码系统的安全性应当完全依赖于密钥，而不是系统设计（即没有实现上的缺陷或侧信道泄露）。密钥通常取自随机数池，因此，TRNG 生成的随机数的质量非常重要，因为它直接决定了密码系统的安全强度。理想情况下，完全随机的密钥只能通过暴力（随机猜测）攻击来破解。密钥位流的任何可预测性都会减小攻击者的猜测空间，并削弱整个密码系统。

电子硬件随机数发生器的主要应用是密码技术，它们用于生成随机密钥以安全地传输数据。它们广泛应用于互联网加密协议，例如安全套接字层。举个例子，Sun Microsystems Crypto Accelerator 6000[43] 包含硬件 TRNG，用于为 FIPS 认证的 RNG（在标准 FIPS 186-2 DSARNG 中）提供种子，使用 SHA-1 生成用于 SSL 硬件加速（TLS 加速）的密钥。

其他许多常见的安全协议都要求随机位流保证对攻击者的安全性和不可预测性。真随机数在许多应用中被广泛使用，例如用于加密的密钥和初始化向量、加密用会话密钥生成、基于密钥的 MAC 算法的密钥、用于数字签名算法的私钥、用于实体认证机制的数值、用于密钥协商协议的数值、PIN 和口令生成、一次性填充值、用于防止重放攻击的随机数生成以及强 PUF 的输入挑战。

12.5 DfAC

12.5.1 DfAC 的预备知识

在当今复杂的电子元件供应链中，检测和防止芯片和 FPGA 被伪造非常具有挑战性。如 12.2.2 节所述，适当地利用电气特性可以更便宜、更快速、更成功地检测出伪造的电子产品。由于老化和磨损机制通常会使芯片的处理性能随着时间的推移而逐渐降低，因此可以通过测量芯片速度并将其与初始未使用的（金色）芯片的参考速度比较来估计被测电路的老化程度。然而，获得这样的参考值并不总是可行的。此外，制造工艺的误差和缺陷会导致速度 / 延迟或其他电气测量值的误差，即使对于金色芯片也是如此。因此，该方法需要测量大量金色芯片来保证统计显著性。对于传统芯片和 CoTS 来说，这些问题更为突出[44]。利用老化机制，研究人员提出了几种技术，例如将 DfAC 结构嵌入芯片中，或者测量由于加速老化引起的芯片性能退化，用于检测回收的废旧 IC。

12.5.2 DfAC 的设计

废旧裸片和 IC 防回收（Combating Die and IC Recycling，CDIR）机制通过评估芯片的老化程度来确定芯片先前是否使用过。它是一款轻巧、低成本的 DfAC 传感器，带有一对用于自我参照的 RO，因而这种设计无须使用金色数据[4,45]。基于 RO 的 CDIR（RO CDIR）方案背后的逻辑是将额外的电路或结构（即 RO 结构）放置到新的电子芯片中，而 RO 的频率随着芯片老化会逐渐降低，这是因为 RO 中晶体管的运行速度随时间推移会逐渐变慢。设计芯片防伪方案的关键包括，首先方案必须轻量级，即方案几乎不影响原始芯片的面积、功率消耗和成本，并且方案应当很容易地得到能够表征芯片老化程度或者芯片新鲜度的数据。芯片在正常使用时应当快速老化，然而在测试和验证阶段又不应当受到影响。此外，必须尽可能地降低制程变异和温度的影响，同时可靠地分离由制程变异和老化磨损引起的路径延迟的差异。

测量老化引起的性能下降的一个关键点是需要将 RO 的频率与金色（全新）RO 的参考

频率进行比较。典型的 RO CDIR 传感器采用自我参考方案，通过比较两个 RO，分别命名为参考 RO 和应力 RO，来可靠地测量性能下降（见图 12-13）。参考 RO 以非常慢的速度老化或者不老化。相反，应力 RO 以非常快的速度老化。在运行模式下，应力 RO 快速老化，其速度（频率）会快速下降，而参考 RO 的速度（频率）则基本保持不变。因此，两个 RO 的频率的较大差异意味着芯片已经使用过很长一段时间。此外，两个 RO 紧密放置，进一步降低了全局和局部的制程变异以及环境波动带来的影响，从而更精细地测量使用时间。然而，该方案的局限性是只有一半 PMOS 晶体管经受直流电 NBTI 应力，由于该方案的振荡性质，性能降级程度有限。

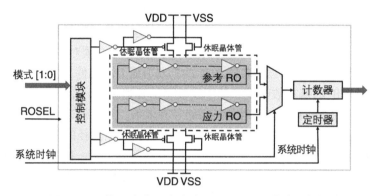

图 12-13　使用参考和应力 RO 对的 CDIR 传感器结构

图 12-14 显示了一种 NBTI 感知的 RO CDIR 传感器，该传感器利用 NBTI 诱导降级来改进检测方案 [46]。在运行模式下，它断开 RO 链并将所有逆变器的输入端接到地面，给应力 RO 以最大的 NBTI（DC）压力，使得芯片无法从老化中恢复。但是，当完全断电时，芯片能够部分恢复。应力 RO 和参考 RO 的结构完全相同以尽可能降低误差。然而，在运行模式下，参考 RO 与电源和地线始终保持断开以尽可能减缓老化。由于两个 RO 接受的压力不同，它们的频率随着时间的推移而逐渐偏离，从而能够更准确地检测老化程度。

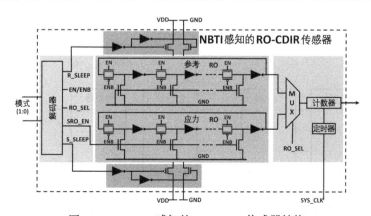

图 12-14　NBTI 感知的 RO CDIR 传感器结构

12.6　已知的挑战和攻击

12.6.1　PUF

1. 针对强 PUF 的建模攻击

根据定义，强 PUF 能够产生指数级数量的 CRP。然而，如此大的 CRP 集合使得强 PUF 容易受到机器学习辅助的建模攻击[27]。通常，要对强 PUF 实施建模攻击，攻击者必须获得全部 CRP 所构成集合的一个子集。利用已获得的 CRP 子集，攻击者试图推导出一个数学模型，能够正确预测强 PUF 对其他任意挑战的响应。如果攻击者成功建立针对特定 PUF 的数学模型，攻击者就能对现有的基于 PUF 的身份认证和密钥生成协议发起中间人和仿冒攻击。研究人员已经对传统仲裁器 PUF 发起了多种基于机器学习的建模攻击。仲裁器 PUF 是强 PUF 的典型示例，建模攻击的成功意味着必须对仲裁器 PUF 进行一定程度的修改，从而产生了若干增强仲裁器 PUF 的抗攻击能力的元件[47]。

传统仲裁器 PUF 的基本数学模型基于线性可加延迟模型。信号从输入端输入，经过若干延迟级最终到达仲裁器。信号的传播路径有多条，其总延迟可以表示为每个延迟级本身的延迟和直连延迟级间连接线的延迟之和。响应由两条路径的延迟差确定，这里假设仲裁器本身不存在误差[47]。这种简单但有用的模型因此诞生了一种基于线性延迟的超平面的二分技术，其利用攻击者使用收集到的 / 泄露的 CRP 子集进行训练。

研究人员提出了若干种技术，在架构中引入非线性因子来增强传统仲裁器 PUF 抵御建模攻击的能力。其中的一个例子是异或仲裁器 PUF[22]，如图 12-15 所示。这类 PUF 包含多个相同长度的仲裁器 PUF，在相同的挑战下激活，各个仲裁器 PUF 的输出被异或以产生最终响应，这种方法能够极大地提高仲裁器 PUF 的非线性。

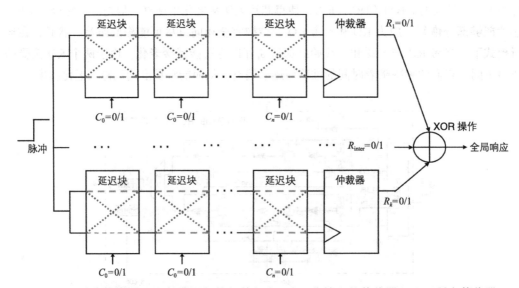

图 12-15　异或仲裁器 PUF 的典型架构。其包含 k 个 n 位输入的仲裁器 PUF。所有仲裁器 PUF 的输出被异或以产生最终输出

在延迟路径中引入前馈连接线也可以提高仲裁器 PUF 的非线性，简单的前馈仲裁器 PUF 的结构如图 12-16 所示 [47]。该结构利用 PUF 内产生的"未知"挑战，信号经过延迟级后产生的内部挑战被传输至信号即将到达的延迟级。因此，连接到前馈环路输出端的延迟级的路径切换也会受到位于该延迟级信号传播上游但不与该延迟级直接相连的延迟级的影响。这种影响为仲裁器 PUF 创建了不可区分的功能模型。结果显示，前馈仲裁器 PUF 能够很好地抵抗基于线性可分离或可微分模型的机器学习攻击。此外，设计人员可以根据需要决定前馈环路和连接点的数量，使攻击模型更加复杂。

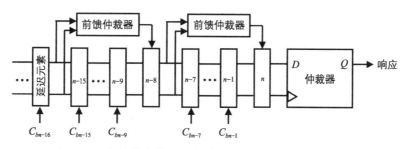

图 12-16 前馈仲裁器 PUF 的典型结构，其中前馈大小为 8

然而，仲裁器 PUF 的上述变体都不能完全抵抗建模攻击。Hospodar 等人 [48] 和 Ruhrmair 等人 [27] 详细总结了针对仲裁器 PUF 的不同变体的攻击结果。结果表明，利用主流的机器学习技术，例如以消耗建模时间为代价的逻辑回归技术，传统仲裁器 PUF 和异或仲裁器 PUF 都可以很容易地建模到非常高的精度（例如，约 99%）。Ruhrmair 等人 [27] 还表明，使用非线性分类的机器学习技术，例如演化策略，可以非常准确地预测前馈仲裁器 PUF 的 CRP 集合。

2. 环境和老化对 PUF 的影响

环境波动（例如温度变化和电源噪声）以及老化和磨损机制会给 PUF 输出引入不必要的错误，使 PUF 对于密码应用而言变得不再可靠。这在 RO PUF 中表现更为突出，这主要是因为 RO PUF 中的振荡器需要不停地开关。为了充分理解 RO PUF 产生错误响应的原因，让我们回顾图 12-3 所示的传统 RO PUF，考虑随机选择的 RO 对的频率分布，如图 12-17 所示 [49]。对于给定的 RO 对，如果 RO_x 的频率（f_{xi}）大于 RO_y 的频率（f_{yi}），那么响应为"1"（反之为"0"）（图 12-17a）。然而如果随着时间的推移，两者的频率发生交叉，即由于环境波动和老化磨损，在若干次频率降级后 f_{xi} 可能小于 f_{yi}，那么 RO 对就无法产生可靠的（即与之前相同的）响应（图 12-17b）。为了保证 PUF 的可靠性，两个 RO 的频率不能相互交叉。即在芯片的工作寿命（t^*）内应当始终保持最小的频率差（即频率阈值 Δf_{th}）以补偿计数器的分辨率（图 12-17c）。其他 PUF 结构也存在类似的可靠性问题。

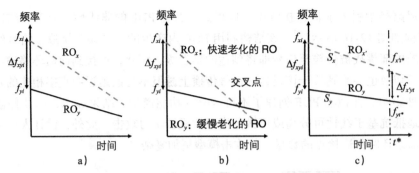

图 12-17　由于 RO 对的频率降级导致响应的位反转：a）频率下降缓慢的 RO 对；b）频率下降过快的 RO 对；c）频率下降可忽略的 RO 对

为了产生可靠（即无差错）的响应，可以为 PUF 的输出增加纠错码（Error Correcting Code，ECC）机制。即使存在噪声，PUF 仍然能够产生足够可靠的输出[50]。然而，PUF 依赖的辅助数据却可能在一定程度上泄露密钥并降低 PUF 的安全性。大多数 ECC 方案都需要增加逻辑门和解码单元，因此，ECC 方案会增大面积、功率消耗和时间开销，使其在资源受限的密码应用中变得不切实际。

Rahman 等人提出了 NBTI 和 HCI 感知的抗老化 ARO PUF 方案[49]，如图 12-18 所示。它在传统的 RO PUF 架构中增加了额外的上拉和传输晶体管来减轻可能的老化降级。它有两种操作模式：振荡模式和非振荡模式。在振荡模式（EN=1）下，它执行常规的 PUF 操作（图 12-18b）。在非振荡模式（EN=0）（图 12-18c）下，ARO PUF 将 RO 中的 PMOS 晶体管与 V_{dd} 相连，移除直流电应力，从而消除 NBTI。ARO PUF 还会断开 RO 间的连接，打破 RO 链，消除交流电（振荡）应力，从而消除 HCI。因此，ARO PUF 通过消除 PUF 不工作时的压力，成功地减轻了由 NBTI 和 HCI 引起的老化降级。

Yin 等人[51] 提出了一种温度感知的协作 RO PUF（TAC RO PUF）方案，以减少由温度变化引起的误差。TAC RO PUF 允许生成不可靠的响应，只要这种不可靠的响应可以通过选择合适的 RO 对转换为可靠的响应，其中单个 RO 对可能因为温度波动而产生位翻转。实验结果表明稳定的位生成能力增强了 80%。此外，Rahman 等人[52] 针对 RO PUF 提出了一种可靠的成对形成方案，称为 RePa，能够提高 RO PUF 面对运行时环境波动（温度变化和电源噪声）和老化磨损的健壮性。该方案会预估所有 RO 针对电源波动和老化的性能降级曲线，并对所有 RO 进行排名，然后使用一种复杂的算法选择最合适的 RO 对来生成响应，算法需要考虑初始频率差异、速度降级情况和位翻转概率。这种方法已经被证明可以实现高达 100% 的可靠性，即零误差。而且只需要大约 2.3x 个 RO，解决了 ECC 方案对大量 RO 的需求。

3. 克隆 SRAM-PUF

Helfmeier 等人[53] 第一次实现了对 SRAM PUF 的物理克隆。这直接违反了理想 PUF 的"不可克隆"特性。物理克隆的 SRAM PUF 可以产生与被克隆 PUF 相同的响应，如图 12-19 所示。需要强调的是，这种攻击是侵入性攻击，需要使用昂贵的聚焦离子束电路编辑（FIB-CE）技术。这种攻击首先观察目标 SRAM PUF 的指纹（参见图 12-19a～图12-19b）然后修改另一个 SRAM PUF 的各个单元以产生（克隆）完全相同的指纹（参见图 12-19c～图12-19d）。使用 FIB-CE，单个晶体管可以被完全修改 / 移除以实现确定的行为。此外，单个晶体管的动态性能和泄露特征也可以使用 FIB-CE 进行修改。

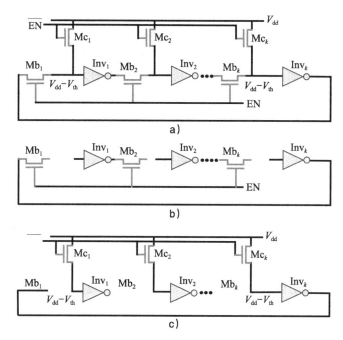

图 12-18 ARO PUF 的操作：a）架构；b）振荡模式；c）非振荡模式

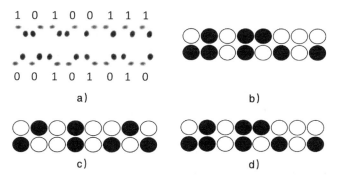

图 12-19 SRAM PUF 的物理克隆：a）目标 SRAM 设备的光辐射；b）目标设备的数字指纹（黑色的表示 "0"）；c）克隆 SRAM 设备的初始指纹；d）使用 FIB-CE 技术将克隆 SRAM 设备的指纹修改为与目标 SRAM 设备的指纹相同

12.6.2 TRNG

TRNG 会受到有限的内在固有偏差的影响，特别是在老旧和成熟的技术中。对于这种情况，TRNG 内部固有的熵源可能无法获得真正的随机性和最大的吞吐量。此外，由于环境波动和老化磨损，TRNG 的随机性可能会变得更差。这导致了针对 TRNG 的各种攻击方式。例如，攻击者可以改变设备的电源电压（V_{dd}）和温度使之超出标称条件，使 TRNG 产生"可预测的"位流[36]。针对 RO TRNG 的频率注入攻击通过利用时钟抖动来影响熵，从而可以比较容易地猜测输出的位流，而输出的位流可能作为智能卡的密钥[54]，这将直接影响智能卡的安全性。此外，电磁攻击也可能导致物理芯片在不被破坏的前提下泄露密钥[55]。

对于 SRAM TRNG 而言，温度变化是更大的潜在安全威胁。IC 的随机性部分来自物理随机的热噪声。例如，在上电时 IC 可利用的热噪声的大小取决于环境温度。较低的环境温度降低了可利用的噪声，使得产生的位流不那么随机，而较高的环境温度使得上电时产生的位流更随机[23]。

为了在固有熵较低的条件下实现更高的均匀性和统计随机性，研究人员提出可以将加密哈希算法、冯·诺依曼校正器和流密码应用于 TRNG 输出。然而，这些额外的修改会降低 TRNG 的吞吐量，同时会增加面积和功率消耗等硬件开销。此外，Schellekens 等人[56]针对 FPGA 提出了供应商无关的 TRNG 设计。Rahman 等人[36]提出了一种技术独立的 TRNG，能够解决因运行时/环境波动带来的系统降级而产生的安全问题。它使用一种"可调"RO 架构，利用电源电压噪声和时钟抖动作为熵源，通过控制抖动来克服由环境波动和老化带来的偏差，通过监控运行时条件来调整 RO 延迟。电源噪声增强和调谐模块和偏置检测的自校准方案进一步改善了性能，能够抵抗硬件攻击。Robson 等人[57]提出的TRNG 模型利用多个阈值交叉方法来增加时钟抖动。

12.7 新型纳米器件的初步设计

新兴存储器件，例如相变存储器（Phase Change Memory，PCM）、忆阻器、阻变随机存取存储器（Resistive Random Access Memory，RRAM）和自旋电子存储器，例如自旋扭矩转移存储器（Spin-Torque-Transfer Random Access Memory，STTRAM）和磁性随机存取存储器（Magnetic Random Access Memory，MRAM），以其高容量和低功率消耗在非易失性存储应用中越来越受欢迎[58]。除了用作传统存储器外，新兴纳米器件应用于安全原语也受到了较高的关注，因为它也能够提供身份认证和安全操作，同时可以降低面积和计算资源开销。在过去 10 年里，研究人员提出了多种基于新兴器件的硬件安全原语，其中大多数是 PUF。如图 12-20 所示，这些新兴器件与传统 CMOS 器件类似，包含适用于 PUF应用的内在固有特性[59]。

12.7.1 PCM PUF 的构成

1. 制程变异的来源

PCM 是新兴的非易失性存储器之一，PCM 存储过程基于低电阻（结晶相）和高电阻

（非晶相）之间的可逆相变，这种可逆相变可以通过预定义幅度和持续时间的置位／复位电流脉冲进行控制 [60]。在编程过程中，PCM 电阻会因为置位／复位电流脉冲而随机变化。同时，制程变异会影响 PCM 单元的物理尺寸和强度，进而引起 PCM 电气特性的随机变化。PCM 单元的几何特征（如 GST 层厚度、加热器厚度和底部电极触点直径）、GST 的电导率和热导率以及加热器的材料是引起制程变异的主要因素 [61]。考虑到不同 PCM 单元在几何特征和其他结构和特性等方面存在的内在固有差异，以及 PCM 单元表现出的不同类型的动力学，PCM 非常适合应用于密码技术，尤其是 PUF 技术。

新兴器件	制程变异的来源	可利用的内在固有特性	可靠性因素
PCM	• 几何特征（GST 层厚度和底部电极接触点直径） • 电阻（Rcell） • 读写强度（需要最小复位电流） • 写入电流（Iwrite）	• 单元变异——每个单元电阻的随机偏差 • 编程敏感性——输入电流脉冲导致的电阻随机波动	• 电源电压噪声和温度波动 • 电阻波动 • 低维持力
忆阻器和 RRAM	• 掺杂和未掺杂区域长度 • 器件厚度和交叉区域面积 • 掺杂和未掺杂电阻的随机性	• 设备随机切换机制和内在偏差 • 输入电压脉冲导致的电阻随机波动	• 电源电压噪声和温度波动 • 中等维持力 • 读分布
MRAM 和 STTRAM	• 自由层几何特征 • 自旋力矩切换 • 阈值电压 • 热稳定性 • 临界切换电流	• 读电流波动 • 自由层磁化亚稳态 • 热量波动 • 后跳	• 温度 • 外部电磁场 • 高维持力

图 12-20 新兴纳米器件适用于 PUF 应用的内在固有特性

2. PCM PUF 设计

PCM 的制程变异和编程敏感性可以被利用来设计基于 PCM 的 PUF。Zhang 等人提出了一种基于 PCM 单元的可重构 PUF，可以用来生成密钥 [62]。它通过对比在 PCM 阵列中随机选择的 PCM 单元之间的差异来生成密钥。PCM PUF 由传统的交叉开关结构组成，单个 PCM 单元或者交叉开关阵列中的一组 PCM 单元用预定义的脉冲编程，然后读出编程结果，从而产生唯一的 PUF 响应。因为 PCM 单元的随机性，即使所有单元都使用相同的脉冲进行编程（模拟信号形式），最后读出的值即使在同一电路内的不同单元之间以及不同电路中也仍然都是唯一的。由于 PCM 单元的非易失性，在理想的无噪声条件下，同一单元多次生成的响应都是相同的。需要强调的是，PCM PUF 由传统的交叉开关结构组成，因而 PCM PUF 属于弱 PUF，即它仅具有少量的 CRP，除非存储访问机制采用随机非线性访问技术。此外，PCM PUF 生成的响应可能还需要进一步处理才能适合于密码操作。

使用编程脉冲修改 PCM 单元的电阻分布，PCM 交叉开关结构生成的唯一响应可以进一步扩展 [63]。文献 [64] 中利用 PCM 单元的多级操作来生成唯一的响应。

12.7.2　基于忆阻器和 RRAM 的 PUF 的结构

1. 制程变异的来源

与 PCM 类似，忆阻器和 RRAM 的写入过程中存在的由制程变异的随机行为也可以被利用来设计 PUF。由于这些器件具有较大的电阻窗口，因此可以利用这些器件中未定义区域的逻辑状态在高和低之间的不确定性来设计 PUF。对于忆阻器，模拟形式的电阻的易变性和关联存储器的读写时间取决于忆阻器单元的结构和尺寸，例如器件厚度，其中的制程变异可以被利用来设计熵源。另外，RRAM 的某些内在物理特征，例如氧化物厚度和缺陷密度，也可以被利用来实现 PUF 功能。

2. 基于忆阻器和 RRAM 的 PUF 设计

文献 [65] 利用忆阻器单元中的制程变异来设计基于写入时间的忆阻 PUF 单元。在文献中，写入时间被定义为将忆阻器单元从高电阻状态切换到低电阻状态所需的最短时间。忆阻 PUF 单元输出逻辑为"1"的概率提高到 50%，反之亦然。研究人员还利用传统交叉开关结构提出了基于 RRAM 的 PUF[66]。传统交叉开关结构和 RRAM 的结合利用虚设单元来提高分离参考的精度，最终通过减小分离读出放大器（S/A）的晶体管尺寸来减小偏移。

12.7.3　基于 MRAM 和 STTRAM 的 PUF 的结构

1. 制程变异的来源

自旋电子器件，如 STTRAM 和 MRAM，表现出的内在固有特性，如混沌磁化、统计读写失败、随机保留失败和后跳，也为硬件安全应用提供了新的机遇，如图 12-20 所示[67]。研究人员利用磁隧道结（Magnetic Tunnel Junction，MJT）自由层的混沌和随机动力学来开发硬件安全原语，例如 PUF[68,69]。此外，读写失败、后跳和保留时间的统计随机特性也可用于开发基于自旋电子电路的 PUF 和 TRNG[70]。这种自旋电子器件与硅衬底的兼容性使它们成为补充现有基于 CMOS 的硬件安全原语的潜在候选者。

2. MRAM PUF 和 STTRAM PUF 的设计

Das 等人[69] 提出了依赖于物理变化的 MPAM-PUF。该技术利用在 MTJ 的能垒中由于制程变异而产生的随机倾斜来产生 PUF 响应。由于倾斜角的分布属于高斯分布，因此 MTJ 自由层的倾斜角倾向于一个特定的值，这一点与 SRAM PUF 类似。额外的改进措施，例如在恒定体积下逐渐减小纵横比以及以恒定比率增加体积，都会增大倾斜角的变化，从而获得更稳定的 PUF 输出。

STTRAM 自由层的随机初始化也可以被利用来设计 PUF[68]。在该技术中，在注册阶段，通过比较 STTRAM 互补行的位来生成响应。在比较位时，噪声和读出放大器的偏移被利用来产生响应位，其中比较位用相似的值初始化。向 MTJ 写入值以确保生成位的可重现性。使用回写机制来保证响应可被多次读取，并防止由于电压和温度变化引起的位翻转。然而，这种设计的缺点是需要后处理架构，例如模糊提取器，来维持和增强 PUF 输出的质量。

12.7.4　PUF 用于新型应用

除了传统基于密钥的密码应用，研究人员还提出了多种新兴的、利用 PUF 内在固有特征的安全应用，例如事实虚拟证明 [29]。虚拟证据（Virtual Proof，VP）的概念基于以下事实：两个相距较远的通信方（即证明者和验证者）在不使用任何基于密钥的安全机制的前提下，验证从有形物理系统属性或过程中获得的数字数据的正确性和真实性是可能的。由于密钥被认为易受各种硬件和软件攻击，因此避免使用密钥可能会使现代密码硬件设计更安全、更具成本效益且更紧凑。基于见证对象（Witness Object，WO）的 VP 的示例，例如温度易变的 IC、无序光学散射介质和量子系统，可以成为验证温度、物体的相对位置或特定物理对象是否被破坏的新协议。

至于概念证明实验，温度的 VP 和相对距离、协同定位和销毁的 VP 光学系统在文献 [29] 中得到证明。在这方面可以利用 PUF 的几种新型变体。例如，可以有效地利用基于 CMOS 的双稳态环 PUF 的高温灵敏度来获得温度证明。为验证距离和销毁声明的 VP，可以采用光学 PUF 的变体。

这些虚拟证明机制对 PUF 的要求并不一定和传统用于生成密钥的 PUF 一样，用于生成密钥的 PUF 的 CRP 应当拥有某些重要的属性（例如，CRP 需要在所有温度和电压拐点上 "健壮"）。举个例子，温度的虚拟证据实际上利用 CRP 在不同温度拐点上出现的高错误率来获得与温度依赖的 CRP（或签名），这使得验证者能够获得温度信息。对于这样的应用方式，与传统上要求高健壮性的 PUF 相反，温度虚拟证据中使用的 PUF 反而应当被定制为极易受温度影响。利用有源元件，例如晶体管特征和逻辑单元偏差，应该能够设计出针对特定新兴应用的 PUF。

12.8　动手实践：硬件安全原语（PUF 和 TRNG）

12.8.1　目标

本实验旨在让学生了解 PUF 和 TRNG 等硬件安全原语。

12.8.2　方法

该实验主要包括两个部分：第一部分涉及 PUF 的设计和分析，第二部分涉及 TRNG 的设计和分析。每个部分又包含多个子部分。实验全部在 HaHa 平台上完成。实验的第一部分演示 PUF 的设计。学生将利用 SRAM 上电状态的差异来创建随机的二进制签名，这些签名可用于身份认证或密钥生成。他们还将在 FPGA 中创建 RO PUF 结构，并使用 RO

PUF 生成 128 位密钥。接下来，学生将操作 HaHa 板中的内置电位器，改变工作电压，从而获得不同工作电压下的 PUF 响应。实验的第二部分侧重于 TRNG 的创建，实验第一部分用到的 RO 被重新设计成物理对称结构，从而创建高质量的 TRNG。

12.8.3 学习结果

通过做实验，学生将学习如何利用硅器件中的制程变异和时间变化来创建强大的硬件安全原语。他们还将学习如何分析这些原语的各种性质，例如 PUF 和 TRNG 的唯一性、随机性和健壮性以及硬件开销。

12.8.4 进阶

如果想要进一步探索本主题，可以通过修改 PUF 和 TRNG 的结构来提高它们的安全性。如果想要获得实验的详细内容，请访问 http://hwsecuritybook.org/。

12.9 习题

12.9.1 判断题

1. 弱 PUF 非常适合使用基于 CRP 的认证方案进行伪造 IC 检测。
2. 纠错码方案可用于提高 PUF 响应和 TRNG 输出的健壮性。
3. RO PUF 是基于延迟的 PUF。
4. TRNG 必须依赖器件内部固有或运行时的随机噪声。
5. 根据启动行为，SRAM 阵列既可用于 PUF，也可用于 TRNG。
6. 运行时波动（如电源噪声和电源电压波动）对 PUF 有利，但对 TRNG 是有害的。
7. DfAC 结构，例如 CDIR 传感器，利用老化现象来检测 IC 的使用痕迹。
8. 理想情况下，PUF 应具有 50% 的内汉明距离。
9. 理想情况下，TRNG 应具有 50% 的内汉明距离。
10. 基于振荡器的 TRNG 的频率注入攻击降低了吞吐量，但熵保持不变。

12.9.2 详述题

1. 简要讨论 PUF、TRNG 和 DfAC 主要特征的差异。
2. 简要讨论用于评估 PUF 和 TRNG 质量的指标。
3. 解释为什么与传统的仲裁器 PUF 相比，RO PUF 会因为运行时噪声和老化而产生更多的错误响应。
4. 简要描述哪些安全原语（强 PUF、弱 PUF 或 TRNG）是以下应用程序的理想选择：
   1）芯片 ID 生成。
   2）认证。
   3）许可。

4）密码随机数。

5）用于 AES 加密 / 解密系统的密钥生成。

5. 简要说明 TRNG 和 PRNG 之间的区别。如果你只对以下内容感兴趣，会考虑哪一个：

1）高熵。

2）高速。

3）运行时噪声低。

6. 说明如何提高弱 PUF（用于密钥生成）响应的安全性，以防止可能的猜测或侧信道攻击。（提示：一种常见的技术是使用哈希算法。）

7. 简要说明 PUF 和 TRNG 面临的主要挑战。

8. 考虑图 12-3 所示的常规 RO PUF。假设它包含 8 个独立的 RO，其初始频率和运行一段时间后的预测频率在表 12-2 中给出。RO 对的选择方式有两种：随机选择和通过"智能配对"算法选择。生成 PUF 响应的公式如下：

$$\text{True}(\text{RO}_x \geqslant \text{RO}_y) \Rightarrow \text{Response} = 0$$

1）如果 RO 对是随机选择的，那么运行 5 年后的误码率（Bit Error Rate，BER）是多少？

2）考虑由于老化引起的频率降级，通过"智能配对"算法选择 RO 对，那么运行 5 年后的最小 BER 又是多少？

表 12-2 RO 频率随时间的下降速率

RO 名称	初始频率（F_0）	运行 5 年后的预测频率（F_5）
RO1	5.31 MHz	5.27 MHz
RO2	5.30 MHz	5.24 MHz
RO3	5.27 MHz	5.23 MHz
RO4	5.41 MHz	5.35 MHz
RO5	5.35 MHz	5.30 MHz
RO6	5.22 MHz	5.19 MHz
RP7	5.26 MHz	5.22 MHz
RO8	5.39 MHz	5.36 MHz

9. 考虑 SSL/TLS 硬件加速器需要以 1 Gbps 的速度（系统时钟速度）生成 128 位随机密钥（参见 12.4.4 节）。然而，硬件 TRNG 只能以慢 1000 倍的速度产生原始的真随机数。请提供可以以所需速度生成随机数的方案。为简单起见，可以假设密钥位可以并行生成。

10. 识别以下硬件安全原语是 PUF 还是 TRNG。简单解释你的选择。

1）图 12-21a 显示硬件安全原语 X 的输出的内汉明距离为 50%。换言之，对于相同的设备，在相同环境条件和相同输入模式的前提下，输出位中平均有 50% 不同；

2）图 12-21b 显示硬件安全原语 Y 的输出的间汉明距离为 50%。换言之，对于任意两个同类型的不同设备，输出位中平均有 50% 不同。

11. 考虑两种类型的 PUF，即"M"和"N"。它们的内汉明距离和间汉明距离如图 12-22 所示。分别说明以下应用更适合使用哪种类型的 PUF：

1）认证。

2）密钥生成。

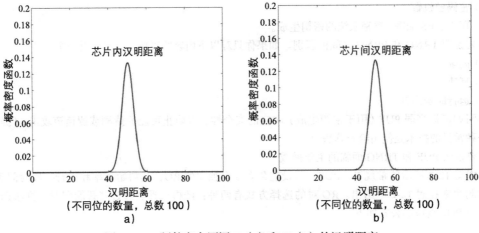

图 12-21   硬件安全原语 X（a）和 Y（b）的汉明距离

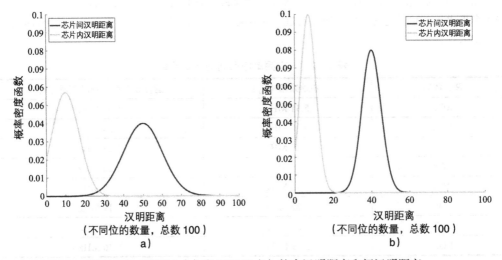

图 12-22   PUF M（a）和 PUF N（b）的内汉明距离和间汉明距离

参考文献

[1] R. Pappu, B. Recht, J. Taylor, N. Gershenfeld, Physical one-way functions, Science 297 (2002) 2026–2030.

[2] B. Gassend, D. Clarke, M. Van Dijk, S. Devadas, Silicon physical random functions, in: Proceedings of the 9th ACM Conference on Computer and Communications Security, ACM, pp. 148–160.

[3] G. Taylor, G. Cox, Behind Intel's new random-number generator, IEEE Spectrum 24 (2011).

[4] X. Zhang, M. Tehranipoor, Design of on-chip lightweight sensors for effective detection of recycled ICs, IEEE Transactions on Very Large Scale Integration (VLSI) Systems 22 (2014) 1016–1029.

[5] C.E. Shannon, A mathematical theory of communication, Bell System Technical Journal 27 (1948) 379–423.

[6] K.J. Kuhn, M.D. Giles, D. Becher, P. Kolar, A. Kornfeld, R. Kotlyar, S.T. Ma, A. Maheshwari, S. Mudanai, Process technology variation, IEEE Transactions on Electron Devices 58 (2011) 2197–2208.

[7] F. Rahman, A.P.D. Nath, D. Forte, S. Bhunia, M. Tehranipoor, Nano CMOS logic-based security primitive design, in: Security Opportunities in Nano Devices and Emerging Technologies, CRC Press, 2017, pp. 41–60.

[8] R. Kumar, Interconnect and noise immunity design for the Pentium 4 processor, in: Proceedings of the 40th Annual Design Automation Conference, ACM, pp. 938–943.

[9] R. Kumar, V. Kursun, Reversed temperature-dependent propagation delay characteristics in nanometer CMOS circuits, IEEE Transactions on Circuits and Systems II: Express Briefs 53 (2006) 1078–1082.

[10] S. Zafar, Y. Kim, V. Narayanan, C. Cabral, V. Paruchuri, B. Doris, J. Stathis, A. Callegari, M. Chudzik, A comparative study of NBTI and PBTI (charge trapping) in SiO2/HfO2 stacks with FUSI, TiN, Re Gates, in: VLSI Technology, 2006. Digest of Technical Papers. 2006 Symposium on, IEEE, pp. 23–25.

[11] D. Saha, D. Varghese, S. Mahapatra, On the generation and recovery of hot carrier induced interface traps: a critical examination of the 2D RD model, IEEE Electron Device Letters 27 (2006) 188–190.

[12] F. Rahman, D. Forte, M.M. Tehranipoor, Reliability vs. security: challenges and opportunities for developing reliable and secure integrated circuits, in: Reliability Physics Symposium (IRPS), 2016 IEEE International, IEEE, pp. 4C–6.

[13] C. Herder, M.-D. Yu, F. Koushanfar, S. Devadas, Physical unclonable functions and applications: a tutorial, Proceedings of the IEEE 102 (2014) 1126–1141.

[14] U. Rührmair, S. Devadas, F. Koushanfar, Security based on physical unclonability and disorder, in: Introduction to Hardware Security and Trust, Springer, 2012, pp. 65–102.

[15] C. Böhm, M. Hofer, Physical Unclonable Functions in Theory and Practice, Springer Science & Business Media, 2012.

[16] B.L.P. Gassend, Physical random functions, Ph.D. thesis, Massachusetts Institute of Technology, 2003.

[17] J. Guajardo, S.S. Kumar, G.-J. Schrijen, P. Tuyls, FPGA intrinsic PUFs and their use for IP protection, in: International Workshop on Cryptographic Hardware and Embedded Systems, Springer, pp. 63–80.

[18] U. Rührmair, H. Busch, S. Katzenbeisser, Strong PUFs: models, constructions, and security proofs, in: Towards Hardware-Intrinsic Security, Springer, 2010, pp. 79–96.

[19] A. Maiti, V. Gunreddy, P. Schaumont, A systematic method to evaluate and compare the performance of physical unclonable functions, in: Embedded Systems Design with FPGAs, Springer, 2013, pp. 245–267.

[20] A. Rukhin, J. Soto, J. Nechvatal, M. Smid, E. Barker, A statistical test suite for random and pseudorandom number generators for cryptographic applications, Technical Report, DTIC Document, 2001.

[21] G. Marsaglia, Diehard: a battery of tests of randomness, See http://stat.fsu.edu/geo/diehard.html, 1996.

[22] G.E. Suh, S. Devadas, Physical unclonable functions for device authentication and secret key generation, in: Proceedings of the 44th Annual Design Automation Conference, ACM, pp. 9–14.

[23] D.E. Holcomb, W.P. Burleson, K. Fu, Power-Up SRAM state as an identifying fingerprint and source of true random numbers, IEEE Transactions on Computers 58 (2009) 1198–1210.

[24] A. Wild, T. Güneysu, Enabling SRAM-PUFs on Xilinx FPGAs, in: Field Programmable Logic and Applications (FPL), 2014 24th International Conference on, IEEE, pp. 1–4.

[25] S.S. Kumar, J. Guajardo, R. Maes, G.-J. Schrijen, P. Tuyls, The butterfly PUF protecting IP on every FPGA, in: Hardware-Oriented Security and Trust, 2008. HOST 2008, IEEE International Workshop on, IEEE, pp. 67–70.

[26] M. Majzoobi, F. Koushanfar, M. Potkonjak, Lightweight secure PUFs, in: Computer-Aided Design, 2008. ICCAD 2008. IEEE/ACM International Conference on, IEEE, pp. 670–673.

[27] U. Rührmair, J. Sölter, F. Sehnke, X. Xu, A. Mahmoud, V. Stoyanova, G. Dror, J. Schmidhuber, W. Burleson, S. Devadas, PUF modeling attacks on simulated and silicon data, IEEE Transactions on Information Forensics and Security 8 (2013) 1876–1891.

[28] Q. Chen, G. Csaba, P. Lugli, U. Schlichtmann, U. Rührmair, The bistable ring PUF: a new architecture for strong physical unclonable functions, in: Hardware-Oriented Security and Trust (HOST), 2011 IEEE International Symposium on, IEEE, pp. 134–141.

[29] U. Rührmair, J. Martinez-Hurtado, X. Xu, C. Kraeh, C. Hilgers, D. Kononchuk, J.J. Finley, W.P. Burleson, Virtual proofs of reality and their physical implementation, in: Security and Privacy (SP), 2015 IEEE Symposium on, IEEE, pp. 70–85.

[30] Y. Alkabani, F. Koushanfar, Active hardware metering for intellectual property protection and security, in: USENIX Security, Boston MA, USA, pp. 291–306.

[31] B. Sunar, W.J. Martin, D.R. Stinson, A provably secure true random number generator with built-in tolerance to active attacks, IEEE Transactions on Computers 56 (2007).

[32] M. Stipčević, Ç.K. Koç, True random number generators, in: Open Problems in Mathematics and Computational Science, Springer, 2014, pp. 275–315.

[33] B. Sunar, True random number generators for cryptography, in: Cryptographic Engineering, Springer, 2009, pp. 55–73.

[34] J. Von Neumann, 13. Various techniques used in connection with random digits, Applied Mathematics Series 12 (1951) 3.

[35] B. Preneel, Analysis and design of cryptographic hash functions, Ph.D. thesis, Citeseer, 1993.

[36] M.T. Rahman, K. Xiao, D. Forte, X. Zhang, J. Shi, M. Tehranipoor, TI-TRNG: technology independent true random number generator, in: Proceedings of the 51st Annual Design Automation Conference, ACM, pp. 1–6.

[37] T. Amaki, M. Hashimoto, T. Onoye, An oscillator-based true random number generator with jitter amplifier, in: Circuits

and Systems (ISCAS), 2011 IEEE International Symposium on, IEEE, pp. 725–728.

[38] T. Amaki, M. Hashimoto, Y. Mitsuyama, T. Onoye, A worst-case-aware design methodology for noise-tolerant oscillator-based true random number generator with stochastic behavior modeling, IEEE Transactions on Information Forensics and Security 8 (2013) 1331–1342.

[39] B. Jun, P. Kocher, The Intel random number generator, Cryptography Research Inc., 1999, white paper.

[40] N. Stefanou, S.R. Sonkusale, High speed array of oscillator-based truly binary random number generators, in: Circuits and Systems, 2004. ISCAS'04, in: Proceedings of the 2004 International Symposium on, vol. 1, IEEE, pp. I–505.

[41] S.-H. Kwok, Y.-L. Ee, G. Chew, K. Zheng, K. Khoo, C.-H. Tan, A comparison of post-processing techniques for biased random number generators, in: IFIP International Workshop on Information Security Theory and Practices, Springer, pp. 175–190.

[42] L.R. Knudsen, Block Ciphers, in: Encyclopedia of Cryptography and Security, Springer, 2014, pp. 153–157.

[43] Sun crypto accelerator 6000: FIPS 140-2 non-proprietary security policy – Sun Microsystems, http://www.oracle.com/technetwork/topics/security/140sp1050-160928.pdf. (Accessed August 2018).

[44] M.M. Tehranipoor, U. Guin, D. Forte, Counterfeit integrated circuits, in: Counterfeit Integrated Circuits, Springer, 2015, pp. 15–36.

[45] X. Zhang, N. Tuzzio, M. Tehranipoor, Identification of recovered ICs using fingerprints from a light-weight on-chip sensor, in: Proceedings of the 49th Annual Design Automation Conference, ACM, pp. 703–708.

[46] U. Guin, X. Zhang, D. Forte, M. Tehranipoor, Low-cost on-chip structures for combating die and IC recycling, in: Proceedings of the 51st Annual Design Automation Conference, ACM, pp. 1–6.

[47] D. Lim, J.W. Lee, B. Gassend, G.E. Suh, M. Van Dijk, S. Devadas, Extracting secret keys from integrated circuits, IEEE Transactions on Very Large Scale Integration (VLSI) Systems 13 (2005) 1200–1205.

[48] G. Hospodar, R. Maes, I. Verbauwhede, Machine learning attacks on 65nm Arbiter PUFs: accurate modeling poses strict bounds on usability, in: Information Forensics and Security (WIFS), 2012 IEEE International Workshop on, IEEE, pp. 37–42.

[49] M.T. Rahman, F. Rahman, D. Forte, M. Tehranipoor, An aging-resistant RO-PUF for reliable key generation, IEEE Transactions on Emerging Topics in Computing 4 (2016) 335–348.

[50] M.-D.M. Yu, S. Devadas, Secure and robust error correction for physical unclonable functions, IEEE Design & Test of Computers 27 (2010) 48–65.

[51] C.-E. Yin, G. Qu, Temperature-aware cooperative ring oscillator PUF, in: Hardware-Oriented Security and Trust, 2009. HOST'09, IEEE International Workshop on, IEEE, pp. 36–42.

[52] M.T. Rahman, D. Forte, F. Rahman, M. Tehranipoor, A pair selection algorithm for robust RO-PUF against environmental variations and aging, in: Computer Design (ICCD), 2015 33rd IEEE International Conference on, IEEE, pp. 415–418.

[53] C. Helfmeier, C. Boit, D. Nedospasov, J.-P. Seifert, Cloning physically unclonable functions, in: Hardware-Oriented Security and Trust (HOST), 2013 IEEE International Symposium on, IEEE, pp. 1–6.

[54] A.T. Markettos, S.W. Moore, The frequency injection attack on ring-oscillator-based true random number generators, in: Cryptographic Hardware and Embedded Systems-CHES 2009, Springer, 2009, pp. 317–331.

[55] P. Bayon, L. Bossuet, A. Aubert, V. Fischer, F. Poucheret, B. Robisson, P. Maurine, Contactless electromagnetic active attack on ring oscillator based true random number generator, in: International Workshop on Constructive Side-Channel Analysis and Secure Design, Springer, pp. 151–166.

[56] D. Schellekens, B. Preneel, I. Verbauwhede, FPGA vendor agnostic true random number generator, in: Field Programmable Logic and Applications, 2006. FPL'06. International Conference on, IEEE, pp. 1–6.

[57] S. Robson, B. Leung, G. Gong, Truly random number generator based on a ring oscillator utilizing last passage time, IEEE Transactions on Circuits and Systems II: Express Briefs 61 (2014) 937–941.

[58] A. Chen, Emerging nonvolatile memory (NVM) technologies, in: Solid State Device Research Conference (ESSDERC), 2015 45th European, IEEE, pp. 109–113.

[59] F. Rahman, A.P.D. Nath, S. Bhunia, D. Forte, M. Tehranipoor, Composition of physical unclonable functions: from device to architecture, in: Security Opportunities in Nano Devices and Emerging Technologies, CRC Press, 2017, pp. 177–196.

[60] H.-S.P. Wong, S. Raoux, S. Kim, J. Liang, J.P. Reifenberg, B. Rajendran, M. Asheghi, K.E. Goodson, Phase change memory, Proceedings of the IEEE 98 (2010) 2201–2227.

[61] W. Zhang, T. Li, Characterizing and mitigating the impact of process variations on phase change based memory systems, in: Proceedings of the 42nd Annual IEEE/ACM International Symposium on Microarchitecture, ACM, pp. 2–13.

[62] L. Zhang, Z.H. Kong, C.-H. Chang, PCKGen: a phase change memory based cryptographic key generator, in: Circuits and Systems (ISCAS), 2013 IEEE International Symposium on, IEEE, pp. 1444–1447.

[63] L. Zhang, Z.H. Kong, C.-H. Chang, A. Cabrini, G. Torelli, Exploiting process variations and programming sensitivity of phase change memory for reconfigurable physical unclonable functions, IEEE Transactions on Information Forensics and Security 9 (2014) 921–932.

[64] K. Kursawe, A.-R. Sadeghi, D. Schellekens, B. Skoric, P. Tuyls, Reconfigurable physical unclonable functions-enabling

technology for tamper-resistant storage, in: Hardware-Oriented Security and Trust, 2009. HOST'09, IEEE International Workshop on, IEEE, pp. 22–29.

[65] G.S. Rose, N. McDonald, L.-K. Yan, B. Wysocki, A write-time based memristive PUF for hardware security applications, in: Proceedings of the International Conference on Computer-Aided Design, IEEE Press, pp. 830–833.

[66] R. Liu, H. Wu, Y. Pang, H. Qian, S. Yu, A highly reliable and tamper-resistant RRAM PUF: design and experimental validation, in: Hardware Oriented Security and Trust (HOST), 2016 IEEE International Symposium on, IEEE, pp. 13–18.

[67] J.S. Meena, S.M. Sze, U. Chand, T.-Y. Tseng, Overview of emerging nonvolatile memory technologies, Nanoscale Research Letters 9 (2014) 526.

[68] L. Zhang, X. Fong, C.-H. Chang, Z.H. Kong, K. Roy, Highly reliable memory-based Physical Unclonable Function using Spin-Transfer Torque MRAM, in: Circuits and Systems (ISCAS), 2014 IEEE International Symposium on, IEEE, pp. 2169–2172.

[69] J. Das, K. Scott, S. Rajaram, D. Burgett, S. Bhanja, MRAM PUF: a novel geometry based magnetic PUF with integrated CMOS, IEEE Transactions on Nanotechnology 14 (2015) 436–443.

[70] S. Ghosh, Spintronics and security: prospects, vulnerabilities, attack models, and preventions, Proceedings of the IEEE 104 (2016) 1864–1893.

第 13 章

安全评估与安全设计

13.1　引言

　　自信息技术出现以来，它在我们的日常生活中扮演的角色越来越重要，与此同时，我们遭受各种网络攻击的风险也比以往任何时候都要大。许多系统或设备对安全都有非常高的要求，例如应用军事、航空航天、汽车、运输、金融和医疗等领域的电子系统，这些系统在运行过程中如果出现错误可能危及人类生命、对关键基础设施造成严重破坏、侵犯个人隐私、导致整个商业领域无法正常运转。但是，如果认为一个系统比较脆弱，而禁止通过它完成在互联网上使用信用卡付款，也会严重阻碍经济的发展。过去，软件开发人员主要关注如何防止软件被入侵或者被未经授权使用，于是开发出多种安全技术，如防病毒软件、防火墙、虚拟化、密码软件和安全协议等，以便增强系统的安全性。

　　虽然软件开发人员和黑客之间的斗争自 20 世纪 80 年代以来就一直十分激烈，但底层硬件通常被认为是安全可靠的。然而，在过去 10 年左右的时间里，战场已经从单纯的软件领域扩展到硬件领域，因为在某些情况下，新兴的硬件攻击比传统的软件攻击更有用且高效。例如，虽然密码算法本身的安全性有了非常大的提高，攻陷密码算法在数学原理上变得更加困难（即使不是不可能），但密码算法的实现并不总是安全。已经证明，密码系统、片上系统和微处理器电路的安全性可能会受到时序分析攻击 [1]、功率消耗分析攻击 [2]、利用测试设计结构（Design-For-Test，DFT）实施的攻击 [3][4] 和故障注入攻击 [5]。这些攻击能够绕过设备或系统内部软件级别的安全机制，让设备和系统处于安全威胁之中。上述硬件攻击方式试图利用硬件设计中的漏洞，而这些漏洞通常是在 IC 设计流程中有意或无意引入的。

　　设计失误和设计人员缺乏足够的安全意识可能会在无意中往 IC 中引入大量安全漏洞。此外，现有的 CAD 工具还不具备检查 IC 中的安全漏洞的能力。CAD 工具也可能会往 IC 中引入额外的漏洞 [6,7]。这些漏洞会进一步助长针对 IC 的攻击，例如故障注入攻击和侧信道攻击。此外，这些漏洞可能导致敏感信息通过观察点泄露，因为攻击者能够访问观察点，甚至能够通过观察点在未经授权的前提下控制或者影响整个安全系统。

漏洞也可以以恶意软件的形式故意引入 IC，这类漏洞通常被称为硬件木马或后门 [8]。由于从设计到上市的时间很短，设计公司越来越习惯从外部实体（第三方实体）处获得 IP。此外，由于 IC 的制造成本不断上升，设计公司倾向于选择不受信任的代工厂和装配厂来制造、测试和封装 IC。这些不受信任的第三方 IP 所有者或者代工厂、装配厂有能力在硬件中插入硬件木马，从而在设计中创建后门，攻击者通过后门可以获得敏感信息并且可以执行其他可能的攻击（例如，拒绝服务和降低可靠性）。

在硬件设计和验证的过程中识别安全漏洞至关重要，并且应当尽快解决这些安全漏洞，因为：1）修改或更新已经制造好的 IC 的灵活性很小或者没有；2）在设计和制造后期发现，漏洞的修复成本将显著提高，遵循众所周知的十分之一规则（检测故障 IC 的成本随着设计和制造流程向前推进一个阶段而增加一个数量级）。此外，如果 IC 正式投入市场后才发现 IC 中的漏洞，可能会使设计公司面临数百万美元的收入损失和更换成本。

了解硬件设计的漏洞和安全评估手段并不足以保护它。每个漏洞还需要一系列对策 / 技术来防止攻击者利用它。对策的制定是一项极具挑战性的任务，因为它们必须满足成本、性能和上市时间的限制，同时确保一定程度的保护能力。

本章将介绍硅前和硅后的硬件安全与信任评估技术，可以识别硬件设计中的潜在漏洞。还讨论了用于解决硬件设计中潜在漏洞的安全设计。

13.2 安全评估和攻击模型

为了设计安全的 IC，设计人员首先需要判定值得保护的"资产"和考察可能的攻击方式。此外，IC 设计人员还必须理解参与者（攻击者和防御者）及其在 IC 设计供应链中所起的作用。三个因素（安全资产、潜在攻击者和潜在攻击方式）与 IC 的安全评估和风险处理息息相关。

13.2.1 资产

如参考文献 [11] 所定义，资产是一种有价值的资源，需要保护以避免攻击。资产可以是有形资产，例如电路设计中的信号，也可以是无形资产，例如信号的可控性。必须在 SoC 中保护的资产示例列示在下面 [12]（见图 13-1）：

- **设备内置密钥**，即加密算法的私钥。这些资产通常以某种形式存储在芯片中的非易失性存储器中。如果密钥被窃取，那么设备的机密性会被破坏。
- **制造商固件**，低级程序指令和专有固件。这些资产对原始制造商而言具有 IP 价值。攻陷这些资产使得攻击者能够伪造设备或在具有类似功能的不同设备上使用盗版固件。
- **设备上受保护的数据**，例如用户的个人信息和仪器读数。攻击者窃取这些资产会侵犯个人隐私，或者篡改这些资产。

- **设备配置信息**，它决定特定用户可以使用哪些资源和服务。攻击者可能会篡改这些资产，从而能够在未经授权的前提下访问特定资源。
- **熵**，包括为密码算法生成的随机数，例如，初始向量或密钥。攻陷这些资产会削弱设备中密码算法的安全强度。

硬件设计者通过设计的目标规范获得安全资产的相关信息。例如，设计者知道密码模块使用的私有加密密钥及其在 SoC 中的位置。不同类型的资产及其在 SoC 中的位置如图 13-1 所示。

13.2.2　潜在的攻击方式

通常，攻击的目的是在未经授权的前提下访问资产。通常，根据攻击者的能力，攻击可以分为四种类型：远程攻击、非侵入性物理攻击、半侵入性物理攻击和侵入性物理攻击。

远程攻击：对于这种类型的攻击，攻击者无法近距离接触设备。即使如此，攻击者仍然可以执行时序攻击[1]和电磁[13]侧信道攻击，远程从设备中提取私钥，例如云系统中使用的智能卡或微处理器。目前已被证实，攻击者可以通过远程访问 JTAG 端口，破坏存储在机顶盒智能卡中的密钥[14]。

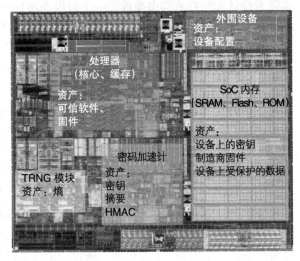

图 13-1　SoC 资产示例

此外，攻击者可以远程访问芯片的扫描结构。例如，在自动汽车应用中，控制不同关键功能（如制动器、动力传动系统和安全气囊）的 SoC 在每次汽车启动或停止时都会进入"测试模式"。启停测试可以确保关键功能在每次开车之前都经过测试，确保能够正常工作。然而，现代汽车可以由受信任方（如路边援助运营商）或恶意方远程启动或停止，如最近的新闻[15]所示。远程启动或停止汽车使搭载在汽车上的 SoC 进入测试模式，而测试模式能够被利用来从 SoC 的内存中获取信息或向 SoC 中添加不想要的功能。

远程攻击还包括利用硬件中无须物理接触即可利用的漏洞，例如缓冲区溢出、整数溢出、堆损坏、格式化字符串和通配符攻击[16]。

非侵入性物理攻击：基本的非侵入性物理攻击使用主输入和主输出，利用设计中的安全漏洞来获取敏感信息。此外，更高级的非侵入性物理攻击使用 JTAG 调试、边界扫描 I/O 和 DFT 结构来监视和控制系统的中间状态，或监听总线和系统信号[4]。其他非侵入性物理攻击包括故障注入攻击，这种攻击方式使密码算法在运行过程中产生错误并利用错误结果来提取资产，例如，用于 AES 加密的密钥。最后，侧信道攻击，如功率消耗 SCA 和 EM SCA 都属于非侵入性物理攻击类别。非侵入性攻击通常成本较低，并且不会破坏受攻击的设备。

侵入性物理攻击：这类攻击是最复杂且昂贵的攻击方式，通常需要先进的技术和设备。在典型的侵入性物理攻击中，化学反应或精密设备被用于移除电子芯片模具的微米薄层。然后，微探针被用于读取数据总线上的值，或将故障注入设备内部以激活特定元件，并提取信息。这种攻击通常是侵入性的，会破坏受攻击的设备。

半侵入性物理攻击：半侵入性物理攻击介于非侵入性和侵入性物理攻击之间。这类攻击造成了更大的威胁，因为它们比非侵入性物理攻击更有效，同时成本又比侵入性物理攻击低得多。半侵入性物理攻击通常需要拆除芯片的部分封装，或者削薄背面以便能够接近芯片表面。与侵入式攻击不同，半侵入式攻击不需要完全去除芯片的内部层。这类攻击包括注入故障以修改 SRAM 单元的内容，以及改变 CMOS 晶体管的状态以获得芯片操作的控制权，或者绕过芯片的保护机制 [17]。

13.2.3 潜在的攻击者

了解可能利用安全漏洞执行攻击的潜在攻击者非常重要。这可以帮助设计人员了解攻击者的能力，并根据不同类型的攻击者和攻击行为选择合适的防范对策。攻击者可能是个人或组织，他们希望获取、篡改或者破坏他无权访问的资产。综合考虑 IC 设计流程以及涉及 IC 设计的实体，攻击者可以分为内部攻击者和外部攻击者。图 13-2 显示了 SoC 设计流程的不同阶段的潜在攻击者。

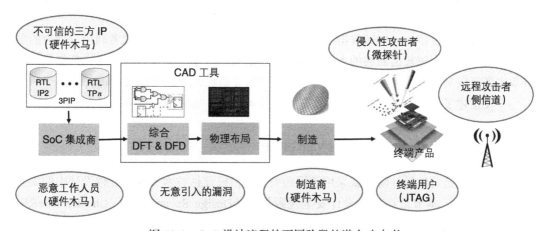

图 13-2　SoC 设计流程的不同阶段的潜在攻击者

内部攻击者：IC 的设计和制造流程现在已经变得非常复杂，涉及全球不同国家和地区的不同组织和个人。它为了解设计细节的内部攻击者发起攻击提供了更大的可能性。内部攻击者可能是为设计公司或系统集成商工作的恶意员工，或者是不受信任的 3PIP 或代工厂。通常，内部攻击者：

- 可以直接获得 SoC 设计，无论是 RTL，或是门级网表，还是 GDSII 布局文件。
- 在 IC 设计和供应链领域掌握丰富的知识。
- 能够对设计进行修改，例如插入硬件木马 [8, 18]。这些硬件木马可能导致拒绝服务或者在设计中创建后门，敏感信息会通过后门泄露。其他可能的内部攻击方式包括通过操纵电路参数来降低电路可靠性和造成资产泄露。

外部攻击者：这类攻击者假定只能接触市场上的最终产品，例如封装后的 IC。外部攻击者根据其能力可分为三组：

- **远程黑客**：这类攻击者无法物理接触设备。他们只能使用 13.2.2 节中描述的远程攻击方式，尽管他们可能有机会接触同型号的不同设备来制定攻击策略。这类攻击者通常需要利用软件 / 硬件漏洞、用户错误的使用方法和设计缺陷来获取资产。远程黑客包括各种各样的攻击者，包括纯属个人兴趣的攻击者和国家资助的攻击者。
- **终端用户**：这类攻击者通常希望能够免费（即未经授权地）获取内容或者享受服务。对于这种情况，终端用户可能需要借助专业攻击者已经开发的技术（如能够免费获得的漏洞利用工具包）来实施攻击。举个例子，一些业余攻击者可能会找到一种越狱 iPhone 或 Xbox 游戏控制台的方法，并在社交媒体上公布该方法，这使得终端用户能够在掌握少量专业知识的前提下越狱自己的终端设备。越狱允许终端用户安装越狱程序，导致苹果或微软等公司的利润受损 [19]。
- **侵入性攻击者**：这些攻击者是安全领域的专家，通常由国家或行业竞争对手资助。他们实施攻击是为了达到特定的商业目的或者政治目的。这类攻击者能够执行 13.2.2 节中描述的更昂贵的侵入性和半侵入性攻击。

与外部攻击者相比，内部攻击者能够更容易地向设计中引入漏洞或者利用设计中的漏洞。外部攻击者实施攻击面临的主要挑战是攻击者可能并不总是知道设计的内部细节。外部攻击者可以对芯片进行反向工程，但这种技术需要消耗大量的资源和时间。

下文描述了硅前和硅后的安全与信任评估技术，以识别硬件设计中的潜在漏洞。

13.3　SoC 的硅前安全和信任评估

在芯片制造前的设计阶段就采用不同的安全和信任评估技术来评估硬件设计中的安全性和信任问题。本节重点介绍设计安全规则检查（Design Security Rule Check，DSeRC）框架，以分析硬件设计中的不同漏洞，从而在设计阶段评估其安全问题。

13.3.1　DSeRC：设计安全规则检查

为了识别和评估 IC 中的漏洞，可以将 DSeRC 框架集成到传统的 IC 设计流程中，如图 13-3 所示。DSeRC 框架读取设计文件、约束和用户输入数据，并检查所有抽象级别（RTL 级、门级和布局级）的漏洞。每个漏洞都有一组规则和指标与之相对应，因此设计人员能够定量评估每份设计的安全性。在 RTL 级，DSeRC 框架评估 IP 的安全性。这些 IP 既可以由内部开发，也可以从第三方采购。评估完成后，DSeRC 框架会将结果反馈给设计工程师，由设计工程师解决已识别的安全问题。RTL 级安全漏洞修复完毕后，设计被综合成门级，过程中插入测试设计（Design-For-Test，DFT）和调试设计（Design-For-Debug，DFD）结构。在门级，DSeRC 框架分析门级网表，检查其中的安全漏洞。同样的流程也适用于布局级。通过上述流程，DSeRC 框架能够帮助设计人员在设计流程中尽可能早地识别和解决安全漏洞，这显著提高了 IC 的安全性，并且大大缩短了开发时间、降低了开发成本。此外，DSeRC 框架允许设计人员定量比较相同设计的不同实现方式，从而使设计人员能够在不影响安全性的前提下优化性能。但是，DSeRC 框架需要设计人员提供一些预定义的输入数据。例如，安全资产需要由设计人员根据给定设计的目标规范来指定。需要强调的是，在任何抽象级别对 SoC 执行安全评估的任何技术都属于上面讨论的 DSeRC 概念。

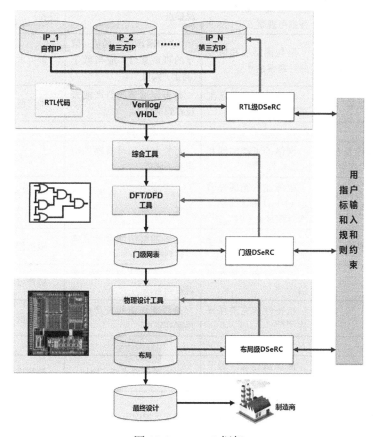

图 13-3　DseRC 框架

DSeRC 框架由三个主要组成部分组成：漏洞列表，用于定量评估漏洞的规则和指标，以及用于自动执行安全评估的 CAD 工具。

1. 漏洞

SoC 中的漏洞是指会被攻击者利用的弱点，允许攻击者通过实施攻击行为来获取资产的访问权限。在 DSeRC 开发过程中，每个漏洞都会被分配到一个或多个适当的抽象级别，分配的原则是有利于漏洞识别。通常，IC 设计需要经过规格说明、RTL 设计、门级设计和最终的布局级设计等多个阶段。DSeRC 框架的目的是在设计流程中尽可能早地识别漏洞，这是因为发现漏洞越晚，开发周期会越长且开发成本会越高。此外，一个阶段的漏洞如果没有得到解决，其在转入下一阶段时可能会引入其他漏洞。本节按照抽象级别对漏洞进行分类（参见表 13-1）。

表 13-1 DSeRC 框架中的漏洞、指标和规则

	漏洞	指标	规则	攻击方式（攻击者）
RTL 级	危险的不被关注的赋值	识别所有对 X 的赋值，检查 X 是否会传播到可观察点	对 X 的赋值不应传播到观察点	硬件木马插入（内部攻击者）
	难以控制且难以观察的信号	语句困难度和信号的可观察性 [21]	"语句困难度"的值（信号的可观察性）应当低于（高于）阈值	硬件木马（内部攻击者）
	资产泄露	结构检查和信息流跟踪	是否能够访问资产或者观察到资产	资产侵入（终端用户）
	……	……	……	……
门级	难以控制且难以观察的网络	网络的可控制性和可观察性 [22]	可控制性和可观察性应当高于阈值	硬件木马（内部攻击者）
	易受攻击的有限状态机（FSM）	故障注入脆弱性因子（VF_{FI}）和木马插入脆弱性因子（VF_{Tro}）[7]	VF_{FI} 和 VF_{Tro} 的值应当为零	故障注入、硬件木马（内部攻击者、终端用户）
	资产泄露	机密性和完整性评估 [24,25]	是否能够访问资产或者观察到资产	资产侵入（终端用户）
	DFT	机密性和完整性评估 [24,25]	是否能够访问资产或者观察到资产	资产侵入（终端用户）
	DFD	机密性和完整性评估 [24,25]	是否能够访问资产或者观察到资产	资产侵入（终端用户）
	……	……	……	……
布局级	侧信道信号	侧信道脆弱性因子（SVF）[26]	SVF 的值应当低于阈值	侧信道攻击（终端用户）
	微探针	安全关键网络中易受微探针攻击的暴露区域 [23]	暴露区域应当小于阈值	微探针攻击（专业攻击者）
	故障 / 错误注入	时序违反脆弱性因子（TVVF）[27]	TVVF 的值应当低于阈值	基于时间的故障注入攻击（终端用户）
	……	……	……	……

　　寄存器传输级（Register-Transfer Level，RTL）：设计规范首先使用硬件描述语言（Hardware Description Language，HDL，如 Verilog）进行抽象描述，这一阶段称为 RTL 级。已有文献讨论过在 RTL 级对设计进行的若干种攻击。例如，Fern 等人[20] 证明，RTL 代码中不被关注的赋值可以被利用来实施硬件木马攻击，从而导致资产泄露。此外，硬件木马最有可能插入 RTL 代码中难以控制且难以观察的片段[21]。识别难以控制且难以观察的代码片段有助于设计人员评估在 RTL 代码中插入硬件木马给设计带来的脆弱性。

　　一般而言，RTL 中发现的漏洞相对容易解决。但是，某些漏洞（例如，设计对故障注入攻击或侧信道攻击的脆弱性）在这个级别上识别是非常困难的，即使有可能识别出来。

　　门级：设计人员需要使用商业综合工具（如设计编译器）将 RTL 代码综合成门级网表。在门级，设计通常由扁平网表表示，因此不再具有抽象性。但是，设计人员可以获得设计中与门或晶体管相关的更准确的信息。在门级，难以控制且难以观察的网络可能会被利用来设计难以检测的硬件木马[22]。此外，从 RTL 级到门级的转换中可能会通过 CAD 工具引入其他漏洞。6.4.2 节讨论了 CAD 工具引入漏洞的示例，因此有必要在门级分析这些漏洞。

　　DFT 和 DFD 结构通常在门级集成到 IC 中。因此，有必要在门级分析由测试和调试结构引入的漏洞。

　　布局级：布局级是将 GDSII 设计文件发送给代工厂之前的最后一个设计阶段，因此所有剩余的漏洞都应该在该阶段中解决。在布局级，IC 的布局布线会提供电路中各个单元和连线的空间位置信息。在布局级，IC 的功率消耗、电磁辐射和执行时间能够被精确建模。因此，在布局级，设计人员能够非常准确地完成侧信道攻击和故障注入攻击的漏洞分析。此外，某些漏洞，例如，探针攻击漏洞[23]，只能在布局级完成。但是，与 RTL 级和门级相比，在此级别进行的任何分析都非常耗时。

2. 指标和规则

　　DSeRC 框架中的漏洞都与一组规则和指标相关联，因此可以定量评估每份设计的安全性（参见表 13-1）。DSeRC 框架的规则和指标可以和众所周知的设计规则检查（Design Rule Check，DRC）相比。在 DRC 中，半导体制造商将制造规范转换为一系列指标，使设计人员能够定量评估掩模的可制造性。在 DSeRC 框架中，每个漏洞都要进行数学建模，并开发与之相对应的规则和指标，以便定量评估设计中的漏洞。规则可以分为两种类型：一种基于定量度量，另一种基于二元分类（是 / 否）。表 13-1 中列出了与漏洞相对应的一些规则和指标的简要说明。

　　资产泄露：与资产泄露相关的漏洞可能由 DFT 和 DFD 结构、CAD 工具和设计师的失误引入。这些漏洞导致对信息安全策略（即机密性和完整性策略）的违反。因此，识别这些漏洞的指标是机密性和完整性评估。Contreras 等人[24] 和 Nahiyan 等人[25] 提出了一个框架，用于验证 SoC 是否维护了机密性和完整性策略。这些漏洞的规则可以陈述如下。

　　规则：资产信号不应传播到观察点或者受到攻击者可访问的控制点的影响。

易受攻击的 FSM：有限状态机（Finite State Machine，FSM）的综合过程可能会因为插入额外的不受关注的状态和转移而在电路中引入额外的安全风险。这些不受关注的状态和转移可能有利于攻击者实施故障注入和木马攻击。Nahiyan 等人[7]设计了两个指标，分别命名为故障注入脆弱性因子（VF_{FI}）和木马插入脆弱性因子（VF_{Tro}），以定量评估 FSM 对故障注入和木马攻击的脆弱性。这两个指标的值越高，FSM 对故障注入和木马攻击就越脆弱。此漏洞的规则可以陈述如下。

规则：要使设计中的 FSM 免受故障注入和木马插入攻击，VF_{FI} 和 VF_{Tro} 的值应当为零。

微探针攻击：微探针攻击是一种物理攻击，它直接探测芯片内的信号线以提取敏感信息。这种攻击引起了安全关键应用的极大关注。Shi 等人[23]开发了一个布局驱动的框架，用于定量评估布局布线后的设计中安全关键网络的暴露区域，这些区域易受微探针攻击。暴露区域越大，安全关键网络越容易遭受微探针攻击。因此，微探针攻击脆弱性的规则可以陈述如下。

规则：微探测的暴露区域应当小于阈值。

木马插入攻击：Salmani 等人[21]提出了一个名为"语句困难度"的指标来评估在 RTL 代码中执行一条语句的困难度。具有较大"语句困难度"的 HDL 代码区域更容易受到木马插入攻击。因此，"语句困难度"指标给出了设计对木马插入攻击的脆弱性的定量评估方式。接下来是定义规则来评估设计是否安全。此漏洞的规则可以陈述如下。

规则：要使设计能够抵抗木马插入攻击，设计中每条语句的"语句困难度"值均应低于 SH_{thr}。这里，SH_{thr} 是根据面积和性能预算推算出的阈值。

在门级，设计容易遭受木马插入攻击，木马可以通过添加和删除门来实现。为了掩盖插入木马的影响，攻击者瞄准门级网表中难以检测的区域。难以检测的区域被定义为具有低转移概率且不能通过众所周知的故障测试技术（例如，固定、转移延迟、路径延迟和桥接故障）测试的网络[22]。在难以检测的区域中插入木马会降低触发木马的可能性，从而降低在验证和确认测试期间被检测到的可能性。Tehranipoor 等人[28]提出了评估门级网表中难以检测区域的指标。

故障注入和侧信道攻击：Yuce 等人[27]引入了时序违反脆弱性因子（Timing Violation Vulnerability Factor，TVVF）指标，以评估硬件结构对建立时间违反攻击的脆弱性，这种攻击属于故障注入攻击。Huss 等人[29]开发了一个名为自适应模块化自治侧信道漏洞评估器（Adaptable Modular Autonomous SIde-channel Vulnerability Evaluator，AMASIVE）的框架，用于自动识别设计中的侧信道漏洞。此外，文献 [26] 还提出了一个名为侧信道脆弱性因子（Side-channel Vulnerability Factor，SVF）的指标来评估 IC 对功率侧信道攻击的脆弱性[26]。

需要强调的是，提出这些指标是一项具有挑战性的任务，因为理想情况下，指标必须独立于攻击模型和目标应用，或设计的功能。举个例子，攻击者可以采用基于电源欠压或时钟毛刺的故障注入攻击来获取 AES 或 RSA 加密模块的私钥。故障注入攻击漏洞的度量指标需要考虑任何设计（AES 或 RSA）对此类攻击（基于电压骤降或时钟毛刺）的脆弱性。一种策略是首先识别这些攻击试图利用的漏洞的根源。对于此例，电源欠压和时钟毛刺都旨在实现建立时间违反。因此，框架必须评估违反给定设计的建立时间的难度，以获得对目标安全资产的访问权限。

3. 安全验证的 CAD 工具

DSeRC 框架需要集成到传统的 IC 设计流程中去，使安全评估成为设计过程的固有组成部分。这需要开发 CAD 工具，这些工具可以根据 DSeRC 规则和指标自动评估设计的安全性。工具的评估时间应当能够根据设计大小延长或缩短。此外，工具应当易于使用，工具的输出应当便于设计工程师理解。以下是能够纳入 DSeRC 框架中进行自动安全评估的 CAD 工具的简要说明。

用于分析 FSM 漏洞的 CAD 工具：Nahiyan 等人[7] 开发了一个名为 AVFSM 的综合框架，用于自动分析 FSM 对故障注入攻击和木马攻击的脆弱性。AVFSM 将以下内容作为输入：设计的门级网表；FSM 综合报告；用户给定的输入。该框架输出给定 FSM 中发现的漏洞列表。这里，用户需要指定哪些是受保护状态和授权状态。受保护状态是那些如果被绕过或从授权状态以外的任何状态访问就会损害 FSM 安全性的状态。授权状态是允许访问受保护状态的状态。

AVFSM 框架整体的工作流程如图 13-4 所示。AVFSM 框架由四个模块组成：

- FSM 提取（FE，FSM Extraction）。要分析给定 FSM 中的各种漏洞，首先需要从综合后的门级网表中提取状态转移图（State Transition Graph，STG）。可以开发基于自动化测试模式生成（Automatic Test Pattern Generation，ATPG）的 FSM 提取技术，以便从门级网表中生成附带不受关注的状态和转移的 STG。该 FSM 提取技术将门级网表和 FSM 综合报告作为输入，并自动生成 STG。该技术的详细算法可以在文献 [7] 中找到。

- 不受关注的状态和转移识别（Don't-Care States And Transitions Identification，DCSTI）。它报告在给定 FSM 的综合过程中引入的不受关注的状态和转移。不受关注的状态和转移可能在 FSM 中引入漏洞，因为不受关注的状态和转移可能会被用来非法访问受保护状态。可以访问受保护状态的这些不受关注的状态被定义为危险的不受关注的状态（Dangerous Don't-Care State，DDCS）。

- 故障注入分析（Fault-Injection Analysis，FIA）。模块 FIA 使用故障注入脆弱性因子指标（VF_{FI}）来衡量 FSM 对故障注入攻击的脆弱性。VF_{FI} 定义如下：

$$VF_{FI}=\{PVT(\%),\ ASF\} \tag{13.1}$$

指标 VF_{FI} 由两个参数 {PVT(%), ASF} 组成。PVT(%) 表示易受攻击的转移的百分比。易受攻击的转移被定义为可以通过注入故障获得对受保护状态的非法访问权的转移。ASF 表示易受攻击的转移被成功实施故障注入攻击的概率。文献 [7] 介绍了计算这些指标的详细算法。这两个参数的值越大，FSM 越容易受到故障注入攻击。VF_{FI} 等于 $\{0, 0\}$ 意味着无法通过未授权状态访问受保护状态，并且相应的 FSM 也不会受到故障注入攻击。

- 木马插入分析（Trojan-Insertion Analysis，TIA）。模块 TIA 使用木马插入脆弱性因子指标（VF_{Tro}）来衡量 FSM 对木马插入攻击的脆弱性，VF_{Tro} 定义如下：

$$VF_{Tro} = \frac{s'\text{数量}}{\text{转移总数}} \tag{13.2}$$

其中 $s' \in DDCS$。当设计中存在可以直接访问受保护状态的不受关注的状态时，攻击者就可以利用这样的不受关注的状态来插入木马从而访问受保护状态，这就是 FSM 的一个漏洞。这些状态被定义为 DDCS。对于安全设计，该指标的值应当等于 0。

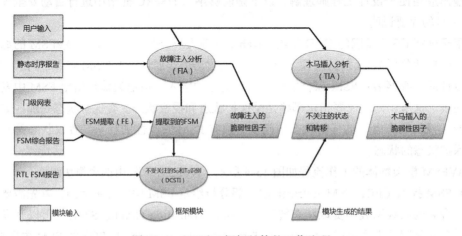

图 13-4 AVFSM 框架整体的工作流程

信息流跟踪：Contreras 等人[24] 和 Nahiyan 等人[25] 提出了一个信息流跟踪（Information Flow Tracking，IFT）框架，能够检测违反机密性和完整性策略的行为。该框架将资产（例如，包含秘密信息的网络）建模为卡在 0（stuck-at-0）和 1（stuck-at-1）上的故障，并利用自动化测试模式生成（Automatic Test Pattern Generation，ATPG）算法来检测这些故障。成功检测到故障意味着携带资产的网络的逻辑值可以在观察点被观察到，或者可以由控制点控制。换句话说，存在从资产到观察点或从控制点到资产的信息流。这里，观察点指的是可以观察内部电路信号的任何主输出或伪主输出（扫描 FF 输出）；控制点指的是可以控制内部电路信号的主输入或伪主输入（扫描 FF 输入）。

图 13-5 显示了 IFT 框架的总体流程及四个主要步骤：初始化、分析、传播和递归。

1）**初始化**：第一步将应用 IFT 框架的资产网的名称、设计的门级网表和技术库（ATPG 分析所需）作为输入。然后，IFT 框架为设计中所有的寄存器和触发器（Flip-Flops，FF）附加扫描能力，使这些寄存器和触发器可控制、可观察。这里，"假设"（What If）分析特征用于往扫描链虚拟添加或删除触发器。这一特征允许动态执行部分扫描分析，而无须重新合成网表。此外，掩码被应用于所有触发器，从而能够独立地跟踪每个触发器的资产传播路径。应用掩码是一个非常重要的步骤，因为它允许控制故障，使之每次仅传播到一个触发器。

2）**分析**：该步骤利用扇出分析来识别哪些触发器位于特定资产位的扇出中。对于每个资产位 $a \in$ Asset（如图 13-5 所示），资产分析步骤找到位于 a 的扇出锥中的触发器。

3）**传播**：该步骤分析每个资产位 a 到每个触发器的传播路径。要对潜在的资产位传播点进行全面分析，必须单独分析每个触发器。对于每个触发器 $r \in$ RegList（如图 13-5 所示），移除 r 上的掩码，这样就可以跟踪资产位 a 到触发器 r 的传播路径。下一步将资产位 a 添加为设计中的唯一故障，并在时序模式下运行 ATPG 算法以查找从 $a=0$ 和 $a=1$ 传播到触发器 r 的路径。如果 $a=0$ 和 $a=1$ 都可以在触发器 r 上检测到，就说明存在从 a 到 r 的信息流，算法 r 将标记为观察点。资产传播步骤还存储资产位的传播路径（T_{path}）和控制序列（T_{seq}）以供进一步分析。注意，T_{seq} 包含输入端口和控制寄存器的列表，它们控制从资产位 a 到触发器 r 的信息传播。

4）**递归**：此步骤利用部分扫描技术和时序 ATPG 来查找通过所有时序级别的传播路径，直到输出或最后一级触发器。这里，函数 remove_scanability（如图 13-5 所示）让 ATPG 工具将触发器 r 视为非扫描触发器进行模拟，无须重做扫描插入。触发器的输出端口 Q 和 QN 用于获得从触发器 r 到下一级寄存器的新扇出。为了查找通过多级寄存器的信息流，中所有已识别寄存器的可扫描性将逐步删除，而后时序 ATPG 创建从资产位 a 到下一级寄存器的传播路径。此过程一直持续到最后一级寄存器。

IFT 框架的输出是资产位能够传播到的观察点（寄存器 / 触发器）的列表，以及对每个触发器 r，输出资产传播的路径（T_{path}）和控制序列（T_{seq}）。

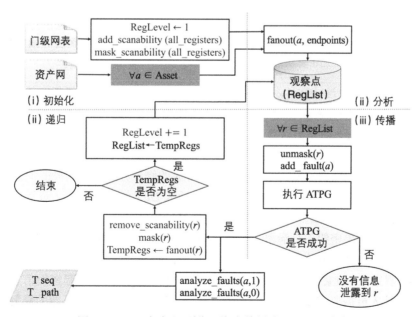

图 13-5 IFT 框架识别位于资产传播路径上的观察点

13.3.2 DSeRC 框架的工作流

本节介绍如何在 DSeRC 框架下使用规则和指标来识别漏洞。表 13-1 列示了 DSeRC 框架涵盖的漏洞列表及相应的规则和指标。本节以 PRESENT 加密算法的硬件实现为例说明 DSeRC 框架的工作流程。图 13-6a 抽象地描述了 PRSENT 加密算法的加密过程 [30]。图 13-6b 则展示了 PRESENT 加密算法加密过程的部分 Verilog 代码 [31]。我们可以看到密钥直接分配给寄存器，在模块中定义为"kreg"。虽然加密算法本身是安全的，但是加密算法的硬件实现却在无意中引入了漏洞。当设计在 IC 上实现时，"kreg"寄存器将包含在扫描链中，攻击者可以通过基于扫描链的攻击获取密钥 [4]。

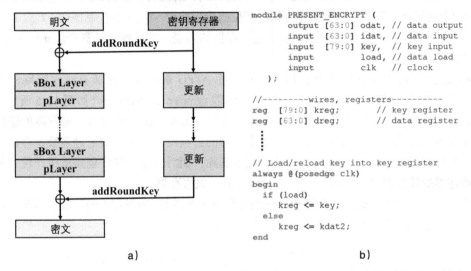

图 13-6 由于设计失误而在无意中引入的漏洞：a）PRESENT 加密算法的抽象描述；
b）PRESENT 加密算法的部分 Verilog 代码

设计者首先将 RTL 设计文件和资产名称（即密钥）作为 DSeRC 框架的输入。DSeRC 框架使用信息流跟踪来分析密钥是否会通过任何观察点泄露，例如寄存器。对于这种设计，密钥可以通过 kreg 寄存器观察到。因此，框架将向设计者发出警告，如果寄存器 kreg 包含在 DFT 结构中，那么密钥就可能通过扫描链泄露。在硬件设计进入下一阶段之前，设计人员应当采取措施修复这一漏洞。一种可能的修复方式是从扫描链中移除 kreg。

该漏洞修复后，设计人员就可以综合设计并插入 DFT 结构。然后，设计人员将综合后的门级网表提供给 DSeRC 框架，框架使用机密性评估 [24, 25] 技术来分析密钥是否会通过任何观察点泄露。如果密钥不会泄露，即满足 DSeRC 框架下的规则，那么 DSeRC 框架就会给出结论——设计能够避免资产泄露。另一方面，如果 DSeRC 框架识别出密钥仍会在扫描触发器（观察点）泄露，那么框架就会树立一个标记，指向会引起密钥信息泄露的扫描触发器。设计人员需要在设计进入布局级之前修复这一漏洞。一种可能的修复方式是使用安全扫描结构 [4] 来避免 DFT 结构引入漏洞。

需要强调的是，手动跟踪 SoC 中的资产以评估它是否会通过观察点泄露对于设计人员而言是一项极其困难（即使不是不可能）的任务。DSeRC 框架可以精确定位资产的泄露路径，使设计人员能够将分析工作集中在这些路径上，从而做出明智的决策。

虽然 DSeRC 框架可能是设计安全 IC 的合理且必要的步骤，但它不一定能解决安全专家的所有需求。DSeRC 框架旨在成为一个自动化框架，因此可能不会考虑 IC 的应用场景。例如，木马可观察性指标说明了观察设计中每个信号的难度。对于木马的检测，可观察性指标的值越大越好。但是，对于加密模块，私钥的可观察性指标的值越大，意味着私钥越容易泄露。因此，设计人员应当正确理解 DSeRC 框架生成的结果。

13.4 IC 的硅后安全和信任评估

本节介绍一些常用的硅后安全和信任评估技术，例如模糊测试、逆向测试和白盒侵入（White-box Hacking）。这些技术的核心还是靠人类的创造力，工具和基础设施只是一种辅助手段，弥补人类在推理方面的不足并向人类提供建议。

13.4.1　模糊测试

模糊测试 [32] 是一种测试技术，向硬件或软件输入意外、无效或随机的数据，观察硬件或软件是否执行异常，例如崩溃、内置断言失效或内存泄漏。它最初作为一种软件测试方法，现在也可用于硬件测试。在安全上下文中，它能够有效地暴露大量潜在的攻击入口，包括缓冲区或整数溢出、未处理的异常、竞争条件、访问冲突和拒绝服务等。通常，模糊测试使用随机输入或有效输入的随机变异。与其他测试技术（如渗透测试和形式化分析）相比，这种方法的一个重要优势是它高度自动化。然而，由于它依赖于输入的随机性，因此模糊测试可能会错过某些只有在极端情况下才会出现的对安全策略的违反。为了弥补这一不足，有研究人员希望利用目标系统相关的特定领域知识，为模糊测试"智能"地生成输入数据 [33]。智能模糊测试能够更全面地覆盖攻击入口，代价是测试人员需要投入更多的成本来理解设计。

13.4.2　逆向测试

逆向测试能够超越功能规范来验证安全目标是否得到满足。以直接内存攻击（Direct Memory Attack，DMA）为例，逆向测试可能会扩展确定性安全要求（即终止对受保护内存范围的 DMA 访问），从而识别是否存在除由 DMA 访问请求激活的地址转换以外的能够访问受保护内存的其他路径，以及激活这些路径的潜在输入激励。

13.4.3　黑客马拉松

黑客马拉松（hackthons），也称为白盒侵入，属于安全评估技术中的异类。它的想法是让专业黑客尝试破坏安全目标。这项活动主要取决于人类的创造力，尽管存在一些指导此类活动实施的原则（参见 13.4.4 节关于渗透测试的讨论）。由于此类方法成本较高且要求测试人员具有相对较高的专业技术水平，通常只有在测试复杂的安全目标时（通常在硬件/固件/软件接口处）才会采用此类方法。

13.4.4 渗透测试

渗透测试，或者说入侵测试，是指有计划地对系统实施攻击，从而发现安全漏洞。它通常由熟悉系统架构、设计和实现的专业黑客进行。粗略地说，渗透测试包含以下三个阶段：攻击面枚举、漏洞利用和结果分析。

1. 攻击面枚举

第一项任务是确定系统中易受攻击的方面。这是一个需要创造力的过程，涉及一系列活动，包括文档审阅、网络服务扫描，甚至模糊测试或随机测试。

2. 漏洞利用

一旦发现潜在的攻击入口，攻击者就会对目标区域实施各种适用的攻击。这可能需要研究已知漏洞、查找适用于发现的漏洞类型的攻击方式、参与特定于目标的漏洞研究以及编写/创建必要的漏洞利用程序。

3. 结果分析

在此阶段，将目标被成功攻击后的最终状态与安全目标和策略定义进行比较，确定系统是否确实受到损害。需要强调的是，即使安全目标没有直接受到损害，成功的攻击也可能识别出额外的攻击面，然后需要通过进一步的渗透测试来解决。

虽然渗透测试和功能验证测试之间存在共性，但也存在重要区别。特别是，功能测试的目标是模拟合法用户的行为和（可能）按照规范定义的设计操作而在正常环境条件下出现的意外故障。而渗透测试则超出了规范或安全目标设置的限制，并模拟了故意的攻击行为。

渗透测试的有效性关键取决于前面讨论的第一阶段识别攻击面的能力。不幸的是，目前缺乏实现这一目标的严谨方法。下面归纳了目前工业实践中识别攻击和漏洞的一些典型方法。根据所需创造力的大小，它们被归类为"简单""中等"和"复杂"。需要强调的是，有许多工具可以帮助个人完成以下许多活动 [34, 35]。但是，确定活动的关联性、确定每项活动需要探索的深度以及根据活动结果推断潜在的攻击涉及人类的创造力。

- 简单方法：包括审查可用文档（例如，规范和架构材料），IP、软件或集成工具存在已知漏洞或错误配置，缺失漏洞修补程序以及使用被废止或过时的软件版本。
- 中等复杂方法：包括从相关或类似产品（例如竞争对手的产品和以前的软件版本）的错误配置、漏洞和攻击中推断出目标的潜在漏洞。其他复杂性相当的活动涉及执行相关公开的安全工具或者针对目标发布的攻击场景。

- 复杂方法：包括对任何用到的第三方元件进行全面的安全性评估、对整个平台进行集成测试，以识别多个 IP 或设计元件的通信过程中存在的安全漏洞。最后，漏洞研究涉及识别从未发现过的新型漏洞，这尤其适用于新 IP 或面向全新细分市场的 SoC 设计。

13.4.5　安全敏感设计特征的功能验证

这本质上是功能验证的扩展，但它和重要安全功能涉及的设计元素相关。一个例子是加密引擎 IP。加密引擎的一个重要功能是正确加密和解密数据。与任何其他设计模块一样，加密引擎也是功能验证的对象。但是，鉴于它是很多安全功能的关键组成部分，加密功能可能足以证明进一步验证的合理性，其超出了功能验证活动的涵盖范围。因此，这种 IP 可能需要经过更严格的测试，甚至是形式化分析。这类重要 IP 可能涉及安全启动以及临场固件修补。

13.4.6　验证确定性安全要求

确定性安全要求是直接从安全策略派生的验证目标。它们包括访问控制限制和地址转换。考虑一个访问控制限制，指定需要保护不被 DMA 访问的特定内存范围。这样做可以防止代码注入攻击，或保护存储在这些位置的密钥。一个派生自这一访问控制限制的验证目标是确保必须终止所有针对受保护内存的 DMA 访问。需要强调的是，此类属性的验证可能不包含在功能验证中，因为对于"正常"测试用例或使用方案，不太可能出现对 DMA 保护地址的 DMA 访问请求。

以下部分讨论一些对策，可以在设计阶段采用这些对策来解决硬件设计中的安全问题。

13.5　安全设计

本节介绍一些设计策略，这些策略有助于解决硬件设计中前面讨论的各种安全问题。

13.5.1　安全架构

开发基线安全架构的典型方法有以下两个步骤：
- 使用威胁建模来识别当前架构的潜在威胁。
- 使用能够缓解所识别威胁的策略优化架构。

基线架构通常源自先前产品的原有架构，但是需要考虑为正在研发中的系统定义的策略。特别是，对于每项资产，架构师必须识别：1）谁可以访问资产；2）策略允许的访问方式；3）在系统执行或产品开发生命周期中的哪些时点，可以同意或者拒绝这样的访问请求。由于若干原因，这一过程可能是复杂和烦琐的。SoC 设计可能包含大量资产，通常有几千，也可能更多。此外，并非所有资产都是静态定义的。在系统执行期间，IP 会创建许多资产。例如，保险丝或电子钱包可能拥有静态定义的资产，例如密钥配置模式。在系统执行的过程中，密钥配置模式会被传递到密码引擎，密码引擎为不同 IP 分别生成密钥，并通过系统网络芯片（Network-on-Chip，NoC）将密钥传输到相应的 IP。此过程中的每个参与者在系统执行的不同阶段都会拥有敏感资产（静态或创建）。安全架构必须考虑在任何执行点，同时可能在相关的攻击者模型下，对这些资产任何潜在的访问方式。

为实现对不同类型资产的访问控制，需要对标准架构执行大量工作。相关工作大多数采取构建可信执行环境（Trusted Execution Environment，TEE）的形式，即在系统执行的不同时点保证代码和敏感数据隔离的机制。TEE 长期以来一直是计算机安全的组成部分。最常见的 TEE 架构之一是可信平台模块（Trusted Platform Module，TPM），它是安全密码处理器的国际标准。它通过将密钥集成到设备中来提高硬件的安全性 [36]。它涵盖安全生成密钥并限制密钥使用的方法、随机数生成器的要求和能力（例如，远程证明的能力）以及密封存储。除了 TPM 之外，在产业界和学术界还有其他很多关于构建 TEE 的工作 [37, 38]。下面介绍了三种专门为 SoC 设计开发的 TEE 框架：Samsung KNOX[39]，Intel Software Guard Extension（SGX）[40] 和 ARM TrustZone[41]。需要强调的是，尽管需要隔离的目标可能不同，但这些 TEE 的基础架构仍然是相似的，特别是它需要硬件支持（例如，安全操作模式和虚拟化）和软件机制（例如，上下文切换代理和完整性检查）。

1. Samsung KNOX

该架构专门针对智能手机，将工作内容和私人内容安全隔离，使二者能够在同一系统上共存。特别是，它允许在这两个内容世界之间进行信息的热交换，即在不重新启动系统的情况下进行交换。该技术的关键要素是实现信息隔离的内核。该架构允许多种系统级的服务，包括：

- 可信启动，即防止未经授权的操作系统和软件在启动时加载到设备上。
- 基于 TrustZone 的完整性测量架构（Trust-zone-based Integrity Measurement Architecture，TIMA），能够持续监视内核完整性。
- Android 安全增强（SE），一种执行机制，通过隔离保护系统 / 数据的机密性和完整性。
- KNOX 容器，提供一个安全的环境，受保护的工作应用可以在容器中运行，保证信息与设备的其余部分隔离。

2. ARM TrustZone

TrustZone 技术是一种为高性能计算平台提供安全性的系统级方法。TrustZone 的实现机制依赖于对 SoC 的硬件和软件资源进行隔离，它们存在于两个世界中：安全和非安全。硬件支持访问控制能够处理安全 / 非安全应用，并且能够在安全和非安全应用之间通信与交互。软件支持在多任务环境中进行安全系统调用和中断，以获得安全的运行环境。这两个方面确保位于非安全世界中的元件不能访问安全世界的资源，除非通过安全通道，从而在两个世界之间建立起安全墙。这种保护扩展到输入 / 输出（I/O），通过 TrustZone 技术连接到系统总线，AMBA3 AXI 总线结构能够实现内存安全隔离。

3. Intel SGX

SGX 是由底层硬件提供的可信执行环境，保护敏感应用和用户程序或数据免受潜在恶意操作系统的攻击。SGX 允许应用启动安全的飞地或容器，安全飞地或容器亦被称为"信任孤岛"。它被实现为一组新的 CPU 指令，应用可以使用这些指令为代码和数据开辟飞地。这使得：1）应用能够保证敏感数据的机密性和完整性，但是不会限制合法系统软件管理平台资源的能力；2）终端用户即使在存在恶意系统软件的情况下也能保持对其平台、应用和服务的控制。

TEE 为实施安全策略提供了基础（即隔离机制）。但是，它们与实施策略本身的标准化方法相去甚远。为了提供标准化方法，有必要：1）开发一种语言，简洁和形式化地表达安全策略；2）生成参数化的"骨架"设计，可以很容易地应用于不同的策略；3）开发从更高层次的描述中综合各项策略的技术。最近的学术和工业研究试图解决其中一些问题。文献 [42] 为某些安全策略提供了语言和综合框架。文献 [43] 提供了一种基于微控制器的灵活框架，用于实现各种安全策略。此外，已有针对特定类别的策略，例如，控制流完整性 [44] 和木马防护 [45] 进行了优化的架构。

13.5.2　安全策略执行者

该模块负责实施安全策略，这些策略对于确保硬件级别的安全性至关重要。有关更多详细信息，请参阅本书的第 16 章。

13.5.3　能够抵抗侧信道攻击的设计

目前已经有很多技术措施来抵抗功率消耗和电磁侧信道攻击（这些攻击的细节已经在第 8 章中讨论过）。这些措施大致可分为隐藏机制和掩码机制。下面就这些措施做简要说明。

1. 隐藏机制

隐藏机制试图消除对外暴露的信息和需要保密的信息之间的联系，即使对外暴露的信息与需要保密的信息不相关。侧信道攻击通常取决于信噪比（Signal-to-Noise Ratio，SNR），其定义如下：

$$SNR = \frac{var(signal)}{var(noise)}$$

（13.3）

这里，signal 指的是泄露保密信息的功率信号，它与保密信息相关，并且可能被攻击者利用来实施侧信道攻击。noise 指的是与保密信息无关的功率信号。隐藏机制通过增加噪声或通过减小信号来降低 SNR，从而抵抗侧信道攻击。此类机制主要利用随机化和均衡技术来降低 SNR。

- **随机化**：此类技术试图通过不断改变执行顺序，或直接产生噪声来增加电路噪声以降低 SNR[49]。应用随机化的一种可能的方法是在通道上注入白噪声（可加高斯白噪声）[50]。这里的主要思想是在设计中加入噪声发生源，随机修改电力线上的电流。

- **均衡**：此类技术试图减少与保密信息相关的对外暴露的功率信号来降低 SNR。这里的主要思想是让与处理秘密信息相关的所有操作的功率消耗都相同。均衡技术可以通过特定类型的逻辑风格来实现，这种类型的逻辑风格的功率消耗应当保持恒定。这种逻辑风格的例子包括双轨[51]和差分逻辑[52]。通常，CMOS 逻辑门输出位的转换取决于输入向量。例如，OR 门的输出从 0 变为 1 表明 OR 门的一个或两个输入从 0 变为 1。换句话说，CMOS 门逻辑转换引起的功率消耗是输入向量的函数，这种功率消耗会被攻击者利用来进行侧信道攻击。一种解决方案是使逻辑电路对于每种逻辑转换都有相同的功率消耗（即 $0{\to}0$、$0{\to}1$、$1{\to}0$、$1{\to}1$）。双轨和差分逻辑通过在每个时钟周期的前半部分对输出进行预充电，并在后半部分计算正确的输出值来实现这一特性[49]。

2. 掩码机制

此类机制试图使密码操作的中间值（敏感信息的函数）随机化，以打破这些值和功率消耗之间的依赖关系[50]。与隐藏机制不同，掩码机制应用在算法级别，因而可以使用标准 CMOS 逻辑门实现。这里的主要思想是利用随机掩码隐藏每个中间值，该掩码在每次执行过程中都是不同的。它确保敏感数据被随机值掩盖，从而消除了中间值和功率消耗之间的依赖关系[53]。掩码技术可以通过布尔秘密共享技术来实现，这将在下面讨论。

我们用 X 和 K 分别表示与加密运算中的明文和子密钥相关联的两个中间值。另外，我们考虑另一个变量 Z，其中 $Z=X \oplus K$。Z 变量是中间值 K 的函数，对 Z 变量的任何操作都可能泄露一些关于 K 的信息。布尔掩码技术试图将 Z 随机分成两个部分 M_0 和 M_1 来保护 Z 的安全性，由下式表示：

$$Z=M_0 \oplus M_1 \tag{13.4}$$

M_1 被称为掩码，M_0 被称为掩码变量。M_0 通过 $M_0=Z \oplus M_1$ 导出。对 Z 的任何操作都需要处理两个新的部分 M'_0 和 M'_1：

$$S(Z)=M'_0 \oplus M'_1 \tag{13.5}$$

其中 M'_1 通常是随机产生的，而 M'_0 则是 $M'_0=S(Z) \oplus M'_1$ 计算得到的。这里的主要挑战是从 M_0 导出 M'_0 以及从 M_1 导出 M'_1 而不损害方案的安全性。与非线性函数相比，当 S 是线性函数时，导出 M'_0 相对容易。这些函数的详细推导在文献 [53] 中有讨论。

13.5.4 防止木马植入

这些技术包括试图阻止攻击者插入硬件木马的预防机制。有关更多详细信息，请参阅本书的第 5 章。

13.6 习题

13.6.1 判断题

1. 随机数可以是一种资产。
2. 远程攻击者无法利用扫描结构执行攻击。
3. 注入故障以修改 SRAM 是一种半侵入性攻击。
4. 侧信道攻击属于侵入性攻击。
5. 与不受关注的状态相关的漏洞在 RTL 级引入。
6. 与 DFT 结构相关的漏洞在门级引入。

13.6.2 详述题

1. 描述可以在 SoC 中找到的"资产"。
2. 如何利用熵资产？
3. 如何远程执行基于扫描的攻击？举例说明。
4. 解释半侵入性和侵入性攻击之间的差异。
5. 描述内部攻击者的能力。内部攻击者可以执行什么样的攻击？
6. 设计失误如何引入潜在漏洞？举例说明。
7. CAD 工具如何引入潜在漏洞？举例说明。
8. 描述以下测试的原理：模糊测试、逆向测试、渗透测试。
9. "隐藏机制"如何防止侧信道攻击？

参考文献

[1] P.C. Kocher, Timing attacks on implementations of Diffie–Hellman, RSA, DSS, and other systems, in: Annual International Cryptology Conference, Springer, pp. 104–113.

[2] P. Kocher, J. Jaffe, B. Jun, Differential power analysis, in: Annual International Cryptology Conference, Springer, pp. 388–397.

[3] D. Hely, M.-L. Flottes, F. Bancel, B. Rouzeyre, N. Berard, M. Renovell, Scan design and secure chip, in: IOLTS, vol. 4, pp. 219–224.

[4] J. Lee, M. Tehranipoor, C. Patel, J. Plusquellic, Securing scan design using lock and key technique, in: Defect and Fault Tolerance in VLSI Systems, 2005. DFT 2005. 20th IEEE International Symposium on, IEEE, pp. 51–62.

[5] E. Biham, A. Shamir, Differential fault analysis of secret key cryptosystems, in: Annual International Cryptology Conference, Springer, pp. 513–525.

[6] C. Dunbar, G. Qu, Designing trusted embedded systems from finite state machines, ACM Transactions on Embedded Computing Systems (TECS) 13 (2014) 153.

[7] A. Nahiyan, K. Xiao, K. Yang, Y. Jin, D. Forte, M. Tehranipoor, AVFSM: a framework for identifying and mitigating vulnerabilities in FSMs, in: Design Automation Conference (DAC), 2016 53rd ACM/EDAC/IEEE, IEEE, pp. 1–6.

[8] M. Tehranipoor, F. Koushanfar, A survey of hardware Trojan taxonomy and detection, IEEE Design & Test of Computers 27 (2010).

[9] K. Xiao, A. Nahiyan, M. Tehranipoor, Security rule checking in IC design, Computer 49 (2016) 54–61.

[10] A. Nahiyan, K. Xiao, D. Forte, M. Tehranipoor, Security rule check, in: Hardware IP Security and Trust, Springer, 2017, pp. 17–36.

[11] ARM Holdings, Building a secure system using trustzone technology, https://developer.arm.com/docs/genc009492/latest/trustzone-software-architecture/the-trustzone-api. (Accessed August 2018), [Online].

[12] E. Peeters, SoC security architecture: current practices and emerging needs, in: Proceedings of the 52nd Annual Design Automation Conference, ACM, p. 144.

[13] T. Korak, T. Plos, Applying remote side-channel analysis attacks on a security-enabled NFC tag, in: Cryptographers' Track at the RSA Conference, Springer, pp. 207–222.

[14] A. Das, J. Da Rolt, S. Ghosh, S. Seys, S. Dupuis, G. Di Natale, M.-L. Flottes, B. Rouzeyre, I. Verbauwhede, Secure JTAG implementation using Schnorr protocol, Journal of Electronic Testing 29 (2013) 193–209.

[15] P. Mishra, S. Bhunia, M. Tehranipoor, Hardware IP Security and Trust, Springer, 2017.

[16] S. Chen, J. Xu, Z. Kalbarczyk, K. Iyer, Security vulnerabilities: from analysis to detection and masking techniques, Proceedings of the IEEE 94 (2006) 407–418.

[17] S.P. Skorobogatov, Semi-invasive attacks: a new approach to hardware security analysis, Ph.D. thesis, University of Cambridge, Computer Laboratory, 2005.

[18] M. Tehranipoor, C. Wang, Introduction to Hardware Security and Trust, Springer Science & Business Media, 2011.

[19] M.A. Harris, K.P. Patten, Mobile device security considerations for small- and medium-sized enterprise business mobility, Information Management & Computer Security 22 (2014) 97–114.

[20] N. Fern, S. Kulkarni, K.-T.T. Cheng, Hardware Trojans hidden in RTL don't cares—automated insertion and prevention methodologies, in: Test Conference (ITC), 2015 IEEE International, IEEE, pp. 1–8.

[21] H. Salmani, M. Tehranipoor, Analyzing circuit vulnerability to hardware Trojan insertion at the behavioral level, in: Defect and Fault Tolerance in VLSI and Nanotechnology Systems (DFT), 2013 IEEE International Symposium on, IEEE, pp. 190–195.

[22] H. Salmani, M. Tehranipoor, R. Karri, On design vulnerability analysis and trust benchmarks development, in: Computer Design (ICCD), 2013 IEEE 31st International Conference on, IEEE, pp. 471–474.

[23] Q. Shi, N. Asadizanjani, D. Forte, M.M. Tehranipoor, A layout-driven framework to assess vulnerability of ICs to microprobing attacks, in: Hardware Oriented Security and Trust (HOST), 2016 IEEE International Symposium on, IEEE, pp. 155–160.

[24] G.K. Contreras, A. Nahiyan, S. Bhunia, D. Forte, M. Tehranipoor, Security vulnerability analysis of design-for-test exploits for asset protection in SoCs, in: Design Automation Conference (ASP-DAC), 2017 22nd Asia and South Pacific, IEEE, pp. 617–622.

[25] A. Nahiyan, M. Sadi, R. Vittal, G. Contreras, D. Forte, M. Tehranipoor, Hardware Trojan detection through information flow security verification, in: Test Conference (ITC), 2017 IEEE International, IEEE, pp. 1–10.

[26] J. Demme, R. Martin, A. Waksman, S. Sethumadhavan, Side-channel vulnerability factor: a metric for measuring information leakage, ACM SIGARCH Computer Architecture News 40 (2012) 106–117.

[27] B. Yuce, N.F. Ghalaty, P. Schaumont, TVVF: estimating the vulnerability of hardware cryptosystems against timing violation attacks, in: Hardware Oriented Security and Trust (HOST), 2015 IEEE International Symposium on, IEEE, pp. 72–77.

[28] M. Tehranipoor, H. Salmani, X. Zhang, Integrated Circuit Authentication: Hardware Trojans and Counterfeit Detection, Springer Science & Business Media, 2013.

[29] S.A. Huss, M. Stöttinger, M. Zohner, AMASIVE: an adaptable and modular autonomous side-channel vulnerability evaluation framework, in: Number Theory and Cryptography, Springer, 2013, pp. 151–165.

[30] A. Bogdanov, L.R. Knudsen, G. Leander, C. Paar, A. Poschmann, M.J. Robshaw, Y. Seurin, C. Vikkelsoe, Present: An ultra-lightweight block cipher, in: International Workshop on Cryptographic Hardware and Embedded Systems, Springer, pp. 450–466.

[31] OpenCores, http://opencores.org. (Accessed August 2018).

[32] A. Takanen, J.D. Demott, C. Miller, Fuzzing for Software Security Testing and Quality Assurance, Artech House, 2008.

[33] S. Bhunia, S. Ray, S. Sur-Kolay, Fundamentals of IP and SoC Security: Design, Verification, and Debug, Springer, 2017.

[34] Microsoft Corporation, Microsoft free security tools—Microsoft baseline security analyzer, https://blogs.microsoft.com/cybertrust/2012/10/22/microsoft-free-security-tools-microsoftbaseline-security-analyzer/. (Accessed August 2018), [Online].

[35] Flexera, http://secunia.com. (Accessed August 2018).

[36] Trusted Computing Group, Trusted platform module specification, http://www.trustedcomputinggroup.org/tpm-main-specification/. (Accessed August 2018), [Online].

[37] A. Vasudevan, E. Owusu, Z. Zhou, J. Newsome, J.M. McCune, Trustworthy execution on mobile devices: what security properties can my mobile platform give me? in: International Conference on Trust and Trustworthy Computing, Springer, pp. 159–178.

[38] J.M. McCune, B.J. Parno, A. Perrig, M.K. Reiter, H. Isozaki, Flicker: an execution infrastructure for TCB minimization, in: ACM SIGOPS Operating Systems Review, vol. 42, ACM, pp. 315–328.

[39] Samsung, Samsung knox, http://www.samsungknox.com. (Accessed August 2018).

[40] Intel, Intel software guard extensions programming reference, https://software.intel.com/sites/default/files/managed/48/88/329298-002.pdf. (Accessed August 2018), [Online].

[41] ARM Holdings, Products Security, https://www.arm.com/products/silicon-ip-security. (Accessed August 2018), [Online].

[42] X. Li, V. Kashyap, J.K. Oberg, M. Tiwari, V.R. Rajarathinam, R. Kastner, T. Sherwood, B. Hardekopf, F.T. Chong, Sapper: a language for hardware-level security policy enforcement, ACM SIGARCH Computer Architecture News 42 (2014) 97–112.

[43] A. Basak, S. Bhunia, S. Ray, A flexible architecture for systematic implementation of SoC security policies, in: Proceedings of the IEEE/ACM International Conference on Computer-Aided Design, IEEE Press, pp. 536–543.

[44] L. Davi, M. Hanreich, D. Paul, A.-R. Sadeghi, P. Koeberl, D. Sullivan, O. Arias, Y. Jin, Hafix: hardware-assisted flow integrity extension, in: Proceedings of the 52nd Annual Design Automation Conference, ACM, p. 74.

[45] L. Changlong, Z. Yiqiang, S. Yafeng, G. Xingbo, A system-on-chip bus architecture for hardware Trojan protection in security chips, in: Electron Devices and Solid-State Circuits (EDSSC), 2011 International Conference of, IEEE, pp. 1–2.

[46] A. Basak, S. Bhunia, S. Ray, Exploiting design-for-debug for flexible SoC security architecture, in: Proceedings of the 53rd Annual Design Automation Conference, ACM, p. 167.

[47] IEEE, IEEE standard test access port and boundary scan architecture, IEEE Standards 11491, 2001.

[48] E. Ashfield, I. Field, P. Harrod, S. Houlihane, W. Orme, S. Woodhouse, Serial Wire Debug and the Coresight Debug and Trace Architecture, ARM Ltd., Cambridge, UK, 2006.

[49] E. Peeters, Side-channel cryptanalysis: a brief survey, in: Advanced DPA Theory and Practice, Springer, 2013, pp. 11–19.

[50] A. Moradi, Masking as a side-channel countermeasure in hardware, ISCISC 2016 Tutorial, 2006.

[51] D. May, H.L. Muller, N.P. Smart, Random register renaming to foil DPA, in: International Workshop on Cryptographic Hardware and Embedded Systems, Springer, pp. 28–38.

[52] F. Macé, F.-X. Standaert, I. Hassoune, J.-D. Legat, J.-J. Quisquater, et al., A dynamic current mode logic to counteract power analysis attacks, in: Proc. 19th International Conference on Design of Circuits and Integrated Systems (DCIS), pp. 186–191.

[53] H. Maghrebi, E. Prouff, S. Guilley, J.-L. Danger, A first-order leak-free masking countermeasure, in: Cryptographers' Track at the RSA Conference, Springer, pp. 156–170.

[54] J.A. Roy, F. Koushanfar, I.L. Markov, Ending piracy of integrated circuits, Computer 43 (2010) 30–38.

[55] R.S. Chakraborty, S. Bhunia, Security against hardware Trojan through a novel application of design obfuscation, in: Proceedings of the 2009 International Conference on Computer-Aided Design, ACM, pp. 113–116.

[56] A. Baumgarten, A. Tyagi, J. Zambreno, Preventing IC piracy using reconfigurable logic barriers, IEEE Design & Test of Computers 27 (2010).

[57] J.B. Wendt, M. Potkonjak, Hardware obfuscation using PUF-based logic, in: Proceedings of the 2014 IEEE/ACM International Conference on Computer-Aided Design, IEEE Press, pp. 270–277.

[58] J. Rajendran, M. Sam, O. Sinanoglu, R. Karri, Security analysis of integrated circuit camouflaging, in: Proceedings of the 2013 ACM SIGSAC Conference on Computer & Communications Security, ACM, pp. 709–720.

[59] R.P. Cocchi, J.P. Baukus, L.W. Chow, B.J. Wang, Circuit camouflage integration for hardware IP protection, in: Proceedings of the 51st Annual Design Automation Conference, ACM, pp. 1–5.

[60] Y. Bi, P.-E. Gaillardon, X.S. Hu, M. Niemier, J.-S. Yuan, Y. Jin, Leveraging emerging technology for hardware security-case study on silicon nanowire FETs and graphene SymFETs, in: Test Symposium (ATS), 2014 IEEE 23rd Asian, IEEE, pp. 342–347.

[61] K. Xiao, M. Tehranipoor, BISA: built-in self-authentication for preventing hardware Trojan insertion, in: Hardware-Oriented Security and Trust (HOST), 2013 IEEE International Symposium on, IEEE, pp. 45–50.

[62] D. McIntyre, F. Wolff, C. Papachristou, S. Bhunia, Trustworthy computing in a multi-core system using distributed scheduling, in: On-Line Testing Symposium (IOLTS), 2010 IEEE 16th International, IEEE, pp. 211–213.

[63] C. Liu, J. Rajendran, C. Yang, R. Karri, Shielding heterogeneous MPSoCs from untrustworthy 3PIPs through security-driven task scheduling, IEEE Transactions on Emerging Topics in Computing 2 (2014) 461–472.

[64] O. Keren, I. Levin, M. Karpovsky, Duplication based one-to-many coding for Trojan HW detection, in: Defect and Fault Tolerance in VLSI Systems (DFT), 2010 IEEE 25th International Symposium on, IEEE, pp. 160–166.

[65] J. Rajendran, H. Zhang, O. Sinanoglu, R. Karri, High-level synthesis for security and trust, in: On-Line Testing Symposium (IOLTS), 2013 IEEE 19th International, IEEE, pp. 232–233.

[66] T. Reece, D.B. Limbrick, W.H. Robinson, Design comparison to identify malicious hardware in external intellectual

property, in: Trust, Security and Privacy in Computing and Communications (TrustCom), 2011 IEEE 10th International Conference on, IEEE, pp. 639–646.

[67] Trusted integrated circuits (TIC) program announcement, 2011.

[68] K. Vaidyanathan, B.P. Das, L. Pileggi, Detecting reliability attacks during split fabrication using test-only BEOL stack, in: Proceedings of the 51st Annual Design Automation Conference, ACM, pp. 1–6.

[69] M. Jagasivamani, P. Gadfort, M. Sika, M. Bajura, M. Fritze, Split-fabrication obfuscation: metrics and techniques, in: Hardware-Oriented Security and Trust (HOST), 2014 IEEE International Symposium on, IEEE, pp. 7–12.

[70] B. Hill, R. Karmazin, C.T.O. Otero, J. Tse, R. Manohar, A split-foundry asynchronous FPGA, in: Custom Integrated Circuits Conference (CICC), 2013 IEEE, IEEE, pp. 1–4.

[71] Y. Xie, C. Bao, A. Srivastava, Security-aware design flow for 2.5D IC technology, in: Proceedings of the 5th International Workshop on Trustworthy Embedded Devices, ACM, pp. 31–38.

[72] J. Valamehr, T. Sherwood, R. Kastner, D. Marangoni-Simonsen, T. Huffmire, C. Irvine, T. Levin, A 3-D split manufacturing approach to trustworthy system development, IEEE Transactions on Computer-Aided Design of Integrated Circuits and Systems 32 (2013) 611–615.

[73] K. Vaidyanathan, B.P. Das, E. Sumbul, R. Liu, L. Pileggi, Building trusted ICs using split fabrication, in: 2014 IEEE International Symposium on Hardware-Oriented Security and Trust (HOST), pp. 1–6.

[74] F. Imeson, A. Emtenan, S. Garg, M.V. Tripunitara, Securing computer hardware using 3D integrated circuit (IC) technology and split manufacturing for obfuscation, in: USENIX Security Symposium, pp. 495–510.

[75] K. Xiao, D. Forte, M.M. Tehranipoor, Efficient and secure split manufacturing via obfuscated built-in self-authentication, in: Hardware Oriented Security and Trust (HOST), 2015 IEEE International Symposium on, IEEE, pp. 14–19.

[76] D.B. Roy, S. Bhasin, S. Guilley, J.-L. Danger, D. Mukhopadhyay, From theory to practice of private circuit: a cautionary note, in: Computer Design (ICCD), 2015 33rd IEEE International Conference on, IEEE, pp. 296–303.

第 14 章

硬 件 混 淆

14.1 引言

硬件混淆是一种修改设计的方法，它能够使逆向工程或复制变得异常困难。图 14-1 概要性地描述了硬件混淆过程，它根据设计的功能行为和结构示意图来转换设计。转换过程需要一个"密钥"，用于为设计加锁。混淆设计的工作模式有两种：只有使用正确的密钥，它才会被"解锁"，并在正常模式下运行，也就是说，它的功能行为均正常。如果使用错误的密钥，它将保持"锁定"状态，并在混淆模式下运行，并产生错误的输出。

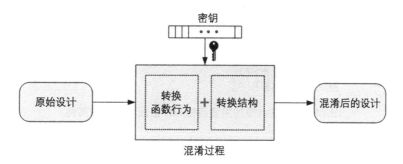

图 14-1　硬件混淆流程的概要性描述

硬件混淆是当前比较活跃的研究领域。它提供了一种与现有 IP 保护方式截然不同的方式。现有方式主要是被动的解决方案，例如专利、版权和水印，当 IP 被侵权时，现有方式能够提供法律上要求的能够证明 IP 归属的证据。现有的 IP 保护方式无法主动防御在不受信任的设施中实施的盗版和逆向工程。为了解决现有方式的局限性，在过去 10 年中，硬件混淆已经被视为一种有前途的防御机制，能够确保供应链中硬件 IP 的安全性。它的有效性已经在硬件 IP 的三个主要威胁点上得到了验证：逆向工程、盗版以及恶意篡改（即硬件木马攻击，如第 5 章所述）。虽然大多数混淆研究旨在解决前两种威胁，但有一些方式也被证明可以防止由不信任的代工厂进行的木马攻击。不同的设计流程，如 ASIC 和 FPGA，以及不同的抽象级别，例如门级和寄存器传输级的 IP 都有与硬件混淆相关的研究。与加密类似，此处的安全模型也依赖于密钥的保密性，而不是依赖于混淆算法。

硬件混淆需要应用一系列能够提供可证明健壮保护的变换。图 14-2 展示了设计转换的主要目标，以及它们是如何实现的。一个主要目标是防止黑盒使用，这意味着转换后的 IP 不能在 SoC 功能设计中视作"黑盒"。这是通过锁定机制实现的。锁定机制通过插入由密钥控制的专用逻辑结构或门来实现，如果输入错误的密钥将产生不正确的功能，反之亦然。安全的混淆机制依赖于能够抵抗功能或结构分析的锁定机制。第二个主要目标是通过审慎的结构转换来隐藏设计意图。隐藏设计意图的理由有两个：1）它可以保护锁本身，因为可以很容易地移除易于识别的锁；2）它可以防止设计秘密的泄露，例如所实现的功能类型和逻辑风格，这可能为潜在的攻击者提供关于设计的重要线索，即使获得设计的部分知识，对于攻击者而言也是非常有用的。例如，算术逻辑单元的不正确混淆可以揭示设计的重要特征，例如溢出机制或流水线结构。许多应用（例如，数字信号处理、图形等）的硬件都具有非常规则的逻辑结构。隐藏设计意图对于此类硬件而言是更为严峻的挑战。

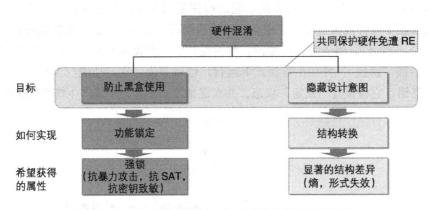

图 14-2　硬件混淆的主要目标和评估混淆效果的属性

14.1.1　预备知识

在本节中，我们介绍软件和硬件混淆的定义，并指出它们之间的差异。我们还讨论硬件 IP 混淆相对于加密的优势。

1. 定义

术语"混淆"表示模糊或者掩盖信息的真实内容或产品的功能行为以保护内在 IP 的方法。在密码学和软件中，混淆器 Z 的表现形式是"编译器"，它将程序重构为混淆形式 $Z(P)$。$Z(P)$ 必须和 P 具有相同的功能，但是攻击者无法通过 $Z(P)$ 构造 P。

在硬件设计的语境中，混淆，即"硬件混淆"，涉及硬件 IP 的保护。这些 IP 是可重复使用的逻辑单元、存储器或模拟电路块，由其开发者所有，并由他们自己或者其他 SoC 设计公司使用。虽然混淆硬件和软件的技术差别很大，但混淆的主要目标仍未改变：保护 IP

免受可能存在的盗版、逆向工程和恶意篡改等侵权行为。

2. 软件混淆与硬件混淆对比

软件混淆侧重于模糊算法的实现代码。软件混淆依赖于多种技术，简单的方法有添加注释、更改符号名称或删除空格等，而复杂的方法则包括通过循环展开来修改程序的控制流等[1]。

软件只有源代码或者编译后的二进制文件两种形式，硬件的形式更为多样，包括架构级描述、RTL 描述、网表、布局、预制芯片和 FPGA 配置位流等。只要硬件设计可以以文本形式（如，RTL 和门级网表等）表示，软件混淆技术就能应用于此类硬件描述，但是，软件混淆技术可能无法提供针对前述威胁模型的充分保护。而且如果硬件设计以图像（例如，GDSII 布局等）或物理形式（例如，预制 IC 等）表示，此类硬件设计就需要完全不同的方法。例如，硬件 IP 的 RTL 代码可以利用某种形式的无密钥软件混淆方法（例如冗余代码注入）来混淆。然而，一旦设计被综合，因为综合工具会自动优化设计，设计中不影响实际功能的冗余代码就会被综合工具去除，这就使得攻击者能够通过综合后的硬件设计发现设计的原始功能。

与软件设计相比，电子系统设计的生命周期明显不同。与软件开发流程不同，硬件设计、制造和测试过程通常都需要接触硬件设计，例如整个 SoC。它为不受信任的设计/制造/测试人员提供了机会，他们可以完全接触硬件设计，使得所有 IP 都容易受到盗版和 RE 攻击。最后，如果需要将软件分发给评估人员或者销售给终端用户，可以采用适当的许可机制（例如，节点锁定许可）。但是，通过许可机制来防盗版很难在硬件 IP 上实现。我们将在下一节中更详细地讨论这个主题。

14.1.2　为什么不加密硬件 IP

加密为 IP 交付提供了一种安全机制，其健壮性能够得到数学上的证明。可能有人会说，可以使用良好的加密算法（例如，AES）在不受信任的供应链中安全地交付和使用硬件 IP。供应链的某些阶段确实可以使用加密保护硬件 IP，并且 CAD 工具支持加密硬件 IP。特别是，它可以有效地保护 FPGA 设计流中的 IP，其中特定于供应商的工具集管理加密/解密过程。然而，在供应链的许多阶段，例如综合和物理设计阶段，IP 被视为白盒，这些阶段就不适用加密。举个例子，为了能够创建设计的掩模，必须将真实的 GDSII 文件提供给代工厂。它可以在运输到不受信任的代工厂的过程中加密，但在制造之前，必须解密 IP，代工厂也就有机会接触原始形式（未加密）的 IP。这同样适用于 DFT 插入工具，该工具负责在设计中插入测试资源（例如扫描链和测试点）。

在软件 IP 的功能仿真和 FPGA 原型设计期间，设计可以采用加密形式。但是，进行仿真和综合的 CAD 工具必须获得加密密钥。这是因为只有解密后 CAD 工具才能维持设计的功能和结构属性。在此框架下，只要负责密钥管理的 CAD 工具不受损害，IP 就能得到保护。因此，由于 IP 在供应链的不可信阶段需要以白盒形式被使用，因此加密不被视为硬件 IP 保护可行的解决方案。

14.2　混淆技术概述

在过去的 10 年中，研究人员开发了多种硬件混淆技术。这些技术的分类如图 14-3 所示，下文将分别进行简要描述。

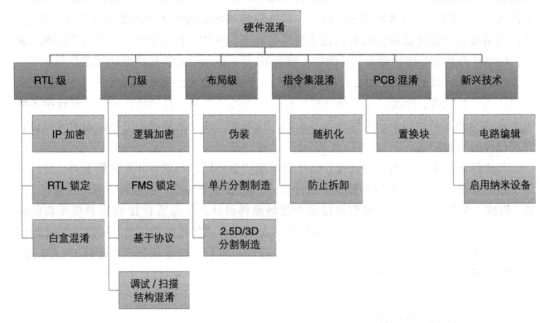

图 14-3　硬件混淆技术的分类

14.2.1　RTL 级混淆

寄存器传输级 IP（即软件 IP）使用 HDL，例如 Verilog 或 VHDL，描述 IP 最高层次的结构。软件 IP 混淆通常比门级混淆更具挑战性，这是因为 RTL 结构在控制流和数据流上更容易理解，这使得隐藏设计意图变得十分困难。IP 加密通常用于保护软件 IP。在 IP 加密技术中，整个软件 IP 可以使用常见的加密技术，例如 AES 或 RSA 加密。密钥管理通常由 EDA 工具（假定是可信的）完成，合法获得加密 IP 的设计公司在设计时仅需将加密 IP 视作黑盒。

除了加密之外，研究人员还提出了其他多种基于密钥的混淆技术来保护 IP[2,3]。IP 的 RTL 代码可以首先转换为控制和数据流图（Control and Data Flow Graph，CDFG）[2] 或状态转移图 [3]。然后通过插入"密钥状态"来修改图形，"密钥状态"是只有输入特定序列

（密钥）才能到达的状态，用于产生正确的功能行为。如果输入了错误的密钥，硬件将保持在混淆状态，无法产生正常的功能行为。与传统的软件混淆方法类似，软件 IP 也可以在可理解性和可读性方面进行混淆。可以应用诸如循环展开、网络名称更改和语句重排等技术来使 RTL 代码变得难以理解，但功能上与原始代码相同 [4]。此类混淆技术称为白盒混淆，因为它不包含功能或结构转换。

14.2.2　门级混淆

门级 IP（也称为固件 IP）以网表的形式展现。网表是标准逻辑单元和连接标准逻辑单元的网线的集合。门级混淆技术需要在网表中插入额外的门（例如 XOR、XNOR 和 MUX）[5,6]。这些门（及其逻辑输出）由密钥位控制，密钥作为网表的附加输入。密钥可以储存在芯片内部的防篡改非易失性存储器中，也可以由物理不可克隆函数导出（在第 12 章中介绍）。正确的密钥位（"1" 或 "0"）确保网表实现预期的功能行为。如果密钥位没有输入正确的逻辑值，由它们控制的逻辑门会在内部电路节点产生错误的逻辑值，从而导致网表的错误输出。通过外部输入控制电路选择内部节点的过程和为提高设计的可测试性插入可控测试点的过程 [7] 非常相似。策略性地选择连接到密钥位的内部节点，以最大化输出错误（对于错误的密钥）同时增加网表的结构变化。14.3 节详细介绍了门级混淆技术的相关研究。

另一类门级混淆技术侧重于混淆受保护 IP 的状态空间。这类技术适用于门级时序电路。它们转换了底层 FSM 的状态转移函数 [8]。转换有以下两个目的：首先，它锁定了FSM。在没有输入正确密钥的情况下，FSM 将保持在锁定状态，即不产生正确的功能行为；其次，如果输入正确的密钥，状态机会 "解锁"，即转换到正常的工作模式，产生正确的功能行为。FSM 的锁定是通过将混淆 FSM（Obfuscation FSM，OFSM）集成到原有 FSM 中来实现的，这样的 FSM 有两种工作模式：1）混淆模式，状态机由前一状态转移到错误状态；2）正常模式，状态机由前一状态转移到正确的下一状态。该方法使用 FSM 的锁定状态来转换与状态机相关联的组合逻辑的内部节点。它的实现方式和前面讨论的门级混淆技术非常类似，只是密钥不是取自于外部附加输入，而是从内部状态中生成。错误的密钥驱动 "修改单元"，像在门级混淆中一样，使组合逻辑产生错误的内部逻辑值。

时序混淆也被用于混淆设计的扫描链。如前所述，扫描链是插入设计中用于提高设计可测试性的 DFT 结构。有必要启用扫描链的安全性，使未经授权的用户不能通过扫描链非法获取芯片上的秘密信息，因为这些秘密信息通常可以通过扫描链获得 [9]。目前已经有多种混淆技术来防止利用此类测试基础设施漏洞。例如，有研究人员提出使用测试压缩结构将多个扫描触发器压缩成单个输出，从而使得对单个触发器的观察不可行。还有研究人员提出锁定技术，允许设计者干扰扫描链（扫描触发器的链）的响应，除非输入正确的密钥。有关扫描结构保护的更多详细信息，请参见第 9 章。

14.2.3　布局级混淆

布局级 IP（也称为硬件 IP）以物理布局的形式展现。它包含与特定制造流程相关的几何和空间信息。代工厂直接使用此类信息制造芯片。为了避免布局被不受信任的代工厂盗版或恶意篡改（即植入木马），研究人员提出了若干种分割制造技术 [10-12]。这些技术适用于传统或新兴（2.5D/3D）的 IC 技术。分割制造技术依赖于仅仅让不受信任的代工厂使用先进的工艺技术制造设计的一部分——通常是昂贵的晶体管 / 有源层，几乎不涉及金属层，这部分被称为前道工序（Front-End-Of-Line，FEOL），然后在受信任的代工厂中使用不太先进的工艺技术完成剩下的制造步骤 [13]，剩下的步骤通常仅设计金属层，被称为后道工序（Back-End-Of-Line，BEOL）。由于分割制造技术对不受信任的代工厂隐藏了连接信息，因此这种技术能够较好地保护 IP。如果精心地放置布线资源（例如，互连和通孔），使得安全关键网络仅在上层金属层中布线，布线由受信任的代工厂完成，这样就能最大化混淆效果。

虽然分割制造概念对 IP 保护具有很强的吸引力，但已有针对此类方法的攻击。这些攻击利用邻近数据来恢复丢失的连接信息。它基于 EDA 工具使用某些参数（例如门极距离）来最小化导线长度的假设 [14]。此外，分割制造的最大障碍是设计公司仍然需要维护代工厂来完成后道工序，这可能会非常昂贵。此外，将整体分割的制造技术引发的代工兼容性和晶圆对准也可能影响 IC 的产量。

伪装：另一类混淆技术在设计的关键位置使用可配置单元来阻止正常的功能行为，同时隐藏设计意图 [15]。这些可配置单元在制造完成后可以通过编程来实现不同的逻辑功能。由于不受信任的设计 / 制造设施不知道这些可配置单元正确的逻辑功能，它们充当"伪装"单元。这些单元通常具有使其看起来与库中其他标准单元（例如 NAND、NOR 或 XOR）类似的布线。对于代工厂中的攻击者，以及对 IC 进行破坏性逆向工程以提取设计的人来说，"伪装"单元并未从其布线中揭示出设计。该技术将在 14.3.2 节中详细讨论。

2.5D/3D IC 混淆：2.5D/3D 集成技术的最新进展可以增强分割制造的效果。可以在布局上执行电线提升（wire-lifting），提升后的电线可以作为可分离层在受信任的代工厂中制造。最后，完整的 IC 可以在普通的 3D IC 设计流程中使用硅穿孔（Through Silicon Via，TSV）接合点装配得到 [11]。设计前道工序中的每个门都和同一设计中其他至少 k 个门在结构上相类似（因为缺少上层的后道工序信息）。这使得攻击者（例如，在不受信任的代工厂中）难以识别门，因而无法提取完整的设计或插入恶意修改。

2.5D IC 技术可以被进一步利用来安全地分割门级设计，分割出更多能够在不受信任的代工厂制造的部分。当然，连接这些部分的中介层应当在受信任的代工厂中制造 [16]。遗憾的是，基于 2.5D/3D IC 技术的分割制造技术存在相同的缺点，它们都需要单独的制造设施。此外，这些技术通常需要大量的门交换和重新布线操作来实现混淆，这会增加面积和延迟开销。

14.2.4 指令集混淆

每个处理器都有底层指令集架构（Instruction Set Architecture，ISA），ISA 描述命令和数据的类型、地址空间和支持的操作码。ISA 充当计算机软件和硬件交互的媒介，并且通常为公众所知。不幸的是，这也意味着为公众所知的 ISA 和系统使用的处理器中存在的漏洞（例如，缓冲区溢出）使系统容易遭受远程甚至侵入性攻击（例如，破坏保存指令的内存单元）。在物联网和其他系统中使用的数百万个处理器中，相同的 ISA 会使攻击者实施软件 IP 盗版和恶意软件传播（通过网络从一台计算机传播到另一台计算机）等攻击变得更为容易。

为降低 ISA 的可预测性，可以对软件代码进行混淆处理，使其仅能够在一台计算机上运行而在其他计算机中保持锁定状态。举个例子：代码的每个字节都用伪随机数加扰。在运行时，伪随机数的影响会被除去，从而恢复原始代码[17]。这意味着任何未使用伪随机数加扰的未授权程序会被恢复为随机位，从而阻止任何有针对性的恶意行为。或者，当指令在处理器和主存之间传输时，指令可以与密钥进行异或[18]。代码的这种混淆要么来自操作系统的支持，操作系统在执行之前对其进行安全的反混淆处理；要么由处理器的硬件在运行时对代码进行反混淆处理以确保正确的操作。

指令集混淆还可以干扰逆向工程机器代码的反汇编阶段，即将机器代码转换为人类可读的形式[19]。这可以通过在代码的指令流中谨慎地插入"垃圾字节"来实现。这些垃圾字节会导致自动反汇编程序错误地解释指令或程序的控制流程，但不会影响程序的功能（语义），因为它们在运行时是无法访问的指令。

14.2.5 PCB 混淆

PCB 设计容易受到与 SoC 中使用的 IP 类似的安全问题的影响。有效混淆 PCB 设计可以防止在制造和部署期间出现盗版、逆向工程或篡改。PCB 设计混淆的一种可能解决方案是在板上插入置换块[20]。利用复杂可编程逻辑器件（Complex Programmable Logic Device，CPLD）或 FPGA 实现的置换块会选择一组关键连接线（例如，微控制器的数据总线），并在连接线到达目的地之前基于密钥对它们进行置换。只有在将正确的密钥应用于 CPLD 或 FPGA 实现的置换块时，才能将置换解析为正确的配置。

14.3 硬件混淆方法

在本节中，我们将详细讨论一些已经经过深入研究的门级和布局级硬件混淆方法。

14.3.1 逻辑锁定

逻辑锁定方法通过在组合逻辑中插入新门来隐藏硬件 IP 的真实功能和结构[6,21,22]。我们将这些门称为"密钥门"。如前所述，这些新门有效地"锁定"了设计。插入这些门后，设计将重新综合并进行技术映射（即映射到目标技术节点的标准单元库）。该步骤在存在密钥门的情况下优化设计，并将结构转换传播到设计中除密钥门之外的其他部分。为了使混淆设计起作用，必须输入正确的密钥。输入错误密钥会产生错误输出。因此，IP 的授权用户必须获得混淆设计的正确密钥。

插入密钥门的位置的选择取决于混淆目标。目前已有许多关于密钥门插入的启发式方法的研究。其中最简单的形式是密钥门被随机插入设计中 [6]。这种形式能够使密钥门随机分布，从而使得整个设计的结构都会发生变化。其他启发式方法包括基于扇入/扇出锥的密钥门插入，这种方法需要考虑内部节点的扇入和扇出锥。输入锥较大的节点能够更好地抵抗暴力攻击和故障分析攻击，如本章后文所述。另一方面，当输入错误密钥时，输出锥较大的节点比输出锥较小的节点能够产生更多的错误输出。

让我们用一个例子来说明逻辑锁定方法。图 14-4a 显示了门级网表形式的原始设计，而在图 14-4b 中，该原始设计使用三个密钥门进行混淆处理。原始设计的功能输入是 A、B、C 和 D。输入线 $K1$、$K2$ 和 $K3$ 是密钥输入，它们连接到密钥门（XOR 和 XNOR）。如果输入正确的密钥（$K1=0$，$K2=1$，$K3=0$），设计将产生正确的输出；如果输入错误的密钥，它将产生错误的输出。

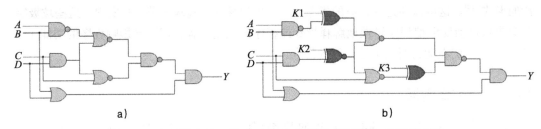

图 14-4　a）原始电路；b）包含三个密钥门（深灰色）的混淆电路

1. 安全属性和指标

一个好的混淆方法应当能够保护 IP 免受盗版和逆向工程威胁。然而，它需要额外的设计和测试/验证成本。大多数混淆方法在面积、功率消耗或延迟方面产生相当大的设计开销。让设计人员对混淆方法进行定量分析非常重要，这样在设计阶段就可以平衡安全性与设计/测试成本。接下来，我们将介绍混淆的相关属性以及安全性的定量指标。

1）**正确性**：逻辑锁定技术应该确保能够正确地完成原始功能，也就是说，在输入正确的密钥时，设计应该产生正确的输出。此属性继承自传统加密技术。

2）**熵和汉明距离**：逻辑锁定的技术应该能够抵抗通过观察先前的输入输出组合来猜测正确输出的攻击。为了防止此类攻击，有必要增加由于输入错误密钥而产生的错误输出的熵。换句话说，输入正确密钥产生的输出和输入错误密钥产生的输出，这两者之间的汉明距离在理想情况下应该是 50%。汉明距离表示由于输入错误密钥而产生的错误输出的熵 [21]。

3）**纠缠**：混淆设计的密钥门应当是不可移除的。由于攻击者（例如，不受信任的代工厂中的某个人）可以访问混淆设计的内部节点，他/她可以简单地移除密钥门，然后了解原始设计。

4）**输出可破坏性**：更高的输出可破坏性能够防止设计被黑盒使用，并且能够隐藏设计意图。首先，需要确保大量错误密钥都能产生错误输出。其次，对于每个错误密钥，需要增加错误输出的数量。差的输出可破坏性会产生"绕过攻击"的漏洞。例如，如果有一张混淆后的门级网表，它只针对一种密钥模式产生错误输出，这张门级网表可以通过检查特定密钥模式，并且强制在该密钥模式下输出正确的逻辑值（即"绕过"混淆逻辑），从而轻松地恢复原始功能[23]。这种能够"绕过"混淆逻辑的混淆设计可以以黑盒方式使用。此外，具有较差输出可破坏性的混淆设计可能更容易受到密钥致敏攻击（Key Sensitizing Attack，KSA）或其他攻击。

5）**抵抗密钥猜测攻击**：攻击者可以尝试根据先前观察到的输入/输出组合猜测正确的密钥值。为了使混淆设计能够抵抗这种密钥猜测攻击，密钥门的放置方式应该保证猜测到正确密钥值所需的输入输出组合的数量随密钥的大小呈指数增加。

6）**设计开销**：逻辑锁定技术应当尽可能地降低面积、功率消耗和延迟开销。上面列出的安全属性应该与开销一并考量，以满足应用程序的特定目标。

2. 逻辑锁定的潜在攻击

目前已有多种针对现有逻辑锁定技术的攻击方式。在这些攻击方式中，攻击者的主要目标是发现密钥。其中，针对混淆的"暴力攻击"会尝试所有可能的密钥组合，通过观察输出值来猜测正确的密钥。在这种情况下，攻击者的主要目标是找到正确的输出，产生正确输出的密钥就是正确的密钥。在最坏的情况下，攻击者需要为长度为 N 位的密钥尝试 2^N 个可能的密钥值。与传统加密技术类似，找到正确密钥的难度是密钥长度的指数函数。因此，对于足够长的密钥，例如 128 位或者更大，使用暴力攻击发现密钥在计算上是不可行的。需要强调的是，对于电路特定的原始输入，错误的密钥仍然可能产生正确的功能行为。因此，为了保证找到正确的密钥，必须要验证密钥对所有可能的输入组合都会产生正确的功能行为。

密钥致敏攻击[24]：密钥位的值可以利用自动测试模式生成（Automatic Test Pattern Generation，ATPG）工具获得，该工具能够从不同的 CAD 工具供应商（例如 Synopsys、Cadence、Mentor）处获得，并且测试工程师广泛使用该工具来为设计生成有效的测试模式。此攻击假设能够获得未加锁的芯片或者知道 IP 的正确功能行为。攻击者可以在不掩盖或者破坏其他密钥位和输出的前提下致敏特定密钥位，通过观察输出，可以确定致敏的密钥位的值，假定其他密钥位在致敏路径上不会产生干扰。一旦攻击者确定输入模式，该输入模式可以在不受干扰的情况下提升输出对密钥位的敏感度，那么他/她就可以将该输入模式应用于功能 IC。该输入模式将用于提升输出对正确密钥位的敏感度，通过观察输出，攻击者可以获得正确的密钥值。

布尔可满足性（SAT，SATisfiability）攻击 [24,25]：SAT 攻击是一种有效的从混淆设计中发现正确密钥的攻击，该攻击将设计建模为布尔可满足性问题，并使用启发式算法解决这一问题。与 KSA 类似，它也假设能够获得未加锁的芯片或者知道芯片的正确功能行为。SAT 攻击能够最大限度地减小密钥搜索空间，因此与暴力穷举攻击相比，它显著减少了查找正确密钥值所需的工作量。SAT 攻击利用区分输入模式（Distinguishing Input Pattern，DIP）来排除不正确的键值。对相同输入，如果至少存在两个密钥能够产生不同的输出，该输入就称为 DIP。在某些情况下，一个 DIP 就可以排除多个不正确的密钥值。SAT 攻击随机选择 DIP（或与底层 SAT 引擎的指示保持一致）。由于单个 DIP 排除了大量不正确的密钥，因此只需要很少的输入模式就能找出正确的密钥。

让我们考虑图 14-4b 中的示例电路，它是对图 14-4a 中的电路混淆后的结果。我们现在讨论如何对该电路实施 SAT 攻击。对于此攻击，攻击者需要混淆后的门级网表和功能 IC（或正确的功能输出）。混淆后的门级网表可以从不同来源（例如，不受信任的 DFT 插入设施或代工厂）获得，而功能 IC 则可以从公开市场中获得。攻击的第一步是从功能 IC 中找到输入输出对，然后，SAT 求解器工具随机选择 DIP 并尝试排除错误的密钥。图 14-5 显示了排除错误密钥的迭代过程。

图 14-5 显示了不同输入模式的功能输出。它还显示了图 14-4 中电路的不同输入与密钥组合产生的输出。在图 14-5 中，三位密钥的 8 个可能的密钥值分别表示为 key0，key1，……，key7，其中 key={K1, K2, K3}，key0={0, 0, 0}，key1={0, 0, 1}，……，key7={1, 1, 1}，依此类推。不同密钥产生的输出分别标记为浅灰色和加粗字体，其中加粗字体表示错误输出，浅灰色表示正确输出。在第一次迭代中，我们假设 DIP 被选择为 1111，在此迭代中，SAT 求解器将 key1 视为错误的密钥，因为该密钥的输出与正确的输出不匹配。因此，SAT 求解器将 key1 从密钥候选列表中删去。在第二次迭代中，假设选择 0011 作为 DIP，与第一次迭代一样，此次迭代删去密钥 key5。SAT 求解器工具需要进行多次迭代，不断排除错误的密钥。在此示例中，在 5 次迭代之后，已有 5 个密钥（key1, key3, key5, key6, key7）被排除，只留下 3 个可能的密钥，攻击者很容易就能通过逐个尝试从而找到正确的密钥。我们也可以看到，如果 SAT 求解器将 1100 或 1101 作为 DIP，那么仅需一次迭代，就能排除所有不正确的密钥。

在实际场景中，SAT 求解器不需要考虑每个密钥位。通常它只需要选择一部分密钥位，例如，在上面的例子中，2 个密钥位会被设置为已知的值，而忽略其他密钥位。这时，如果 SAT 求解器找到 DIP，则它将仅排除产生不正确输出的选定密钥位。这种方式可以显著减小正确密钥的搜索空间。

攻击的应对措施：为了使设计能够抵抗密钥猜测攻击，密钥门应该以让攻击者无法传播单个密钥门的输出的方式插入 [26]，也就是说，观察到的输出应该是多个密钥门相互影响的结果。密钥门的插入位置应该是精心选择的，使得密钥门之间互相阻挡彼此的致敏路径。科学的密钥门插入方式能够将所有密钥门集合起来，随着集团规模的扩大，攻击者所需的工作量也会大幅增加。

输入				输出	不同密钥值的输出								每一轮(i)排除的密钥
A	B	C	D	Y	key0(000)	key1(001)	key2(010)	key3(011)	key4(100)	key5(101)	key6(110)	key7(111)	
0	0	0	0	0	0	0	0	0	0	0	0	0	
0	0	0	1	1	1	1	1	1	1	1	1	1	
0	0	1	0	0	0	0	0	0	0	0	0	0	
0	0	1	1	1	1	1	1	1	1	0	1	1	i=2 >> key5
0	1	0	0	1	1	1	1	1	1	1	0	1	
0	1	0	1	1	1	1	1	1	1	1	0	1	
0	1	1	0	1	1	1	1	1	1	1	1	0	i=3 >> key7
0	1	1	1	1	1	1	1	1	1	0	1	1	
1	0	0	0	0	0	0	0	0	0	0	0	0	
1	0	0	1	1	1	1	1	1	1	1	0	1	i=5 >> key6
1	0	1	0	0	0	0	0	0	0	0	0	0	
1	0	1	1	1	1	1	1	1	1	1	1	1	
1	1	0	0	0	1	1	1	1	1	1	1	1	
1	1	0	1	1	1	1	1	1	1	1	1	1	
1	1	1	0	1	1	1	1	0	1	1	1	1	i=4 >> key3
1	1	1	1	1	0	1	1	1	1	1	1	1	i=1 >> key1

图 14-5　使用 SAT 攻击逐步排除错误密钥减小密钥搜索空间

为了让设计能够抵抗 SAT 攻击，可以将某些密码原语或抗 SAT 逻辑电路（称为抗 SAT 模块）合并到设计中。这种想法的目的是避免 SAT 求解器有效地减小密钥搜索空间，即强制它经历指数级的迭代次数。抗 SAT 模块是一个小型的电路，它接收来自原始电路的内部节点的输入以及部分密钥，并以指数级增加密钥搜索空间，大大地提高了 SAT 求解器找到正确密钥的难度。

14.3.2　基于门伪装的混淆

门伪装是一种混淆技术，且有证据表明其能够抵抗 RE 攻击[15,27-29]。在这种技术中，设计师在设计的选定位置插入可配置的伪装门，在这一点上，门伪装技术与逻辑锁定技术类似，不同点是插入的是可配置的伪装门而不是密钥门。用于伪装的 CMOS 逻辑单元可以被配置为针对相同的布局执行多种逻辑功能。图 14-6a 显示了一个示例单元，其中 19 个触点用于可配置的 CMOS 单元[15]。如果触点 2、4、6、8、11、12、16、17 为真实触点，其余为虚拟触点，则伪装单元作为 NAND 门操作。图 14-6b 显示了一个混淆电路，其中两个逻辑门被可配置的 CMOS 单元 C1 和 C2 取代。虽然攻击者可能能够成功地对电路布局实施逆向工程，但仍然很难确定伪装门的真实功能。因此，这一混淆电路隐藏了设计的功能，并使设计能够抵抗黑盒使用和结构逆向工程。

设计可配置 CMOS 单元的一种可能的方法是使用真实触点和虚拟触点[27,28]。真实触点将两个邻近层之间的电介质连接起来，这种连接是真实的电连接。而虚设触点则维持两个邻近层之间的间隙（通常由诸如 SiO₂ 之类的绝缘体填充），因此产生假连接。当攻击者试图执行基于自上而下的图形处理的 RE 攻击时，他将无法判断连接是真还是假，因为这通过现有的成像技术无法识别。

攻击与应对措施

要知道图 14-6b 所示设计的正确功能，攻击者必须考虑 $3^2=9$ 种可能的组合，因为单元 $C1$ 和 $C2$ 可以是 NOR、NAND 和 XOR 门。此外，在无法访问扫描链的情况下，攻击者只能将向量应用于电路的主输入（Primary Input，PI），并观察相应的输出，以验证猜测是正确还是错误。这使得攻击者的工作极具挑战性，因为伪装门的逻辑效果可能无法在主输出端直接观察到。在上面讨论的例子中，我们可以观察到以下内容：

1）对于输入"00"，观察输出可以很容易地将 XOR 门与 NAND 和 NOR 门区分开来，这是因为对于输入"00"，XOR 门输出 0，而 NAND 和 NOR 门输出 1。

2）对于输入"01"或"10"，观察输出可以很容易地将 NAND 门和 NOR 门区分开来，这因为 NAND 门输出 1，而 NOR 门输出 0。

基于这些观察，攻击者可以在 PI 处应用测试向量"001XXXXX"（X 表示无关值），该测试向量能够确保伪装门 $C1$ 的输入为"00"，并使 $C1$ 的输出对主输出（Primary Output，PO）$O1$ 敏感。当 $O1$ 为 1 时，$C1$ 将为 NAND 门或 NOR 门。这被称为基于 VLSI 测试的攻击。对于这种攻击方式而言，确定整个真值表是不必要的，因为若干致敏的输入输出对足以揭示伪装单元的功能。

为了抵抗基于 VLSI 测试的攻击，可以应用选择性的门伪装技术。在这种方法中，相互干扰的逻辑门被伪装，因此它们不会被致敏，因而不能直接观察到它们的输出[15]。当一个门位于另一个门和输出之间的路径上，或者两个门的输出合并到同一门上时，在这两个门之间会发生干扰。考虑图 14-6c 所示的例子，三个伪装门中没有一个伪装门可以被解析。如果不解析 $C2$ 和 $C3$，则无法从任何 PO 中观察到 $C1$ 的输出。然后，$C3$ 的输入不可控制，除非首先解析 $C1$。此外，$C2$ 的输入可控制性和输出可观察性都取决于 $C1$ 的功能。这将迫使攻击者使用暴力穷举攻击，即穷举这些伪装门的所有可能的功能组合[15]。对于每种可能的组合，攻击者必须模拟运行设计并将输出与正确运行的电路进行比较。

虽然基于门干扰的增强型 IC 伪装可以防止基于 VLSI 测试的攻击，但它无法确保能够抵御其他可能的攻击。例如，攻击者可以使用基于 SAT 的公式来确定伪装门的真实功能。在此次攻击中，SAT 求解器根据原始功能 IC 的输入输出模式返回伪装门的作用。

14.3.3 基于 FSM 的硬件混淆

前面讨论的逻辑锁定技术是针对组合电路的混淆技术，它不直接修改时序设计的状态机，尽管它能够间接影响状态机的下一状态转移逻辑，而后文将讨论的状态空间混淆技术则试图直接修改状态机以及与之相关的组合逻辑。

在数字时序电路中，FSM 是用于实现控制逻辑的抽象机。FSM 具有有限数量的状态，并且这些状态会不断地从一个状态转移到另一个状态。状态转移由 FSM 的输入和当前状态触发。通常，FSM 的状态用于驱动输出控制信号。FSM 的一个简单示例如图 14-7 所示，包括 FSM 的状态转移图和状态表。

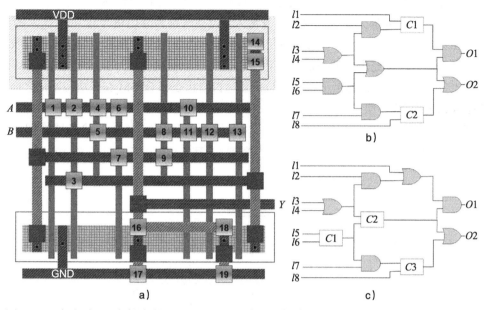

图 14-6　a）包含 19 个触点的可配置 CMOS 单元能够作为 NAND、NOR 和 XOR 门的功
　　　　能，其中可配置是通过编辑真实触点和虚拟触点实现的；b）包含两个伪装门 $C1$
　　　　和 $C2$ 的电路；c）修改 CMOS 单元的分布使电路能够抵抗基于 VLSI 测试的攻击

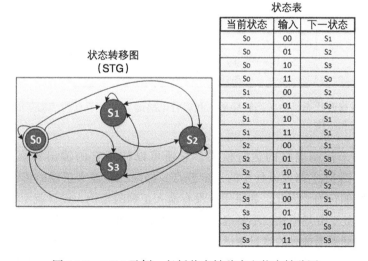

图 14-7　FSM 示例，包括状态转移表和状态转移图

状态空间混淆

为了启用状态空间混淆，设计人员需要修改 FSM 的状态转移函数以及内部电路结构，

修改后的 FSM 只有输入预定义的序列后才能使电路正常工作，预定义的序列即"密钥"[8]。修改时序电路的状态转移函数可以通过插入额外的 FSM，称为 OFSM 实现。插入的 FSM 可以将电路的所有或部分输入作为其自身输入（包括时钟和复位信号），同时插入的 FSM 也可以有多个输出。启动时，OFSM 将重置为初始状态，迫使电路处于混淆模式。收到输入序列后，OFSM 会经历一系列的状态转移。只有按照正确的顺序接收特定的输入序列，OFSM 才会转移到能够让电路正常工作的状态。初始状态和 OFSM 在成功初始化之前经历的状态构成 FSM 的"预初始化状态空间"。OFSM 在电路正常运行，即成功初始化之后经历的状态构成"后初始化状态空间"。图 14-8 显示了这样的 FSM 的状态转换图，其中 P0 ⇒ P1 ⇒ P2 是正确的初始化序列。输入序列 P0 到 P2 由 IP 设计者在对 IP 进行混淆时决定。

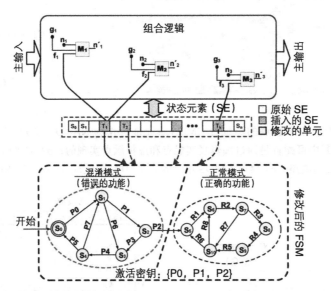

图 14-8　通过修改状态机的状态转移函数和组合电路部分内部节点的结构来混淆状态机的功能和结构

OFSM 可用于控制电路的运行模式。它还可以使用它的输出和修改单元（例如，图 14-8 中的 M_1 到 M_3）修改设计中的选定节点，如果没有输入正确的密钥，选定节点会极大地影响系统的行为。因此，如果用户没有输入正确的密钥，设计就不会运行于正常模式，并且会一直处于混淆模式，不断遍历无效状态，从而产生不正确的功能。

（1）状态空间混淆效果的度量指标

目前有两个定量评估混淆效果的指标。首先，功能差异可以使用大量输入模式的失败向量的数量来表示。结构混淆的效果可以通过原始设计和混淆后的设计之间的结构差异来表示。测量结构差异的一种方法是计算使用形式化验证工具验证原始网表和混淆后的网表时产生失败验证的百分比。验证工具在一组验证点上比较两种设计的差异，例如触发器输入或主输出。混淆效果度量指标提供了一种在设计阶段评估状态空间混淆质量的方法，允许设计者在特定面积、功率消耗和延迟时间的约束下尽可能地提高安全性。

（2）与其他混淆方法比较

在为给定 IP 选择适当的混淆方法时，需要考虑若干因素。IP 的类型（组合或时序）、在设计流程不同阶段（RTL 级和门级）的表示形式、可接受的开销和所需达到的安全性等都是需要考虑的相关参数。图 14-9 说明了三种主要混淆类型的上述特征。状态空间混淆可以应用于几乎所有的数字 IP 表现形式。此外，它仅需添加少量额外的触发器就能指数级地增加可达状态空间，因此指数级地增加熵。状态空间混淆的面积、功率消耗和性能开销也被证明是非常合适的。针对逻辑锁定的攻击，例如旨在恢复密钥的 SAT 攻击，在组合电路上被证明是有效的。但是它们对时序设计的有效性尚未得到充分研究。为了使 SAT 攻击或 KSA 攻击成功应用于时序设计，攻击者需要：1）将时序设计展开为组合设计，其中可能状态的数量呈指数级增长；2）获得输入到触发器的组合逻辑的内部输出。后者可以通过观察响应于输入模式而转储到扫描链的值来获得。然而，由于许多触发器可能并不是扫描链的一部分，或者芯片制造商在生产测试完成之后可能阻止访问扫描触发器，因此触发器的内部输入通常很难获得。

	状态空间混淆	逻辑锁定	伪装
方法	使用密钥转换和锁定状态转移函数	在选定位置添加可控的虚拟单元	在布局中添加可编程单元（需要保险丝）
抽象级	RTL 级、门级网表和布局级	门级网表和布局级	布局级
制造类型	传统制造技术和分割制造技术	传统制造技术和分割制造技术	主要面向分割制造技术
开销	低（增加 5%～10% 的面积和功率消耗开销，不增加性能开销）；不需要添加新端口	中等偏高；需要添加新端口用于输入密钥	中等偏高；需要编程逻辑
熵增加	指数级	线性	线性
应用	FPGA 和 ASIC	FPGA 和 ASIC	ASIC
安全性	• 指数级增加 RE 攻击的复杂度 • 就黑盒 IP 使用提供强保护 • 就木马攻击提供强保护	• 已知漏洞（SAT 和 ATPG 攻击） • 就木马攻击提供有疑问的保护	• 已知漏洞 • 就木马攻击提供有疑问的保护

图 14-9 时序电路和组合电路混淆的对比分析

另一方面，逻辑锁定技术已被证明易受若干功能和结构分析攻击。有效的混淆方法应当能够：1）防止通过功能分析获得密钥（例如，通过基于 SAT 的建模），2）避免会使混淆设计中的密钥门或者其他与逻辑锁定相关的结构改变容易被攻击者移除的结构签名。

14.4　新兴的混淆方法

FPGA 位流混淆

　　FPGA 配置文件，亦称为位流，是一种有价值的 IP，这种 IP 在系统设计和部署过程中容易遭受各种攻击。对位流的攻击包括未经授权的重新编程、逆向工程和盗版。现代高端 FPGA 器件支持加密位流，供应商指定的 FPGA 综合工具生成加密位流，加密位流在设计映射之前在 FPGA 器件内解密。这些 FPGA 器件包含片上解密硬件。位流加密在一定程度上提供抵御主要攻击方式（包括盗版）的安全性。然而，它以片上解密硬件为代价，这需要额外的硬件资源，同时会增加配置延迟和功率消耗。这就是低端 FPGA 器件通常不支持加密位流的原因。

　　加密位流的安全性依赖于加密密钥的安全性。在当前的业务模型中，当 FPGA 用于特定产品（例如，网络路由器）时，产品的所有实例都使用相同的加密密钥。原始设备制造商（Original Equipment Manufacturer, OEM）经常将 FPGA 编程步骤外包给第三方供应商，第三方供应商因此需要访问加密密钥。此外，对于远程升级，位流通常会与解密密钥一起发送。这两种做法都会导致密钥泄露，损害加密位流的安全性。在数学上，加密算法具有极强的抵御暴力穷举攻击的安全性。但是，在许多情况下，攻击者可以物理访问密钥，并且大多数加密硬件都容易受到侧信道攻击，例如，通过功率配置文件签名提取密钥[30]。

　　攻击者可以将未加密的位流转换为网表[31]，从而实现 IP 盗版和恶意篡改，包括木马插入。事实上，木马插入可能根本不需要转换步骤。在配置文件的空白区域插入木马的未使用资源利用技术[32]和映射规则提取技术[33]（一种常见的设计攻击方式）都可以用来恶意篡改位流。此外，如果硬件本身被克隆[34]，盗版位流可用于伪造硬件。

　　FPGA 位流混淆技术为保护位流免受上述攻击提供了有前景的解决方案。FPGA 架构可以使用可编程元件修改，使每个器件在架构上都彼此不同[35]。这改变了 FPGA 器件和位流之间的关联性，并且这种改变基于可配置的密钥。在这种技术中，每串位流都有其唯一的配置密钥，从而为每个器件产生唯一的位流。每个物理 FPGA 器件都有特定的位流。

　　这种技术可以防止现场位流重编程和 IP 盗版。这可以被视为针对 FPGA 位流安全性的多元化安全技术。此外，物理（静态）和逻辑（时变）配置密钥可以合并，确保攻击者不能使用关于一个设备的先验知识来对另一个设备发起攻击。允许应用这样的配置密钥的架构更改的示例如图 14-10 所示，其中 FPGA 内部资源（查找表，开关盒）中的配置存储（即 SRAM 单元）与 XOR 门连接。因此，即使位流以混淆形式存储在这些资源上，只要在操作时正确输入密钥，就能够实现期望的功能。

　　特定于设备的位流转换可以在供应商工具流的最后阶段完成，例如，在布局布线之后、在位流生成之前。位流使用特定于设备的配置密钥进行混淆，从而被节点锁定到特定 FPGA 设备上。除了节点锁定之外，位流混淆技术还能防止攻击者在其他设备中使用相同的位流，同时增加智能修改位流以破坏系统的难度。

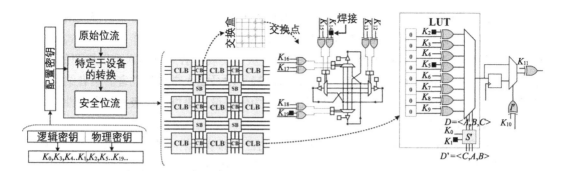

图 14-10　使用多元化 FPGA 架构的位流混淆方法概览。从左至右：两部分（物理和逻辑）
　　　　　密钥用于执行为特定架构生成的、特定于设备的位流混淆。混淆后的位流被映
　　　　　射到合适的 FPGA 设备。内部 FPGA 硬件资源需要扩充反混淆位流、恢复位流
　　　　　原始功能的逻辑。这样当映射到未授权设备上时，位流将不会执行正确的功能
　　　　　行为。由于逻辑密钥是时变的，与密钥紧密相关的架构也会根据时间不断变化，
　　　　　因此能够避免已知的攻击方式

　　位流混淆技术也可以应用于传统 FPGA 中，无须任何架构层面的修改[36]。FPGA 中的
“暗硅”，即 FPGA 中未被使用的查找表（Look-Up-Table，LUT）资源可用于实现 LUT 内
容的混淆。它有助于大幅降低混淆带来的开销。典型的岛式 FPGA 架构由多输入单输出的
LUT 阵列组成。通常，大小为 n 的 LUT 可以配置实现任何 n 个变量的函数，同时需要 2^n
位的存储空间用于存储函数的执行结果。FPGA 架构要求有足够的资源来满足最坏情况的
映射需求。例如，一些较新的 FPGA 可能支持 7 输入的函数，因此需要 128 位存储空间来
存储 LUT 内容。然而，典型的设计可能只需要利用其中 5 个或者更少的输入，很少会利
用所有 7 个输入。因此可以利用未充分利用的 LUT 资源用于混淆。例如，LUT 的未利用
输入可以转换为密钥输入，其中密钥输入（0 或 1）的特定值将选择执行原始功能，而另
一个值将产生错误输出。例如，考虑一个 3 输入 LUT，它包含 8 个内容位，用于实现 2 输
入的函数，$Z=f(X, Y)$。可以添加第三个输入 K，使得函数变为 $Z'=f(K, Z)$，其中当 K 为正
确值时，$Z'=Z$。由于中等复杂度的设计会占用数千个 LUT，因此有足够大的密钥来混淆整
个 IP。没有密钥的攻击者将无法使用 IP，或者无法智能地修改它。利用这种方法，同时
使用特定于设备的物理不可克隆函数生成的密钥进行混淆，对混淆设计进行节点锁定，从
而使位流仅在映射到特定 FPGA 设备时才起作用。

14.5　使用混淆技术对抗木马攻击

　　硬件混淆可以用来防止木马攻击。关于木马攻击，混淆可以通过两种方式提供方法：
1）通过隐藏设计意图，特别是对智能攻击者隐藏罕见事件或对插入木马有吸引力的载荷，
通过功能或侧信道分析来促进木马检测；2）使攻击者插入木马变得困难甚至可能无效。

研究人员研究了状态空间混淆作为防范木马攻击的措施[37]。混淆方案会修改给定电路的状态转移函数，扩大可达状态空间，并使电路能够在两种模式下工作：正常模式和混淆模式。这种修改混淆了内部电路节点的罕见性，从而使攻击者难以插入难以检测的木马。某些插入的木马可能仅在混淆状态下运行，这减轻了木马插入带来的危害。两者结合能够使硬件设计师更容易检测到硬件中的木马，能够为硬件设计提供更高级别的安全性，保护硬件设计免受木马攻击。

为了找到罕见的触发条件，攻击者需要准确估计内部节点信号的概率。实现这一点的一种方法是对给定电路进行多次随机初始化，然后向可达状态输入随机向量。然而，如果攻击者模拟的起始状态处于混淆模式，因为从混淆模式转换到正常模式的情况非常罕见，整个模拟过程可能一直处于混淆模式。其结果是，攻击者计算出的电路节点的信号概率将显著偏离其将在正常模式下进行模拟时应该计算出的值。类似的情况能够避免攻击者发现可观察性差的节点作为木马的潜在攻击载荷。因此，如果攻击者基于错误的可控性/可观察性设计并插入木马程序，很可能在制造后的逻辑测试中触发和发现木马。为了增加这种可能性，应该使混淆状态空间的大小与正常状态空间相比尽可能大，这可以通过添加 n 个额外的状态元素来实现。状态空间混淆可以在很大程度上提高随机模式的木马覆盖率，如图 14-11 所示。

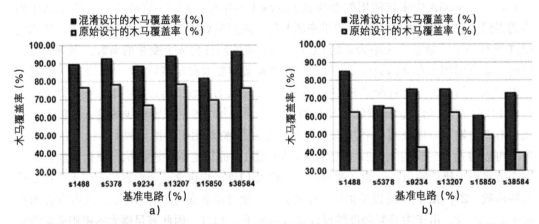

图 14-11　若干混淆后的 ISCAS89 设计（使用状态空间混淆）与原设计相比在木马覆盖率上的提高：a）两个触发节点的木马；b）四个触发节点的木马

14.6　动手实践：硬件 IP 混淆

14.6.1　目标

本实验的目的是帮助学生探索用于保护 IP 的硬件混淆的概念。使用 HaHa 平台，同学将学会如何使用多种混淆技术来保护硬件设计免受非预期的使用，例如盗版和逆向工程。本实验也会指导学生对混淆后的设计进行攻击，目的是获得设计正确的功能行为，或者原始设计结构。

14.6.2 方法

实验的第一部分演示设计的组合混淆,第二部分则关注设计的时序混淆。学生首先需要将样例设计映射到 HaHa 平台的 FPGA 中,然后需要应用基于密钥的逻辑锁定机制,混淆后的设计将产生错误的输出除非输入正确的密钥。

14.6.3 学习结果

通过做实验,学生将学习如何将硬件混淆技术应用于任何给定的设计,他们还将学习如何平衡安全性和成本(例如面积、功率消耗和性能)。

14.6.4 进阶

如果想要进一步探索本主题,可以尝试使用复杂攻击方式(例如 SAT 攻击)破坏混淆机制,获得密钥,提高混淆过程的健壮性。

如果想要获得实验的详细内容,请访问 http://hwsecuritybook.org/。

14.7 习题

14.7.1 判断题

1. 硬件 IP 的逆向工程被认为是非法的。
2. 所有软件混淆方法均不适用于硬件 IP。
3. 在某些情况下,IC 供应链中的设计公司是不受信任的。
4. 为了使逻辑锁定的输出熵最大,汉明距离应为 100%。
5. SAT 攻击可直接找到用于混淆的密钥。
6. 集成了门伪装技术的设计的功能永远不会被逆向工程。
7. 攻击使用门伪装技术混淆的设计不需要整张真值表。
8. 在状态空间混淆中,添加修改单元以隐藏新插入的 FSM。
9. 攻击者无法对混淆后的位流进行逆向工程从而获得 FPGA 网表。
10. FPGA 映射设计总是高效地映射,在查找表的存储单元中几乎不留任何未利用的空间。

14.7.2 简答题

1. 在半导体供应链中,从 IP 供应商的角度来看,不受信任的设计公司的安全和信任问题是什么?
2. 当设计公司将设计发送给不受信任的制造商时,列出 IC 供应链中所有可能的安全和信任问题。
3. 为什么加密不是保护硬件 IP 的足够好的解决方案?这种方法有哪些局限性?
4. 简要讨论针对逻辑锁定的 SAT 攻击。此外,描述在 SAT 攻击过程中生成的区分输入模式(Distinguishing Input Pattern,DIP)的效果。
5. FPGA 架构中哪些可编程资源可以修改用以启用位流混淆?

6. 在状态空间混淆过程中，对于具有 18 个主输入的混淆 IC 应用 256 位密钥的最小时钟周期是多少？假设只有 16 个主输入可用于输入混淆密钥。

7. 攻击者可以通过哪种方式识别在基于 FSM 的混淆中插入的用于输入混淆密钥的 FSM？

8. 讨论组合混淆和时序混淆之间的差异。

14.7.3 详述题

1. 确定图 14-12 中逻辑加密电路的正确密钥（换句话说，什么密钥能够使 $x=x'$ 和 $y=y'$）。请说明理由。

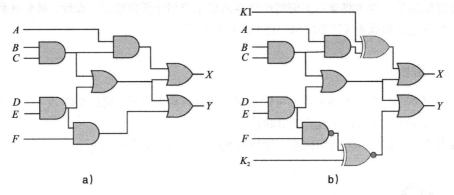

图 14-12 a）原始设计；b）混淆设计

2. 描述 IC 供应链每个阶段存在的漏洞。

3. 简要描述可能的基于混淆的解决方案，用于在供应链的不同阶段抵制硬件 IP 盗版。

4. 对于状态空间混淆，就功能和结构攻击，分别描述对混淆设计可能的攻击方式来对混淆设计进行逆向工程。能够抵抗 SAT 攻击吗？请说明理由。

5. 讨论特定的硬件混淆方法如何使木马插入变得困难。详细说明任何众所周知的混淆方法。

6. 讨论 RTL 混淆的不同方法。

7. 描述节点锁定 FPGA 位流的两种方法，并比较它们的主要区别。

8. 假设 2 输入的 XOR 函数被映射到 3 输入 LUT 中（图 14-13a），其中用附加密钥 K 进行混淆处理（图 14-13b）。能够为位流提供 XOR 操作的正确的密钥是多少？是 $K=0$ 吗？如果应用了错误的密钥，则输出正好相反。按以下顺序写 8 位二进制数：Bit_{111}……Bit_{000}。

* 提示：查看文献 [36] 中描述的混淆方法。

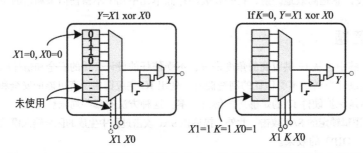

图 14-13 a）2 输入函数的查找表；b）3 输入函数的混淆后的查找表

参考文献

[1] C. Collberg, C. Thomborson, D. Low, A taxonomy of obfuscating transformations, Technical Report, Department of Computer Science, The University of Auckland, New Zealand, 1997.

[2] R.S. Chakraborty, S. Bhunia, RTL hardware IP protection using key-based control and data flow obfuscation, in: VLSI Design, 2010. VLSID'10. 23rd International Conference on, IEEE, pp. 405–410.

[3] A.R. Desai, M.S. Hsiao, C. Wang, L. Nazhandali, S. Hall, Interlocking obfuscation for anti-tamper hardware, in: Proceedings of the Eighth Annual Cyber Security and Information Intelligence Research Workshop, ACM, p. 8.

[4] M. Brzozowski, V.N. Yarmolik, Obfuscation as intellectual rights protection in VHDL language, in: Computer Information Systems and Industrial Management Applications, 2007. CISIM'07. 6th International Conference on, IEEE, pp. 337–340.

[5] J.A. Roy, F. Koushanfar, I.L. Markov, Ending piracy of integrated circuits, Computer 43 (2010) 30–38.

[6] J. Rajendran, Y. Pino, O. Sinanoglu, R. Karri, Logic encryption: a fault analysis perspective, in: Proceedings of the Conference on Design, Automation and Test in Europe, EDA Consortium, pp. 953–958.

[7] N.A. Touba, E.J. McCluskey, Test point insertion based on path tracing, in: VLSI Test Symposium, 1996.

[8] R.S. Chakraborty, S. Bhunia, HARPOON: an obfuscation-based SoC design methodology for hardware protection, IEEE Transactions on Computer-Aided Design of Integrated Circuits and Systems 28 (2009) 1493–1502.

[9] B. Yang, K. Wu, R. Karri, Scan based side channel attack on dedicated hardware implementations of data encryption standard, in: Test Conference, 2004. Proceedings. ITC 2004. International, IEEE, pp. 339–344.

[10] K. Vaidyanathan, R. Liu, E. Sumbul, Q. Zhu, F. Franchetti, L. Pileggi, Efficient and secure intellectual property (IP) design with split fabrication, in: Hardware-Oriented Security and Trust (HOST), 2014 IEEE International Symposium on, IEEE, pp. 13–18.

[11] F. Imeson, A. Emtenan, S. Garg, M.V. Tripunitara, Securing computer hardware using 3D integrated circuit (IC) technology and split manufacturing for obfuscation, in: USENIX Security Symposium, pp. 495–510.

[12] U. Rührmair, S. Devadas, F. Koushanfar, Security based on physical unclonability and disorder, in: Introduction to Hardware Security and Trust, Springer, 2012, pp. 65–102.

[13] K. Vaidyanathan, B.P. Das, E. Sumbul, R. Liu, L. Pileggi, Building trusted ICs using split fabrication, in: Hardware-Oriented Security and Trust (HOST), 2014 IEEE International Symposium on, IEEE, pp. 1–6.

[14] J.J. Rajendran, O. Sinanoglu, R. Karri, Is split manufacturing secure?, in: Proceedings of the Conference on Design, Automation and Test in Europe, EDA Consortium, pp. 1259–1264.

[15] J. Rajendran, M. Sam, O. Sinanoglu, R. Karri, Security analysis of integrated circuit camouflaging, in: Proceedings of the 2013 ACM SIGSAC Conference on Computer & Communications Security, ACM, pp. 709–720.

[16] Y. Xie, C. Bao, A. Srivastava, Security-aware design flow for 2.5D IC technology, in: Proceedings of the 5th International Workshop on Trustworthy Embedded Devices, ACM, pp. 31–38.

[17] E.G. Barrantes, D.H. Ackley, T.S. Palmer, D. Stefanovic, D.D. Zovi, Randomized instruction set emulation to disrupt binary code injection attacks, in: Proceedings of the 10th ACM Conference on Computer and Communications Security, ACM, pp. 281–289.

[18] G.S. Kc, A.D. Keromytis, V. Prevelakis, Countering code-injection attacks with instruction-set randomization, in: Proceedings of the 10th ACM Conference on Computer and Communications Security, ACM, pp. 272–280.

[19] C. Linn, S. Debray, Obfuscation of executable code to improve resistance to static disassembly, in: Proceedings of the 10th ACM Conference on Computer and Communications Security, ACM, pp. 290–299.

[20] Z. Guo, M. Tehranipoor, D. Forte, J. Di, Investigation of obfuscation-based anti-reverse engineering for printed circuit boards, in: Proceedings of the 52nd Annual Design Automation Conference, ACM, p. 114.

[21] J. Rajendran, H. Zhang, C. Zhang, G.S. Rose, Y. Pino, O. Sinanoglu, R. Karri, Fault analysis-based logic encryption, IEEE Transactions on Computers 64 (2015) 410–424.

[22] S. Dupuis, P.-S. Ba, G. Di Natale, M.-L. Flottes, B. Rouzeyre, A novel hardware logic encryption technique for thwarting illegal overproduction and hardware Trojans, in: On-Line Testing Symposium (IOLTS), 2014 IEEE 20th International, IEEE, pp. 49–54.

[23] Xiaolin Xu, Bicky Shakya, Mark M. Tehranipoor, Domenic Forte, Novel bypass attack and BDD-based tradeoff analysis against all known logic locking attacks, in: International Conference on Cryptographic Hardware and Embedded Systems, Springer, 2017, pp. 189–210.

[24] P. Subramanyan, S. Ray, S. Malik, Evaluating the security of logic encryption algorithms, in: Hardware Oriented Security and Trust (HOST), 2015 IEEE International Symposium on, IEEE, pp. 137–143.

[25] M. El Massad, S. Garg, M.V. Tripunitara, Integrated circuit (IC) decamouflaging: reverse engineering camouflaged ICs within minutes, in: NDSS.

[26] J. Rajendran, Y. Pino, O. Sinanoglu, R. Karri, Security analysis of logic obfuscation, in: Proceedings of the 49th Annual Design Automation Conference, ACM, pp. 83–89.

[27] L.-w. Chow, J.P. Baukus, C.M. William Jr., Integrated circuits protected against reverse engineering and method for fabri-

cating the same using an apparent metal contact line terminating on field oxide, 2002, US Patent App. 09/768,904.

[28] L.W. Chow, J.P. Baukus, B.J. Wang, R.P. Cocchi, Camouflaging a standard cell based integrated circuit, 2012, US Patent 8,151,235.

[29] R.P. Cocchi, J.P. Baukus, L.W. Chow, B.J. Wang, Circuit camouflage integration for hardware IP protection, in: Proceedings of the 51st Annual Design Automation Conference, ACM, pp. 1–5.

[30] A. Moradi, A. Barenghi, T. Kasper, C. Paar, On the vulnerability of FPGA bitstream encryption against power analysis attacks: extracting keys from Xilinx Virtex-II FPGAs, in: Proceedings of the 18th ACM conference on Computer and Communications Security, ACM, pp. 111–124.

[31] J.-B. Note, É. Rannaud, From the bitstream to the netlist, in: FPGA, vol. 8, p. 264.

[32] R.S. Chakraborty, I. Saha, A. Palchaudhuri, G.K. Naik, Hardware Trojan insertion by direct modification of FPGA configuration bitstream, IEEE Design & Test 30 (2013) 45–54.

[33] P. Swierczynski, M. Fyrbiak, P. Koppe, C. Paar, FPGA Trojans through detecting and weakening of cryptographic primitives, IEEE Transactions on Computer-Aided Design of Integrated Circuits and Systems 34 (2015) 1236–1249.

[34] K. Huang, J.M. Carulli, Y. Makris, Counterfeit electronics: a rising threat in the semiconductor manufacturing industry, in: Test Conference (ITC), 2013 IEEE International, IEEE, pp. 1–4.

[35] R. Karam, T. Hoque, S. Ray, M. Tehranipoor, S. Bhunia, MUTARCH: architectural diversity for FPGA device and IP security, in: Design Automation Conference (ASP-DAC), 2017 22nd Asia and South Pacific, IEEE, pp. 611–616.

[36] R. Karam, T. Hoque, S. Ray, M. Tehranipoor, S. Bhunia, Robust bitstream protection in FPGA-based systems through low-overhead obfuscation, in: ReConFigurable Computing and FPGAs (ReConFig), 2016 International Conference on, IEEE, pp. 1–8.

[37] R.S. Chakraborty, S. Bhunia, Security against hardware Trojan attacks using key-based design obfuscation, Journal of Electronic Testing 27 (2011) 767–785.

第 15 章

PCB 认证和完整性验证

15.1 PCB 认证

仿冒的 PCB 通常在功能、性能或可靠性方面和正版的 PCB 不同，但仍作为正版的 PCB 出售。与 IC 类似，PCB 的生产周期也很长，并且涉及的生产商也是全球分布，这些生产商并不都是互相信任的。如图 15-1 所示，PCB 生产周期可能包括设计公司、制造商、电路板装配商、测试合作伙伴和系统集成商。由于越来越依赖各种第三方实体，PCB 越来越容易受到仿冒攻击。仿冒可以由不受信任的第三方完成，第三方获得 PCB 的布局并克隆或过量生产。此外，与 IC 相比，PCB 更容易进行逆向工程，这同样使它们极易受到攻击者的克隆攻击，即使攻击者甚至可能没有 PCB 布局和规格。因此，仿冒 PCB 已经变得十分普遍。迄今为止，已有大量用于防止仿冒 IC 的解决方案，然而，现有的芯片级完整性校验方法并不能轻易应用于 PCB。

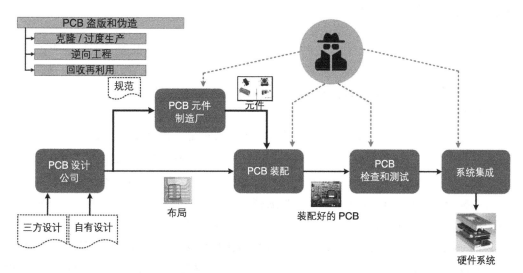

图 15-1　PCB 供应链的典型阶段，PCB 供应链使 PCB 容易遭受来自不受信任的实体的仿冒攻击，攻击方式可以是克隆、过量生产、逆向工程或者废旧 PCB 回收再利用

仿冒 PCB 可划分为多个类别。最常见的仿冒形式是完全克隆整个 PCB。这可以由不受信任的实体来完成，而该实体可以访问原始设计和规范。如前所述，PCB 主要是在不受信任的制造工厂生产的。这些工厂中的恶意人员可以克隆或过量生产 PCB 设计。它也可以通过逆向工程材料清单（Bill-of-Material，BoM），或者在现场部署的制造 PCB 的布局来仿冒 PCB。此外，PCB 代工厂或测试工厂中丢弃的有缺陷的 PCB 也可能被这些工厂中的轮班工人拾取。这些 PCB 可以与其他元件装配在一起，然后作为正版产品销售给客户。某些 PCB 被购买、使用、翻新，然后作为新产品出售，这个过程涉及多方参与。这些仿冒 PCB 的质量可能很差，会过早地产生故障，性能会下降，可能存在潜在损坏点，会导致用户丢失信息，原因是仿冒 PCB 的电路板材料可能不可靠或者电路板的结构不良。废弃和翻新的 PCB 在仿冒 PCB 的分类中可称为再生 PCB。这些仿冒的 PCB 可能还具有其他不需要的功能或恶意电路，即硬件木马[1]。

研究人员研究了各种特定于 PCB 的参数，以创建独特且特定于 PCB 板的签名，可用于认证 PCB。其核心思想是在 PCB 制造完成之后获得其唯一标识签名。这类似于使用 PUF 生成唯一指纹来认证 IC，如第 12 章所述。全新 PCB 的黄金签名将存储于数据库中。在现场，每当需要验证 PCB 的真实性时，就让 PCB 即时生成签名，并将现场生成的签名与黄金签名比较。如果两个签名的差异超出给定阈值，那么给定 PCB 将被标记为仿冒或未经认证。在本章中，我们将介绍一些基于签名的身份认证技术。15.2 节介绍可用于提取 PCB 签名的不同偏差来源。15.3 节讨论提取签名的方法。15.4 节介绍用于评估签名质量的指标。最后，在 15.5 节中，讨论了其他潜在的身份认证技术。

15.2 PCB 签名的来源

在 PCB 的制造流程中会引入各种物理的、电学的和化学的偏差。这种固有的偏差源可用于生成 PCB 的认证签名。在具有健壮而唯一的签名的情况下，可以轻松地将正版 PCB 和仿冒 PCB 区分开来。理想情况下，用于认证的任何签名应具有以下特征：1）随机——签名必须是不可预测的；2）不可克隆——每个单元的签名是唯一的，不能被另一个单元克隆；3）健壮——即使在不同的环境条件下（例如，电源电压、温度），也应该能够可靠地获得签名。如果签名对环境条件极其敏感，那么当这些条件变化时，身份认证可能会失败。只有偏差源本身就具有上述特性，由偏差源生成的签名才具有上述特性。一些内部电路板级的、用于 PCB 认证的签名生成技术中使用的熵源如图 15-2 所示，并将在下一节中讨论。需要强调的是，PCB 认证的替代方法是将特定于器件的唯一标识号存储到 PCB 内的一次性可编程熔丝上。然而，与上面提到的内在特征相比，外在特征易于遭受各种形式的侵入性攻击，这些攻击可以访问和改变它们。这样的签名也更易于复制，攻击者可以故意将它们复制到克隆 PCB 上。

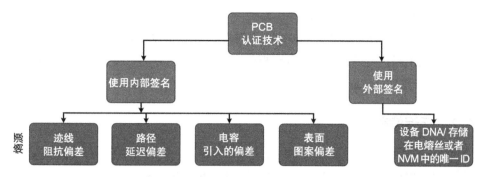

图 15-2　PCB 认证方法和使用的熵源

15.2.1　迹线阻抗偏差

PCB 通常由成百上千的分布在电路板上的金属迹线组成（图 15-3a）。这些金属迹线通常由不同厚度的铜（Cu）线制成。这些迹线受制于随机的制程变异，例如长度或宽度的随机偏差。这种偏差导致直流电阻、交流阻抗和通过这些线路的信号传播延迟发生变化。因此，迹线阻抗的偏差可用于板级唯一签名的生成[2]。

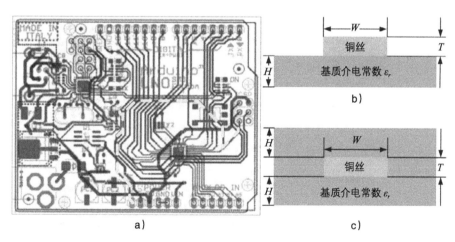

图 15-3　a）Arduino UNO R3　SMD Edition 电路板的布局，其中一条迹线被特别标记（黑
色粗虚线）。大多数 PCB 的布局都与本示意图类似，包含大量迹线；b）单层或多
层 PCB 的微带线；c）多层 PCB 的带状线

PCB 的两种基本迹线类型是：微带线和带状线。在单层 PCB 上，微带线是底层铜线的主要类型。然而，在多层 PCB 中，两种类型的迹线都会使用。因此，考虑到铜线和衬底电介质，不同的 PCB 可能具有不同的迹线阻抗模型。这些迹线类型的横截面显示在图 15-3b 和图 15-3c 中。这些迹线的阻抗（z_0）取决于铜线的宽度和厚度、迹线自身的厚度和基板的介电常数。在 PCB 制造过程中，迹线的尺寸在宽度和高度上都不是完全均匀的，并且

衬底的介电常数也会根据 PCB 的面积变化。这些因素都是在制造过程中引起迹线阻抗变异的原因。任意两块板的迹线阻抗都会有所不同，并且可以使用测试设备测量。同一电路板中多条迹线的阻抗可以共同构建电路板的唯一特征，基本上可以充当 PUF，因此可以用于 PCB 完整性校验或认证。

15.2.2　延迟偏差

PCB 也可以使用在 JTAG 测试基础设施中获得的、高质量的、基于延迟的签名进行认证 [3]。大多数现代 IC 自带的边界扫描链架构（Boundary-Scan chain Architecture，BSA）是目前主流 PCB 都会使用的 DFT 结构。如图 15-4 所示，在这种扫描架构中，若干边界扫描单元（Boundary-Scan Cell，BSC）以链的形式连接在一起。这些 BSC 的连接方式和移位寄存器彼此连接形成边界扫描寄存器的方式相同。它们用于在 PCB 测试过程中将特定测试模式转移到 IC 的逻辑核心。被测 IC 相应的响应也可以通过扫描链移出。根据给定设计制造的多个 PCB 包含相同的扫描路径布线。然而，由于 IC 和 PCB 的制造工艺的细微差异，通过不同电路板的相同扫描路径的数据仍然会有略微不同的延迟。通过测量 BSC 路径的这种延迟，可以生成用于认证的唯一签名。

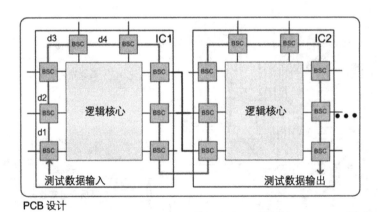

图 15-4　PCB 设计中围绕 IC 逻辑核心的边界扫描路径。路径包含若干扫描单元，以链的形式连接在一起

15.2.3　电容导致的偏差

可以在 PCB 中引入额外的迹线或元件，例如电容单元，刻意引入熵源。它们可用于为制造出来的电路板生成独特的签名。这种电容单元可以由一组精心制作的铜图案组成，专门用于放大制程变异 [4]。每个电容单元可以和 PCB 中的专用传感硬件结合。传感硬件根据相应电容单元的制程变异输出包含特定频率值的信号。通过比较从这些独立的电容区域中提取出来的频率，可以实现类似 PUF 的签名。为了确保能够产生健壮且可区分的特

征，每个电容单元的电容在制造过程中应该经历足够大的制程变异。同时，与板载寄生效
应相比，电容应足够大，从而具有一定的抗噪性。

电容器单元可以设计在 PCB 的不同层中，具有特定数量的端子，如图 15-5 所示。这
些端子可能包含按照特定图案绘制的铜迹线，特定图案能够增加制造过程中产生偏差的可
能性[4]。研究人员测试了锯齿形铜图案（参见图 15-5）。每层都包含这样的图案，它们可
以与"轴"上的通孔连接。这形成了"齿状"结构，其中每个"齿"被另一个端子的"齿"
包围，在充电时可产生侧向和垂直电场。此外，电容器单元可以埋在 PCB 的内部层中以
提高抗噪性。制造过程中不同参数的偏差引起了迹线图案的不同物理特征。这些差异能够
改变电容器的内部电场并改变其电容值。一些制造工艺偏差如下：

- 图案掩模未对准导致各种形状的铜图案（局部偏差）。
- 化学蚀刻过程的偏差（局部偏差）。
- 电路板厚度不同（全局偏差）。
- PCB 层内的微小错位 / 移位（全局偏差）。

在上述偏差中，局部偏差是指影响若干独立单元的偏差，而全局偏差则表示对整个
PCB 都有影响的偏差。

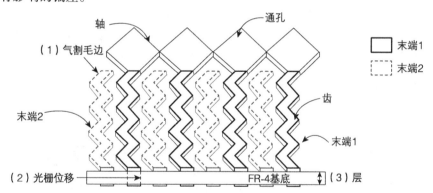

图 15-5　在 PCB 上制造的双层齿状迹线图案的三维表示，这种图案可充当为签名生成过
　　　　　程提供偏差源的电容器

15.2.4　表面图案差异

PCB 制造过程中的缺陷可能导致 PCB 可视表面图案的差异。表面图案的差异可用于
生成用作 PCB 认证的签名。这些可视图案能够在 PCB 的各种可观察元件中找到，例如层
间连接通孔、布线和电源迹线、表面贴装器件（Surface Mount Device，SMD）和焊盘[5]。
图 15-6 展示了 PCB 中的一些元件。现代 PCB 中常见的夹层连接通孔基本上都是 PCB 表
面上的小镀孔。这些通孔的作用很多，但它们的主要作用是连接不同的 PCB 层。它们的
质量在确保 PCB 质量方面起着至关重要的作用。通孔的表面图案偏差可能由多种因素造
成，包括：

- 通孔表面的精加工过程。
- 钻孔的偏差。
- 焊接掩模边界和通孔边缘之间的距离。
- 通孔的角度（在 3D 视图中可观察）。

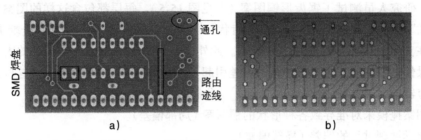

图 15-6　a）包含通孔、迹线和 SMD 焊盘的 PCB 表面照片；b）PCB 表面的 X 射线计算机断层扫描图像[5]

PCB 的通孔表面包含若干不同尺寸、形状和方向的细小线，可以在通孔的显微图像中观察到不同通孔之间的差异。图 15-7 显示了两个通孔的图案[5]。由于制程变异，可以在通孔表面观察到各种随机形状 / 尺寸的标记和点。可以利用这些像随机噪声一样的图案为 PCB 创建唯一标识符。由于通孔对准是一项极具挑战性的任务，因此在制造迹程中不可能所有通孔都没有错位。因此，这些通孔都是偏差的来源。此外，可视表面图案之间的差异是绝对不可预测的，也不能控制。即使在恶劣的环境中，基于通孔的可视指纹也应该是健壮的。这些通孔图案目前仍未使用，也没有电子元件焊接在它们上面。最后，获取表面图案并非难事。总的来说，表面通孔有可能为 PCB 认证提供唯一而健壮的签名。

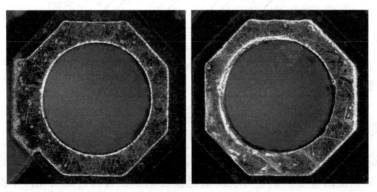

图 15-7　由制程变异引起的可在通孔表面观察到的各种随机形状 / 尺寸的标记和点

15.3　签名获得和认证方法

虽然 IC 级的制程变异已被广泛利用于实现 PUF[6]，但是利用这种功能开发研究板级的偏差一直很缺乏。想要利用底层偏差，必须有有效的签名提取方法。在制造过程中，每个 PCB 都需要提取签名并存储到中央数据库中，如图 15-8 所示。除了原始制造商之外的第三方机构也可以进行此注册过程。在现场，为了认证给定 PCB 的真实性，必须按照规定方法提取签名，而后将提取的签名发送到中央数据库以校验给定 PCB 是否真实。如果签名存在于中央数据库中，则认为 PCB 是真实的，否则认为 PCB 是仿冒的。下面，我们根据前述 15.2 节中讨论的多种偏差源讨论生成相应签名和进行 PCB 认证的方法。

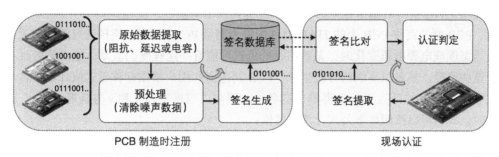

图 15-8　PCB 注册和认证的一般流程：制造完成后，提取每个 PCB 的签名并存储在中央数据库中。在现场，生成 PCB 的签名，而后查询中央数据库来验证 PCB 的真实性

15.3.1　利用 PCB 阻抗偏差

自动化测试固定装置被广泛应用于现代 PCB 的生产过程。飞针作为测试固定装置，能够安全地连接设计中的测试点，为制造商和系统设计人员提供质量保证。为了获得 PCB 中基于迹线阻抗的签名，可以利用已有的飞针，也可以引入额外的飞针来自动测量一组预先确定的迹线的阻抗和电阻。

文献 [2] 中提出的基于迹线阻抗签名进行 PCB 认证的方法分为两个阶段，如图 15-9 所示。第一阶段，PCB 制造商选择一组适当的迹线。在所有正版 PCB 上以稳定的频率测量这些迹线的阻抗。签名是通过测量阻抗以离线的方式产生的。被选中的迹线及其阻抗存储于特定的数据库中。第二阶段，从市场上获得 PCB 的系统设计人员或用户需要为每个 PCB 测量相同迹线的阻抗，并计算签名，然后将其与存储在数据库中的签名进行比较。如果生成的签名与数据库中的签名不匹配，则断定 PCB 是伪造的。

由于 PCB 包含数百条迹线，因此为生成签名而选择迹线的实用方法是选择经过多个通孔的迹线。

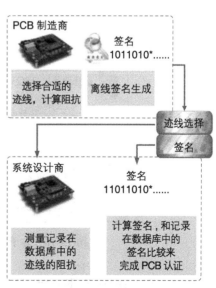

图 15-9　基于迹线阻抗的 PCB 认证流程的总体步骤

回想一下第 4 章，通孔是在电路板上钻出的一个小孔，它将顶层铜板连接到底层。每个电路板制造商蚀刻铜基板以及对通孔进行钻孔和电镀的技术都是不一样的，这使得与之相关的迹线的阻抗也有更大的偏差。因此，如果以上述方式选择用于生成签名的阻抗，就能够最大化签名的随机性。

15.3.2   利用延迟偏差进行认证

使用 JTAG 实现的基于延迟的 PCB 认证分为两个阶段[3]，流程如图 15-10 所示。第一阶段，PCB 制造商将 PCB 上的 JTAG 器件配置为测量 PCB 上 BSC 路径延迟所需的适当状态。当温度或电源电压变化时，某些路径的延迟可能有一定程度的波动，生成签名时不应选择这些路径。签名以离线的方式生成。PCB 制造商和用户根据标称延迟值计算签名。通过比较两条路径的延迟可以获得单个签名位。例如，当将路径 x 和 y 与延迟 d_x 和 d_y 进行比较时，我们可以按照如下公式计算签名位：

$$s = \begin{cases} 1, & d_x > d_y \\ 0, & \text{其他} \end{cases}$$

按照上述方法，可以获得更长的位串（即 256 位）作为识别每个 PCB 的完整签名。BSC 路径的位置、标称延迟和签名需要存储在中央数据库中。第二阶段，现场的用户需要以相同的方式在 PCB 上配置 JTAG，并测量所选 BSC 路径的延迟。然后计算签名，将签名与存储在数据库中的签名进行比较。如前所述，如果在数据库中找不到生成的签名，则认为 PCB 是伪造的。

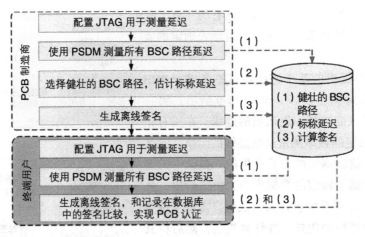

图 15-10   基于 JTAG 的 PCB 认证流程的主要步骤

15.3.3   利用电容引起的偏差

为了利用电路板电容的固有偏差产生签名，可以安装若干电容单元，如图 15-11 所示。电容单元通过若干辅助元件连接到测量电路。每个测量电路产生一个信号，信号的频率反应与之相对应的电容单元的特征。由于制程变异，电容单元之间的频率通常是不同的。将测量的频率成对比较以生成签名位。完整的签名将具有若干位，每个位由唯一的频率对生成。使用预先存储的随机序列来置换这些签名位。置换后的签名代表原始形式的 PCB 签名。需要强调的是，环境和操作条件的波动可能会在生成的签名中引入错误。因此，需要预先存储纠错码并利用纠错码校正原始形式的签名，从而生成最终形式的签名。

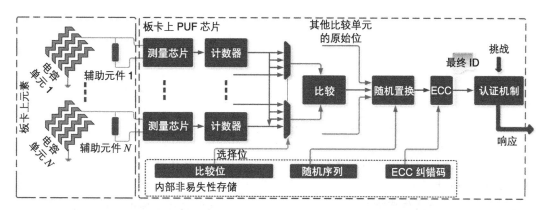

图 15-11　电容引起的偏差的提取流程，以及利用这种偏差生成签名并进行 PCB 认证的流程

注册过程在电路板制造完成后进行，每个 PCB 都需要收集针对不同挑战产生的签名。挑战通常定义为哪些电容单元的频率需要被比较。因此，对于每个 PCB，存在若干不同的挑战响应对，这能够提供良好的安全性。在注册过程中，不同挑战产生的不同签名及其相应的随机序列可以存储在数据库中。在现场认证期间，验证电路板的用户输入特定挑战，PCB 将生成针对该挑战的响应。将生成的响应与注册期间存储在数据库中的响应进行比对检查。如果签名匹配，PCB 将被认为是真实的。

15.3.4　使用 PCB 表面图案的偏差

要利用 PCB 表面图案生成指纹，必须获得 PCB 表面高分辨率的照片。即使是 PCB 表面非常细小的点（例如，标记、纹理、大小和形状失真）也必须在照片中看到。因此，照片必须由高分辨率的相机拍摄，相机分辨率至少是目标特征尺寸的两倍[5]。

它首先使用合适的成像技术对 PCB 表面进行数字化处理。数字化处理后需要消除照片中存在的噪声[5]。然后从 PCB 表面的给定区域中提取签名。下一步是计算从特定电路板中提取出来的签名和该电路板的黄金签名/指纹之间的相似度。最后，根据相似度判断上述电路板是正版的还是伪造的。由于大多数电子设备都覆盖有塑料膜，因此必须提供在现场认证期间在不移除塑料膜的前提下对 PCB 表面图案进行拍照的技术。这可以通过基于 X 射线的计算机断层扫描（Computer Tomography，CT）技术来实现。目前工业 CT

硬件能够捕获微分辨率的细节。图 15-6b 显示了 PCB 表面的 X 射线断层摄影图像。PCB 表面认证的后续步骤如图 15-12 所示。由于图像捕获过程中可能由于未对准表面而产生几何失真，因此预处理步骤是必要的，用于消除噪声。该步骤涉及对同一图像的若干张照片进行平均，并且进一步应用中值滤波以减少噪声。它可以大大提高拍摄照片的质量。

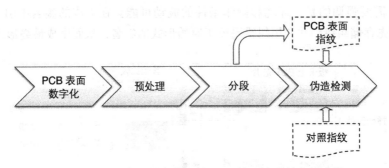

图 15-12   基于表面图案偏差的 PCB 认证流程的主要步骤

分割步骤中可以应用模板匹配技术来识别照片中的目标区域。由于用于提取指纹的区域必须是电路板上的一个子区域，因此分割步骤是至关重要的。最后，分割后的区域可以按照以下几种方式生成指纹。一种方法是从目标区域提取若干预定特征的定量值。如果子区域中存在大量特征，则可以从中获得签名。但是，现有方法都是直接使用分割后的子区域。在认证过程中，使用相似性测量技术，例如归一化互相关（Normalized Cross-Correlation，NCC）技术，将目标 PCB 的分割区域和黄金区域进行比较，NCC 技术通常用于人类指纹识别。

制造过程完成后，需要获得所有正版 PCB 的黄金签名（预处理且分割后的区域的表面图像）。获得的签名存储于数据库中。现场认证时，计算目标 PCB 的黄金签名和现场获得的签名的 NCC 值。如果相似度小于给定阈值，则认为目标 PCB 不是正版 PCB，而被认定为仿冒 PCB。

15.4   签名的评估指标

用于评估基于签名的 PCB 认证方案的质量的最常用的指标是汉明距离（Hamming Distance，HD）。HD 是两个签名之间的差异量。为了清楚地区分两块电路板，理想情况下，两者签名的 HD 应该为 50%。这种不同电路板的签名之间的差异量称为板间 HD。与此相对应的是，对于同一块电路板，其在两个不同时间获得的签名在理想情况下应该是相同的，同一块电路板在不同时间获得的签名之间的差异量称为板内 HD。然而，由于测量和环境的变化，不同时间获得的签名通常总是存在一些差异。因此，签名的板内距离或板间距离应非常接近 0%。

图 15-13a 显示了利用迹线阻抗偏差产生的多个 PCB 签名的板间 HD 的直方图。很明

显，分布主要集中在 50%（0.5）附近。相反，板内 HD 则主要是 0%。因此，由迹线阻抗产生的特征看起来是唯一且健壮的。对于利用 JTAG 获得的由扫描链路径延迟生成的签名也可以得出类似的结论（图 15-14）。

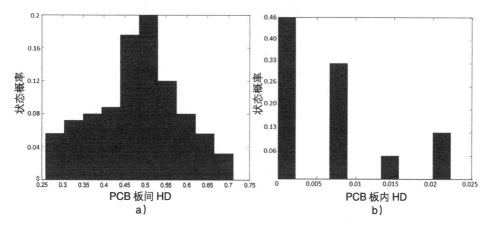

图 15-13　a）基于迹线阻抗偏差的签名的 PCB 板间 HD；b）PCB 板内 HD

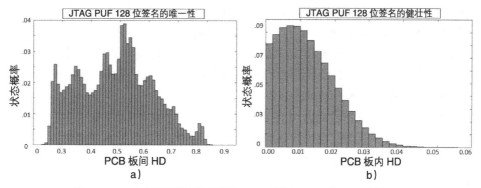

图 15-14　a）基于延迟的签名的 PCB 板间 HD；b）PCB 板内 HD

15.5　新兴解决方案

15.5.1　系统级双向认证

系统级双向认证方法可同时用于认证硬件和固件，如文献 [8] 中所述。在这种方法中，硬件通过在固件加电自检期间校验固件和认证固件。另一方面，固件也可以认证硬件的身份，其通过校验硬件的唯一指纹来认证硬件。

在上述框架中，首先在 PCB 装配完成后，PCB 制造商会生成一个系统 ID（System ID，SID），并将 SID 返回给系统设计人员。SID 是根据系统中存在的不同芯片的 ID（Chip

ID，CID）创建的，是这些 CID 的异或值。这个 ID 是独一无二的，可以抵抗克隆，因为它永远不会暴露在外面。系统装配完成后，系统的每个 SID 都会存储在可信系统集成商站点的安全数据库中，以便将来进行身份认证。为了防止使用克隆的 PCB，目标硬件的固件会被混淆，它只有在接收到正确的系统 ID 时才会正常工作。整个系统制造和装配完毕后，它们必须要运送到原始系统设计人员处，由设计人员补充混淆后的固件。

当系统在现场上电启动时，必须构造 SID 以使系统进入正常运行模式。系统内处理单元（例如，处理器、数字信号处理器、FPGA 或微控制器）负责创建 SID。处理器还有一个安全协议，用于从芯片中收集所有已加密的 SID。唯一的 SID 为硬件提供了出色的保护。如果其中任意一个 IC（包括处理器）被替换为其他的（具有不同 SID 的再生或低档次的对应物），它将反映在 SID 中。对于被攻陷的系统，其 SID 从未在系统集成商的数据库中注册。系统 ID 提供了一种检测非正版硬件的简便方法。但是，它无法阻止攻击者创建这种非正版硬件。另一方面，攻击者无法从混淆后的固件中重建原始固件。这两者结合才能够防止攻击者创建盗版系统。

15.5.2 使用共振频率进行双向认证

文献 [9] 中提出了一种新颖的线圈结构，能够捕获不同的偏差源，以生成 PCB 的唯一签名。图 15-15a 显示了该该线圈结构。该方案的前提假设是，由于 PCB 中存在大量的凹口，这种星形线圈结构应当比传统直筒线圈结构具有更大的电阻（导线电阻）、电容（得益于齿状多层设计）和电感（得益于星形形状）偏差。因此，该方法可以捕获制造过程中的多种偏差源，包括边缘倒圆、密度和对准偏差。

星形线圈结构可用于产生每个线圈都唯一的共振频率（Resonance Frequency，RF）。当对线圈施加电压时，星形线圈的频率可以从最小值扫描到最大值。在特定频率下，通过线圈的电流最大，此时，阻抗最小。该频率即为共振频率。以下等式定义了 RLC 电路的共振频率：

$$f_{res} = \frac{1}{2\pi\sqrt{LC}}$$

在上面的等式中，f_{res} 是指以赫兹为单位的共振频率，L 是以亨利为单位的电感，C 是以法拉为单位的电容。由于阻抗和共振频率之间存在反比关系，因此阻抗的微小变化能够引起共振频率的巨大的变化。因此，f_{res} 的值应该每块板都不同。星形线圈能够以并联或串联的方式进行扩展（图 15-15c 和图 15-15d）。这能够引入更多的偏差，从而产生大量唯一签名。

前述星形线圈结构仅为每个板提供一个签名。理想情况下，安全可靠的身份验证方案需要大量的质询签名对。为了适应这一特性，可以根据外部跳线将若干个星形线圈以各种可能的组合方式连接成一条通路。认证时需要输入挑战以定义星形线圈的组合方式，每个挑战形成的通路都是不同的，其生成的签名也将是唯一的。

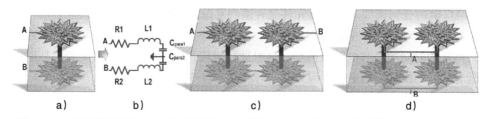

图 15-15　星形线圈结构：a）基本配置；b）等效 RLC 电路；c）串联线圈和 d）并联线圈

15.6　PCB 完整性验证

PCB 几乎是所有电子系统的组成部分，包括负责执行各种安全关键应用的电子系统。因此，这些电路板非常容易被篡改。篡改可能通过安装 IC、焊接线、重新布线以规避或替换现有块，添加或更换元件，利用迹线、端口或测试接口以及许多其他巧妙的方式来实现。通过篡改游戏机控制台内的 PCB 来规避数字版权管理（Digital Right Management，DRM）一直是 PCB 篡改的最常见例子[10]。通过禁用内置的限制策略，用户能够玩盗版游戏，或者未经授权的游戏。防止篡改的一种方法是在部署之后主动监视 PCB 的完整性。但是，目前很少有可用于验证 PCB 完整性的方法。后文将介绍一些 PCB 完整性验证技术。

15.6.1　基于迹线阻抗偏差

PCB 内的铜制迹线用于元件之间的互连。为了使元件能够与 PCB 交互，元件的引脚必须以直接或间接的方式连接到某些 PCB 迹线。这可能导致铜制迹线的阻抗产生可观察的变化。因此，可以监视关键迹线的阻抗值以指示系统内的附加电路。

为了实现这种方法，PCB 供应商必须在部署之前收集大量关键迹线的理想阻抗值（图 15-16）。这些阻抗值必须存储在非易失性存储器中，操作时从中提取值并与实时测量值比较，以确保关键路径的完整性。即使是焊接熔滴（用于将导线 / 引脚连接到迹线）也会让受影响的迹线产生可测量的差异，任何修改都会被检测到。系统可以配置为一旦识别出物理修改就禁用 PCB 的功能。

15.6.2　基于 JTAG 的完整性验证

基于 JTAG 的 PCB 认证方法已在本章前面讨论过。同样的想法可以推广到 PCB 完整性验证中。由于 JTAG 基础设施能够访问连接到边界扫描单元的路径，从这些路径的延迟中能够提取特定于电路板的签名，通过组合来自大量路径的延迟以创建电路板的唯一签名。任何影响这些路径的修改都会导致延迟的变化，从而无法产生正确的签名。因此，如果已知给定板的所有扫描路径的理想延迟，那么就能够利用理想延迟来评估直接或间接连接到 JTAG 链的任何迹线、引脚或元件是否遭到篡改。验证协议可以在系统启动时从防篡改的非易失性存储器或云中获得理想延迟。与基于迹线阻抗的验证类似，理想延迟将在操作时以固定的时间间隔与电路板的实际延迟进行比较。该技术的一个重要要求是理想延迟应该随着时间的推移不断更新，因为延迟可能因为器件的老化而改变。

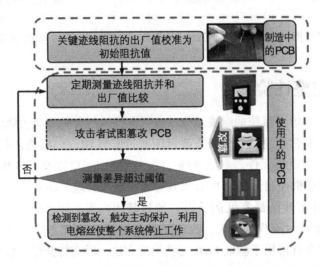

图 15-16　框图显示了通过检测迹线阻抗实现 PCB 安全性的一般方法

15.7 动手实践：PCB 篡改攻击（破解芯片）

15.7.1 目标

在本实验中，学生将有机会针对 PCB 实施名为"破解芯片"的物理攻击，替换 PCB 的原有功能。

15.7.2 方法

使用 HaHa 平台，学生需要更改存储密钥的 EEPROM 的行为。实验的第一部分让学生定位主要模块，观察模块之间的连接关系，并识别数据和电源端口。而在第二部分中，学生将修改 EEPROM，强制 EEPROM 向目标模块提供密钥。

15.7.3 学习结果

通过做实验，学生将学习如何实施"破解芯片"攻击，并学习如何在最低限度修改系统的前提下打破系统的安全原语，并产生尽可能大的影响。他们还将学习如何保护设备免受篡改攻击。

15.7.4　进阶

如果想要进一步探索本主题，可以实施更加可控的攻击方式，例如，允许攻击者控制发送到模块的密钥值，或者让系统行为产生更复杂的变化。

如果想要获得实验的详细内容，请访问 http://hwsecuritybook.org/。

15.8　习题

15.8.1　判断题

1. PCB 无法克隆，除非攻击者从制造商处获得了原始 PCB 的布局。
2. 大多数 IC 认证技术可直接用于 PCB 认证。
3. 同一电路板内的相同迹线具有相同的路径延迟和阻抗。
4. 边界扫描链架构（BSA）可用于支持设计测试（DFT）解决方案。
5. 为生成签名而植入的电容单元可以埋入 PCB 的内部层以提高抗噪性。
6. 制造过程中 PCB 层的对齐不准仅导致参数的局部变化（即迹线阻抗）。
7. 通孔仅用于连接 PCB 的不同层。
8. 虽然各种基于签名的 PCB 认证过程的偏差源不同，但签名提取过程是相同的。
9. 使用纠错码可以解决因环境变化导致的签名变化。
10. 给定 PCB 的唯一签名不会在认证中增加任何值。

15.8.2　简答题

1. 对不同类型的仿冒 PCB 进行分类。
2. 良好的用于 PCB 认证的签名应具有哪些理想的特征？
3. 为什么使用相同设计制造的多个 PCB 的相同迹线的阻抗和延迟会有所不同？
4. 在 IC 或 PCB 设计中，边界扫描链架构的传统用途是什么？
5. 有哪些制程变异可能导致植入的用于 PCB 认证的电容单元的电容不同？

15.8.3　详述题

1. 描述可用于 PCB 认证的两种不同的偏差源。
2. 描述电路板电容的变化如何用于 PCB 签名生成和认证。
3. 讨论通常用于描述 PCB 认证签名质量的指标。
4. PCB 中的星形线圈结构如何用于设计物理不可克隆函数？你是否可以提出类似的新颖结构来从 PCB 中提取更多偏差？详细描述你的机制。
5. 当 PCB 部署在恶劣环境条件下（例如，高温环境）时，PCB 产生的签名可能与其黄金签名不同。你容忍这些错误的机制是什么？

参考文献

[1] S. Ghosh, A. Basak, S. Bhunia, How Secure are Printed Circuit Boards against Trojan Attacks? IEEE Design & Test 32 (2015) 7–16.

[2] F. Zhang, A. Hennessy, S. Bhunia, Robust Counterfeit PCB Detection Exploiting Intrinsic Trace Impedance Variations, in: VLSI Test Symposium (VTS), 2015 IEEE 33rd, IEEE, pp. 1–6.

[3] A. Hennessy, Y. Zheng, S. Bhunia, JTAG-based Robust PCB Authentication for Protection against Counterfeiting Attacks, in: Design Automation Conference (ASP-DAC), 2016 21st Asia and South Pacific, IEEE, pp. 56–61.

[4] L. Wei, C. Song, Y. Liu, J. Zhang, F. Yuan, Q. Xu, BoardPUF: Physical Unclonable Functions for Printed Circuit Board Authentication, in: Computer-Aided Design (ICCAD), 2015 IEEE/ACM International Conference on, IEEE, pp. 152–158.

[5] T. Iqbal, K.-D. Wolf, PCB Surface Fingerprints based Counterfeit Detection of Electronic Devices, Electronic Imaging 2017 (2017) 144–149.

[6] G.E. Suh, S. Devadas, Physical Unclonable Functions for Fevice Authentication and Secret Key Generation, in: Proceedings of the 44th Annual Design Automation Conference, ACM, pp. 9–14.

[7] HuaLan Technology, PCB clone, http://www.hualantech.com/pcb-clone, 2017. (Accessed 3 December 2017), [Online].

[8] U. Guin, S. Bhunia, D. Forte, M.M. Tehranipoor, SMA: a System-Level Mutual Authentication for Protecting Electronic Hardware and Firmware, IEEE Transactions on Dependable and Secure Computing 14 (2017) 265–278.

[9] V.N. Iyengar Anirudh, S. Ghosh, Authentication of Printed Circuit Boards, in: 42nd International Symposium for Testing and Failure Analysis, ASM International.

[10] S. Paley, T. Hoque, S. Bhunia, Active Protection against PCB Physical Tampering, in: Quality Electronic Design (ISQED), 2016 17th International Symposium on, IEEE, pp. 356–361.

第四部分

硬件攻击和保护的新趋势

第 16 章　系统级攻击和防御对策

第 16 章

系统级攻击和防御对策

16.1 引言

在现代计算系统中，硬件和软件栈相互协调实现系统功能。尽管前几章主要讨论硬件本身的安全问题，但它们没有涉及硬件安全的另一个重要方面，即提供安全软件执行的基础设施。此外也并未详细描述硬件在保护芯片或 PCB 上资产免受恶意软件的作用。同样，保护应用程序的数据 / 代码免受另一个潜在恶意应用程序的攻击也没有得到解决。硬件需要支持针对软件攻击的安全性，包括从操作系统到应用程序的所有级别软件栈。这些攻击可以通过功能性或侧信道漏洞挂载。在本章中，我们将讨论软件引发的硬件攻击的各种场景和可能的对策。

系统中的软件栈运行在 CPU 上，而 CPU 是目前最常用集成处理器 IP 的片上系统（SoC）。这些系统与 CPU、FPGA 和 GPU 日益集成，而后三者也作为特定应用的加速器。这种现象引入了越来越复杂的硬件 - 硬件和硬件 - 软件交互模式，并衍生出了一个终极问题："我们到底该如何保护我们的系统？"。在本章中，我们将首先研究 SoC 中存在的安全问题。接下来将重点讨论设计安全 SoC 的一些要求。但是在讨论系统级安全问题之前，我们需要了解现代 SoC 的架构，以及在 SoC 中如何进行软硬件交互。我们还需要了解 SoC 安全的当前实践。本章剩下部分主要讲述 SoC 安全的相关背景，讨论通过软硬件交互安装的各种漏洞和攻击场景，并给出了各种解决方案。

16.2 SoC 设计背景

一个标准的简化版 SoC，它的主要组成部分如图 16-1 所示。它集成了 SoC 设计公司开发的 IP 块（或从各 IP 供应商处获得），并使用互连结构实现所需的功能。集成到 SoC 中的主要 IP 块包括处理器核心（运行软件堆栈）、内存（充当处理器缓存）、密码模块（用于功能安全措施）、电源管理和通信模块（例如 USB 模块）。互连结构可以通过以下三种方式之一或它们的任意组合来实现：1）IP 块之间的点对点连接；2）基于总线的通信架构，该架构使用具有适当仲裁逻辑的共享总线;3)芯片上网络(NoC)架构,IP 通过专门设计的"路由器"进行通信,路由器负责将消息从一个点传送到另一个点。图 16-2 展现了通信架构的三种主要类型。总的来说,SoC 设计的性能在很大程度上取决于其通信架构的效率。

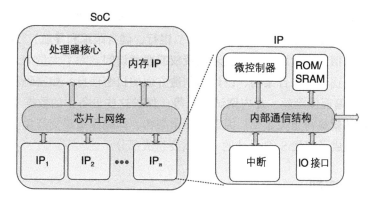

图 16-1 现代 SoC 架构,由多个 IP 块通过互连结构连接而成

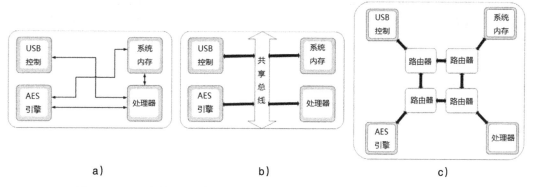

图 16-2 SoC 架构:a)点对点互连;b)共享总线互连;c)片上网络互连

SoC 中 IP 块的设计通常包含几个标准化接口和通信协议,与基于总线和 NoC 结构进行接口。IP 与结构的 SoC 集成过程需要配置 IP 块的接口,并植入胶合逻辑将它们连接到街道。为方便 SoC 的集成,人们开发了片上总线架构标准。这些标准通常是针对处理器架构,并且与 IP 供应商生成的生态系统保持一致。例如,来自 IBM[1] 的 CoreConnect 总线架构和来自 ARM[2] 的 AMBA 就是分别绑定到相应的处理器(如 PowerPC 和 ARM 处理器)和 IP 生态系统。由于缺乏标准化的 IP 接口和集成过程,点对点架构不适合大型复杂的 SoC。随着 IP 数量的增加,它们还面临可伸缩性的问题。

16.3 SoC 安全需求

在本节中,我们将介绍 SoC 设计人员需要考虑的安全需求。这些需求是根据 SoC 生命周期不同阶段的潜在不利因素和攻击向量而制定的。

16.3.1 SoC 资产

SoC 资产可以广义地定义为存储在芯片中的系统关键信息和安全敏感信息。由于计算设备会被用于大量高度个性化的活动（如购物、银行、健身跟踪和导航），这些设备可以访问大量敏感的个人信息，所以必须防止未经授权或恶意访问。除了大量个人信息之外，大量的现代计算系统还包含来自架构、设计和制造方面的机密信息，如密码和数字权限管理（DRM）密钥、可编程保险丝、片内调试仪表等。保护这些设备中的数据不受未经授权的访问和最终的损坏就显得至关重要。因此，安全架构，即确保敏感资产免受恶意、未经授权访问的机制，构成了现代 SoC 设计的一个重要组成部分。

16.3.2 攻击者模型

为了确保资产受到保护，设计人员需要全面了解恶意攻击方。几乎所有安全机制的有效性都十分依赖于对攻击模型的仿真程度。相反，大多数安全攻击的成功都在于能打破对攻击者所做的一些假设。攻击者的概念根据资产的不同而有所不同。例如，在保护 DRM 密钥的情况下，终端用户将可能成为攻击者，而在保护终端用户的私有信息的情况下，内容提供者（甚至系统制造商）就可能包含攻击者。与其将特定类别的用户作为攻击者来对待，不如为每个资产建立对应的攻击者模型，并根据该模型定义保护和减轻策略。对潜在攻击者进行定义和分类是一个创造性的过程，它需要各种考虑，如攻击者是否具有物理访问权限，以及是否可以观察、控制、修改或逆向工程哪些元件。

16.3.3 SoC 调试性设计

正如在第 1 章中提到的，SoC 的安全需求常常与测试性设计（DFT）和调试性设计（DfD）的基础设施相冲突。DfD 是指芯片上用于芯片功能和安全性硅后验证的硬件。验证的一个关键要求是硅执行过程中内部信号的可观察性和可控性。在现代 SoC 设计中，DfD 包括各种设备，如追踪关键硬件信号、寄存器和内存数组的转储内容的设备、对微代码和固件进行补丁的设备，以及创建用户定义的触发器和中断的设备。为了降低攻击者通过调试基础设施（如从加密 IP 到处理器 IP）监听传输数据的风险，应使用标准的加密基元来保护数据。在为 SoC 生成片外密钥时，必须保护密钥位不受其他 IP（尤其是任何不可信的 IP）的潜在窥探。这可以通过创建安全感知型测试和调试基础设施来实现，包括对 IP 的本地测试（调试）单元进行相应的修改，从而有效地阻止其他 IP 观察关键位[3]。图 16-3 展现了这些修改示例。

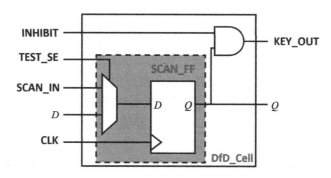

图 16-3 修改后的扫描单元, 通过屏蔽输出 INHIBIT 信号 [3] 来实现密钥的安全传输

16.3.4 安全策略简介

SoC 安全性是由保护系统资产免受未经授权访问的需求驱动的。这种访问控制可以通过保密性、完整性和可用性需求 (即 CIA) 来定义 [4]。安全策略的目标是将需求映射到"可操作的"设计约束, 这些设计约束可以被 IP 实现者或 SoC 集成商用来开发保护机制。以下是 SoC 安全策略的两个示例。

- 例 1: 在启动时, 除了特定目标外, SoC 中的任何 IP 都不能观察到加密引擎传输的数据。
- 例 2: 包含安全密钥的可编程保险丝可以在生产过程中更新, 但不能在生产后更新。

例 1 是保密性需求, 而例 2 是完整性约束。而安全策略就提供了对访问某个资产时需检查的具体情况。此外, 执行状态 (如, 加载时间或正常执行), 或者开发生命周期中位置的不同, 都会导致对资产的访问产生差异。下面是一些具有代表性的策略类, 虽然并不能详尽无遗, 但也恰恰反映了安全政策的多样性。

1) **访问控制**: 这是最常见的策略, 它规定 SoC 中的不同代理如何执行的不同阶段访问资产。这里的"代理"可以是 SoC 任何 IP 中的硬件或软件元件。上述例子 1 和例子 2 就是该策略的很好例子。此外, 访问控制还是其他安全策略的基础, 如信息流、完整性和安全加载等。

2) **信息流**: 攻击者有时可以通过间接观察或中间计算"窥探"的方法, 在不直接访问的情况下推断安全资产值。而信息流策略就可以限制这种间接推断, 举一个信息流策略的例子:

- 密钥遗忘: 仅仅通过窥探低安全性通信结构上的加密引擎数据, 低安全性 IP 无法推断密钥。

信息流策略很难分析。它们通常需要高度复杂的保护机制和高级数学参数来保证正确性。因此, 它们一般仅用于具有非常高机密性要求的关键资产。

3) **活性**: 该策略确保系统在执行过程中不会出现"停滞"。一个经典的活性策略: IP 对资源的请求之后会紧跟一个最终响应。而偏离这种策略可能导致系统停顿, 从而损害系统可用性需求。

4）Time-of-check 与 time-of-use（TOCTOU）：该策略是指那些访问需要授权资源的代理实际上都是已授权的代理。TOCTOU 的一个典型例子是，固件更新时，该策略要求在更新时最终安装的固件与通过安全或加密引擎验证为合法的固件相同。

5）安全加载：系统的加载需要对各种重要的安全资产进行通信，如易用性配置、访问控制优先级、加密密钥、固件更新和硅后可观察性信息等。因此，加载对 IP 和通信提出了严格的安全要求。加载期间的单个策略可以是访问控制、信息流和 TOCTOU。然而，将它们合并到统一的加载策略中通常会更方便。

大多数系统级策略是由系统架构师在风险评估阶段定义的。然而，随着新技术新知识和约束的出现，它们会在架构的不同阶段，甚至是在早期的设计和实现活动中，继续被细化优化。例如，在特定产品的架构定义期间，人们可能会意识到密钥遗忘策略不能按照该产品的说明实现，因为由于资源限制，需要在与密码引擎相同的 NoC 上连接多个 IP。在观察某些密钥时，通过将一些 IP 标记为"安全"，可以改进策略定义。策略可能还需要根据客户或产品需求的变化进行改进或更新。这种改进可能会使验证方法（甚至严格的安全架构）的开发变得非常具有挑战性。更糟糕的是，很少有谁会正式地以可分析的方式指定安全策略。一些策略可能在不同的架构文档中会使用自然语言进行描述，而更多的策略（特别是在系统生命周期的后期确定的细化方案）仍然没有文档化。

除了系统级策略之外，还有"较低级别"策略，例如，IP 之间的通信由结构策略指定。以下是一些典型的结构政策：

消息不变性 如果 IP A 向 IP B 发送一条消息 m，那么 B 接收到的消息必须恰好是消息 m。

重定向和伪装预防 如果 IP A 发送一条消息到 IP B，那么消息必须交付给 B。IP C（潜在的流氓软件）是不可能伪装成 B，或除了 IP B，消息是不会重定向到 IP D。

不可观察性 从 A 到 B 的私有消息在传输期间不能被另一个 IP 访问。

上述描述并未充分描述实现策略所涉及的复杂性。假设 SoC 配置如图 16-4 所示，并假设 IP0 需要向 DRAM 发送一条消息。通常，消息将通过 Router3、Router0、Router1 和 Router2 路由。然而，这样的路由允许通过软件重定向消息。每个路由器都包含一个基本地址寄存器（BAR），用于为特定目的地进行消息路由。在推荐的路径中，路由器 Router0 连接到 CPU。该路由器中的 BAR 可能被主机操作系统覆盖，主机操作系统可以将通过 Router0 传递的消息重定向到不同的目的地。因此，除非主机操作系统受信任，否则无法通过此路由发送安全消息。要理解重定向的潜力，需要了解 fabric 操作、路由器设计（如 BAR 的使用）以及软件在对抗角色中的功能。

除了上述一般策略之外，SoC 设计还包括特定资产的通信约束。下面列出了与安全加载相关的潜在 fabric 策略。此策略可以确保保险丝控制器生成的密钥在传输到密码引擎存储时不会被嗅探。

- **加载时密钥不可观察性**：在加载过程中，从保险丝控制器到密码引擎的密钥，不能通过连接任何具有用户级输出接口的 IP 的路由器传输。

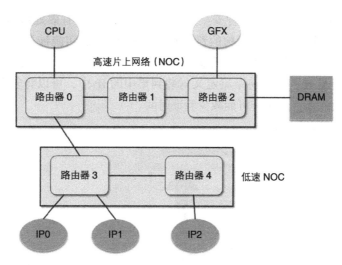

图 16-4　一个简单的 SoC 配置：SoC 设计包括几种不同速度和功率分布的片上结构。对于
　　　　该配置，有一个高速 fabric 与三个路由器线性连接，一个低速 fabric 与两个路由
　　　　器也线性连接

16.4　安全策略执行

这个小节主要介绍安全策略的执行，这些策略对于确保硬件级别的安全性是必不可少
的。下面几节将讨论一些安全策略和"集中式策略定义架构"，该架构负责执行安全策略。

集中式策略定义架构

在安全策略实现方面，当前行业遵循的是分布式 ad-hoc 实现方法。然而，这种方法通
常需要很高的设计和验证成本。最近 [5,30] 人们已经在尝试开发一种称为 E-IIPS 的集中式、
灵活的架构，以规范的方式实现安全策略，其理念是：提供一个易于集成、可伸缩的基础
设施 IP，作为 SoC 设计的集中资源，以最小的设计工作量和硬件开销来保护 SoC 免受各
种安全威胁。图 16-5 显示了 E-IIPS 的总体架构。它包括一个名为安全策略控制器（SPC）
的硬件升级模块，可以使用固件代码，按照现有的安全策略语言的形式，实现各种形式和
类型的系统级安全策略。SPC 模块使用与 IP 集成的"安全包装器"与 SoC 中的组成 IP 块
进行接口。这些安全包装器扩展了 IP 的现有测试（如基于 IEEE 1500 边界扫描的包装器 [32]）
和调试包装器（如 ARM 的 CoreSight 接口 [31]）。这些安全包装器检测实现策略相关的本地
事件，并支持集中化 SPC 模块的通信。其结果是一个灵活的架构和方法，用于实现高度复
杂的系统级安全策略，包括那些涉及互操作性需求的策略，以及与调试、验证和电源管理
的权衡。该架构是可实现的，具有适当的面积和电力开销 [5]。此外，还可以利用现有的设
计工具（如 DfD）来实现架构 [30]。当然，架构本身只是策略定义的一个元件。当然，仍然

存在几项挑战，包括：1）定义一种安全策略规范语言，可以有效地编译成 SPC 微代码；
2）研究架构实现过程中跨通信组构的路由和拥塞瓶颈；3）实施涉及潜在恶意 IP（包括
SPC 本身的恶意安全包装器或木马）的安全策略。尽管如此，该方法显示了将策略实现系
统化的良好方向。此外，通过将策略定义封装到集中的 IP 中，可以将安全验证集中在设
计的一个较窄的元件上，从而有可能减少验证时间。

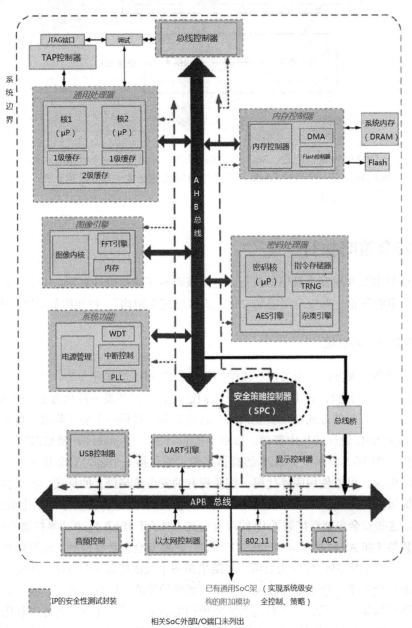

图 16-5　基于 E-IIPS 的 SoC 安全架构，有效实现多种安全策略

16.5 安全的 SoC 设计流程

现代的 SoC 是内部（公司内）和外部（第三方）IP 的有效合并，使得许多功能能够合并到一个芯片中。当代 SoC 设计过程涉及开发生命周期几个重要阶段的系统发展。然而，构建一个安全的 SoC 需要认真考虑其安全性，并从产品开发的早期阶段就进行迭代评估。图 16-6 就展示了如何通过在设计流每个主要阶段集成安全性评估，来设计 SoC 的安全开发生命周期。现代 SoC 的整个安全分析过程大致可以分为三个关键阶段，即早期安全验证、硅前安全验证和硅后安全验证。下面将简要介绍每一个阶段，并附相关的安全分析。

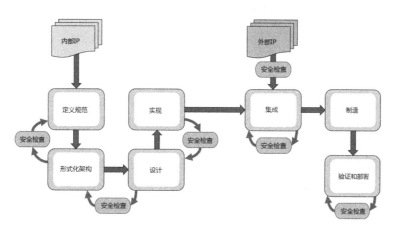

图 16-6　片上系统的安全开发生命周期

16.5.1 早期安全验证

早期安全验证包含一系列与常规 SoC 设计流程集成的附加步骤，以确保从一开始就进行安全的 SoC 设计。该验证在开发生命周期的架构和设计阶段进行。早期安全验证的首要任务是审查 SoC 的规范性，并进行安全分析。这个过程包括识别系统中的安全资产、所有权和保护需求，统称为安全策略。该过程结果通常是生成一组文档，称为产品安全规范（PSS），它为下游架构、设计和验证活动提供了需求。在此阶段，SoC 设计人员整合所有微架构更改，这些更改有助于安全性设计（DFS）和验证的进行。DFS 和验证的第一个任务是使 SoC 能够从微架构的基本级别到底层都对漏洞免疫。第二个任务是威胁建模和风险消减。威胁模型的开发包括分解离散的安全需求，分析风险缓解技术。第三项任务是回顾高层设计，包括生成测试用例来验证实现。在 SoC 安全验证的早期阶段，应用好的设计方法和避免潜在陷阱也是非常重要的部分。可以由自动检查工具验证的一组定义明确的设计安全规则有助于进行此类认证。

16.5.2   硅前安全验证

在 SoC 开发周期的实现阶段进行硅前安全性验证。在此阶段，SoC 架构师将对设计进行静态分析，包括对 RTL 代码的手动检查。但 RTL 代码检查是一次性的，因为代码会随着设计周期的变化而变化。设计人员还会使用设计自动化工具进行静态分析。除了静态分析，SoC 设计人员还将创建目标测试用例，并运行仿真来验证所需的输出。目标测试平台的内在问题是可验证性的范围非常有限，并且流程很难扩展到单个 IP 之外。除了基于模拟的测试，设计人员还可以使用正式的验证工具来获得详尽的覆盖。然而，形式验证工具受到现代 SoC 复杂性的挑战，无法在系统级验证上扩展。SoC 平台的原型化通常是为了提高测试的速度，并验证早期的软件流程。

16.5.3   硅后安全验证

在 SoC 平台中，元件或 IP 模块通过互连结构相互通信。测试和验证平台元件之间的交互非常重要，因为 IP 对安全区域的非法访问可能导致安全漏洞。在 SoC 硅后验证过程中会进行这种元件间分析。SoC 设计人员使用调试和验证工具深入研究硅。此阶段使用验证工具来检查和分析系统级流。测试由能够生成涉及多个并发事务的场景的工具执行。安全信息流检查就是这种系统级流分析的一个例子，安全工程师会检查安全关键信号传播到不安全外围设备或不受信任 IP 的可能性。SoC 设计人员还使用先进的黑客技术来破坏安全，包括黑盒和白盒模糊。最后进行全面的软件测试，完成硅后验证。

16.5.4   案例：确保安全的信息流

为了更好地理解安全信息流的临界性和重要性，本节将用一个实例加以说明，如图 16-7[33] 所示的 SoC 模型。SoC 模型由处理器核心、加密 IP、作为平台元件的内存 IP、用于保存资产的密钥存储 IP 和 USB IP 组成。内存地址分为可信和不可信区域。SoC 的设计目的是使具有有效加密 ID 的 IP 能够访问发送到密码引擎的纯文本。密文存储在内存中不受信任的区域，可以由其他 IP 出于操作目的进行访问。 加密 IP 用于从内存的可信部分读取明文，并使用存储在资产 IP 中的密钥加密文本。加密完成后，它将密码文本存储到外部入口点（USB IP）可以访问的不可信内存区域。在内存上设置防火墙防止不可信的 IP，例如 USB IP，以防止明文泄露。防火墙通过注册其 ID 来确定 USB IP 的访问权限。图 16-8[33] 展示了位于防火墙上的 USB IP ID 寄存器的微架构。将 USB ID 寄存器建模为带锁位的安全寄存器。SoC 模型的寄存器基本上是触发器，在时钟的正边缘触发。ID 寄存器 Sec 只使用较低的 4 位（S[3：0]）数据输入，而数据输入的 0 位用于锁机制。数据输出总是从 Read 或 Lock 中读取 8 位。由于它是访问可信内存区域的安全网关，因此对寄存器执行彻底的安全分析并充分理解可能由设计约束而产生的漏洞是至关重要的。IP 的 ID 是使用名为 Sec 的 8 位寄存器的 4 个较低有效位生成的。为了防止对 Sec 寄存器进行未经授权的写入操作，在设计中添加了另一个名为 Lock 的寄存器。Lock 的 LSB 用于在 Sec 寄存器上启用或禁用写入操作。

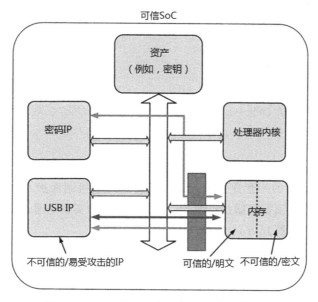

图 16-7　SoC 模型：安全与不安全的信息流

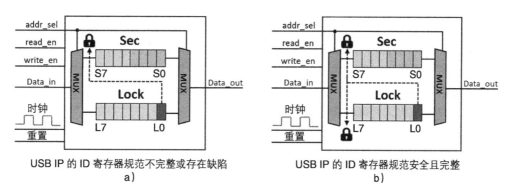

图 16-8　USB IP ID 寄存器：a）Sec 和具有不完整 / 有缺陷的安全规范的 Lock 寄存器；
b）Sec 和具有安全 / 完整安全规范的 Lock 寄存器的微架构说明

上面 SoC 模型的威胁模型需要考虑几个重要方面。例如，当 Lock 寄存器的锁位设置为 1 时，威胁模型的目标是防止 Sec 寄存器上的非法写入操作。这是一个确保 Sec 寄存器上的数据完整性属性的安全策略。这个特定威胁模型的资产是 ID 和 Sec 寄存器。对于给定的威胁模型，攻击场景可以是：一旦锁定位设置好，任何不受信任的软件都会试图修改 Sec 寄存器。Sec 和 Lock 寄存器的机密性和可用性等其他属性在本案例研究中将变得微不足道。

一旦一个定义明确的威胁模型被结构化，安全分析的下一个任务就是识别漏洞。例如，请仔细查看下面的代码片段，会发现可以利用糟糕的规范来访问 Sec 寄存器，从而绕过 Sec 寄存器的数据完整性。因此，攻击者可以利用糟糕的设计和不完整的规范来修改锁定位禁用锁定机制。因此，不可信的软件也是有能力修改 Sec 寄存器的（如图 16-8 所示）。

规范不完整的 RTL 代码：

```
if
  Addr_sel == 0 AND Lock==1
          Write_En_in==0
Else
          Write_En_in == Write_En
```

另一方面，考虑中的一套完整的设计规范将通过锁机制保护 Sec 寄存器上的写入操作。此外，还应该指定锁寄存器是自锁的。因此，正确的实现是通过锁机制对两个寄存器的 Write-en 进行门控（图 16-8）。

规范完整的 RTL 代码：

```
if
  (Addr_sel == 0 OR Addr_sel == 1) AND Lock==1
          Write_En_in==0
Else
          Write_En_in == Write_En
```

除了完整的规范之外，设计安全特性的另一个关键是定义适当减轻程度。例如，安全分析人员必须要确定是否需要为 USB IP 的所有寄存器设计安全机制。如果安全特性不充分，则不可信 IP 的某些寄存器可能包含恶意软件。另一方面，对资产的过度保护可能不利于 SoC 的功能流程，并可能会导致安全机制的过时。

16.6　威胁建模

威胁建模是一种优化 SoC 安全的活动，通过确定目标和漏洞，并定义防止或减轻对策来实现安全优化。如上所述，它是安全架构定义的重要部分。也是安全验证的一个关键部分，尤其是在负面测试和白盒测试中。威胁建模大致包括以下五个步骤，不断迭代直到完成：

资产的定义。识别控制保护的系统资产。这需要标识 IP 和系统执行点，即资产的来源。如上所述，包括静态定义的资产，以及在系统执行期间生成的资产。

策略规范。对于每个资产，确定涉及它的策略。请注意，策略可能在没有指定资产的直接访问控制的情况下"涉及"资产，例如，策略可以指定特定 IP 如何访问安全密钥 $\mathcal{K}$。这进而也说明了保险丝控制器如何在引导过程中与其他 IP 通信，以便密钥分发。

攻击表面识别。对于每一项资产，确定可能破坏该资产管理策略的攻击行为。这需要对每个重要的 "入口点" (也就是将资产相关数据传输到不可信区域的任何接口) 进行标识、分析和文档化处理。入口点取决于攻击中潜在攻击者的类别，例如，一个覆盖通道的攻击者可以利用非功能设计特性 (如功率消耗或温度) 来推断正在进行的计算。

风险评估。攻击者破坏安全目标的可能性，本身并不能作为减轻战略的依据。风险评估和分析是按照所谓的 DREAD 模型来定义的，由以下 5 个部分组成：a) 潜在的损害；b) 再现性；c) 可利用性，即攻击者实施攻击所需的技能和资源；d) 受影响的系统，例如，攻击是否会影响一个系统、数千万还是数百万个系统；e) 可发现性。除了攻击本身，还需要分析一些因素，比如攻击发生在现场的可能性，以及攻击者的动机。

威胁减轻：假设存在攻击可能性，一旦认为风险很大时，就需要定义保护机制，并且必须对修改后的系统再次执行分析。

实现示例：通过直接内存访问 (DMA) 覆盖代码段来保护系统免受恶意或流氓 IP 的代码注入攻击。这里考虑的资产是内存层次结构中的适当区域 (包括缓存、SRAM、辅助存储)，治理策略可以是定义受 DMA 保护的区域，在这些区域中不允许 DMA 访问。安全架构师需要遍历系统执行中的所有内存访问点，识别对受 DMA 保护区域的内存访问请求，并设置机制，这样对所有受保护访问的 DMA 请求就无法完成。完成这一步后，必须对增强的系统进行评估，以应对其他潜在的攻击，包括可能利用新设置的保护机制本身的攻击。这类检查通常是通过负测试来执行的，这意味着要越过指定的范围来识别底层安全需求是否可以被颠覆。例如，这种测试可能包括寻找访问受 DMA 保护的内存区域的方法，而不是直接执行 DMA 访问。这个过程是迭代的，并且非常有创造性，导致产生一系列越来越复杂的保护机制，直到风险评估认为减轻策略是足够的。

在接下来的小节中，我们将描述一些针对 SoC 的利用功能性或侧信道 bug 实际攻击，以及相对应对策。

16.6.1 软件导致的硬件故障

近年来许多攻击实例都表明，通过软件引起安全问题是可以引发硬件故障的。接下来，是一些此类攻击的例子。

1. CLKSCREW

CLKSCREW 是一个很经典的案例，说明与安全无关的性能调整也可能会导致重大的安全漏洞。这种特殊的故障可以直接从软件引入硬件，并可能导致权限升级，甚至从设备的 TEE (可信执行环境) 窃取加密密钥[6]。动态电压和频率缩放 (DVFS)[7] 是一种广泛应用于提高处理器能量效率的方法。在该方法中，处理器的电压和频率都是动态缩放的，以节省电力，减少热效应。然而，DVFS 系统中可能存在漏洞，从而导致攻击发生。但是要理解这种攻击，让我们首先看看如何实现 DVFS。

DVFS 实现

硬件级支持：当设计一个复杂的 SoC 时，来自不同供应商的不同 IP 可能会提供不同的功能和性能，通常也有自己的电压和电流要求。例如，处理器核心的电压要求可能与内存 IP 或通信 IP 不同。因此，为了正确地集成这些元件，设计人员需要加入几个电压调节器 [6]，并将它们嵌入电源管理集成电路（PMIC）[8] 中。此外，为了调节不同的频率，频率合成器通常也会集成到处理器中。该频率合成器 / 锁相环（PLL）电路可以输出特定范围内的频率，其阶跃函数取决于实现。例如，在 Nexus 6 设备中，标准锁相环电路提供 300 MHz 的基本频率。高频锁相环（HFPLL）负责输出频率的动态调制。为了进行微调，来自 HFPLL 的信号有一半是通过分频器传输的 [6]。

软件级支持：供应商提供 PMIC 驱动程序 [9,10] 来控制硬件级调节器。Linux CPUfreq 可以通过评估系统的需求来执行 OS 级的电源管理，并间接地指导硬件调节器对不同元件的频率和电压进行更改。需要注意的是，应用软件不能直接调节电压或频率，但可以对某些寄存器进行更改，这些寄存器稍后由硬件读取，以执行实际的电压 / 频率缩放 [6]。

CLKSCREW 故障

如果系统"超频"（使用高于额定最大时钟频率）或电压不足（即低于额定最低电压），可能会发生 CLKSCREW 故障。在继续讨论故障之前，让我们先描述几个基本概念。在标准延迟触发器中，如果输入（D）处的值改变，并且触发器检测到上升的时钟边缘，则输出（Q）发生变化。通常在两个触发器之间会有组合逻辑。假设 T_{clk} 为时钟周期；T_{FF} 是触发器的输入必须保持稳定的时间；T_{setup} 是在时钟边缘出现之前输入信号必须稳定的时间；T_{max_path} 为组合电路的延时，K 为假设的微结构常数 [6]。在图 16-9 中，我们可以看到上述变量及其在数字电路运行中的作用。因此，必须保持以下条件，才能确保电路中没有故障触发器。

$$T_{clk} \geq T_{FF} + T_{max\_path} + T_{setup} + K$$

如果上述约束违反了超频，从而减少了 T_{clk}，或者通过降低电压，从而增加了 T_{max_path}，那么就可能发生硬件故障 [6]。由于违反约束，第二个触发器的输出无法切换状态，如图 16-10 所示。请注意，此错误可能由流氓软件诱导到硬件中的。

基于 CLKSCREW 故障的攻击

让我们以 CLKSCREW 故障如何泄露加密密钥为例。正如第 8 章所述，如果我们能从一个明文中获得一对密文，那么差分故障攻击（DFA[11]）就可以猜测 AES 密钥，从而使其中一个密文成为单个损坏计算的牺牲品。如果我们可以在第 7 轮 AES 中引入一个随机的单字节数据损坏，并且损坏的数据将进入下一轮 AES，那么 DFA 可以将密钥搜索空间从 2^{128}（对于 128 位 AES 密钥）减少到 2^{12}。一旦搜索空间减少到 2^{12}，就可以执行暴力破解来找到正确密钥 [6]。通过 CLKSCREW 方法可以实现数据的破坏。这是从更大的可能的故障空间中对故障进行小规模利用的示例。

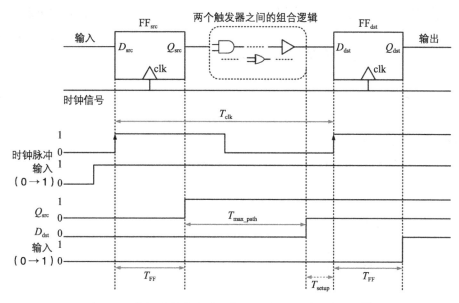

图 16-9　在标准数字电路运行过程中的不同时钟变量 [6]

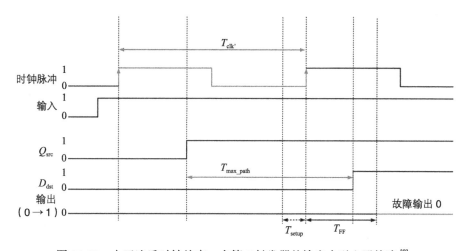

图 16-10　由于违反时钟约束，在第二触发器的输出中引入了故障 [6]

CLKSCREW 故障防护

这种攻击防护手段就对电压和频率的上下限施加一个硬限制，使用额外的限幅检查元件，或使用电熔丝 [6]。这种机制在设计阶段对器件施加约束，但必须在器件制造完成后进行密集的电气测试才能找到真正的运行极限。制造过程中的制程变异也会带来变量，使得这种解决方案很难在不同的设备和设计之间统一实现。

2. Rowhammer 攻击

Rowhammer 是一种系统级攻击，它会在 DRAM 内存中引入位翻转，并可能导致权限升级[12]或其他恶意影响。由于环境辐射和宇宙射线中子的影响[13],内存中可能会随机发生位翻转。我们将在后面几节中讨论解决对策。虽然研究人员提出了解决这一问题的可靠方法,但也存在一些非关键的缺陷。不过这些方法却对对抗 Rowhammer 攻击非常有效。

位错误可以在一定程度上是可以控制和可重复的,这对系统的安全性构成了真正的威胁。Rowhammer 就是这样一种技术,它让攻击者在特定的内存位置引发目标位翻转,对受限制的内存进行读访问,甚至导致权限升级。

Rowhammer 攻击模型

如图 16-11 所示,我们可以将 DRAM[12] 可视化为一个矩形块,每一行表示一个特定长度的单词,行数决定 DRAM 的总容量。要访问内存中的一行或一个单词,我们执行以下步骤:

1)允许行缓冲区访问所选的行。这使得行缓冲区保存所选行的单词。

2)从行缓冲区读取信息。

3)从前面选择的行中断开行缓冲区,以便可以访问下一个单词。

为了实施 Rowhammer 攻击,攻击者执行以下操作[14]:

1)选择 DRAM 中的目标行引入位翻转。

2)快速访问目标行的相邻行以引起位翻转。

3)利用位翻转访问系统。

对于 DDR3 Ram[14],有 13.9 万或更多的后续内存访问可能出现内存错误。

这种攻击的一种变体:双面锤击,如图 16-11 所示,涉及对目标行相邻两行内存的高频访问[14]。这种类型的攻击有更高的成功机会,并且与原来相比需要更低的访问频率。

下面的示例代码[12,14,17]可能导致 Rowhammer 攻击。

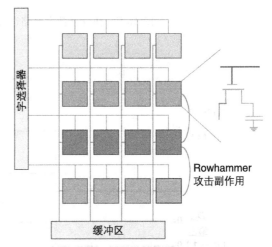

图 16-11 从高层角度看标准 DRAM 结构。经常访问第 2、4 行,导致在第 3 行中出现位翻转。该图为双面锤击,攻击的标准变体只重复访问目标行的相邻行之一

Rowhammer 攻击代码

```
codeXYZ:
    mov (X), %eax   // read from address X
    mov (Y), %ebx   // read from address Y
    clflush (X)     // flush cache for address X
    clflush (Y)     // flush cache for address Y
    mfence
    jmp CodeXYZ
```

在上面的代码中，反复访问内存位置 X 和 Y 会触发 Rowhammer 攻击。每次从主内存中获取 X 和 Y 时，都会在缓存中存储一个副本。下次代码试图访问 X 和 Y 内存位置时，如果原先的位没有被重设，那么将从缓存中获取数据，而不是主内存。这并不能使攻击者触发 Rowhammer 攻击，所以攻击者会使用 clflush() 从缓存中释放内存位置 X 和 Y，这样每一个对 X 和 Y 的访问都成了对主存 DRAM 的访问。2015 年 3 月 9 日，谷歌的 Project Zero 披露了 Rowhammer 攻击的两个工作漏洞，导致权限升级。第一次攻击针对的是 Google Native Client（NaCI）[12]，攻击者从沙箱中逃脱，并直接执行系统调用。在另一次攻击中，通过耦合内存修改页表条目 [12]，并带有 Rowhammer 扰动错误。这两种攻击都依赖于 clflush() 的调用，在 x86-64 架构中，clflush() 调用不能转换为特权函数。当然还有一些在不使用 clflush() 的情况下执行 Rowhammer 攻击的方法 [18]。如造成缓存丢失，重复访问相同的主内存位置，从而触发 Rowhammer 效应。为了达到这种效果，需要根据目标 OS [14] 使用的缓存替换策略，制定特定的内存访问模式。尽管这种方法在不同的操作系统和缓存替换策略之间是不可伸缩，但是有一些自适应缓存清除策略可以解决这个问题 [12]。Rowhammer 攻击的这种特殊风格称为内存回收攻击。

Rowhammer 攻击的原理

敲打 DRAM 内存的特定位置会电干扰相邻行。它会引起电压波动，而电压波动又会导致相邻行放电速度比平常快，如果内存模块无法及时刷新单元，我们就会看到位翻转 [14]。DRAM 密度的增加使得记忆单元在保持更小电荷的同时也紧密地聚集在一起。这一事实使得单元容易受到邻近单元电磁作用的影响，从而导致内存错误的产生。

Rowhammer 攻击的对抗策略

纠错码（ECC）：虽然 ECC 不是针对 Rowhammer 攻击的一种对策，但是它在处理这个问题时是很有效的 [12]。单误校正和双误检测（SECDED）Hamming 码 [13] 是一种非常流行的 ECC 机制。Chipkill ECC 确保纠正多个位错误，直到全芯片数据恢复，并可以使用，但是开销较高。即使是拥有奇偶校验的非 ECC 芯片也可以防止 Rowhammer 攻击。

避免 clflush：前面讨论过的一些 Rowhammer 攻击可以通过修改系统来减轻，这样就可以禁止执行 clflush 语句 [17]。

共享库：跨进程可用的共享库允许攻击者对这些代码执行 Rowhammer 攻击来升级特权。如果在具有不同特权的进程之间不共享库，则可以防止 clflush 和内存清除攻击 [15]。

16.6.2 软件引发的硬件木马攻击

回顾第 5 章，硬件木马是一种恶意逻辑，为避免被检测到，在设计中只在某些特殊情况下才会触发，例如外部信号，或在某些特殊的内部电路条件下。触发器条件启动木马功能，一旦触发，木马的攻击载荷就会对数据流进行一些修改，或者可以从数据流向攻击者发送一些信息。在本节中，我们将介绍软件引发的硬件木马攻击 [21]。

微处理器上的硬件木马触发器

如果根据处理器的输入或输出触发硬件木马，则可以从软件层加以利用。图 16-12 展示了一个植入 CPU 的木马，基于控制逻辑、ALU 和寄存器内部的数据流，通过 I/O 端口泄露系统信息 [21]。软件可利用硬件木马被设计，以支持具有可变负载效果（由恶意软件定义）的一般攻击。而这样的木马更适合于通用处理器或已经有硬件支持安全特性的复杂嵌入式处理器，在这些处理器上可以执行各种攻击，其基础是通过木马诱导的后门破坏安全特性 [21]。

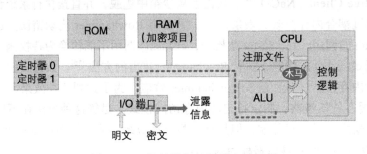

图 16-12　软件控制的硬件木马示例

硬件木马触发器条件

最简单的木马是一种永远开着的木马，它不需要任何触发条件就能启动故障。虽然通常更容易实现，但由于明显的侧信道占用，它很可能在制造后测试期间被检测到。为了避免这种情况，攻击者就使木马的触发条件变成由外部可控的，或使用罕见的触发条件，由内部电路激活木马 [21]。

硬件木马可以利用处理器的三个方面作为软件级的触发条件 [21]，分别是：

1）特定的指令序列。

2）特定的数据序列。

3）指令和数据序列的组合。

这样木马就完全由攻击者控制了。对于运行支持多个用户的操作系统的处理器来说，触发器条件可以变得更加复杂，以避免防御机制或标准验证期间被意外发现。

硬件木马攻击载荷

关于木马攻击载荷，文献中提出了许多选项，从简单地反转某些内部节点的数据，到破坏内存或主输出，或者再到泄露存储在硬件中的敏感信息 [21]。可用来泄露信息的信道可以通过输出端口实现，对现有输出信息进行调制，或者利用现有通信模式或侧信道（如功率跟踪和电磁辐射）来实现载波频率、相位和振幅。如图 16-13 所示，可以构造一个木马负载，通过输出端口在运行过程中泄露秘密信息。当一条指令从指令存储器中取出到寄存器时，它也会被传递到 LED 端口上显示。在现实中，信息泄露信道可能是暂时不使用的端口，或其他边信道。导致故障的攻击载荷可以执行非法内存写入，或修改堆栈指针，或更改分支预测器的输入。

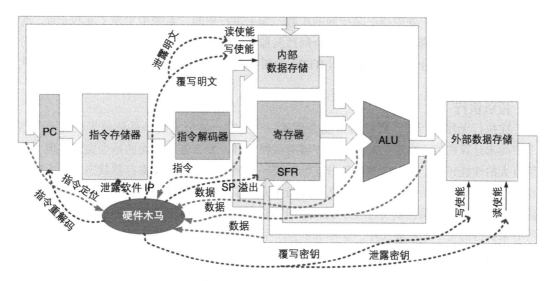

图 16-13 潜在的软件引发硬件木马

16.6.3 软件引发的侧信道攻击

在设计期间,由于人们在跨层安全性上花费的精力很少,所以那些熟悉系统软硬件元件的攻击者就可能会发起联合攻击,从而破坏系统。本节我们将研究一些比较常见的漏洞,这些漏洞可能是由于硬件漏洞造成的,但是攻击向量来自软件层。尽管这些攻击依赖于硬件 bug,但在大多数情况下,这些攻击可以远程执行,并可能对计算世界和现实世界经济产生巨大的级联影响。本文还将讨论针对这些攻击的当前解决方案,但需要指出的是,没有一个方案是完美的 [12,22,23]。

1. Spectre

通过利用现代处理器的投机执行,Spectre 攻击可以欺骗系统让其执行在当前状态下不应该执行的指令 [22]。这种利用,加上侧信道攻击,就可以从受害者系统暴露和窃取关键的机密信息。该漏洞可以在 AMD、Intel 和 ARM 处理器中广泛使用,而后三者占有极大的市场比例。对于这个问题仍然没有结论性的解决方案,在撰写本文时,这仍然是一个开放的研究领域。在本节中,我们将研究理解 Spectre 攻击的一些概念、Spectre 攻击模型和一些补救措施。

乱序执行

为了提高性能和并行化程序,现代处理器并行地执行来自程序不同部分的指令。可能发生的情况是,正在执行的一条指令之前有一组尚未执行的指令。执行代码的这种特殊性质称为乱序执行 [22]。

分支预测

当遇到分支指令时,处理器会预测程序的运行方向,并开始投机执行。该方案带来的性能改进直接依赖于处理器正确猜测的次数。为了进行猜测，系统中实现了某些元件。为了提高准确性，预测器通常由局部和全局预测器组成。为了进一步提高性能，每当执行分支指令时，都将在分支目标缓冲区（BTB）中缓存相应的正确跳转位置，并且可以在再次执行相同的分支指令时用作猜测[24]。

投机执行

在执行无序执行时，处理器可能会到达一个分支，该分支的条件依赖于在前面的指令中尚未计算的值。在这个阶段，处理器有两种选择，要么等待前面的指令完成，但会导致巨大的性能延迟，要么猜测条件分支的结果。猜测完成后，当前寄存器状态存储为检查点，然后开始执行后续指令。一旦之前的指令完成了分支所依赖的条件，就会验证所做的猜测，如果猜测错误，就会将程序状态返回到检查点，并启动正确路径的执行。同样之前所有未执行的指令都将被放弃，这样就不会产生任何可见的效果。

条件分支的 Spectre 利用

其主要思想是使用 spectre 漏洞在投机执行期间读取未经授权的数据，并使用侧信道攻击检索数据。让我们首先看看如何读取未经授权的数据。假设如下代码是内核 syscall 的一部分。

条件分支的 Spectre 利用[22]

```
if (i < SizeOfArray1)
    A = Array2[Array1[i] * 256];
```

攻击的步骤如下：

1）**训练预测器** 首先使用真正小于 SizeOfArray1 的 i 值访问条件语句。随着更多这样的访问，处理器猜测 $i <$ SizeOfArray1 的机会增加。

2）**Craft i** 恶意地为 i 选择一个值，使 Array1[i] 表示内存中的一个秘密值 'S'，该值不应该被当前进程访问。

3）**确保条件** 确保 SizeOfArray1 和 Array2 不在缓存中，但是机密 S 在缓存中（比较难实现）。

4）**侧信道探测** 处理器在忙着从主存中提取 SizeOfArray1 和 Array2 时，可以通过侧信道探测到易受攻击的数据。

第一步和第三步可以自然呈现出来，也可以由攻击者强制执行。为了从缓存中驱逐 SizeOfArray1 和 Array2，攻击者可以通过从内存中读取大量随机数据来间接地将它们转储到缓存中。攻击者需要知道操作系统使用的缓存替换策略，以便正确地执行此步骤。为了在缓存中获取值 S，攻击者可以调用使用 S 的函数。例如，如果 S 是一个加密密钥，攻击者可以欺骗内核使用加密函数，这很容易实现。最后的侧信道探测可以通过标识缓存配置中的更改并推断有关资产的信息来完成[22]。

侧信道探测完成攻击

访问敏感数据并将其存储在缓存中之后，攻击者有大约 200 个指令执行时间[22] 从缓存中读取敏感数据。完成这最后一步有几种方法：如果攻击者可以访问 Array2，那么可以通过检测缓存状态的变化很容易地探测存储的值。另一种方法是使用质数和探针攻击[25]，攻击者从主内存中访问已知的攻击数据，以便用这些数据填充缓存。一旦缓存中填满了已知的攻击数据，对于要存储在缓存中的任何新数据，攻击者将删除一部分攻击者数据，攻击者可以跟踪这些数据来推断关于资产的信息。

Evict+Time：一种变体

在 Spectre 攻击的这种变体[22,25] 中，攻击者首先训练处理器在猜测期间做出错误的预测。假设"i"包含一个机密，是进程无法访问的，现在在投机执行期间，即使 i 超出了 Array1 的绑定，攻击者也可以执行 read Array1[i]。Evict+Time 攻击假设 i 的值最初在缓存中，然后通过访问映射到相同缓存集的自身内存来驱逐缓存的一部分。如果在驱逐期间 i 也被驱逐，那么随后读取 Array1[i] 指令则需要更长的时间，如果没有被驱逐，那么读取过程会很快，因为它仍然在缓存中。攻击者系统地清除缓存的一部分，并记录执行时间来推断有关资产的信息。

```
if (Predicted True but false)
  read Array1[i]
read [j]
```

分支目标缓冲区的 Spectre 利用

第二个 spectre 利用涉及通过污染 BTB 操纵间接分支。间接调用或分支通常出现在程序集级别。它们是编程抽象的结果，比如函数指针和面向对象的类继承，都解析为在运行时实现目标地址跳转。BTB 将源指令的地址映射到目标地址。然而，BTB 只使用源指令的较低位。这种设计选择为别名地址创造了可能性。因此，攻击者可以用目标分支指令别名的源地址中的非法目的地填充 BTB。现在，当受害者间接分支遇到一个未缓存的目标时，处理器将跳转到受污染的 BTB 所提供的非法地址，并开始投机执行。攻击者必须选择要投机执行的小元件代码的地址，这些小元件代码将访问秘密内存，并留下证据供侧信道攻击检测。

Spectre Prime：变种

Spectre 的一个变种称为 Spectre Prime[26]，它使用 Prime + 探测的威胁模型。与普通的 Spectre 不同，它会影响具有多个内核的系统。在多个核心系统中，每个核心都有独立的缓存。如果其中一个内核对其缓存中的特定资源进行了更改，那么其他内核的缓存也必须反映更改，以避免不一致的读取。

Spectre 的对抗策略

目前 Spectre 攻击还没有完美的解决方案，但也存在可行的解决方案。例如处理器不在代码的敏感部分进行投机执行，那么则有可能阻止 Spectre 攻击[22]。序列化指令[27] 也是可以准确地执行该操作，并停止对 Intel x85 处理器的某些攻击，但这不是一个完整的解决方案，也不适用于所有处理器。除了禁用、超线程和强制分支预测状态之外，在每个上下文切换处刷新也是一个可行的解决方案，但在当前架构中可能无法实现 [22,28]。

2. Meltdown

我们所使用的大多数处理器是乱序执行的，这使得 Meltdown[23] 这种侧信道攻击成为可能。Intel 2010 年后发布的一系列微架构就很容易受到这种攻击，甚至在此之前发布的处理器也很有可能受到攻击。攻击可以在任何操作系统中进行，它纯粹是一个硬件漏洞。内存隔离是任何现代系统的一个重要安全特性，本质上对内存进行分区，并根据内存访问请求进程的特权级别，对每个分区的访问进行控制。然而，Meltdown 漏洞可以完全破坏内存隔离，使用户进程可以访问内核内存。这就让攻击者可以窃取存储在内核内存中的关键信息，比如密码和加密密钥等。

乱序执行

Meltdown 利用成功的主要原因是乱序执行 [23]。如前所述，乱序执行是一种性能调整，它允许处理器预测跳转地址和分支方向，以便在评估实际地址和分支条件时能够提前计算 [22]。在 Spectre 攻击部分已经进行了详细的描述。任何乱序执行且易受潜在侧信道攻击的指令都被称为瞬态指令 [22]。

攻击环境

对于 Meltdown 攻击，本节对攻击环境做了一定的假设 [23]，如下：

1）**目标** 攻击的目标是任何一台个人计算机和托管在云上的不同虚拟机 [23]。

2）**攻击者初始访问** 要发起攻击，攻击者必须对个人计算机或虚拟机 [23] 具有完全的访问权限。

3）**物理访问** 攻击者不需要物理访问系统就可以使用 Meltdown 漏洞 [23]。

4）**假定的防御措施** 对于这种攻击，可以通过地址空间布局随机化（ASLR）和内核 ASLR 来保护系统。此外，还包括 CPU 的一些功能，如 SMAP、NX、SMEP 和 PXN[23]。但是所有这些对于 Meltdown 都是无效的。

5）**操作系统错误** 攻击者假定操作系统没有错误，并且不依赖于利用任何错误来获得访问机密信息或获得内核特权。

攻击模型

要成功进行 Meltdown 攻击，步骤如下 [23]：

1）**选择目标内存** 首先，攻击者需要确定，哪个不可直接访问的内存位置包含有价值的信息，值得通过这个漏洞进行提取 [23]。

2）**加载** 将目标内存地址加载到寄存器中 [23]。

3）**瞬态指令利用** 基于寄存器中存储的内容 [23]，由乱序执行引起的瞬态指令用于访问缓存的特定行。

4）Flush+Reload 使用 Flush+Reload[29] 侧信道攻击，攻击者可以执行一个细粒度版本的 Evict+Time，通过使用 cache flush 命令来推断关于资产的信息。

5）**重复（如果需要）**　可以重复这些步骤来转储尽可能多的内核内存。理论上，如果攻击者愿意，他可以转储整个物理内存[23]。

在任何现代操作系统中，任何用户进程都可以访问内核内存，但是如果用户进程没有访问权限，处理器就会触发异常，如图 16-14 所示。然而由于投机运算机制，在处理异常时，指令是预先执行的，所以会导致内核内存泄漏。一旦数据泄露，Meltdown 将利用 Flush+Reload 技术从缓存中检索被盗数据[23]。Flush+Reload[29] 类似于 Evict+Time[25]，使用缓存操作技术。在刷新阶段，被监视的内存部分将从缓存中驱逐。在攻击的等待阶段，如果受害者访问相同的内存位置，内容将返回到缓存。在重新加载阶段，攻击者试图访问相同的内存位置，如果内容在缓存中，那么与内容不在缓存中时相比，重新加载操作将花费更短的时间。这可以让攻击者知道缓存的正确目标位置是否被刷新，然后可以推断目标内存位置的内容[23]。

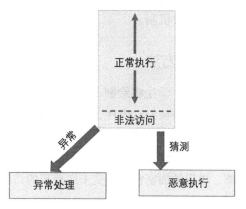

图 16-14　Meltdown 漏洞[23]

Meltdown Prime：一个变种

这是 Meltdown 利用的多核变体，与 Spectre Prime 和原 Meltdown 本身非常相似[23,26]。变种利用的是缓存一致性协议的漏洞，该协议确保不同核心的多个缓存实例之间的一致性。这些协议脆弱的缓存线失效方案很容易被加以利用。

对策

完全消除投机和乱序执行是这个问题的简单解决方案，但并不实用，因为投机和乱序执行也是必要的。这种攻击是攻击者试图检索敏感信息和处理器试图确定推测是否有效之间的一种竞争。不幸的是，处理器需要很长时间来确定投机执行，在投机被验证或失效之前，可能已经沿着预测的路径执行了大约 200 条指令[22,23]。如果内核空间和用户空间在虚拟内存空间中的位置可以硬固定，那么只需使用 1 位比较，处理器就可以确定是否要进行无效访问。这就大大减少了攻击者进行攻击的空间，虽然事实上并不能完全解决这类问题。但是需要注意的是，这些解决方案并不适用于 Spectre[22,23]。

Spectre 和 Meltdown 的比较

Meltdown 目前只能在特定的架构上使用，但是 Spectre 是普遍存在的，并且影响所有使用投机执行的处理器。对于 Meltdown 和 Spectre，攻击者以非特权用户的身份在系统中执行代码。这两种攻击都利用了由于投机和乱序执行而存在的固有漏洞。在软件级别修复 Meltdown 是有可能的，但是需要很高的开销。对于 Spectre 来说，即使是软件解决方案也不容易实现。这两个漏洞都可以通过基于硬件的有效方案解决。

16.7 动手实践：SoC 安全策略

16.7.1 目标

本实验旨在帮助学生了解 SoC 架构的元件、SoC 中常见的安全关键资产以及基于安全策略的保护机制。

16.7.2 方法

首先，学生将绘制一个简单 SoC 的给定 Verilog 描述，该 SoC 由 4～10 个 IP 块组成，包括处理器核心、内存、加密模块和通信模块。IP 将使用点对点互连框架进行连接。学生将对 SoC 进行功能模拟，以了解 IP 的工作原理，并通过 SoC 相互作用，了解加密模块使用的密钥如何容易受到未经授权的访问。接下来，学生将设计一些简单的访问控制安全策略，以保护加密密钥不受未经授权的访问。

16.7.3 学习结果

通过本实验，使学生熟悉系统级安全的几个重要概念。他们将了解片上资产可能违反 CIA 原则而引起的安全问题，以及保护这些资产的基于策略的解决方案。最后，学生们可以利用这些经验更好地理解可能导致违反 CIA 原则的软件攻击以及安全策略如何有助于实现强大的安全保护。

16.7.4 进阶

通过对更复杂的互连结构（如基于总线或基于 NoC 的架构）的研究，可以对这个主题进行进一步的探索。学生们可能还会考虑添加更多的 IP 块，包括使用固件的 IP，以及对安全资产进行基于固件的攻击。

关于实验的更多细节参见 http://hwsecuritybook.org。

16.8 习题

16.8.1 判断题

1. Meltdown 并不依赖于投机执行，它只利用乱序执行。
2. 物联网生态系统不能使用任何软硬件攻击，因为它对攻击者来说太多样化了。
3. 件触发的硬件木马可以用来引起拒绝服务（DoS）攻击。
4. 阻止 clflush（缓存刷新）命令的执行可以阻止所有类型的 Rowhammer 攻击。

5. 在 Spectre 攻击期间，一旦处理器开始进行投机执行，理论上就会给攻击者无限的时间来完成攻击。

6. 可信的执行环境可以防止 DoS 攻击。

7. Evict + Time 需要了解缓存结构才能正确触发系统中的缓存争用。

8. 在使用安全策略实施架构时，不再需要定义安全策略。

9. 为了保证内部信号的安全性和可控性，需要对 DfD 进行修改。

10. 对于硅前验证，形式验证可以应用于大型设计。

16.8.2 简答题

1. Meltdown 和 Meltdown Prime 有什么区别？

2. 如果我们为了解决 Spectre 漏洞而禁用乱序执行，那么潜在的开销是什么？

3. 在具有 5 位指令操作码的 32 位 RISC 架构中，以连续 5 条 ADD 指令的触发条件激活由软件引发的硬件木马的概率是多少？

4. 解释 ECC 有时如何处理 Rowhammer 攻击。

5. 超频和低电压是如何导致 CLKSCREW 攻击的？

6. SoC 验证的哪个阶段可以用来检测侧信道攻击。为什么？

7. 设计人员决定实现分布式策略实施，而不是前面描述的集中式策略引擎（相关的安全策略在相应的 IP 中描述，而不是集中式引擎）。描述集中式策略引擎相对于分布式策略引擎的两个优点，反之亦然。

8. 哪些访问控制策略（如果有）可以处理由软件引起的硬件木马？

9. 描述一种加密方法，该方法是保护 DfD 结构中的数据的理想方法，具有经济有效的区域开销和密钥管理。

10. 攻击者使用与问题 3 中木马相同的触发条件，在具有可信执行环境的微处理器中切换安全模式标志。使用 DREAD 方法评估此木马。

16.8.3 详述题

1. 为什么 Meltdown bug 比 Spectre 更容易缓解？

2. 描述可采取的预防措施，以解决 CLKSCREW 利用。

3. Spectre 的 Evict+Time 变体与标准版本有什么不同？解释两种方法并进行比较。

4. 对于硅前验证，比较对比仿真和形式验证。

5. 物联网生态系统的安全漏洞在哪里？高层次的角度进行描述。

6. 参考图 16-7，在此场景中还可能存在哪些漏洞？

7. 在不访问 DfD 基础设施的情况下，描述安全策略架构的潜在开销。

8. 即使进行了彻底的安全策略实施和分析，Spectre 和 Meltdown 等漏洞仍然存在。描述在整个设计过程中定义系统范围的安全策略时存在的潜在缺陷和复杂性。

9. 简要描述图 16-8 中保护锁位所需的安全策略。用违反场景解释每个选择的策略。

参考文献

[1] IBM Microelectronic, Coreconnect bus architecture, IBM White Paper Google Scholar, 1999.

[2] D. Flynn, AMBA: enabling reusable on-chip designs, IEEE Micro 17 (4) (1997) 20–27.

[3] K. Rosenfeld, R. Karri, Security-aware SoC test access mechanisms, in: VLSI Test Symposium (VTS), 2011 IEEE 29th, IEEE, 2011, pp. 100–104.

[4] S.J. Greenwald, Discussion topic: what is the old security paradigm, in: Workshop on New Security Paradigms, 1998, pp. 107–118.

[5] A. Basak, S. Bhunia, S. Ray, A flexible architecture for systematic implementation of SoC security policies, in: Proceedings of the 34th International Conference on Computer-Aided Design, 2015.

[6] A. Tang, S. Sethumadhavan, S. Stolfo, CLKSCREW: exposing the perils of security-oblivious energy management, in: 26th USENIX Security Symposium (USENIX Security 17), USENIX Association, Vancouver, BC, 2017, pp. 1057–1074.

[7] J.L. Hennessy, D.A. Patterson, Computer Architecture: A Quantitative Approach, 5th ed., Morgan Kaufmann Publishers Inc., San Francisco, CA, USA, 2011.

[8] F. Shearer, Power Management in Mobile Devices, Newnes, 2011.

[9] Qualcomm krait pmic frequency driver source code, [Online]. Available: https://android.googlesource.com/kernel/msm/+/android-msm-shamu-3.10-lollipop-mr1/drivers/clk/qcom/clock-krait.c.

[10] Qualcomm krait pmic voltage regulator driver source code, [Online]. Available: https://android.googlesource.com/kernel/msm/+/android-msm-shamu-3.10-lollipop-mr1/arch/arm/mach-msm/krait-regulator.c.

[11] M. Tunstall, D. Mukhopadhyay, S. Ali, Differential fault analysis of the advanced encryption standard using a single fault, in: C.A. Ardagna, J. Zhou (Eds.), Information Security Theory and Practice. Security and Privacy of Mobile Devices in Wireless Communication, Springer Berlin Heidelberg, Berlin, Heidelberg, 2011, pp. 224–233.

[12] M. Seaborn, T. Dullien, Exploiting the DRAM rowhammer bug to gain kernel privileges: how to cause and exploit single bit errors, BlackHat, 2015.

[13] P.K. Lala, A Single Error Correcting and Double Error Detecting Coding Scheme for Computer Memory Systems, in: Proceedings. 18th IEEE International Symposium on Defect and Fault Tolerance in VLSI Systems, 2003.

[14] Y. Kim, R. Daly, J. Kim, C. Fallin, J.H. Lee, D. Lee, C. Wilkerson, K. Lai, O. Mutlu, Flipping bits in memory without accessing them: an experimental study of dram disturbance errors, in: 2014 ACM/IEEE 41st International Symposium on Computer Architecture (ISCA), June 2014, pp. 361–372.

[15] D. Gruss, C. Maurice, S. Mangard, Rowhammer.js: a remote software-induced fault attack in JavaScript, CoRR, arXiv: 1507.06955, 2015, [Online]. Available: http://arxiv.org/abs/1507.06955.

[16] P. Pessl, D. Gruss, C. Maurice, S. Mangard, Reverse engineering Intel DRAM addressing and exploitation, CoRR, arXiv: 1511.08756, 2015, [Online]. Available: http://arxiv.org/abs/1511.08756.

[17] M. Seaborn, T. Dullien, Exploiting the DRAM rowhammer bug to gain kernel privileges, Project Zero team at Google, [Online]. Available: https://googleprojectzero.blogspot.com/2015/03/exploiting-dram-rowhammer-bug-to-gain.html, 2015.

[18] D. Gruss, C. Maurice, Rowhammer.js: a remote software-induced fault attack in JavaScript, GitHub.

[19] Semiconductor industry association (SIA), Global billings report history (3-month moving average) 1976-March 2009, [Online]. Available: http://www.sia-online.org/galleries/statistics/GSR1976-march09.xls, 2008.

[20] R.S. Chakraborty, S. Narasimhan, S. Bhunia, Hardware Trojan: threats and emerging solutions, in: 2009 IEEE International High Level Design Validation and Test Workshop, Nov 2009, pp. 166–171.

[21] X. Wang, T. Mal-Sarkar, A. Krishna, S. Narasimhan, S. Bhunia, Software exploitable hardware Trojans in embedded processor, in: 2012 IEEE International Symposium on Defect and Fault Tolerance in VLSI and Nanotechnology Systems (DFT), Oct 2012, pp. 55–58.

[22] P. Kocher, D. Genkin, D. Gruss, W. Haas, M. Hamburg, M. Lipp, S. Mangard, T. Prescher, M. Schwarz, Y. Yarom, Spectre attacks: exploiting speculative execution, ArXiv e-prints, Jan. 2018.

[23] M. Lipp, M. Schwarz, D. Gruss, T. Prescher, W. Haas, S. Mangard, P. Kocher, D. Genkin, Y. Yarom, M. Hamburg, Meltdown, ArXiv e-prints, Jan. 2018.

[24] S. Lee, M.-W. Shih, P. Gera, T. Kim, H. Kim, M. Peinado, Inferring fine-grained control flow inside SGX enclaves with branch shadowing, in: 26th USENIX Security Symposium (USENIX Security 17), USENIX Association, Vancouver, BC, 2017, pp. 557–574.

[25] D.A. Osvik, A. Shamir, E. Tromer, Cache attacks and countermeasures: the case of AES, in: D. Pointcheval (Ed.), Topics in Cryptology – CT-RSA 2006, CT-RSA 2006, in: Lecture Notes in Computer Science, vol. 3860, Springer, Berlin, Heidelberg, 2006.

[26] C. Trippel, D. Lustig, M. Martonosi, MeltdownPrime and SpectrePrime: automatically-synthesized attacks exploiting invalidation-based coherence protocols, ArXiv e-prints, Feb. 2018.

[27] Intel 64 and IAa-32 architectures software developer manual, vol 3: system programmer's guide, section 8.3, 2016.

[28] Q. Ge, Y. Yarom, G. Heiser, Do hardware cache flushing operations actually meet our expectations?, CoRR, arXiv:1612. 04474, 2016, [Online]. Available: http://arxiv.org/abs/1612.04474.

[29] Y. Yarom, K. Falkner, FLUSH+RELOAD: a high resolution, low noise, l3 cache side-channel attack, in: 23rd USENIX Security Symposium (USENIX Security 14), USENIX Association, San Diego, CA, 2014, pp. 719–732.

[30] A. Basak, S. Bhunia, S. Ray, Exploiting design-for-debug for flexible SoC security architecture, in: Proceedings of the 53rd Annual Design Automation Conference, ACM, p. 167.

[31] E. Ashfield, I. Field, P. Harrod, S. Houlihane, W. Orme, S. Woodhouse, Serial Wire Debug and the Coresight Debug and Trace Architecture, ARM Ltd., Cambridge, UK, 2006.

[32] IEEE, IEEE standard test access port and boundary scan architecture, IEEE Standards 11491, 2001.

[33] J. Portillo, E. John, S. Narasimhan, Building trust in 3PIP using asset-based security property verification, in: VLSI Test Symposium (VTS), 2016, pp. 1–6.

推荐阅读

深入理解计算机系统（原书第3版）

作者：[美] 兰德尔 E.布莱恩特 等 ISBN: 978-7-111-54493-7 定价: 139.00元

计算机体系结构精髓（原书第2版）

作者：[美] 道格拉斯·科莫 等 ISBN: 978-7-111-62658-9 定价: 99.00元

数字逻辑设计与计算机组成

作者：[美] 尼克罗斯·法拉菲 ISBN: 978-7-111-57061-5 定价: 89.00元

计算机组成与设计：硬件/软件接口（原书第5版·RISC-V版）

作者：[美] 戴维·A.帕特森, 约翰·L.亨尼斯 ISBN: 978-7-111-65214-4 定价: 169.00元

推荐阅读

数据大泄漏：隐私保护危机与数据安全机遇

作者：[美] 雪莉·大卫杜夫（Sherri Davidoff）译者：马多贺 陈凯 周川
书号：978-7-111-68227-1 定价：139.00元

**系统分析数据泄漏风险的关键成因，深度探索数据泄漏危机的本质规律，
总结提炼数据泄漏防范和响应策略，应对抓牢增强数据安全的机遇挑战。**

由被《纽约时报》称为"安全魔头"的数据取证和网络安全领域公认专家雪莉·大卫杜夫撰写，中国科学院信息工程研究所信息安全国家重点实验室专业研究团队翻译出品。

通过大量翔实的经典数据泄漏案例，系统分析数据泄漏风险的关键成因，深度探索数据泄漏危机的本质规律，总结提炼数据泄漏防范和响应策略，应对数据安全和隐私保护挑战，抓住增强数据安全的历史机遇。

数据安全和隐私保护的重要性毋庸置疑，数据加密、隐私计算、联邦学习、数据脱敏等技术的研究也如火如荼，但数据大泄漏和大解密事件却愈演愈烈，背后原因值得深思。数据和隐私绵延不断地泄漏到浩瀚的网络空间中，形成了大量无法察觉、无法追踪的数据黑洞和数据暗物质。数据泄漏不是一种结果，而是具有潜伏、突发、蔓延和恢复等完整阶段的动态过程。因为缺乏对数据泄漏生命周期的认识，单点进行技术封堵已难臻见成效。本书系统化地分析并归纳了数据泄漏风险的关键成因和发展阶段，对泄漏本质规律进行了深度探索，大量的经典案例剖析发人深省，是一本值得网络空间安全从业者认真研读的好书。

——郑纬民 中国工程院院士，清华大学教授

云计算等新技术给经济、社会、生活带来便利的同时也带来了无法预测的安全风险，它使得数据泄漏更加普遍和泛滥。泄漏的数据随时可能被曝光、利用和武器化，对社会组织和个人安全带来严重威胁。本书深入浅出地剖析了数据泄漏危机及对应机遇，是一本有关隐私保护和数据安全治理的专业书籍，值得推荐。

——金海 华中科技大学计算机学院教授，IEEE Fellow，中国计算机学会会士

数据是网络空间的核心资产，也是信息对抗中各方争夺的焦点。由于数据安全管理和隐私保护意识的薄弱，数据泄漏事件时有发生，这些事件小则会给相关机构或个人带来经济损失、精神损失，大则威胁企业或个人的生存。本书通过大量翔实的经典数据泄漏案例，揭示了当前网络空间安全面临的数据泄漏危机的严峻现状，提出了一系列数据泄漏防范和响应策略。相信本书对广大读者特别是信息安全从业人员重新认识数据泄漏问题，具有重要的参考价值。

——李琼 哈尔滨工业大学网络空间安全学院教授，信息对抗技术研究所所长

推荐阅读

威胁建模：设计和交付更安全的软件

作者：亚当·斯塔克 ISBN：978-7-111-49807-0 定价：89.00元

安全模式最佳实践

作者：爱德华 B. 费楠德 ISBN：978-7-111-50107-7 定价：99.00元

数据驱动安全：数据安全分析、可视化和仪表盘

作者：杰·雅克布 等 ISBN：978-7-111-51267-7 定价：79.00元

网络安全监控实战：深入理解事件检测与响应

作者：理查德·贝特利奇 ISBN：978-7-111-49865-0 定价：79.00元